Dreamweaver CC 网页制作比你想的简单

邓文渊 编著

清華大學出版社
北京

本书版权登记号：图字：01-2015-4850
本书为碁峰资讯股份有限公司授权出版发行的中文简体字版本。

内 容 简 介

本书以一个完整的网站作为范例架构，带领读者从无到有打造出专业又实用的网站。全书从认识网页设计观念，到网站开发流程及规划和软件的使用与全新功能，引导用户应用高级程序完成更多的网页特效。

本书共14章，主要内容包括Dreamweaver的软件介绍与配置、规划网站的步骤，网页文字与图像的编辑和使用、超链接的设置，表格表单的加入和使用，CSS的设计方法，多媒体插入、模板的应用、网站文件的发布与维护，使用CSS + DIV进行网页排版，jQuery UI工具集的介绍和移动设备网页的设计方法等；每章最后还提供相关内容的课后练习；使读者可以全面掌握使用Dreamweaver软件进行网页开发的方法，并呈现出丰富多元的效果。

本书可以作为网页设计人员、网站建设与开发人员、大中专院校相关专业师生的参考用书，也可以作为Dreamweaver的培训教材，同时也适合网站推广人员作为参考。

图书在版编目（CIP）数据

Dreamweaver CC网页制作比你想的简单 / 邓文渊编著. —北京：清华大学出版社，2015

ISBN 978-7-302-41739-2

Ⅰ. ①D… Ⅱ. ①邓… Ⅲ. ①网页制作工具 Ⅳ. ①TP393.092

中国版本图书馆CIP数据核字（2015）第239571号

责任编辑：夏非彼
封面设计：王 翔
责任校对：闫秀华
责任印制：沈 露

出版发行：清华大学出版社
网 址：http://www.tup.com.cn，http://www.wqbook.com
地 址：北京清华大学学研大厦A座 邮 编：100084
社 总 机：010-62770175 邮 购：010-62786544
投稿与读者服务：010-62776969，c-service@tup.tsinghua.edu.cn
质量反馈：010-62772015，zhiliang@tup.tsinghua.edu.cn
印 装 者：北京天颖印刷有限公司
经 销：全国新华书店
开 本：190mm×260mm 印 张：22 字 数：563千字
版 次：2015年11月第1版 印 次：2015年11月第1次印刷
印 数：1~3500
定 价：79.00元

产品编号：065392-01

前　言

Dreamweaver 是网页设计人员、网页开发人员与视觉设计人员的理想工具，它能高效率地设计、开发和维护以 HTML5 标准为基础的网站和应用程序。Dreamweaver CC 除了保持一直以来在网页制作、程序编写上杀手级的利索工具外，也为网页开发者在全面投入跨平台、多屏幕、不同设备的网页制作方面提供了更完整的开发平台。

本书以一个完整的网站作为范例架构，带领读者从无到有打造出专业又实用的网站，从认识网页设计观念，到网站开发流程及规划和软件的使用与全新功能，引导用户应用高级程序完成更多的网页特效。

全书整合网页制作最新技术，开启移动网站全新应用；让创意跨越桌面与移动设备；让丰富的云端资源成为网站开发的无穷助力，提升网站实用度，让网站呈现与众不同的气势。

本书共 14 章，主要内容包括 Dreamweaver 的软件介绍与配置、规划网站的步骤，网页文字与图像的编辑和使用，超链接的设置，表格表单的加入和使用，CSS 的设计方法，多媒体插入、模板的应用，网站文件的发布与维护，使用 CSS DIV 进行网页排版，jQuery UI 工具集的介绍和移动设备网页的设计方法等；书中还包括相关的课后练习，使读者可以全面地掌握使用 Dreamweaver 软件进行网页开发的方法，并呈现出丰富多元的效果。

本书可以作为网页设计人员、网站建设与开发人员、大中专院校相关专业师生的参考用书，也可以作为 Dreamweaver 的培训教材，同时也适合网站推广人员作为参考。

如果您在阅读本书时有任何的问题或是各种心得，希望与所有人一起讨论和共享，请欢迎光临作者的文渊阁工作室的网站，或者用电子邮件与我们联系。

◆ 文渊阁工作室网站 http://www.e-happy.com.tw

◆ 服务电子信箱 e-happy@e-happy.com.tw

文渊阁工作室

邓文渊

改编者的话

“工欲善其事，必先利其器”，对于优秀的网页设计人员、网页开发人员，网页视觉设计人员以及网站网页维护人员来说，Dreamweaver 系列是不可或缺的利器。继 Dreamweaver CS6 大获成功之后，Adobe 公司推出了最新版的 Dreamweaver CC，它是设计和开发人员构建新颖、时尚且尽善尽美网站的坚实基础。

市面上有关 Dreamweaver CC 的介绍类的书也不少了，但是多数是介绍 Dreamweaver CC 软件如何使用、从入门到精通等书籍，内容的重点都放在 Dreamweaver CC 软件的各项功能的使用上了。就像有一种好的武器，介绍这种武器的各种性能以及如何使用它的各项功能的书不少，但是就缺少一本关键的、以战役为背景详解如何运用这种武器实战的《兵法书》。本书就是这样一本介绍如何运用 Dreamweaver CC 这种“利器”进行网页设计实战的《兵法书》。

全书始终以设计一个“潮玩香港”范例网站 / 网页为主线，从缜密规划网站开始，紧接着合理构建网站的结构，再详细设计和开发网页的内容，最后到网站上线运营以及日常的维护等等，把 Dreamweaver CC 各种功能生动具体地运用到整个范例网站 / 网页的设计和开发中，让读者在构造这个范例网站的过程中就潜移默化地掌握了 Dreamweaver CC 的各项核心功能，之后便能学以致用，迅速应用于各自网站设计的实际工作中。

本书提供了详细的范例，而且每章后面也提供了课后练习，因此，本书既可适合于读者自学，也适合于大学、专科和职业培训学校作为学习 Dreamweaver CC 的教学用书。

本书没有刻意将各章分为几大部分，但是读者依然可以按照下面的自然逻辑阅读本书。

第一部分（第 1 章）：总体介绍 Dreamweaver CC 这个跨平台的网页设计软件。

第二部分（第 2 章～第 11 章）：贯穿“潮玩香港”范例网站 / 网页设计的始终，逐一介绍 Dreamweaver CC 的各项功能的具体运用：文字与图像，超链接，表格，CSS 的设计，图层，多媒体，模板应用，网站文件发布与维护。

第三部分（第 11 章～第 14 章）：Dreamweaver CC 支持的高级功能：使用 CSS DIV 网页排版，iQuery UI 工具集的使用，最后是扩展到移动设备网页的设计——让网站具有跨平台的实用性。

关于“本书范例”和“本书习题”的说明：

1. 本书提供了两大类的范例——“本书范例”和“本书习题”，范例所涉及的程序代码文件，文字和图像文件，多媒体音频和视频文件等都一并提供给读者。目录中的内容细节在后面一页有专门的说明，这里就不再赘述。

2. 在改编过程中采用了简体中文的 Dreamweaver CC 设计和开发环境，故所有范例程序和所需各个文件中的中文都改为简体中文了，并且逐一调试和测试过了，大家可以直接引用，实践测试和运行。

本书中各章的范例以及各章习题的范例文件下载地址为：

http://pan.baidu.com/s/1jG8hzuQ。

本书包含相关章节操作的教学影片，其下载地址为：

http://pan.baidu.com/s/1ntNAuCT。

如果有下载问题，请发邮件给 booksaga@126.com，邮件主题为“Dreamweaver CC 网页制作”。

赵军

2015 年 7 月

目　录

第 7 章　地图展示——绝对寻址图层与行为……………168

第 8 章　重现感动的片刻——多媒体的呈现……………194

第 1 章

跨越不同平台的网页设计软件

Dreamweaver 是网页设计人员、网页开发人员与视觉设计人员的理想工具，它能有效率地设计、开发、维护网站页面和应用程序。

1.1 迎接网页制作新纪元

Dreamweaver 是网页设计人员、网页开发人员与视觉设计人员的理想工具，它能高效率地设计、开发和维护以 HTML5 标准为基础的网站和应用程序。Dreamweaver CC 除了保持一直以来在网页制作、程序编写上杀手级的利落工具外，也为网页开发者在全面投入跨平台、多屏幕、不同设备的网页制作方面提供了更完整的开发平台。

为什么 Dreamweaver 在网页编辑制作的领域那么流行

应用 Dreamweaver 开发的网站在全球占比非常高，为什么 Dreamweaver 会那么流行呢？这与 Dreamweaver 在面对网站开发时坚持的方向有很大的关系。

在整个网站制作的工作流程中，无论是设计、开发还是维护都可以使用 Dreamweaver 完成。美工设计人员或是程序开发人员，都可以在同一个平台中，凭借着直观的可视化版面配置界面或简化的编码环境，快速编辑通用的网页或交互的应用程序。

Dreamweaver 能配合其他 Adobe Creative Cloud 的软件，与 Photoshop、Illustrator、Fireworks、Flash 等进行智能集成，让成品经由这些天王级软件添加特效，呈现最完美的结果。图 1-1 为 Adobe 公司网站提供的有关 Dreamweaver 功能介绍的视频。

图 1-1 Dreamweaver 是网页设计人员、网页开发人员与视觉设计人员的理想工具

Dreamweaver CC 的软件特色与新功能

直观可视化的开发：Dreamweaver 提供了“代码”、“设计”与“实时视图”三种编辑模式，并可利用“拆分”功能使一半窗口显示“设计”或“实时视图”画面，另一半窗口显示对应的“代码”画面，如图 1-2 所示。

图 1-2 Dreamweaver 提供了“代码”、“设计”与“实时视图”三种编辑方法

“代码”窗口是一个手动编写程序代码的环境，用来编写和编辑 HTML、JavaScript 以及其他各种程序代码；在“设计”窗口中可以直接在网页结果画面上进行设计和编辑；全新的“实时视图”会将网页内容以更真实的方式来呈现，可以与文件交互，并且还能通过直接编辑 HTML 元素来更改预览的状态，如图 1-3 所示。

图 1-3 Dreamweaver 设计窗口可以方便地编辑，而实时视图能进一步查看交互效果，并且进行编辑

集成的工作流程：无论是单独编辑或是团队合作，在整个工作流程中设计、开发和维护内容，都不需要使用不同的软件，即可完成所有的工作。同时还可运用其他 Adobe 软件工具进行智能集成，建立各式各样的内容，如图 1-4 所示。

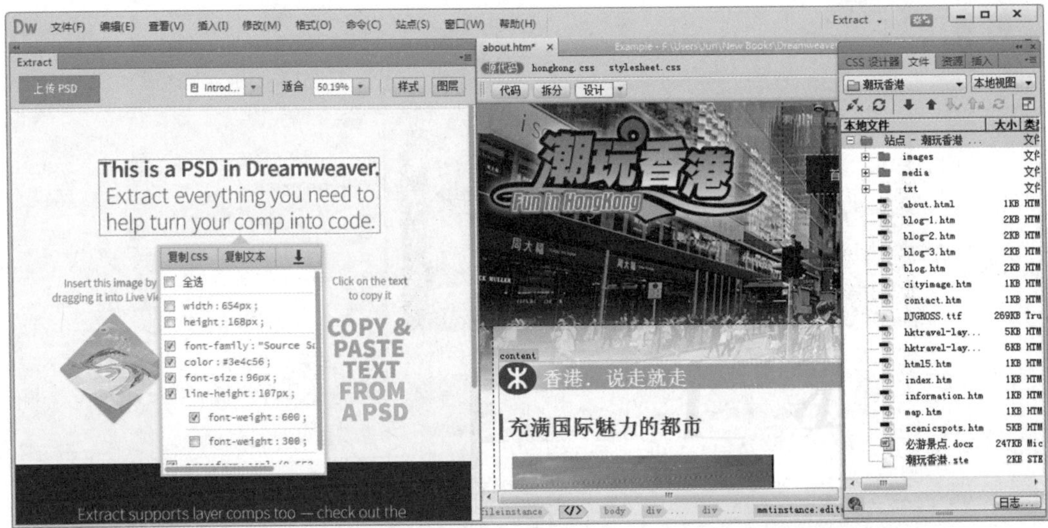

图 1-4　Dreamweaver 可进行设计、开发和维护内容的工作，并与 Adobe 其他软件进行智能集成

完整的 CSS 支持：在开发网页 CSS 样式时最困难的即是无法预知设置完成的结果，Dreamweaver 中 CSS 工具的优点，即是让设计人员可以轻松查看、编辑并在文件之间移动 CSS 样式，立即查看修改后的 CSS 样式对于页面设计的影响，如图 1-5 所示。

图 1-5　Dreamweaver 最新的 CSS 设计工具

元素快速查看：Dreamweaver 使用全新的 DOM 可视化工具，使得查看网站标记结构一览无遗。除了选择更方便，还能通过拖放、复制、删除或多重选择工作流程，轻松地更改内容结构，如图 1-6 所示。

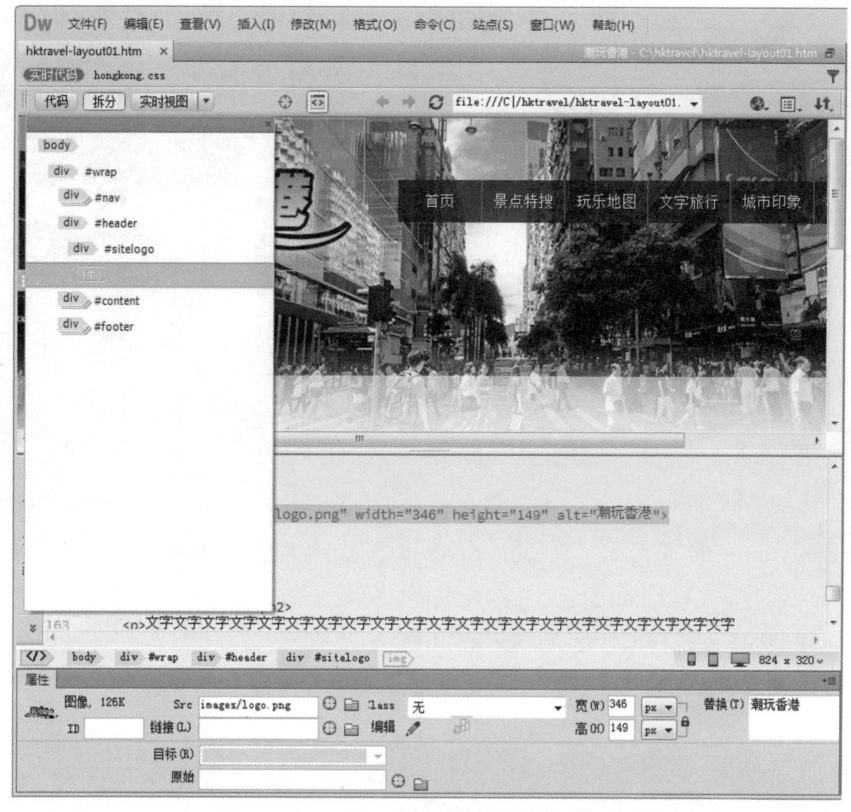

图 1-6　元素快速查看更能掌握网页文件的结构

优良的程序代码编辑环境：在“代码”窗口中可以使用程序代码缩进、程序代码颜色标示、程序行编号以及编码工具栏来组织和加速编码。编辑的过程中还可以通过 HTML 和服务器语言的程序代码提示，完成复杂的程序代码编辑工作，如图 1-7 所示。

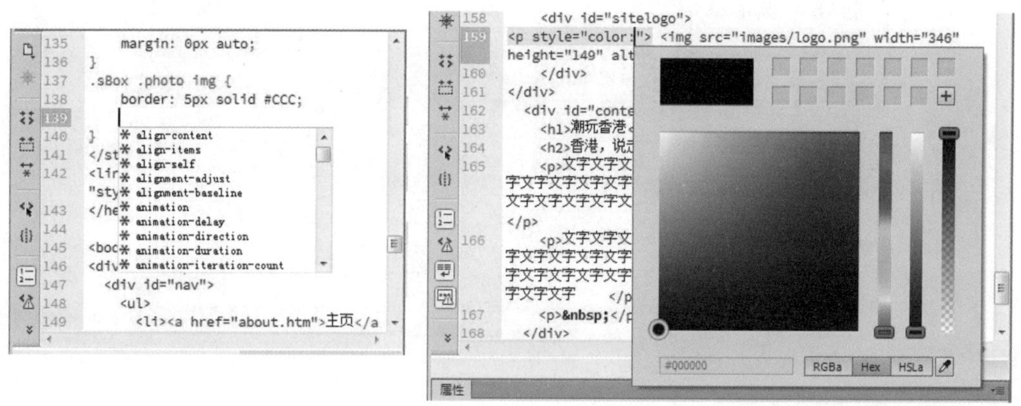

图 1-7　Dreamweaver“代码”窗口中提供了完整的工具，能完成复杂的程序代码编辑工作

提供多种类语法与初学者模板：Dreamweaver 除了一般网页编辑使用的 HTML、CSS、JavaScript 外，还支持交互程序。新版中还提供了许多流行的现成模板，方便用户能快速开发出现代化、简洁且高度交互的网页原型，以提高制作的效率，如图 1-8 所示。

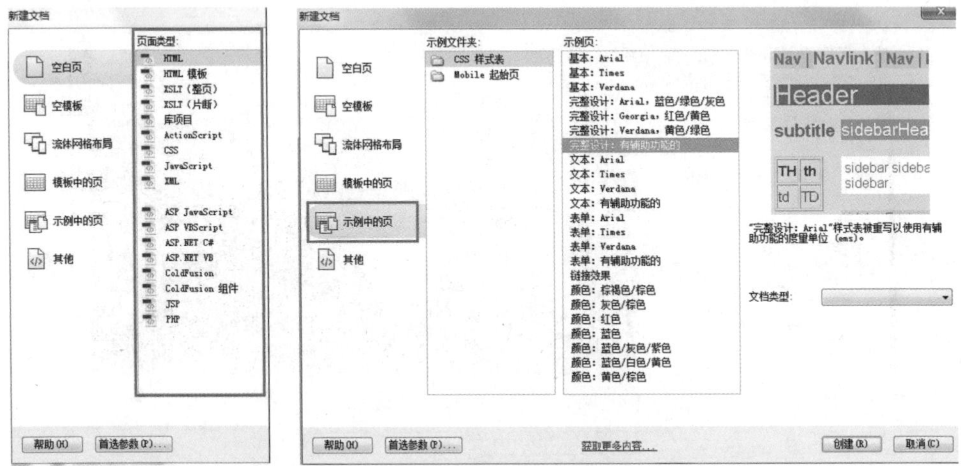

图 1-8　Dreamwcaver 支持领先的网页开发技术语法，并提供实用的初学者模板

推出 Dreamweaver 64 位版本：Dreamweaver 全新设计并推出 64 位版本，与原来的 32 位版本功能相同，但能更有效率地处理内存并提升性能。

加入 jQuery UI 工具集：jQuery 是优秀的 JavaScript 框架，能快速完成前端的界面交互。以 jQuery 技术为基础的 jQuery UI 工具集，能帮助开发者快速地加入许多实用的网页组件与效果，如图 1-9 所示。

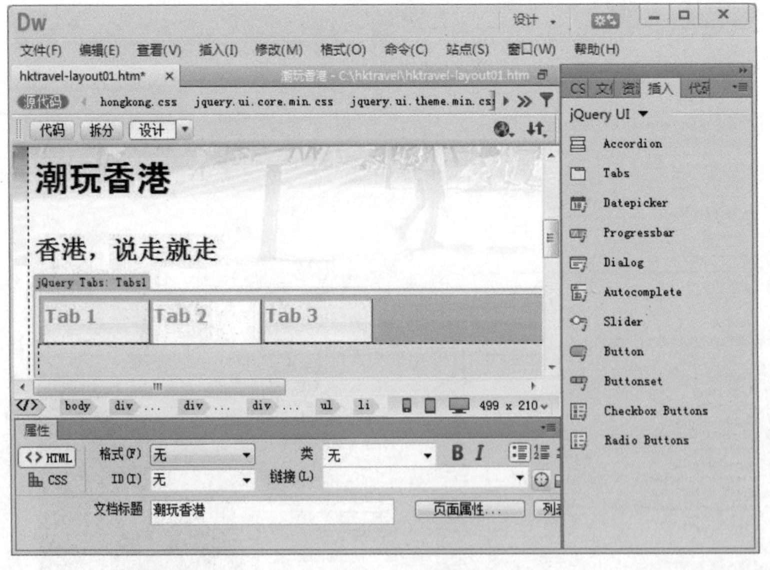

图 1-9　Dreamweaver CC 能以可视化的方式加入 jQuery UI

1.2 网页革命新浪潮

随着更好、更快、更低能耗的移动设备的流行，网页需要面对更多不同的需求，移动设备可以充满更丰富的多媒体内容，而设计的网页需要符合不同移动设备平台的需求。

1.2.1　HTML5 的出现

HTML5 是新一代网页的标准，这个新标准希望能够减少浏览器对插件的需求，并可促进更丰富的网络应用服务的产生。只要浏览器支持这个标准，不通过插件也能完成网页所需的内容，这正是 HTML5 诞生的原因。

如果认为 HTML5 与 HTML 4 的差异只在于其表示版本的数字，或是认为只是多了一些新标签需要学习，并且能轻而易举就可以学会 HTML5，以及用 HTML5 解决所有问题，那可真的大错特错了。

其实 HTML5 的技术并不是只有标签的更新，而是涉及由 HTML、CSS3 和 JavaScript 三个元素所构成的网页内容。所有的 HTML5 效果或是功能，在搭配 CSS3 和 JavaScript 的帮助后，往往能创造出意想不到的应用。HTML5 与 HTML 4 的差异如图 1-10 所示。

HTML5 规格的制订机构：World Wide Web Consortium（W3C）终于在 2014 年 10 月宣布 HTML5 规格已经制订完成，并发出正式推荐公告，这也意味着全球网络正式跨入另一新的里程碑。W3C 对于 HTML5 版本说明如图 1-11 所示。

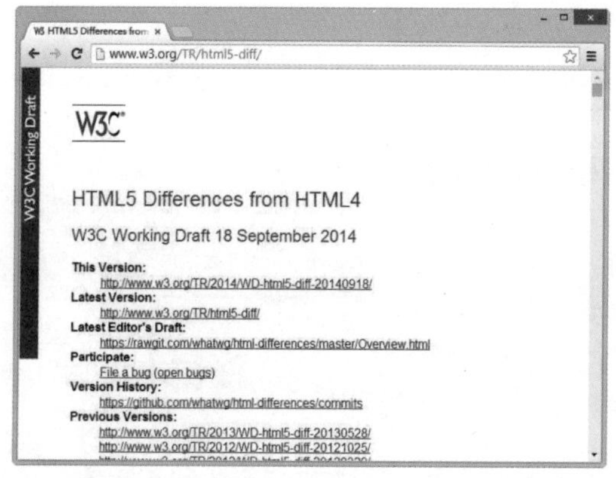

图 1-10　HTML5 与 HTML4 的差异（www.w3.org/TR/html5-diff/）

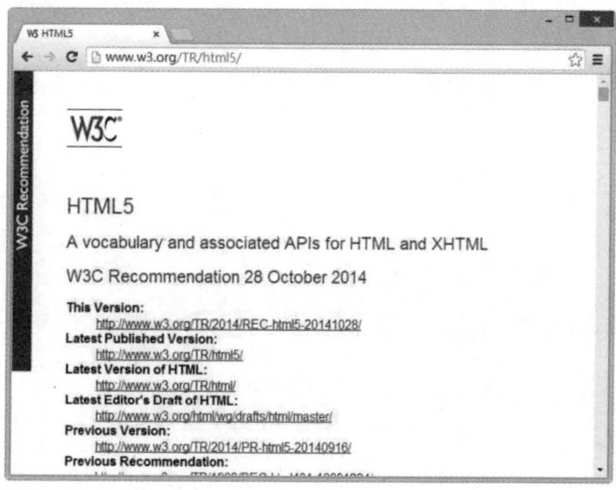

图 1-11　W3C 对于 HTML5 版本说明（www.w3.org/TR/html5/）

1.2.2　HTML5 的新增功能

HTML5 到底新增或改善了什么？以下的规格与功能是 HTML5 较为明显的改变，而且也被新一代的浏览器所普遍支持：

1. 新的标签元素：以过去用来标记网页基本结构的标签来说，新增了许多标签元素让浏览器更容易辨识，方便搜索引擎以及特殊的程序来处理。例如 <header>、<nav>、<article>、<aside> 及 <foot>，很容易就可以从字义上判别该区域的内容。
2. 表单功能的提升：对于表单标签增加并强化了其功能，力求在移动设备上有更好的表现。如输入自动完成、表单字段验证，都是提高用户操作方便性的好工具。
3. 视频的支持：在 HTML5 中不再使用 <object>、<embed> 这些不好记的标签，而是使用 <video>、<audio> 这些一目了然的标签名称，只要音频和视频格式符合标准，就可以直接使用对应的标签进行播放，不用再担心浏览器是否安装了相关的插件。

4. 新的绘图标签：HTML5 提供了新的绘图标签如 Canvas，除了可以在网页上绘图外，还能用 JavaScript 进行播放控制，完成动画的制作。3D 的绘图也不是难事了，如 WebGL 就能实现这个想法。
5. 其他：如 Web Socket 的使用、离线浏览、网页保存、多线程操作等，都是 HTML5 准备提供的功能。

未来的网页会是什么模样？在 HTML5 的蓝图上似乎已经有了一个较为明显的雏形，怎能错过或是逃避这个趋势呢！

爱分享

HTML5 功力展示的好网站

到底 HTML5 能带领我们走向哪里？有没有什么现成的范例能让我们看看 HTML5 能做些什么呢？Google 与 Apple 分别为 HTML5 开辟了专页来展示 HTML5 的功能，可以先到这些网站进行了解。

Html5 Rocks：http://www.html5rocks.com/en/
HTML5 Gallery：http://html5gallery.com/

1.3 介绍 Dreamweaver 的操作环境

Dreamweaver 提供了一个弹性的环境，让用户可以搭配各种不同的网页文件。进入 Dreamweaver 软件首先看到的是欢迎画面，打开文件后就可浏览整个操作环境。

1.3.1 启动 Dreamweaver

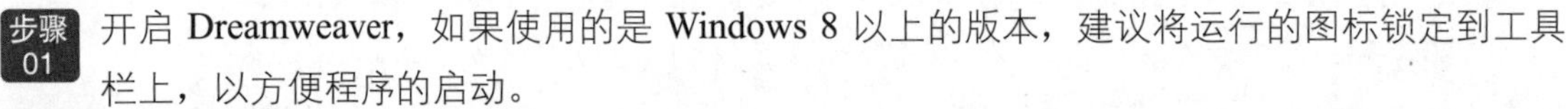

步骤 01 开启 Dreamweaver，如果使用的是 Windows 8 以上的版本，建议将运行的图标锁定到工具栏上，以方便程序的启动。

步骤 02 如果是第一次启动，程序会要求以授权方式启动。如果已经购买了正式的版权，选中“我有一组产品序号，我想启动 Dreamweaver”选项后，单击“继续”按钮，再将序号输入字段即可启动 Dreamweaver。如果想先试用，选中“我想试用 Dreamweaver”选项后单击“继续”按钮。

若安装或是启动时的屏幕显示画面不完全一样，只要按照屏幕显示画面上的指示操作即可。

1.3.2 Dreamweaver 的环境介绍

欢迎画面的使用

启动 Dreamweaver 时默认会显示欢迎画面，可以快速打开最近编辑的文件或新建文件，如图 1-12 所示。

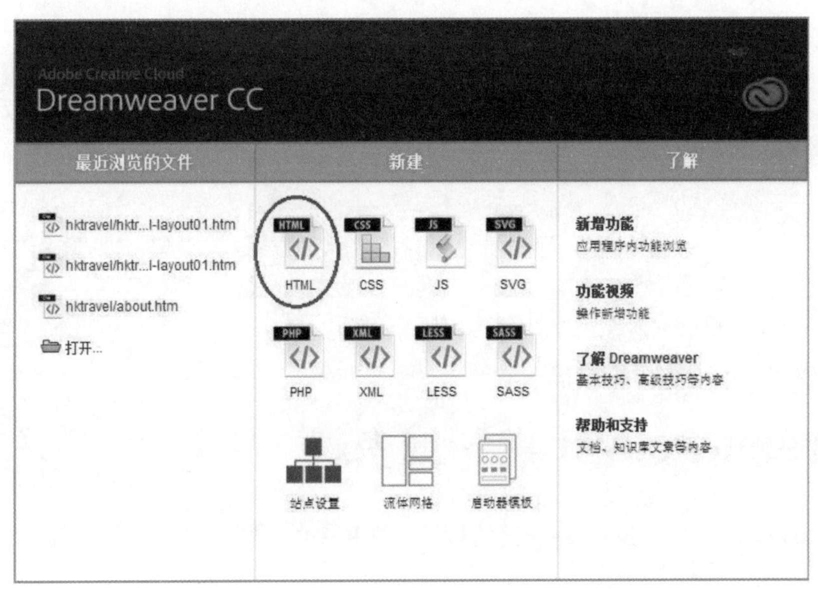

图 1-12　Dreamweaver 的欢迎画面，单击“新建 \ HTML”创建一个全新的文件，以方便等一下的解说

操作环境的介绍

以下是 Dreamweaver 的操作环境，如图 1-13 所示，使用“设计”工作区模式进行介绍，如果用户的界面与书中不同，请对照参考：

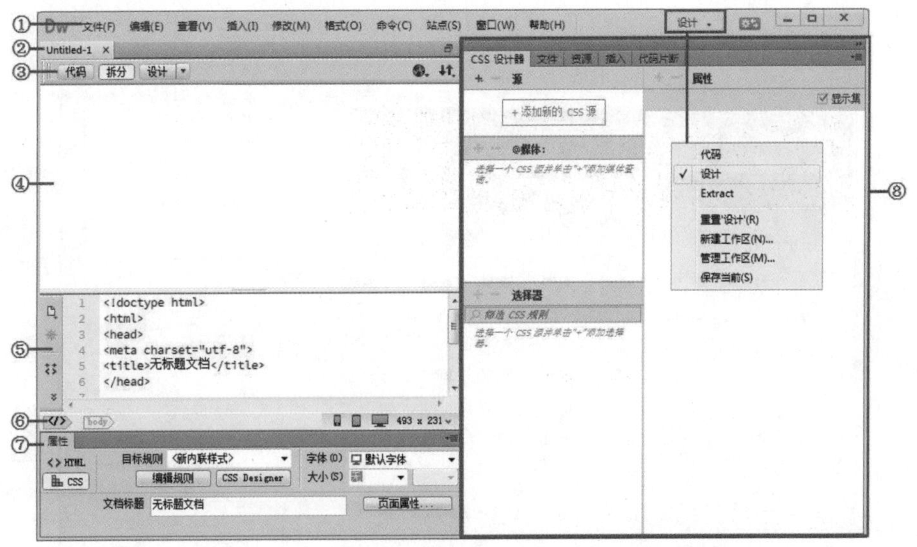

图 1-13　Dreamweaver 操作环境的“设计”工作区

① 菜单栏：所有的功能菜单都可在菜单栏中的下拉菜单里找到。

② 页面切换标签：Dreamweaver 在打开多个网页文件时，文件窗口上方会出现多个切换标签，只要单击各标签上的文件名即可在不同的页面中切换以便编辑不同文件。

③ 文件工具栏：提供文件窗口的多种查看方式和一些常用的操作按钮。

④ 设计 / 实时视图模式编辑区：这是制作网页时主要的编辑区，可以在这里输入文字、插入

视频、表格与所有网页的组件，并选择是否显示尺标与网格线，方便网页制作、布局与定位。

⑤ 代码编辑区：可以直接在这个区域进行程序代码编辑，输入时会适时出现提示窗口以提高编辑效率，也降低了人工输入的错误。

⑥ 标签选择器：位在编辑区下方的状态栏中，显示当前选择范围的标签分层。用鼠标右键单击 <body> 可显示出快捷菜单，单击“快速标签编辑器”就能选择标签分层的所有内容。

⑦ “属性”面板：这个面板主要功能是查看和更改在文件窗口选择的对象或文字的各种属性。“属性”面板会按所选择对象的不同而显示其不同的设置内容。

⑧ 面板群组：Dreamweaver 将功能相关的面板设为群组，若要展开面板群组，单击面板群组标签栏的空白处；若要收起面板群组，再单击一次鼠标即可。

1.4 Dreamweaver 的帮助资料

Dreamweaver 为了方便用户能够快速地学习，在程序内提供了相当完整的帮助文件和教材，详细的程度让人吃惊！而且 Dreamweaver 简体中文版的帮助文件大都有中文，无论是新手或是高级用户都能受益无穷。

1.4.1 Dreamweaver 的帮助资料

其实 Dreamweaver 软件本身就有相当丰富的学习资料，单击菜单栏中的“帮助”，即可看到许多相关资料的链接，其中的“Dreamweaver 的新增功能”与“新增功能视频”都相当不错，建议参考使用，如图 1-14 所示。

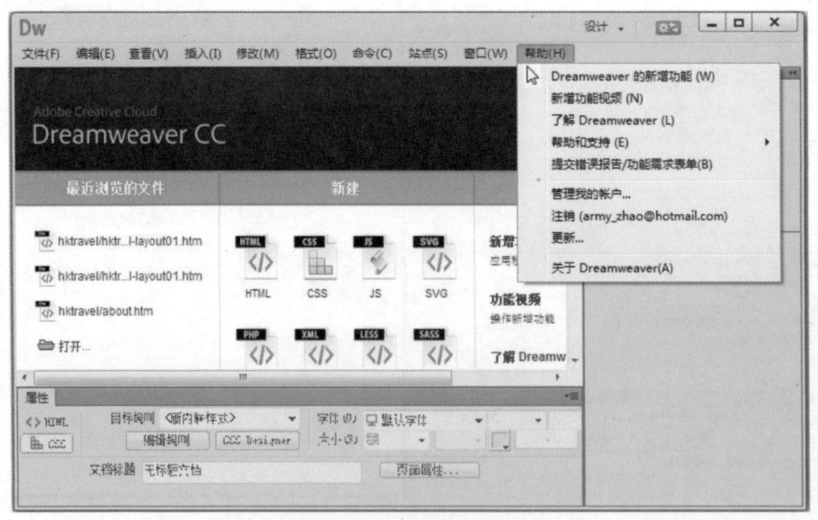

图 1-14 Dreamweaver 各项帮助

Dreamweaver 将帮助说明整理于网页文件中，用户只要确定计算机已联网，即可通过网络随时查询到最新的帮助内容。选择菜单栏的“帮助 \ Dreamweaver 帮助”选项，或按 F1 键就会开启帮助文件的网页窗口，如果有明确询问的主题，可以使用“搜索”功能查询相关的主题，如图 1-15 所示。

图 1-15　Dreamweaver 联机帮助页面中，可以灵活的利用目录、索引及搜索功能

1.4.2　Dreamweaver 官方网站资源

菜单栏中的“帮助\帮助和支持”的“Dreamweaver 联机帮助”、“Dreamweaver 支持中心”和“Adobe 在线论坛”选项，将官方网站中的在线资源都整理在此，不仅有最新的教材、文件，甚至有全世界的用户交流文件与 Adobe 工程师的经验分享，如图 1-16 所示。

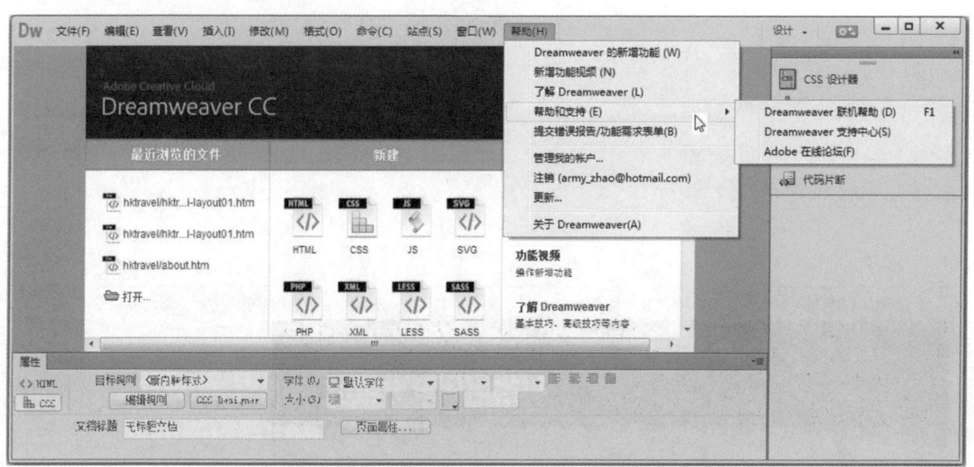

图 1-16　Dreamweaver 官方在线资源

最后 Dreamweaver 的原创公司——Adobe 的网站 http://www.adobe.com/cn/，更是不容错过的，这个网站中有 Dreamweaver 最详尽的技术支持与帮助说明，可以经常到这里看看 Dreamweaver 的官方帮助及技术文件。

在 Adobe 的网站上会不定期地举行训练研讨会、开发人员认证课程，最重要的是在 Adobe Add-on 中有许多可下载的扩展功能，让作品功能更强大、开发更迅速。

图 1-17 Adobe 官方网站资源

1.5 建议的环境配置

1.5.1 改变工作区的配置方式

Dreamweaver 根据用户不同的习惯，设计了多种工作区的配置，甚至能设计属于自己的工作区配置。

单击窗口右上角的切换按钮，或从菜单栏“窗口\工作区布局”选项中都可选择要使用的工作区配置方式，而本书的所有屏幕显示画面截图都采用“设计”配置，如图 1-18 所示。

如果对于当前的工作区配置方式十分满意，可以单击“新建工作区”将当前的配置保存起来。如果对于自定义的工作区布局想要进行更名、删除等操作，可单击“管理工作区”进行版面布局管理。

图 1-18 单击窗口右上角的切换按钮或从菜单栏“窗口\工作区布局”都可选择要使用的工作区配置方式

1.5.2　设置默认的扩展名及编码方式

从菜单栏中选择“编辑 \ 首选项”开启“首选项”对话框，在“分类：新建文档”中分别设置“默认扩展名”为“.htm”，“默认文档类型”为“HTML5”，保留“默认编码”Unicode（UTF-8），如图 1-19 所示。本书所有范例都会采用这组设置值来进行开发，这里要先调整以免操作时发生不必要的错误。

图 1-19　通过“首选项”对话框设置默认的文件扩展名及文件编码方式

1.6　课后练习

填充题

请对照图 1-20，将各部分的名称写出。

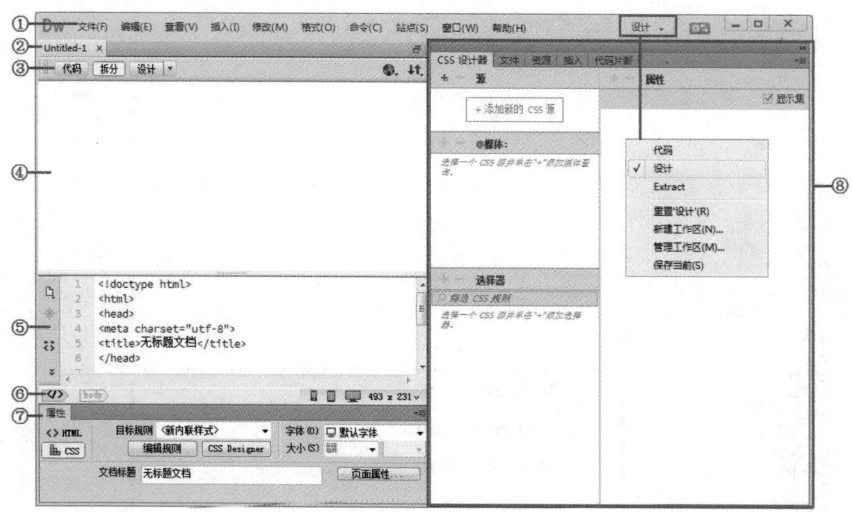

图 1-20　Dreamweaver CC 的操作环境

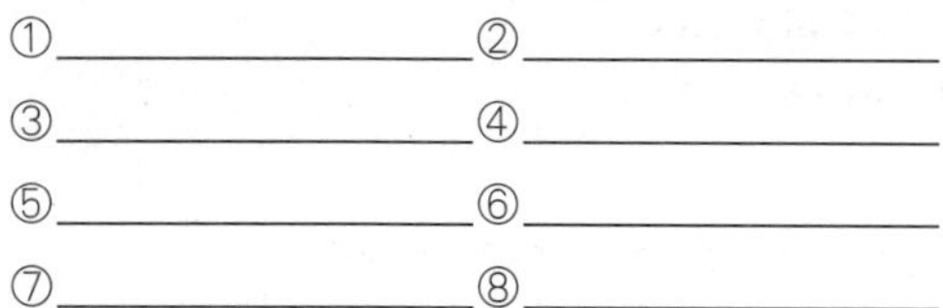

①________________ ②________________

③________________ ④________________

⑤________________ ⑥________________

⑦________________ ⑧________________

问答题

请列举 5 项 HTML5 的新功能。

第 2 章

开始规划网站

构建一个网站需要缜密的事前规划，完整又妥善的计划包括了网站结构、网站内容及事后的维护，好的开始可以让事后的构建更加事半功倍。

2.1 网站的开发流程
2.2 网站开发首部曲
2.3 课后练习

2.1 网站的开发流程

构建一个网站，不是凭着满腔热血、勇往直前就可以达到目的的。如果事先没有妥善计划、仔细盘算，那么可能努力半天也是徒劳无功、事倍功半。所以在开始开发一个网站时，事先要做足功课，之后才能大刀阔斧地执行。

其实做出一个网站并不难，但做出一个“好”的网站就相当不容易。没有一个好的规划与主题，只想将网络上看到的妙文和美图抓下来，然后在自己的网页上拼拼凑凑，是无论如何也不能制作出令人惊艳的作品的。

以下将分享如何产生一个“好”网站的流程和方向。

构建一个网站，在流程上大致可以分成下表的三个时期：

构建阶段	主要内容	阶段任务
规划期	网站主题的设置、内容的规划与资料的收集	1. 设置网站主题 2. 资料收集与整理 3. 构建网站结构图
施工期	网页组件的制作	制作如文字、图像、音频和视频等网页组件
	网页制作与测试	按照组织结构图来安排所有的网页、集成网页组件与页面预览
	网页空间的获得	寻找与申请合适的网页空间
	网站的上传	将整个网站的数据上传到远程服务器
	网站的推广	到各大入口网站、搜索网站登录
维护期	网站的更新与维护	1. 历史文件的归类保管 2. 确保网站正常运行，网页交互和文件更新

2.1.1 规划期

确定网站主题

许多人都想拥有一个属于个人的网站，但是往往忽略了开站主题的深思与构想，结果网站内容就流于空洞。所以在构建网站之初，确定方向是很重要的，先决定网站设立的目的与要提供的内容有哪些？待确定之后再往下推，往后的结构形成才会快速，网页制作时才会有主题。

资料收集与整理

既然网站主题已经确定了，就可以开始着手收集相关资料了。无论是平面文字或是好玩的图像，各种不同类型的媒体都可能是收集的对象，建议可上各大热门网站、个性网站看看，参考其配色、结构、主题、动画制作等现在网络上充斥着许多设计风格独特的网站，都可学习其可取之处。

请注意！所收集的资料都要围绕主题，不要胡拿乱取，浪费时间又不合需求。

构建网站结构图

资料收集与整理到一个阶段之后，马上就要把这些资料融入网站之中。建议可以把整个网站结构画成一张网站的结构图，除了可以了解整个网站的全貌之外，对于网页之间的关联流畅度也能掌握多一些，如图 2-1 所示。

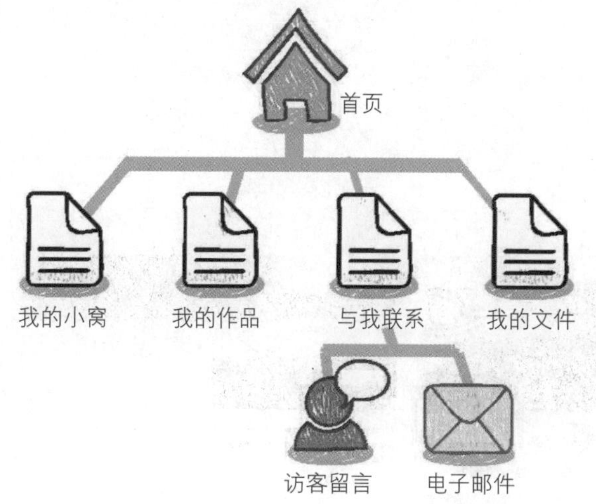

图 2-1　建议将整个网站结构画成一张结构图，以掌握页面间的关联

2.1.2　施工期

将所有的结构备齐而资料也收集完成后，就要进入最重要的施工期，因为这个时期需要将所有的平面数据转化为真实网页，一个真实筑梦的开始。

网页组件的制作

辛辛苦苦地在规划期所收集的资料，将要转化为网页的内容。例如文字部分要开始输入成文本文件，照片要扫描成图像文件，还有音频文件、动画文件等，都要开始一步步地整理，这样在网页制作时，就能马上派上用场。

在图像制作方面，强烈建议可以学习一套绘图软件，这样不仅能随心所欲设计出所需的照片，也不需担心照片版权的问题，如图 2-2 所示。

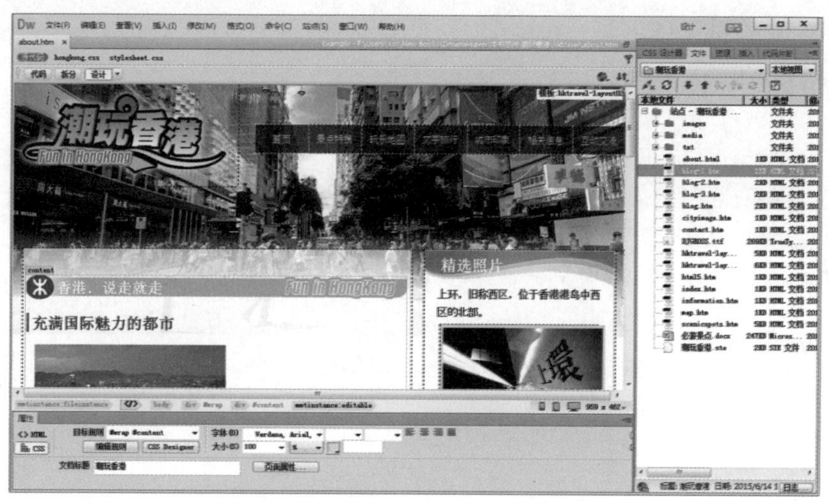

图 2-2　使用绘图软件制作图像

网页制作与测试

此时就要真枪实弹上战场了，也是将前面所有的努力“大融合”。在制作的同时除了要按照组织结构图来安排所有的网页，还要注意网页在浏览器上的表现。因为浏览器的种类会影响用户在浏览时的结果，所以要多加测试，提高网页浏览的正确性。

网页制作是这本书中最主要的重点，带领读者使用 Dreamweaver 完成所有网站内网页的制作，让所有想筑梦的人都能轻轻松松拥抱梦想，进而实现梦想，如图 2-3 所示。

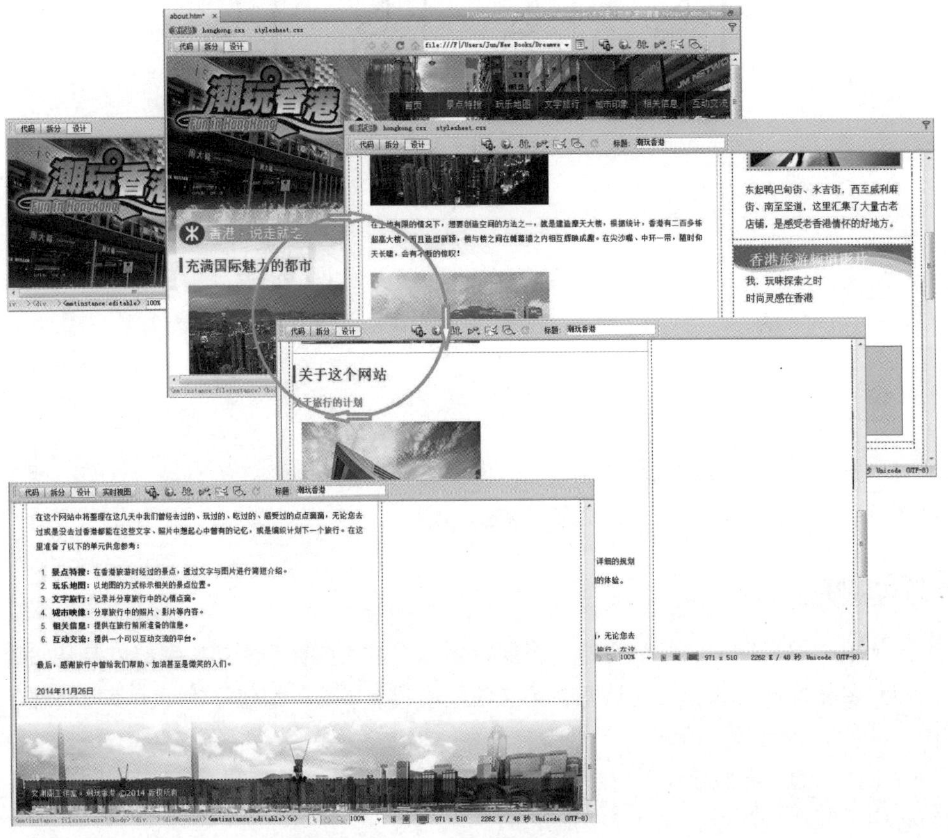

图 2-3　网页编辑软件将集成文字、图像和资料，最终完成网站的制作

网页空间的获得

制作完网页之后，要在网络上为网页寻觅一个“家”来放置作品，那么全世界各地的浏览者才可以连接到网站进行浏览。如果所处的单位是教育机构、政府机关，或是民间大型企业，有充足的经费，也能负担高额设备的购置与管理支出，我们会建议自行架设一台 Web 服务器。

如果所构建的网站是属于非营利性质或是个人使用，在没有充足的经费或是预算下，建议可以使用目前宽带服务的 ISP（Internet Service Provider）厂商或者互联网数据中心（IDC）服务商申请网页空间，如各地中心城市的 ISP 和 IDC 等公司都可以提供会员级的网页空间服务，如图 2-4 所示。

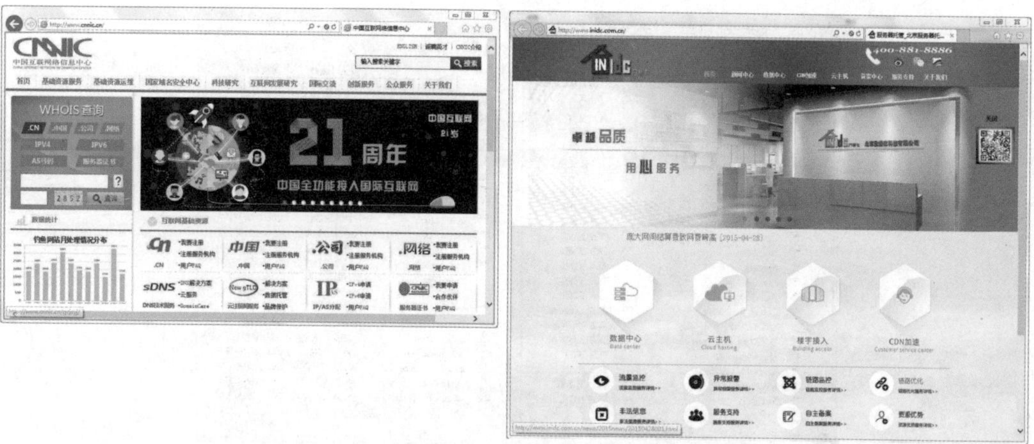

图 2-4 目前网络宽带的服务厂商大多会提供会员网站空间以供使用

如果是一般中小企业或工作室，建议向专业的厂商租赁虚拟主机来进行网站的营运。毕竟运营是为了营利的目的，对于主机的要求也相对更高，除了要确保网站浏览迅速且无误外，无论是防病毒和防黑客、数据备份或高级软件的使用上，也都要有相应的服务保障，如图 2-5 所示为一些提供虚拟主机服务的厂商。

图 2-5 虚拟主机的网页空间能为用户提供更丰富的功能、更稳定的主机

但是谈到钱，可真是伤感情，尤其对那些只是想放置个人网页，不以营利为目的用户更是情何以堪啊？本书范例申请了“狮子的免费虚拟主机”，网站内提供了免费的资源（可参考第 11 章的详细说明），虽然空间不是很大，不过对于放置个人网页已经绰绰有余了。

网站的上传

所有的网站成品在测试无误以及网页空间也申请完毕之后，就要开始执行上传操作。完成了这个步骤，一个网站的构建才能算是完整的。Dreamweaver 本身提供了多种文件上传功能，能符合各种服务器的需要，不必再额外安装其他的上传软件，即可完成文件上传及维护，轻松管理本地与远程数据，真的可以说是体贴入微的设计，如图 2-6 所示。

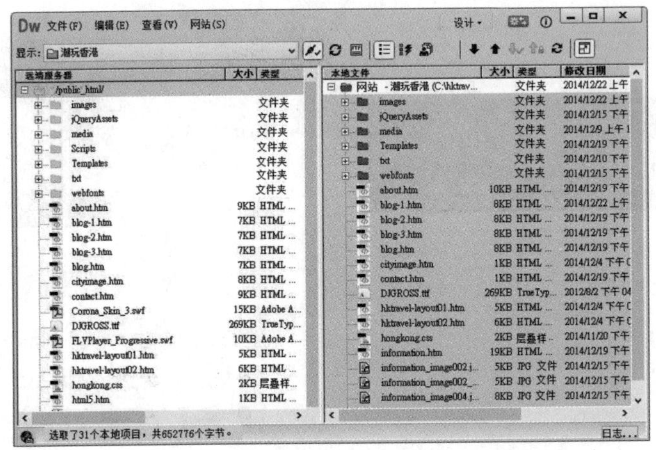

图 2-6　Dreamweaver 提供了多种文件上传的功能，可轻松管理本地与远程数据

网站的推广

网页上传完毕后，可不是所有的工作就告一段落了。一项再好的产品如果没有好的包装与广告，那么一切也是枉然。网站的经营也是如此，所以这个时期最重要的工作就是要到各大入口网站、搜索网站上去登录，其他浏览者才能搜索到所制作的网页。

2.1.3　维护期

古语有云："守成不易"，网站开张之后，可别以为什么都可以不管了。网站维护期的主要工作是历史文件的归类保管、确保网站正常运行、与网页交互以及文件更新，这都是提高稳定网站浏览人数的不二法门。唯有辛勤耕耘，才能含笑收获，长久地经营网站，如此才不会让先前的规划、施工化为乌有，网站"泡沫化"。

2.2　网站开发首部曲

以下将以"潮玩香港"为主题，建立一个完整的网站，让所有读者可以亲眼看着一个网站从草图到诞生的全部过程，内容保证精彩、步骤必定详细，希望大家保持平常心，秉持"戒急用忍"原则，照图操演。相信当看完本书，也会有一个美丽的作品展现在计算机前。

2.2.1　范例网站的分析

"潮玩香港"是在香港旅行后真实记录下来的网站，无论在图像与文字，甚至视频、音频等资源都很完整地收集与整理了，通过这个网站的制作过程与所有朋友分享。

本章首先要规划与定义网站，然后循序渐进地按照各章的重点与进度将各单元逐一完成。

网站结构图

构建网站前，如果能根据现有资料的特性，将所有的单元分门别类放置，画出整个网站的结构图，对于整个流程的推动是相当有帮助的。以下是"潮玩香港"所规划出来的一个网站树状结构图（可一并将网页的文件名想好，以方便后续的构建，如图 2-7 所示）。

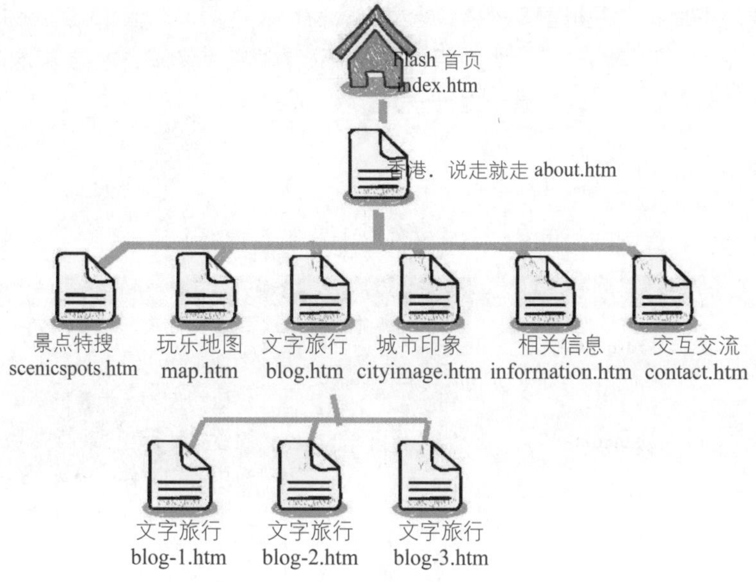

图 2-7　“潮玩香港”网站树状结构图

网站版面配置草稿图

绘制一个草稿图，将网页内容的摆放位置做一个规划，让设计人员可以按照草稿结构制作出网页的整体性，以下是绘制“潮玩香港”网页版面的草稿图，如图 2-8 所示。

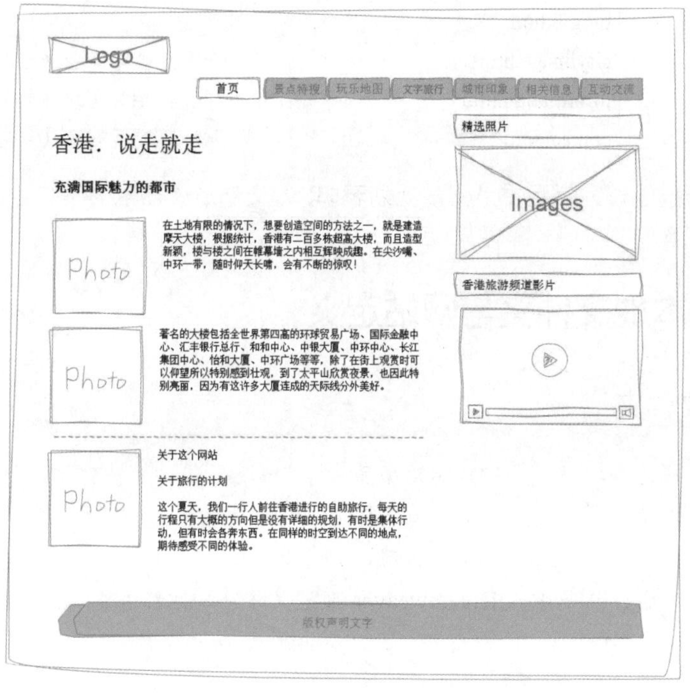

图 2-8　“潮玩香港”网页版面的草稿图

资料收集与整理

收集所需要的书面材料是很重要的，包含文字、图像、视频等，而本书范例中所需要的资料有将此次经过香港的名胜景点进行分类介绍、旅行中记录的点点滴滴、旅行中所拍摄的照片与影片等，最后将整理好的资料以网站单元进行分类。

网站规划表

规划整个网站会使用到的网页文件名与文件夹配置如下表所示：

<table>
<tr><th>根目录</th><th>文件夹和文件名</th><th>单元和说明</th></tr>
<tr><td rowspan="14">C:\hktravel\</td><td><images></td><td>图像文件夹，放置网站中使用到的所有图像</td></tr>
<tr><td><media></td><td>媒体文件夹，放置网站中使用到的所有媒体文件，包含动画文件、电影视频文件、音乐音频文件……等</td></tr>
<tr><td><txt></td><td>文字文件夹，放置网站中使用到的所有文本文件</td></tr>
<tr><td>index.htm</td><td>单元：Flash 首页</td></tr>
<tr><td>about.htm</td><td>单元：香港．说走就走（参考第 3 章）</td></tr>
<tr><td>scenicspots.htm</td><td>单元：景点特搜（参考第 4 章）</td></tr>
<tr><td>map.htm</td><td>单元：玩乐地图（参考第 7 章）</td></tr>
<tr><td>blog.htm</td><td rowspan="4">单元：文字旅行（参考第 6 章）</td></tr>
<tr><td>blog-1.htm</td></tr>
<tr><td>blog-2.htm</td></tr>
<tr><td>blog-3.htm</td></tr>
<tr><td>cityimage.htm</td><td>单元：城市印象（参考第 8 章）</td></tr>
<tr><td>information.htm</td><td>单元：相关信息（参考第 5 章）</td></tr>
<tr><td>contact.htm</td><td>单元：交互交流（参考第 9 章）</td></tr>
</table>

上表资料已经整理成 <潮玩香港网站规划表 .doc> 文件放置在本书下载地址的 <本书范例> 文件夹中，可以在操作范例时对照使用。

2.2.2 建立本地文件夹与网站定义

复制本书范例文件夹

本书的环境是将“潮玩香港”相关资料放置于本机 C 盘 <hktravel> 文件夹中，所以将下载文件中的 <本书范例 \ 网站原始文件 \ hktravel> 整个文件夹复制至 C 盘中，这个文件夹包含所有网站运行时会使用到的文字、图像、动画及视频，如图 2-9 所示。

完成这个操作之后，就要进入 Dreamweaver 来定义网站与制作网页。

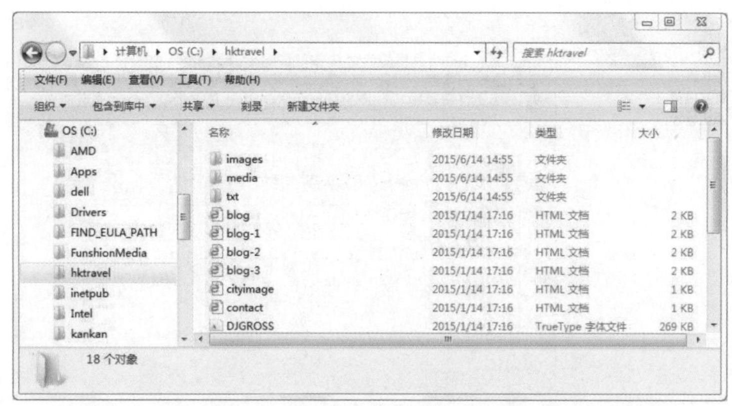

图 2-9 将本书下载文件中网站的源文件复制到指定位置

网站定义

进入 Dreamweaver 软件后，按照上页网站规划表新建网站“潮玩香港”，以下是整个操作过程：

步骤 01 选择菜单栏“站点 \ 新建站点”开启对话框开始设置，如图 2-10 所示。

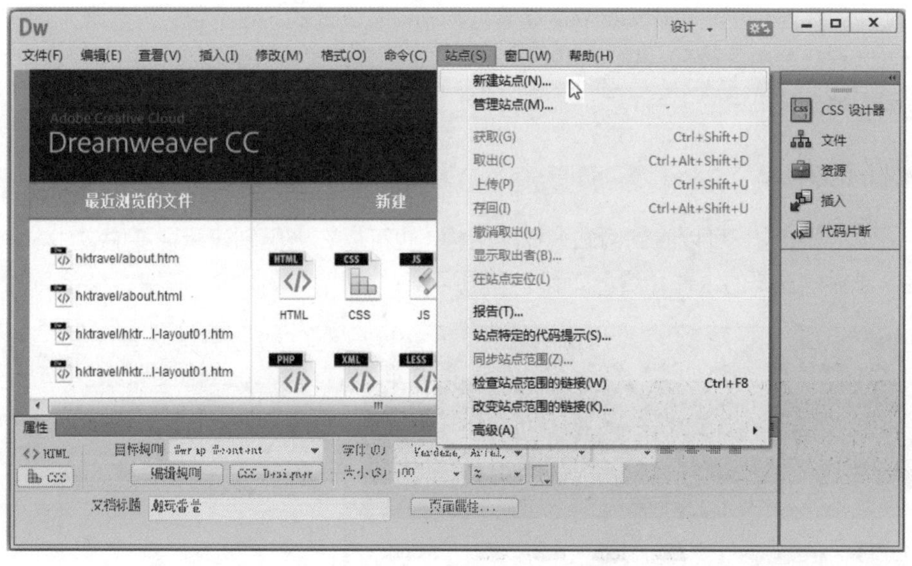

图 2-10 新建网站

步骤 02 选择“站点”标签，在“站点名称”中为网站命名为“潮玩香港”，在“本地站点文件夹”中输入文件夹所在位置“C:\hktravel\”，确认后单击“保存”按钮，如图 2-11 所示。

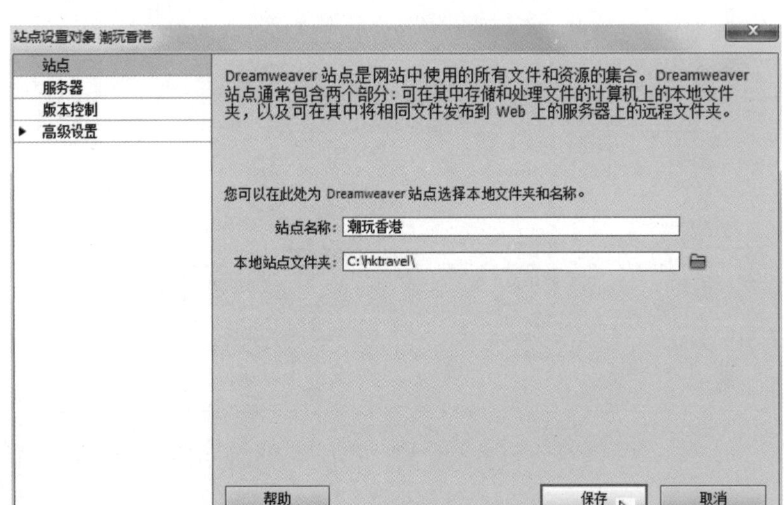

图 2-11　设置网站名称和站点所在文件夹

2.2.3　网站文件的管理

网站文件的管理，可说是 Dreamweaver 管理网站的首要战将，它不仅可以管理本地的文件夹，也可以查看远程网站中的数据，更厉害的是可以保存在个人或多人的工作模式中，也能同步更新远程网站和本地文件夹中的内容。

文件面板的简介

在“文件”面板中，可以看到网站大概的结构，也可以在这里创建所需要的文件、文件夹等，以下是这个面板中重要的组件介绍，如图 2-12 所示。

图 2-12　文件面板的重要组件

① 网站名称：显示当前编辑的网站名称，若有一个以上网站，可以单击列表按钮切换。

② 查看状态：这里提供网站的“本地视图”、“远程服务器”、“测试服务器”以及“存储库视图”4 种查看状态，可以单击列表按钮切换。

③ 文件上传管理按钮：这里有 7 个按钮，分别管理执行文件上传时的 7 项工作，有 连接到远程服务器、 刷新、 从“远程服务器”获取文件、 向“远程服务器”上传文件、 取出文件、 存回、 与“远程服务器”同步。

④ 展开 / 折叠：当单击“ 展开以显示本地和远端站点”按钮，可以将面板展开，拆分窗口查看网站（包括所有的本地文件和远程服务器），并测试与选择网站关联的服务器文件，如图 2-13 所示。

单击此按钮可折叠
至仅显示本地或远
程网站的内容
远程文件
本地文件

图 2-13 远程服务器上的文件和本地的文件

小提示

定义网站的作用

所有制作完成的网页最后是要放置在网站服务器（Web Server）上的，但这样的操作并不是计算机一开启，所有在使用 Internet 资源的人就可以到我们的计算机上浏览，或是直接到网站服务器上就可把作品完成。为了解决这个问题，必须先将本地计算机的文件夹仿真成远程服务器中的文件夹，完成作品之后再将本地文件夹中完成的作品上传到服务器中成为真正的网站。这个原理在 Dreamweaver 中就扩展为“本地文件”与“远程服务器”。

本地文件就是指 Dreamweaver 模拟服务器环境在本地存放数据的位置。所有的编辑作品、产生的文件，都必须放在“本地文件”窗格。如此一来，所有作品在完成之后就可以通过上传操作直达网站服务器，成为真正的网站。

在文件面板新建 \ 删除文件

“文件”面板最大的功能就是管理网站内所有的文件，那么如何在一个全新的网站中新建网页文件，甚至是文件夹呢？

步骤
01

新建网页文件：在“文件”面板的“本地视图”状态中，进入“潮玩香港”范例网站，然后单击“文件”面板右上角的 按钮，然后单击“文件 \ 新建文件”选项，如图 2-14 所示，之后会自动新建一个名为 <untitled.htm> 的网页文件，再输入合适的文件名后单击 Enter 键即可，如图 2-15 所示。

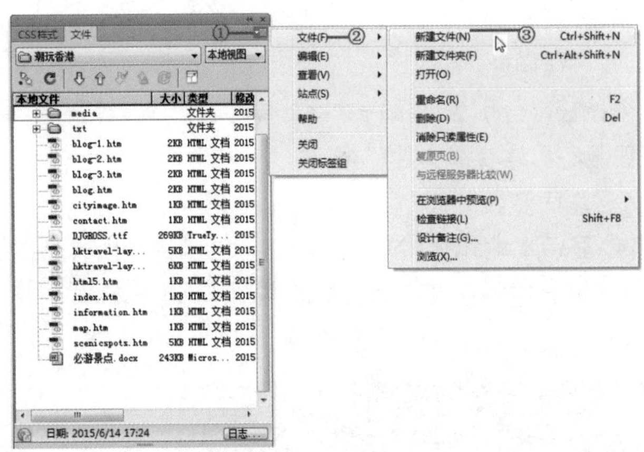

图 2-14　新建网页文件

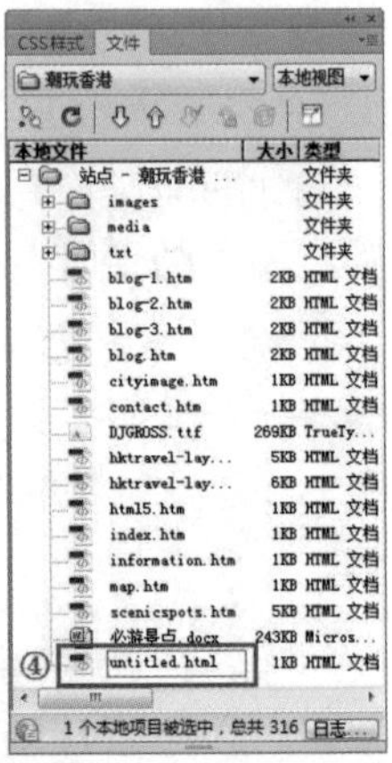

图 2-15　文件创建好了

步骤 02 更改文件名：如果不喜欢新建时默认的文件名，可以先选择要更改文件名的文件，再单击“文件”面板右上角的 按钮，然后单击“文件 \ 重命名”选项进入编辑状态，再输入新的文件名，如图 2-16 所示。

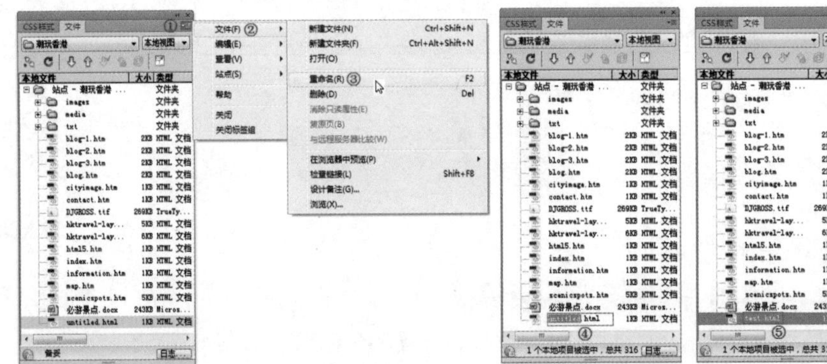

图 2-16　更改文件名

删除文件：选择要删除的文件后按 Delete 键，或者也可以单击“文件”面板右上角的 按钮，然后单击“文件 \ 删除”即可删除文件。

小提示

如何正确地为网页文件命名？

什么！网页文件名也要看八字、测风水吗？当然不是啦！这里要提醒各位在为网页文件命名时相当重要的注意事项：

由于这些文件将来都要上传到网络上的网页服务器，所以文件名一定要让服务器看得懂。因为各种网页服务器对于文件名都有特殊的规定，所以取名时可要三思而行。一般来说，网络上目前最风行的网页服务器大致都架构在这三种系统上：Unix、Windows 以及目前最红的 Linux。Unix 认为英文字母的大小写是不同的，但是在 Windows 上无论英文字母是大写或小写都视为相同。Linux 倒没有太严格的规定，但是大致上是比较倾向 Unix 那一边。所以在取文件名时为了省去以后的麻烦，按照下面的原则命名：

1. 所有的文件名一律使用英文小写，如此就不会因为服务器系统不同而混淆。
2. 不可以使用中文。
3. 文件名中间不能有空格。
4. 文件名中不可有标点符号或特殊符号。

在文件面板创建文件夹

网页中所使用到的数据不仅只有网页文件，还包括了图像文件、音频文件、视频文件等，如果可以通过文件夹整理散乱的文件，就可以让网站整个变得很有条理。

新建文件夹：例如现在要制作一个文件夹“test”，在“文件”面板的“本地视图”中进入“潮玩香港”范例网站，然后单击“文件”面板右上角的 ▪ 按钮，再单击“文件 \ 新建文件夹”，就会自动新建文件夹，如图 2-17 所示，再输入想要设置的文件夹名称，再按 Enter 键即可，如图 2-18 所示。

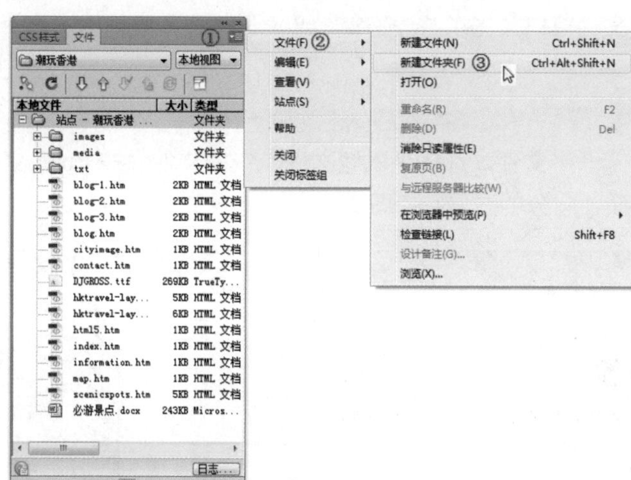

图 2-17 新建文件夹

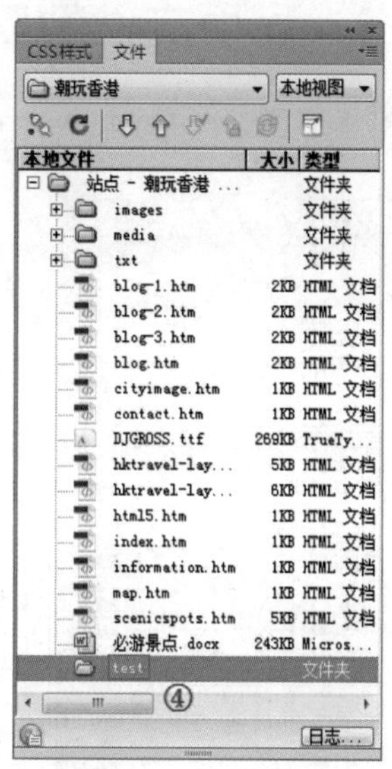

图 2-18 给文件夹命名

更改文件夹名称：更改文件夹名称与更改文件名的方式相似，选择欲更名的文件夹后，单击“文件”面板右上角的 ▪ 按钮，然后单击“文件 \ 重命名”或按 F2 键即可进入编辑状态，完成更名后按 Enter 键即可，如图 2-19 所示。

图 2-19 更改文件夹名称

删除文件夹：首先选择要删除的文件夹再按 Delete 键，或单击“文件”面板右上角的 ▪ 按钮，然后单击“文件 \ 删除”即可删除文件夹。

小提示

文件及文件夹管理快捷键

使用文件及文件夹管理的快捷键，可以使文件管理更有效率。常用的编辑操作与快速键如下：

1. 新建文件：Ctrl + Shift + N 键。
2. 新建文件夹：Ctrl + Alt + Shift + N 键。
3. 更改文件或文件夹名称：F2 键。
4. 删除文件或文件夹：Delete 键。

2.2.4 网页文件窗口

接下来将进入 Dreamweaver 网页文件窗口，先了解一下编辑环境与一些基本编辑操作。

打开网页

在“文件”面板中，如果要打开某一个文件，选择“本地文件”中的文件后按 Enter 键或双击鼠标左键即可打开这个文件进行编辑，十分的方便，如图 2-20 所示。

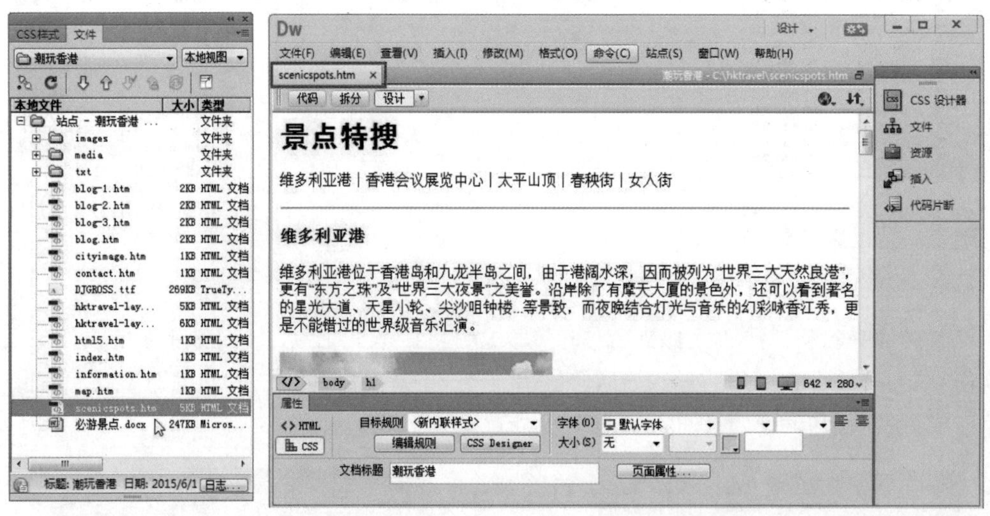

图 2-20　选择 <scenicspots.htm> 后按 Enter 键或双击鼠标左键即可在编辑区打开 <scenicspots.htm>

方便初学者的编辑模式——设计和设计器

本书范例操作与说明均是以 Dreamweaver 的“设计”工作区配置为标准来进行，可在窗口右上角选择“设计”工作区。而网页在输入文字、插入图像与表格、设计网页组件排列等编辑操作时，则会在“设计”窗口中进行，如图 2-21 所示。

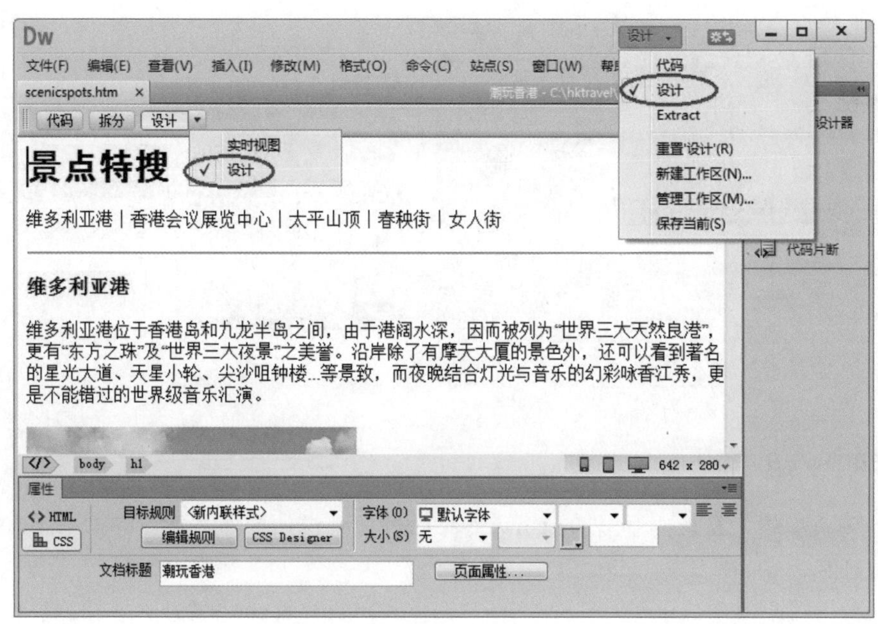

图 2-21　初学者的编辑模式——“设计”工作区

保存文件

工作完成后当然要马上保存作品，否则一不小心所有努力就会付诸流水。

编辑过但却尚未保存的文件，在页面切换标签的文件名旁会有一个“*”号，如图 2-22 所示。

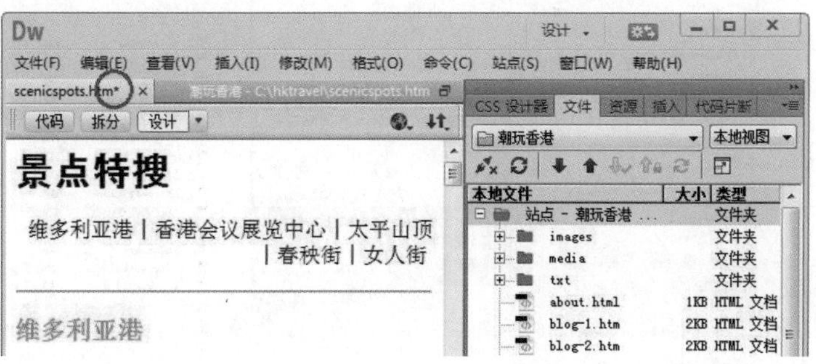

图 2-22　尚未保存的文件，其文件名旁会有“*”标志

在 Dreamweaver 中保存文件的方式相当简单，除了可以单击菜单栏“文件 \ 保存”来保存当前在文件窗口中打开的作品，也可以按 Ctrl + S 键来直接保存文件。

在浏览器中预览

在制作的过程中，无论在文件窗口设计的如何精彩，最终舞台还是浏览器，所以切换到浏览器中预览是相当重要的工作。

在文件工具栏单击 [按钮图标] 按钮并选择合适的浏览器进行预览，也可以直接按 F12 键调用默认浏览器进行预览，如图 2-23 所示。

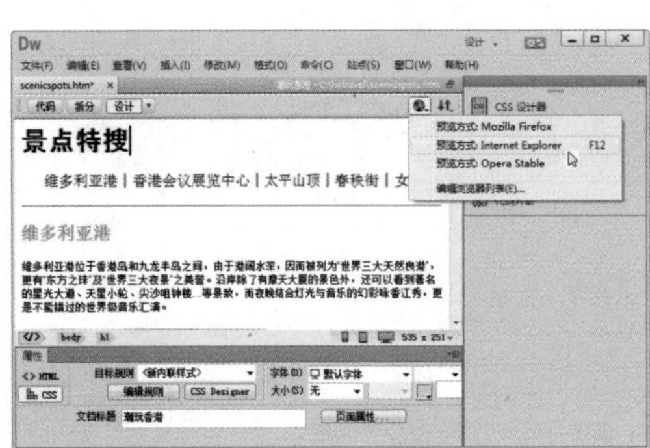
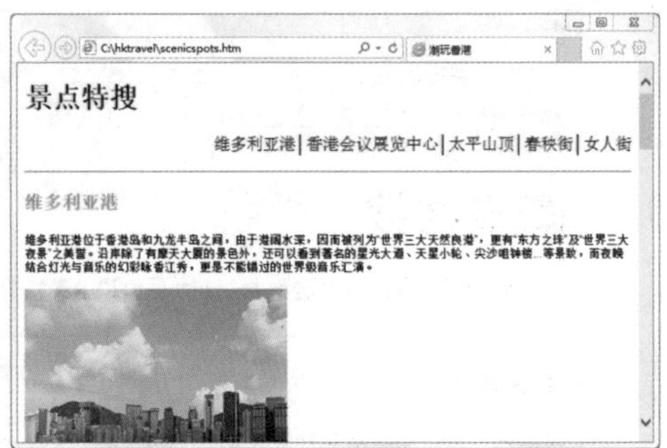

图 2-23　在浏览器中进行预览开发过程的页面

关闭 Dreamweaver

完成了网页编辑，若想要退出 Dreamweaver 软件，那该如何做才能离开 Dreamweaver 呢？接着看下去吧！

最简单的方式是单击菜单栏“文件 \ 退出”关闭 Dreamweaver，或单击窗口标题栏最右方的“关闭”按钮，如图 2-24 所示。

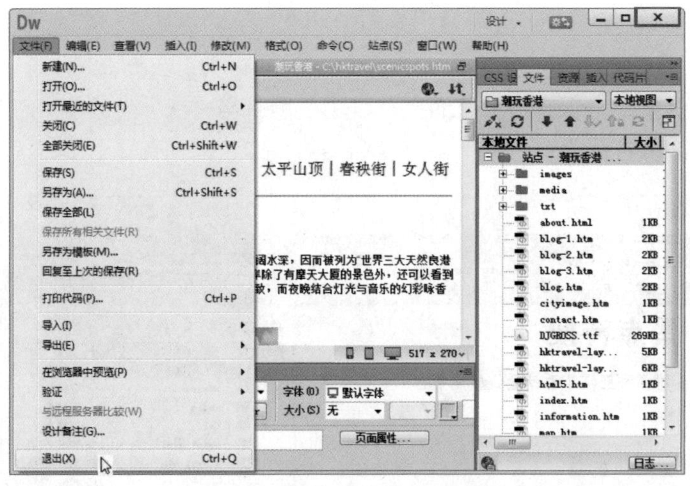

图 2-24　关闭 Dreamweaver

当关闭 Dreamweaver 时，如果该文件尚未存盘，软件会要求将文件存盘。

至此，是不是对于在 Dreamweaver 中规划网站、创建本地文件夹、打开网页文件、使用浏览器预览、保存文件与关闭 Dreamweaver 软件都有了一个基础的了解。

2.2.5　管理定义好的网站项目

修改、复制或删除站点设置

若已经完成了网站的定义，才发现有些数据要修改，应该从何处下手呢？

1. 单击菜单栏“站点 \ 管理站点”开启“管理站点”对话框。

2. 在“管理站点”对话框中选择需修改设置的网站名称，接着单击 “编辑”按钮回到原先设置网站的窗口，就可以修改网站的数据了，如图 2-25 所示。

3. 如果想要新建、复制或删除网站，也可以在“管理站点”对话框选择要操作的网站名称后，单击相关的功能按钮即可。

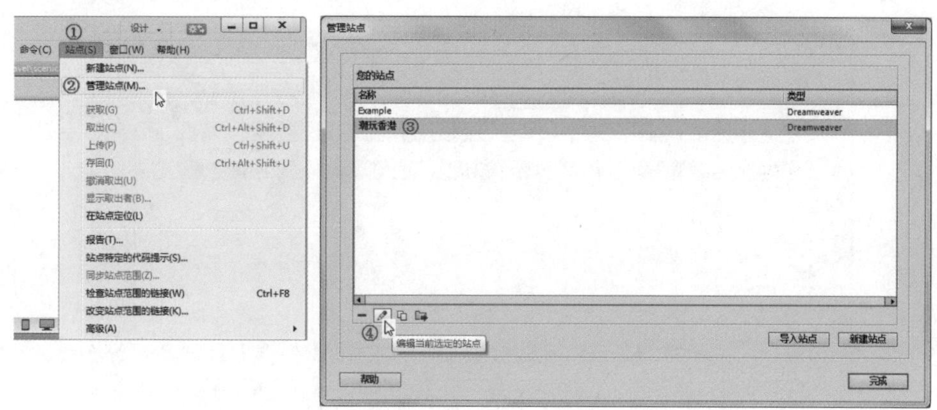

图 2-25　管理网站项目

切换网站

如果定义了一个以上的网站，要在网站与网站间进行切换管理，可以单击“文件”面板下的列表按钮选择所要编辑的网站，选择完毕后在“文件”面板即会显示所选择网站中的文件，如图 2-26 所示。

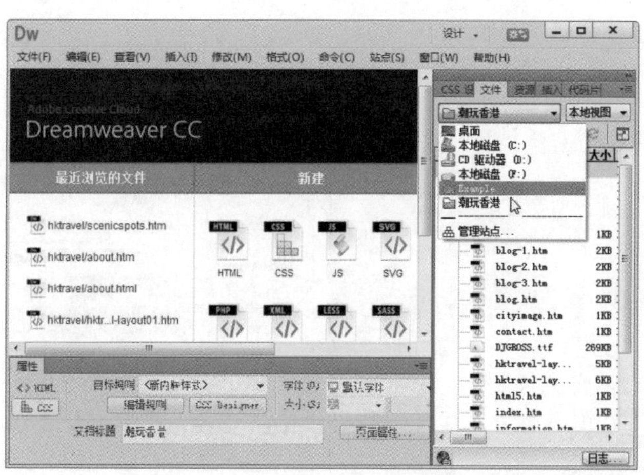

图 2-26　Dreamweaver 可同时编辑多个网站并快速切换

站点设置的转存

当系统重新安装时或是在另一台计算机中导入，可以使用 Dreamweaver 将网站的设置转存为 ste 文件进行备份。它能将每个定义好的网站中所设置的网站名称、本地文件夹名称、远程服务器的类型以及登录的账号和密码、测试服务器的类型与使用数据等重要信息备份成一个文件，从而省去手工重新定义网站的麻烦。

但是这个备份文件并不包含整个网站中的文件，有许多人都误认为这个备份文件是将整个网站备份为一个新的压缩文件，所以在此特别说明一下。

步骤 01 单击菜单栏“站点 \ 管理站点”，在“管理站点”对话框中选择要转存配置文件的网站项目后，单击“导出当前选定的站点”按钮，如图 2-27 所示。

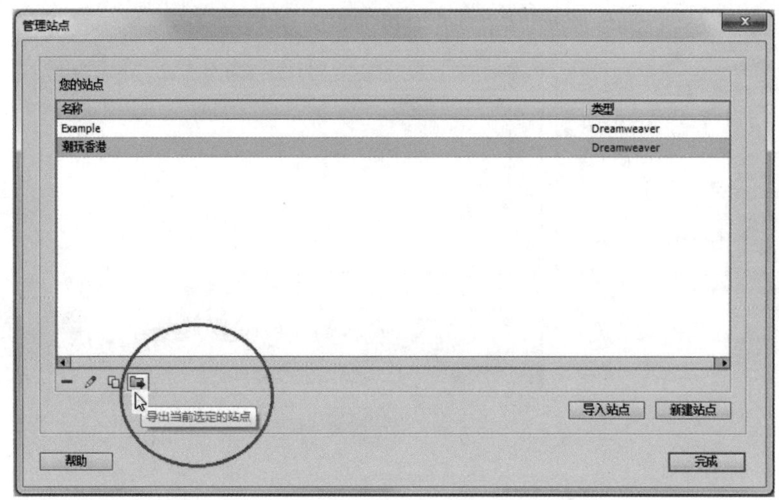

图 2-27　站点设置的转存

在“导出站点”对话框中选择网站配置文件所要保存的位置，然后单击“存盘”按钮，文件的扩展名为“ste”，最后单击“完成”按钮关闭“管理站点”对话框，如此即完成站点设置的转存。之后在 Windows 资源管理器转到刚才保存配置文件指定的文件夹中，果然看到生成了网站配置文件，如图 2-28 所示。

图 2-28　站点设置的导出

站点设置的导入

当重新安装系统或是在不同的计算机上时，可将 <.ste> 的配置文件导入使用。单击菜单栏“站点 \ 管理站点”开启“管理站点”对话框后，单击“导入站点”按钮，如图 2-29 所示。

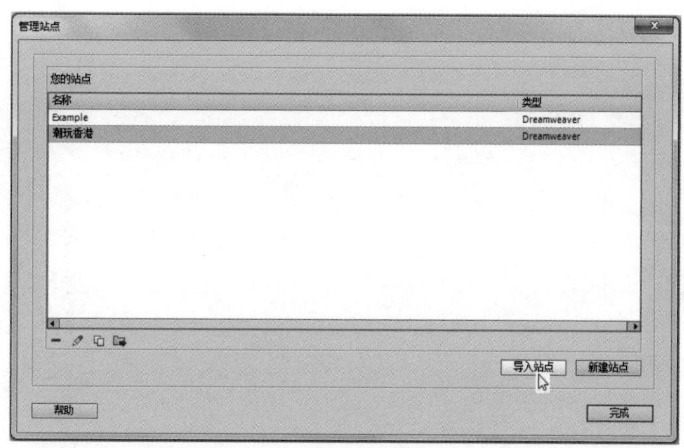

图 2-29　站点设置的导入：第一步

步骤 02　在“导入站点”对话框中选择要导入的网站配置文件，然后单击“打开”按钮，如图 2-30 所示。

图 2-30　站点设置的导入：第二步

步骤 03　完成后 Dreamweaver 便会导入该配置文件，而网站名称也会出现在“管理站点”对话框中。最后单击“完成”按钮，关闭“管理站点”对话框。

2.3　课后练习

填充题

1. 上网时在浏览器所看到的每一页，叫做________________。

2. 由网址进入网站所看到的第一个页面，叫做________________。

3. 在同一个网址之内，所有网页的集合，就是________________。

4. 网站的施工期有 5 项主要的工作：____________、____________、____________、____________及____________。

5. 网站的维护期主要的工作是____________和____________。

问答题

说明定义网站的作用。

网页文件命名有哪 4 项原则？

第 3 章

记录旅行的起点——文字与图像

网页结构有百分之九十都是由文字组成，所以网页上的文字编辑就需要一套完整且有规则的整理方法。在网页设计中加入图像能增强读者对文章的印象与吸引力。

3.1 网页文字的编辑

在网页结构中大部分都是由文字组成，所以网页上的文字编辑就需要一套完整且有规则的整理方法。

在开始进行文字编辑前，必须具备一个正确的观念：确认文章的段落，并事先归纳出哪一段要当做标题、副标题或是正文，要设置何种样式。如此在进行后续的各项文字编辑时，才能事半功倍，如图 3-1 所示。

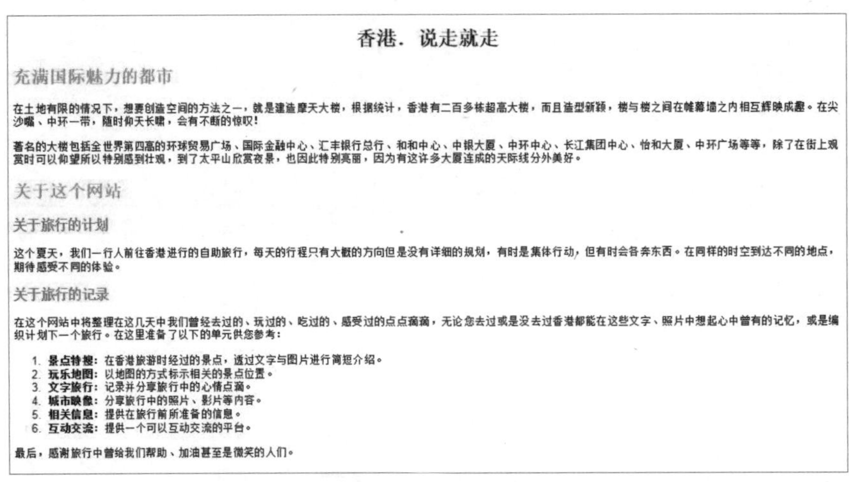

香港．说走就走

充满国际魅力的都市

在土地有限的情况下，想要创造空间的方法之一，就是建造摩天大楼，根据统计，香港有二百多栋超高大楼，而且造型新颖，楼与楼之间在帷幕墙之内相互辉映成趣。在尖沙嘴、中环一带，随时仰天长啸，会有不断的惊叹！

著名的大楼包括全世界第四高的环球贸易广场、国际金融中心、汇丰银行总行、和和中心、中银大厦、中环中心、长江集团中心、怡和大厦、中环广场等等，除了在街上观赏时可以仰望所以特别感到壮观，到了太平山欣赏夜景，也因此特别亮丽，因为有这许多大厦连成的天际线分外美好。

关于这个网站

关于旅行的计划

这个夏天，我们一行人前往香港进行的自助旅行，每天的行程只有大概的方向但是没有详细的规划，有时是集体行动，但有时会各奔东西。在同样的时空到达不同的地点，期待感受不同的体验。

关于旅行的记录

在这个网站中将整理在这几天中我们曾经去过的、玩过的、吃过的、感受过的点点滴滴，无论您去过或是没去过香港都能在这些文字、照片中想起心中曾有的记忆，或是编织计划下一个旅行。在这里准备了以下的单元供您参考：

1. **景点特搜**：在香港旅游时经过的景点，透过文字与图片进行简短介绍。
2. **玩乐地图**：以地图的方式标示相关的景点位置。
3. **文字旅行**：记录并分享旅行中的心情点滴。
4. **城市映像**：分享旅行中的照片、影片等内容。
5. **相关信息**：提供在旅行前所准备的信息。
6. **互动交流**：提供一个可以互动交流的平台。

最后，感谢旅行中曾给我们帮助、加油甚至是微笑的人们。

图 3-1　为网站准备的文字资料

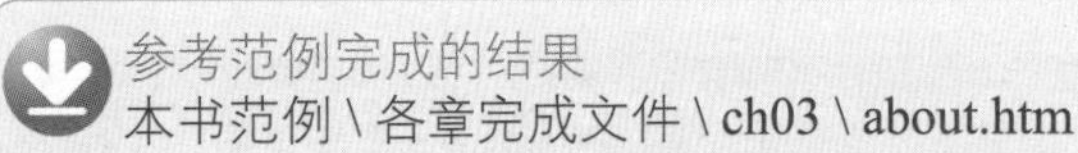

参考范例完成的结果
本书范例 \ 各章完成文件 \ ch03 \ about.htm

3.1.1 在网站中新建网页文件

首先按以下步骤在网站中新建一个网页文件。

新建文件

步骤 01 在“文件”面板的“本地视图”状态中，进入“潮玩香港”网站，如图 3-2 所示。

图 3-2　进入“潮玩香港”网站

步骤 02　在“文件”面板单击右上角的按钮，然后单击“文件 \ 新建文件”，屏幕显示如图 3-3 所示。

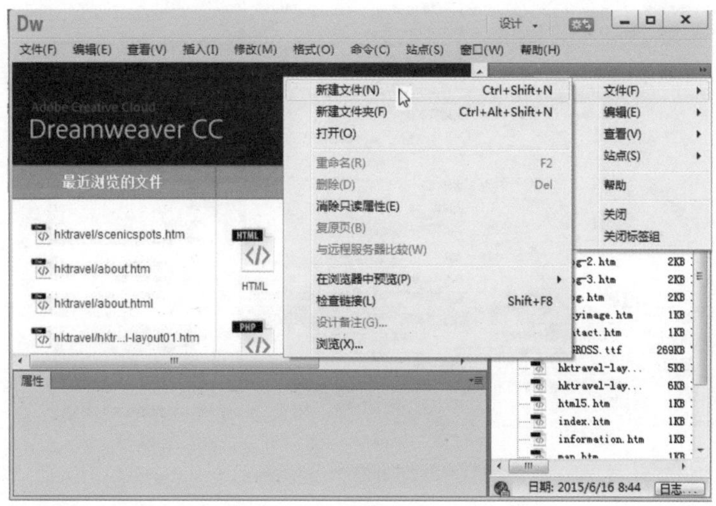

图 3-3　新建文件（一）

步骤 03　输入文件名为 <about.htm>，再按 Enter 键即可在网站中新建网页，如图 3-4 所示。

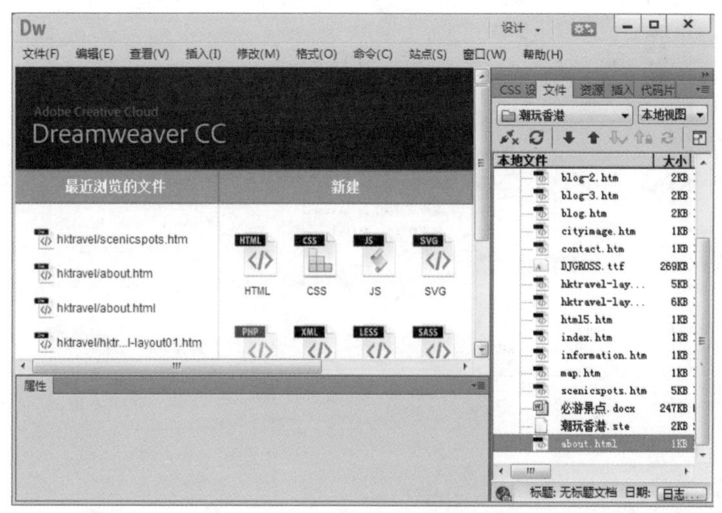

图 3-4　新建文件（二）

确定网页编码

在编辑网页内容之前，建议用户先确定网页编码，这个操作能确保网页上的文字内容正确显示。通常在显示中文的页面上，都是使用 Unicode 编码，如此可以减少不同系统解读时产生的错误，接着按照下述方法进行设置：

步骤 01　在“文件”面板切换到“潮玩香港”网站，用鼠标左键双击 <about.htm> 进入该网页编辑区，在菜单栏单击“修改 \ 页面属性”开启对话框，如图 3-5 所示。

图 3-5　准备修改页面属性

步骤 02 单击“分类：标题 / 编码”，在“标题：”输入“潮玩香港”，设置“编码：”为 Unicode（UTF-8）后单击“确定”按钮，结果如图 3-6 所示。

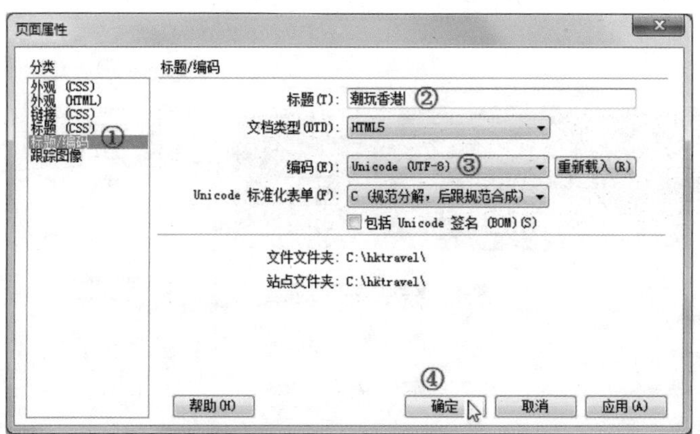

图 3-6　修改页面标题和编码方式

3.1.2　认识文字格式属性面板

在 Dreamweaver CC 中，对于文字格式的设置区分为 HTML 与 CSS 两种不同的方式。当应用 HTML 格式时，Dreamweaver 会将属性加入网页正文的 HTML 程序代码中。当应用 CSS 格式时，Dreamweaver 会将属性写入文件标题或不同的样式表单中。

在属性面板中设置 HTML 格式

设置文字格式最基础的方式即是使用 HTML 标签，通过“属性”面板设置的方式如下：

1. 如果“属性”面板尚未开启，单击菜单栏“窗口 \ 属性”开启之后，然后单击 <>HTML 按钮。
2. 选择要设置格式化的文字。
3. 设置要应用到选择文字的选项。

如图 3-7 所示是“属性”面板中设置 HTML 模式的相关选项说明。

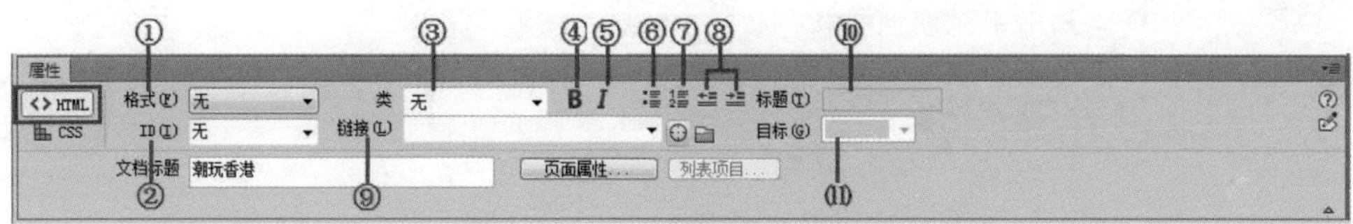

图 3-7　页面属性面板的各个选项

① 格式：设置选择文字的段落样式。“段落”会应用 <p> 标签的默认格式，“标题 1”则为 <h1> 标签，依此类推。

② ID：为选择范围指派 ID。

③ 类：显示当前选择文字应用到的类样式。如果选择范围还未应用任何样式，“类”字段内就会显示“无”。如果选择范围应用了多种样式，“类”字段内便会显示空白，如图 3-8 所示。

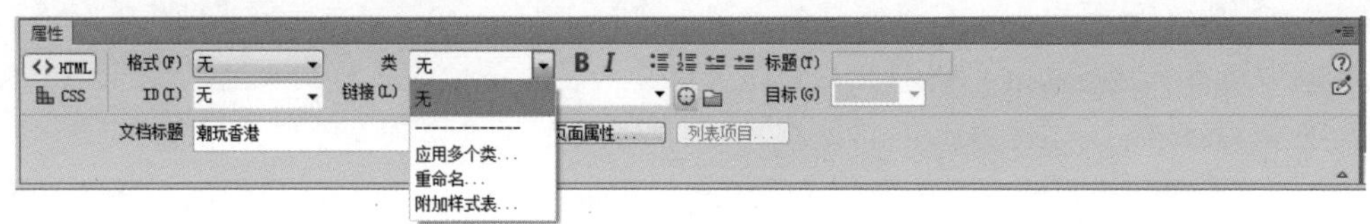

图 3-8　选择文字应用的类样式

◆ 单击“无”以删除当前选择的样式。

◆ 单击“重命名”以重新命名样式。

◆ 单击“附加样式表”以开启对话框，可以将外部样式表附加至网页。

④ 粗体：在选择的文字上应用 <strong> 标签。

⑤ 斜体：在选择的文字上应用 <em> 标签。

⑥ 项目列表：为选择的文字创建项目列表。

⑦ 编号列表：为选择的文字创建编号列表。

⑧ 删除缩进区块和缩进区块：为选择的段落文字应用缩进或删除缩进，方法是应用或删除 <blockquote> 标签。在列表中，缩进会创建嵌套结构的列表，而删除缩进则会取消列表的嵌套结构。

⑨ 链接：为选择的文字建立超链接。可以利用下述方式建立链接：

◆ 直接输入 URL。

◆ 单击“浏览文件”图标，以浏览网站中的文件为链接目的。

◆ 拖动“指向文件”图标到“文件”面板中的文件，以达到链接的目的。

⑩ 标题：为超链接文字指定提示文字。

⑪ 目标：指定要加载链接文件的窗格或窗口。

在属性面板中设置 CSS 样式

使用 CSS 样式来设置文字格式是一个相当不错的方式，不仅能将文字的相关设置以样式来规范，并能将相同样式的设置应用在相同性质的文字上，从而避免重复设置的麻烦。

在“属性”面板编辑 CSS 样式的方式与步骤如下。

如果“属性”面板尚未开启，单击菜单栏“窗口 \ 属性”开启之后，单击 CSS 按钮。

接着可以执行下列其中一项操作：

1. 选择应用 CSS 样式的文本块，该样式则会出现在“目标规则”列表中。从“目标规则”列表中，选择要编辑的样式。

2. 使用 CSS 样式“属性”面板中的各个选项来变更样式内容。

以下是“属性”面板中设置 CSS 样式的相关选项说明，各个选项如图 3-9 所示。

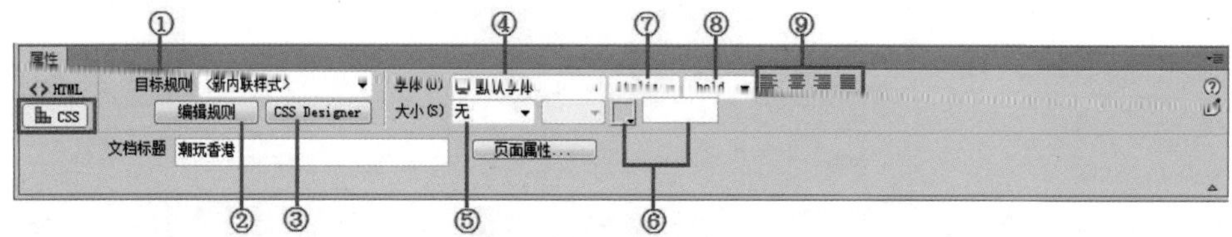

图 3-9　CSS 样式的各个选项

① 目标规则：在选择已应用 CSS 样式的文字区域后，会在这个列表显示原来使用的 CSS 样式，或可以选择其他应用的 CSS 样式。但是如果并未设置任何 CSS 样式或是选择的区域并未应用任何 CSS 样式，则会出现 < 内联样式 >，如图 3-10 所示。

另外，“目标规则”列表中还提供“< 删除类 >”、“应用多个类”的相关设置，如图 3-10 所示。

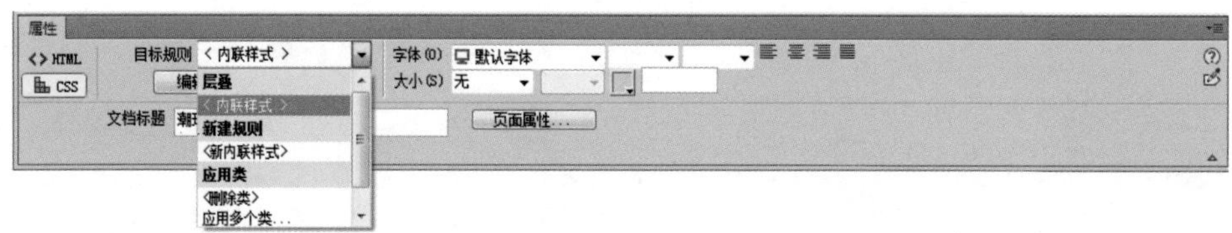

图 3-10　CSS 样式“目标规则”的各个设置

② 编辑规则：若选择区域已经应用 CSS 样式，则单击此按钮就会进入“CSS 规则定义”对话框。

③ CSS Designer：单击 CSS Designer 按钮可以开启右侧的“CSS 设计器”面板，除了可以添加或修改 CSS 内容外，也可以通过选中“显示集”看到当前设置的 CSS。

④ 字体：设置字体样式。

⑤ 大小：设置字体大小。

⑥ 文字颜色：单击 颜色板，将选定的颜色设置为目标规则的字体颜色，或在相邻的文字字段中输入十六进制值（例如，#FF0000），设置网页安全色。

⑦ 斜体：设置斜体属性。

⑧ 粗体：设置粗体属性。

⑨ “左对齐”、“居中对齐”、“右对齐”和“两端对齐”为设置对齐属性。

3.1.3　文字输入的方式

在 Dreamweaver 网页制作中，文字输入可以说是最简单的，因为在编辑区中，文字的输入方式与记事本或是 Word 编辑软件相同，它的排列方式从左到右，遇到编辑区的边界时就会自动换行。以下就针对本书的范例网站“潮玩香港”，进行首页的实践练习。

复制文本文件内容

如果有现成的文本文件，是否希望在制作网页时能将文字直接粘贴到网页上，省去打字的痛苦呢？在记事本中复制的文字段落，除非段落之间有空行，否则均以强迫换行
 来处理，所以如果是将纯文本的文件复制到 Dreamweaver 中，必须注意换行与分段的问题。

步骤 01 在“文件”面板 <txt> 文件夹中有一个名为 <about.txt> 的文本文件，用鼠标左键双击此文件以打开这个文本文件，单击菜单栏“编辑 \ 全选”将所有文字选择，在选择的文字上单击鼠标右键，单击“复制”，如图 3-11 所示。

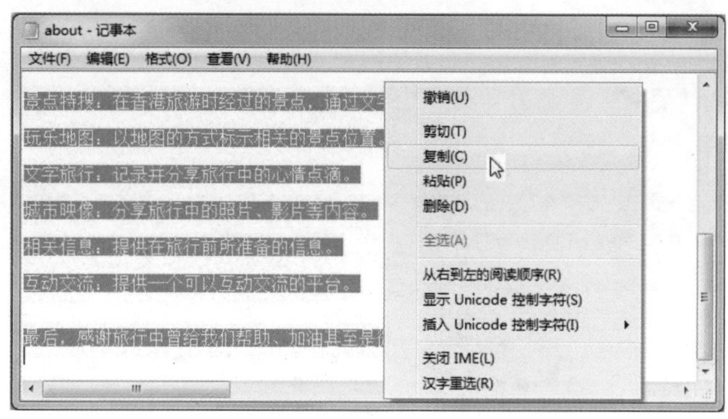

图 3-11 复制文本文件中的文字内容

单击页面标签回到 <about.htm> 的网页编辑区，再单击菜单栏“编辑 \ 粘贴”或按 Ctrl + V 键将刚才复制的纯文本粘贴过去，所有的文字即会保留原有的段落与文字属性设置，展现在网页上，如图 3-12 所示。

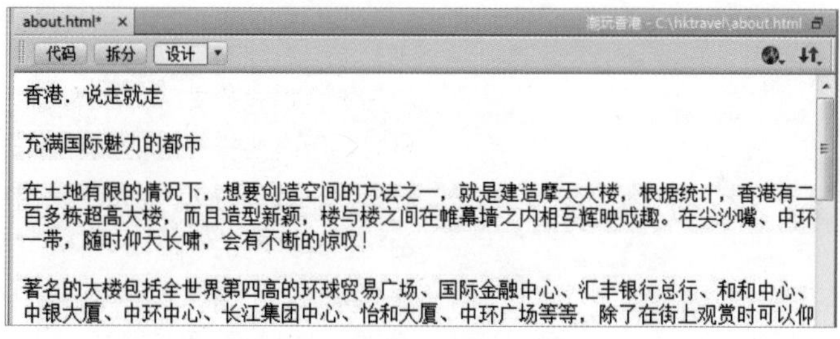

图 3-12 把复制的文字内容粘贴到页面编辑区

粘贴 HTML 网页资料

如果要粘贴现成的网页文字，该如何操作才能保留网页上原有的像是图像链接、超链接等 HTML 特有的属性呢？

在网页上选择要复制的文字，再在选择区上方单击鼠标右键，单击“复制”，如图 3-13 所示。

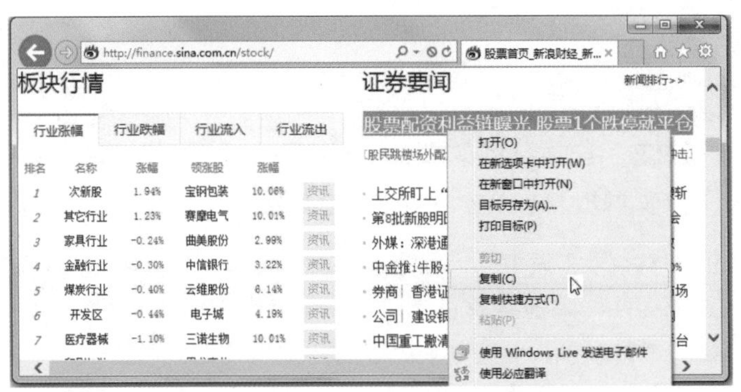

图 3-13　从网页上复制含有格式的文字内容

步骤 02 开启 Dreamweaver 软件，单击菜单栏“编辑 \ 选择性粘贴”，按需求选中所需要的“粘贴为”效果，如图 3-14 所示，细节可以参考下方的表格说明。

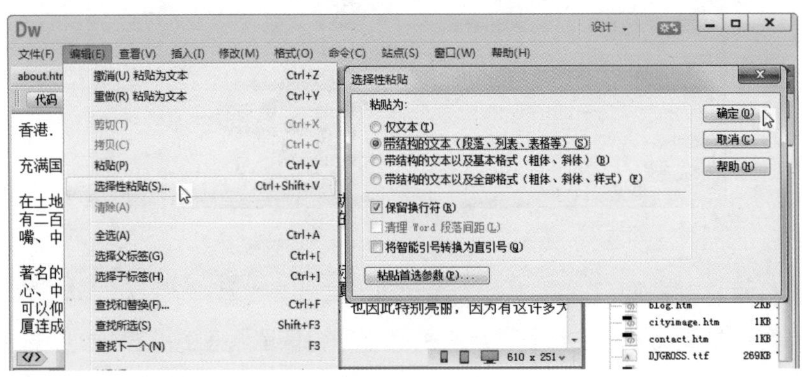

图 3-14　把含有格式的文字内容粘贴到网页编辑区

效果	说明
仅文本	粘贴不含格式的文字。如果复制的文字内容已经含有格式，所有格式（包括分行和段落）都会被删除
带结构的文本	粘贴保有结构的文字，但是不会保留基本格式
带结构的文本以及基本格式	粘贴保有结构的和简单 HTML 格式的文字（例如段落和表格，以及使用 b、i、u、strong、em、hr、abbr 或 acronym 标签格式化的文字）
带结构的文本以及全部格式	粘贴保留所有结构、HTML 格式和内置 CSS 样式的文字

3.1.4　格式化文本

以下将范例网站的网页文字格式化，让页面内容格式能呈现一致性，看起来更有条理，增加页面的易读性。

加入网页使用字体

先在“属性”面板单击 CSS 按钮，进入 CSS 模式。当单击“属性”面板上“字体”旁的列表按钮，在列表中会找不到任何中文字体，因为中文字体并不是 Dreamweaver 默认的字体，为了可以让本书的范例网站能够统一字体，以下将在“属性”面板进行相关设置。

步骤01 在“属性”面板上单击“字体”列表按钮，再单击列表中的“管理字体”以开启对话框，如图 3-15 所示。

图 3-15 选择“管理字体”进行设置

步骤02 单击“自定义字体堆栈”标签，再在“可用字体”列表中选择字体“微软雅黑”，单击 << 按钮将字体加入“选择的字体”列表，再按相同方式加入“楷体”、“Arial”两个字体后，单击“完成”按钮完成字体添加，如图 3-16 所示。

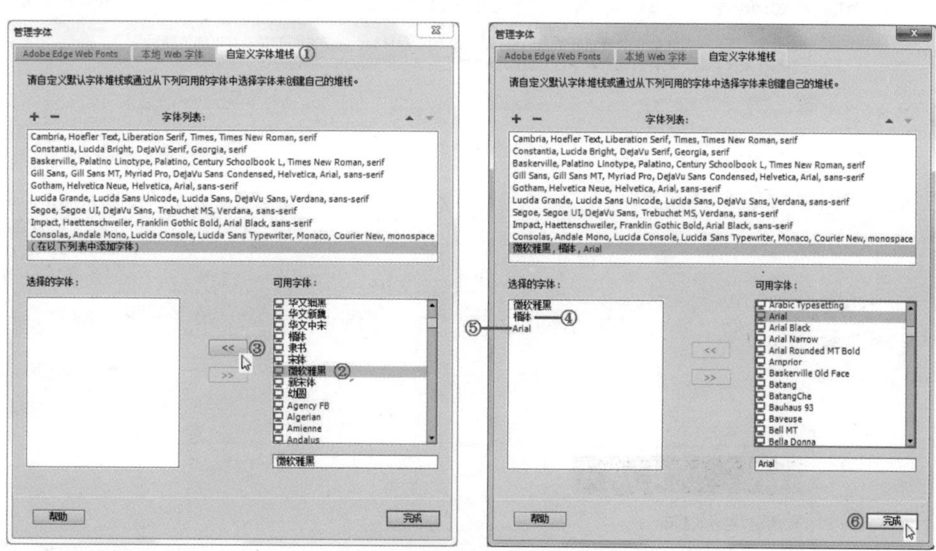

图 3-16 添加自定义字体

小提示

编辑字体列表与操作系统默认字体

在“管理字体”对话框单击 ▲ 或 ▼ 按钮可改变字体在字体列表中的顺序，单击 + 或 − 按钮可增加或减少字体。

简体中文操作系统中默认字体不少，如宋体、楷体、仿宋与微软雅黑等，如果使用了非默认的其他字体，而网页浏览者计算机里也没有把这些字体安装到字体列表中，那么在网页浏览者的计算机中就只能看到默认字体。

设置文字格式

所谓文字格式是选择区域加上段落（<p>）、标题 1~6（<h1>~<h6>）以及预先格式化（<pre>）

的 HTML 标签。在网页编辑文字段落时，应养成将内容以文字格式加以定义的习惯，除了能以格式区分出标题、文字段落的不同，未来使用 CSS 样式加以定义时即可马上应用，而不用再重新设置。

文字格式的设置步骤如下，在运用范例前先确认 <about.txt> 文本文件内容已全数粘贴到 <about.htm> 的网页编辑区中。如图 3-17 所示（粘贴文字的方法参考第 3.1.3 节的说明）。

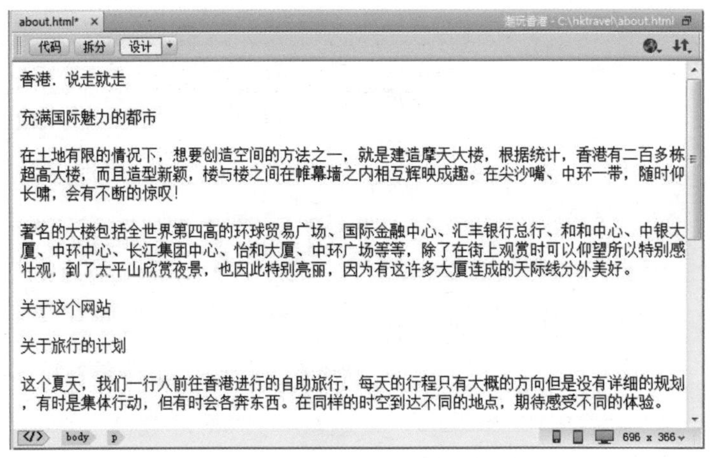

图 3-17　粘贴好文字的页面文件

此页面文字格式的规划，将对指定文字应用 4 种格式：标题 1（h1）、标题 2（h2）、标题 3（h3）和段落（p）。

将插入点移到标题文字内，在“标签选择器”单击 <h1> 标签，然后选择该段内容，在“属性”面板单击 <> HTML 按钮，设置“格式：标题 1”，这样标题文字就应用上了“标题 1”格式，如图 3-18 所示。

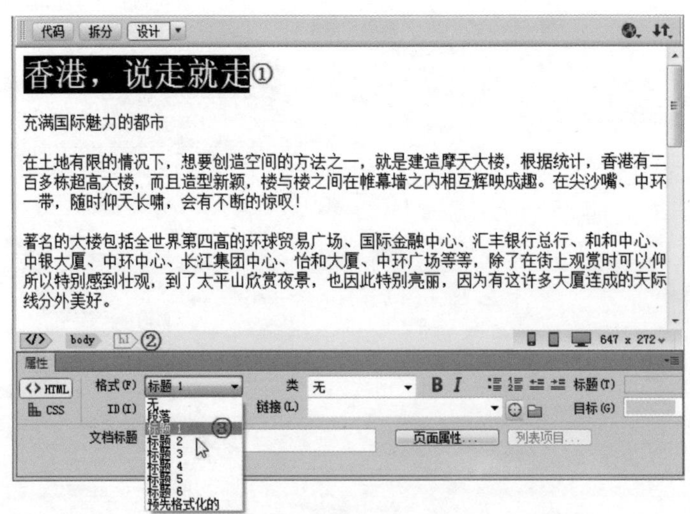

图 3-18　用属性面板上的选项为页面文字设置格式

以下其他文字内容使用相同方式应用标题 2、标题 3 与段落的格式设置，如此即完成了初步文字格式化的操作，如图 3-19 所示。

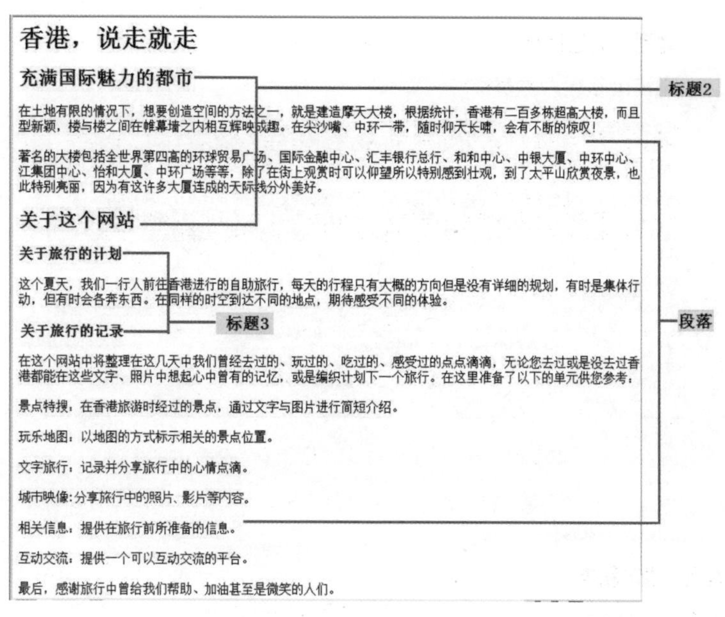

图 3-19　完成了初步文字格式化的页面文字

设置字体与大小

改变文字的字体与大小，必须切换至 CSS 模式，再进行如下操作。

步骤 01 将插入点移至第一段任一处，再于“标签选择器”单击 <h1> 标签，然后选择该段内容，在“属性”面板单击 CSS 按钮，单击“字体”列表按钮，从中选择“微软雅黑，楷体，Arial”，如图 3-20 所示。

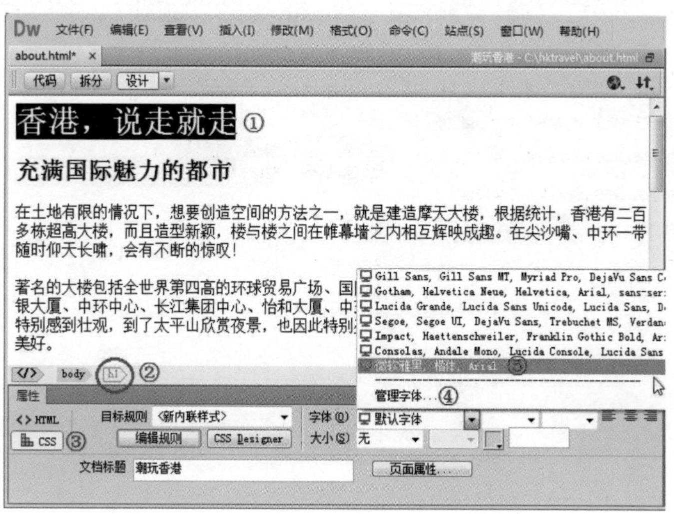

图 3-20　用属性面板上的选项设置字体

步骤 02 在选择了文字的状态下，在“属性”面板设置大小为 18、单位为 pt，如图 3-21 所示。

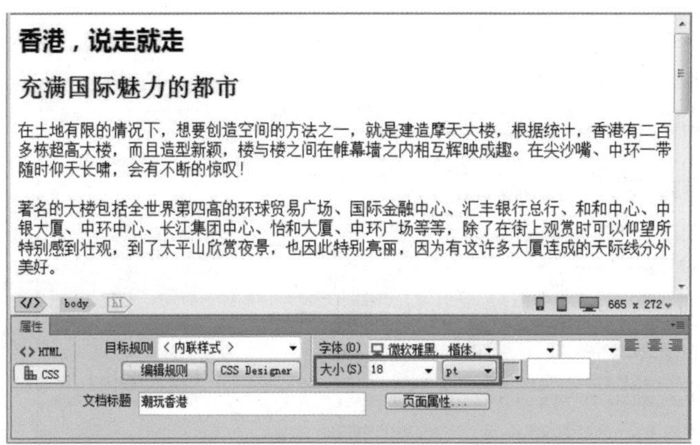

图 3-21　用属性面板上的选项设置字体大小

使用相同方式设置标题 2、标题 3、段落文字的字体、大小与单位，如图 3-22 所示。

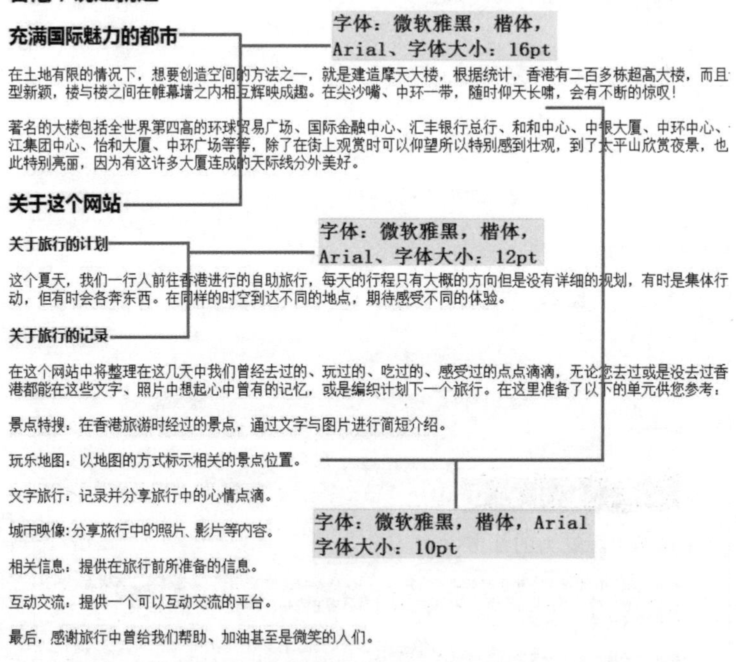

图 3-22　设置标题和段落文字的字体、大小和单位

设置文字颜色

同样，文字颜色必须在 CSS 模式中设置，以下将继续设置文字的颜色。

将插入点移至第二段任一处，再在“标签选择器”单击 <h2> 标签选择“充满国际魅力的都市”文字，再在“属性”面板单击 ▣“文字颜色”色板，选择合适的颜色后按 Enter 键完成颜色指定，如图 3-23 所示。

图 3-23 设置标题文字的颜色

使用相同方式设置另一个标题 2 及标题 3 字体颜色，如图 3-24 所示。

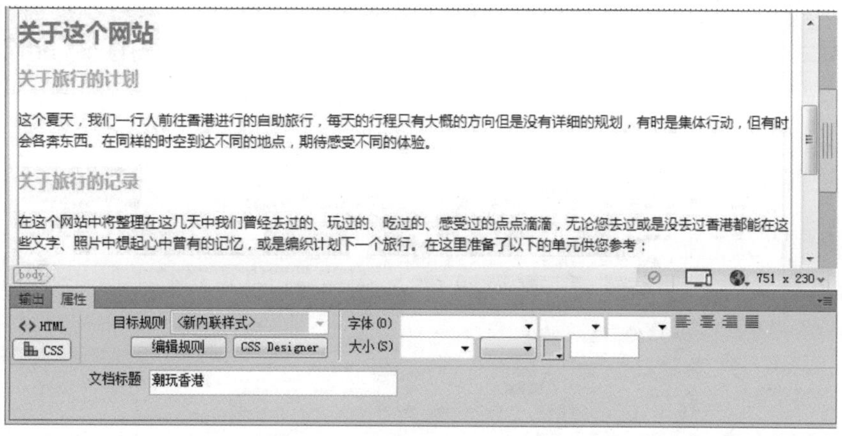

图 3-24 设置另外两个标题文字的颜色

小提示

调色板其他按钮说明

在调色板上还有其他按钮可以使用，功能如下：

[+] 将颜色添加为色板：单击后可以将当前所选颜色添加到色板，方便下次颜色设置时直接选用，让颜色设置都保持一致。

[吸管] 颜色挑选器：单击后直接以滴管在画面上选择需要的颜色。

RGBa RGBa 颜色模式：red（红色）值、green（绿色）值、blue（蓝色）值、alpha（透明度）值，例如：rgba（0, 255, 0, 0.3）为不透明度 30% 绿色。

Hex Hex 颜色模式：RGB 颜色以三组从 00 到 FF（十六进制）表示为 #RRGGBB，如果为重复的色码则可以缩写，例如：绿色为 #00FF00 → #0F0。

HSLa HSLa 颜色模式：hue（色调）值、saturation（饱和度）值、lightness（亮度）值、alpha（透明度）值，例如：hsla（120, 100%, 50%, 0.30）为不透明度 30% 绿色。

设置文字编号列表

以下要为文字设置上编号列表。在“属性”面板单击 <> HTML 按钮，选择此 6 段文字，在“属性”面板单击 “编号列表”按钮，每段文字前方就应用了编号列表格式，如图 3-25 所示。

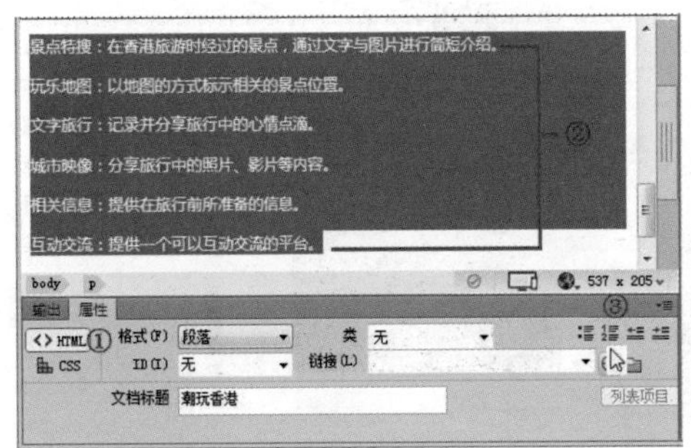

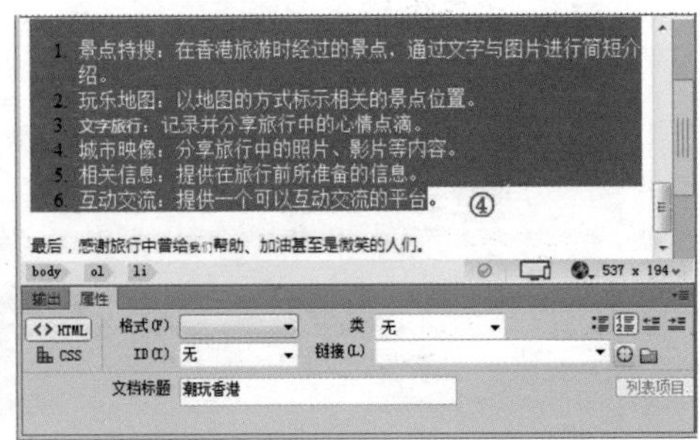

图 3-25　为选择的文字设置编号

应用编号列表后，会发现文字格式改变了，以下将通过 CSS 样式设置来调整。

步骤 01 将插入点移至第一点任一处，在“标签选择器”单击 <ol> 标签后再选择该段内容（ol 是 CSS 样式表单中代表编号标签），在“属性”面板单击 CSS 按钮，选择“字体”按钮然后选择“微软雅黑 , 楷体 , Arial”，如图 3-26 所示。

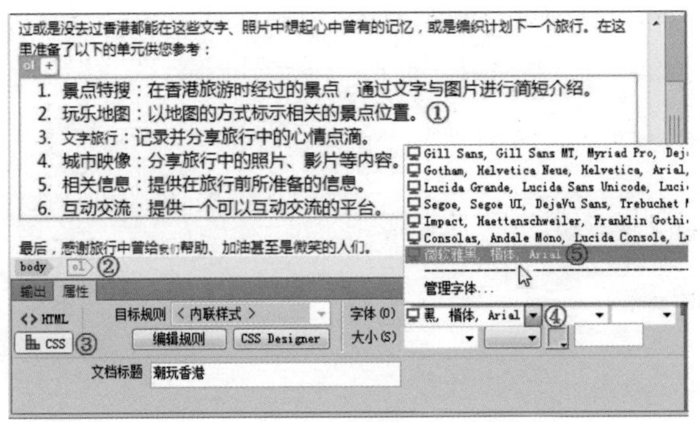

图 3-26　为选择的编号列表文字设置字体

步骤 02 在选择的状态下，在“属性”面板设置大小为 10，单位为 pt，这时会发现编号内的字体与其他文字一样了，如图 3-27 所示。

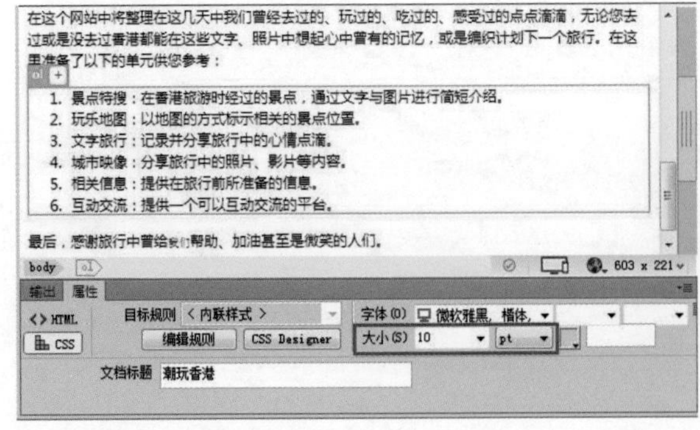

图 3-27　为选择的编号列表文字设置字体大小和单位

设置文字粗体

在文字段落中要突显主题，除了考虑文字的颜色、字体的使用及大小等问题之外，其实最有效、最快的方法就是为文字应用上粗体或斜体效果。

先选择编号列表中的标题，在“属性”面板单击 CSS 钮，再从字体设置列表里选择“bold”，这时会发现应用编号样式的文字均应用了“粗体”样式，接着按相同方式把其他标题设置为粗体样式，如图 3-28 所示。

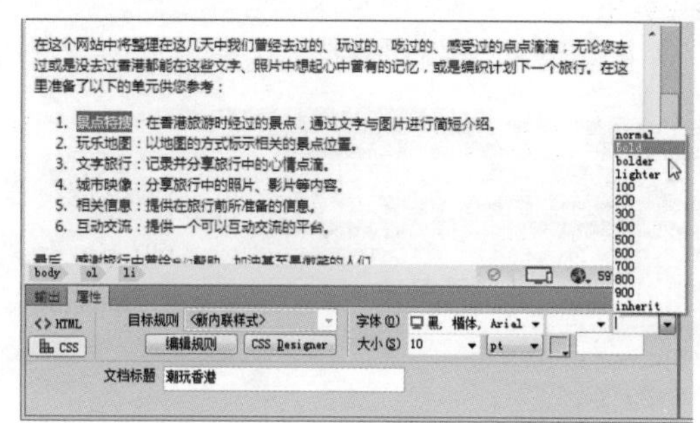

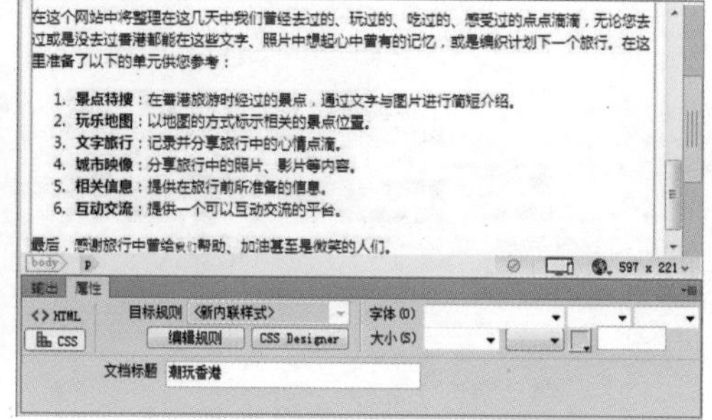

图 3-28　把选择的文字设置为粗体

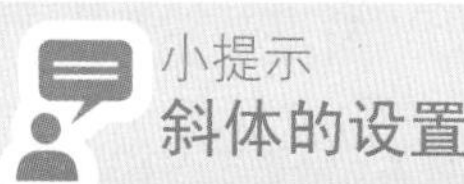

设置斜体的方式也是相同的，只要单击“属性”面板，从字体列表里选择“italic”即可为样式加上斜体的格式。

设置文字对齐方式

无论是左对齐、居中对齐、右对齐或两端对齐，都可以在选择要设置的文字后，单击设置按钮完成对齐设置，以下要将标题设置为居中对齐。

将插入点移至要设置的段落内任一处，在“属性”面板单击 CSS 按钮，再单击“居中对齐”按钮，此段文字已呈居中对齐，如图 3-29 所示。

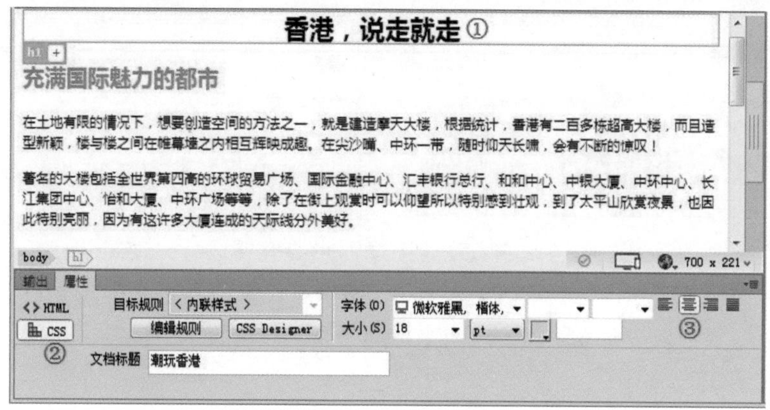

图 3-29　把选择的文字设置为居中对齐

小提示

设置文字缩进

在网页文字排版时，除了使用前面说明的方法让网页文字排版更美观、易读外，也可以利用缩进的方式让整份文件更具层次感。

1. 首行缩进：将插入点移到要设置首行缩进的段落，按两个全角空格键达到首行缩进的效果，如图 3-30 所示。

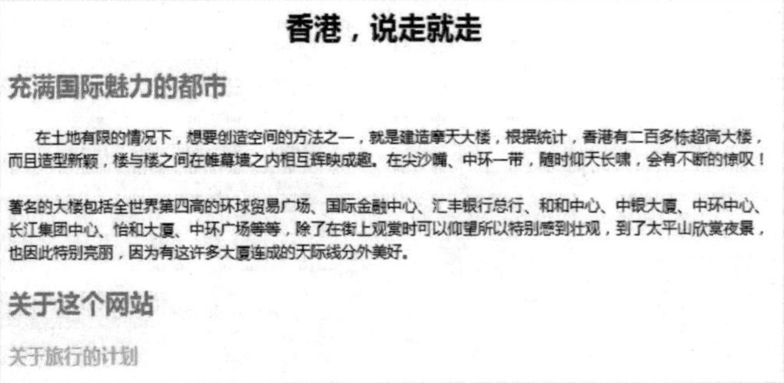

香港，说走就走

充满国际魅力的都市

　　在土地有限的情况下，想要创造空间的方法之一，就是建造摩天大楼，根据统计，香港有二百多栋超高大楼，而且造型新颖，楼与楼之间在帷幕墙之内相互辉映成趣。在尖沙嘴、中环一带，随时仰天长啸，会有不断的惊叹！

著名的大楼包括全世界第四高的环球贸易广场、国际金融中心、汇丰银行总行、和和中心、中银大厦、中环中心、长江集团中心、怡和大厦、中环广场等等，除了在街上观赏时可以仰望所以特别感到壮观，到了太平山欣赏夜景，也因此特别亮丽，因为有这许多大厦连成的天际线分外美好。

关于这个网站

关于旅行的计划

图 3-30　设置首行缩进的段落

2. 设置段落缩进：将插入点移到要设置段落缩进的段落，然后在“属性”面板单击 “内缩区块”按钮，所选择的段落即会向右缩进一次，呈现明显的层次效果。如果要取消缩进，再单击 按钮即可，如图 3-31 所示。

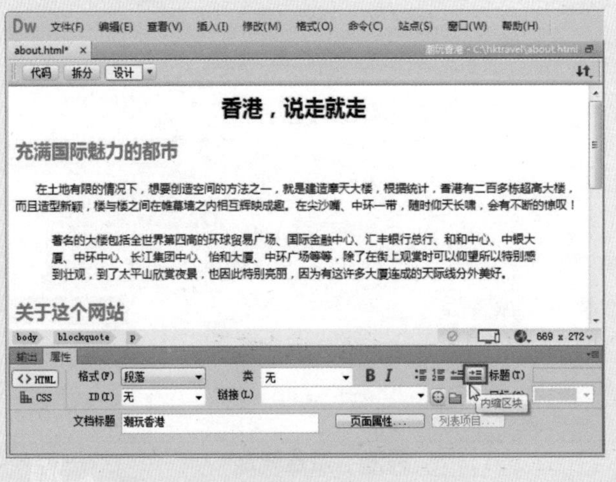

图 3-31　设置段落缩进

3.2　水平线的设计

编辑网页文字时，针对不同性质的文章或图像，想要有所区分，使用分行、分段的方式似乎说服力不强，版面也不明显，这时可以插入水平线来分开这些不同性质的内容。

在这个网页中要插入一条水平线，将两个标题所属的段落文字分隔开，让网页浏览的视觉效果能更清楚，如图 3-32 所示。

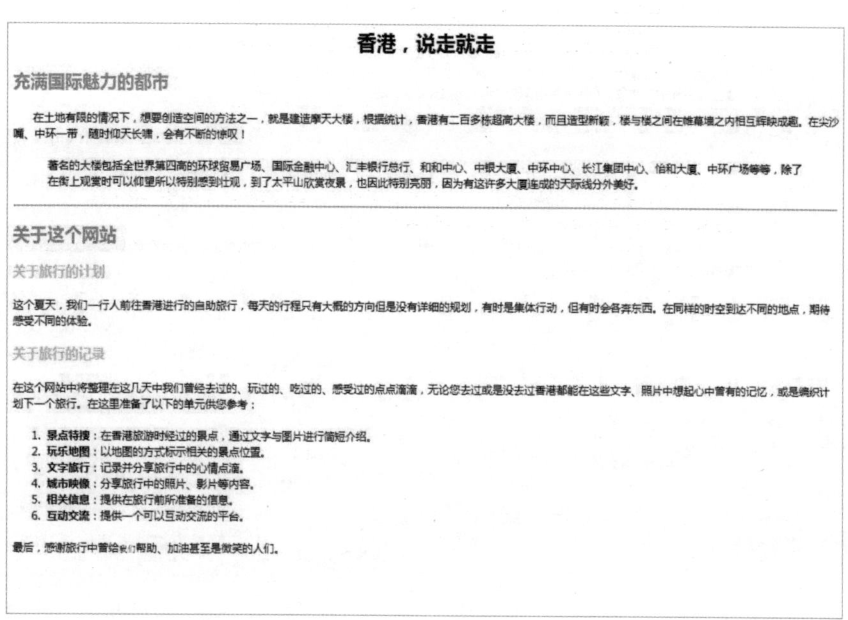

图 3-32　插入水平线分隔不同段落的效果

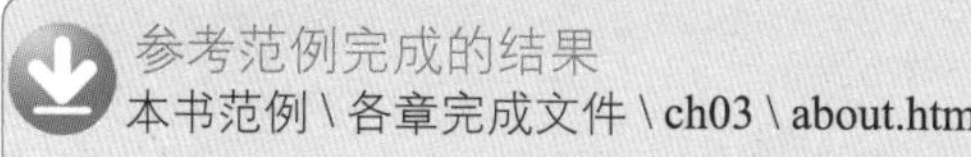

参考范例完成的结果
本书范例 \ 各章完成文件 \ ch03 \ about.htm

3.2.1　插入水平线

继续在 <about.htm> 文件内插入一条水平线，作为分隔之用。

将插入点移到“关于这个网站”标题文字前，单击菜单栏“插入 \ HTML \ 水平线”，这样就会插入水平线，如图 3-33 所示。结果如图 3-34 所示。

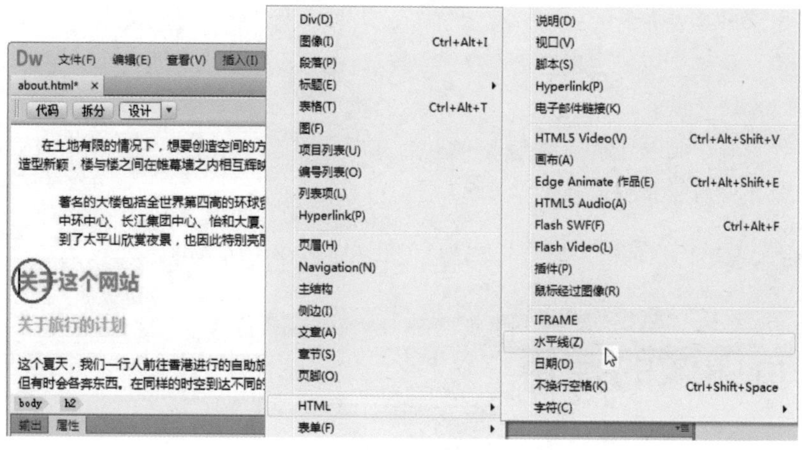

图 3-33　插入水平线

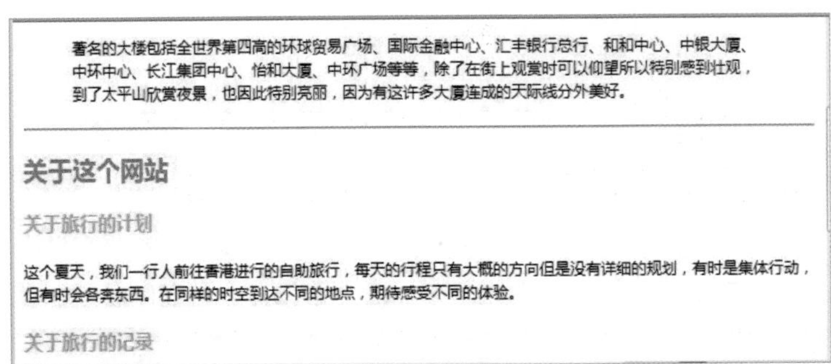

图 3-34　插入水平线后的文字版面

3.2.2　修改水平线属性

设置水平线的宽高

步骤 01　通过“属性”面板可以设置水平线的宽度、高度与对齐效果，选择编辑区中要设置的水平线，在“属性”面板的“高”输入 1，如图 3-35 所示。

图 3-35　设置水平线的属性

- 在水平线“属性”面板可以设置水平线的宽度与高度。宽度的计算单位有两种，一种是“%百分比”，也就是水平线占整个页面的百分比；另一种是“像素”。而高度的计算单位只有一种，那就是“像素”。
- 可以规定水平线对齐的方式为“左对齐”、“居中对齐”、“右对齐”三种效果。
- 在水平线“属性”面板右下角有一个“阴影”选项，如果取消选中就会去除水平线的阴影效果。
- 水平线“属性”面板上并没有设置颜色的选项，但只要使用 CSS 语法即可为水平线加上颜色，此部分的操作可以参考第 6.6.3 节的内容。

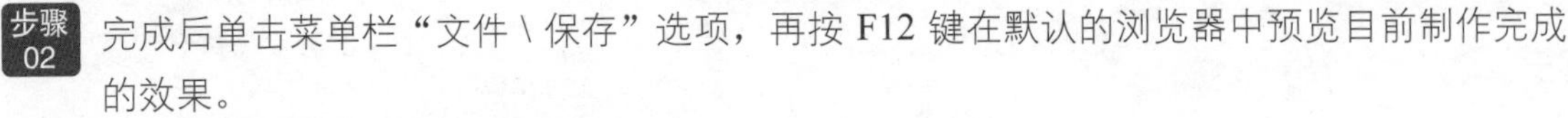

步骤 02　完成后单击菜单栏“文件 \ 保存”选项，再按 F12 键在默认的浏览器中预览目前制作完成的效果。

3.3　网页图像的使用

如果网页中全是密密麻麻的文字，无论多精彩的内容也会令人望而却步。所以图像的运用在网页设计中占据了较高的地位，没有图像辅助，网站就算不上完美，如图 3-36 所示，就是添加图像后的效果。

图 3-36　添加了图像的网页

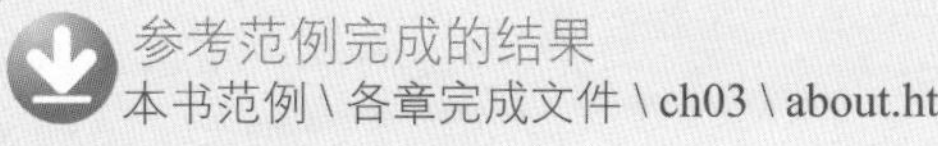
参考范例完成的结果
本书范例 \ 各章完成文件 \ ch03 \ about.htm

3.3.1　插入图像

按照下述步骤把图像插入网页中。

步骤 01 将插入点移到第一个标题 2“充满国际 ...”段落最后方，按 Enter 键，让插入点移至下一个段落，单击菜单栏“插入 \ 图像”，开启对话框，如图 3-37 所示。

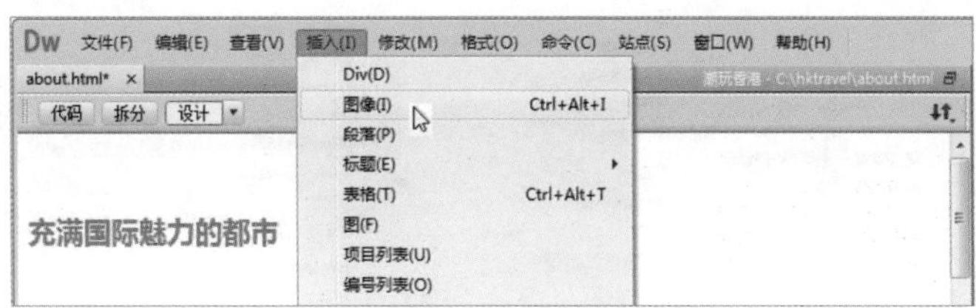

图 3-37　网页中插入图像

步骤 02 选择 <images \ about> 文件夹下的图像 <about01.jpg>，单击“确定”按钮就会在网页中插入选择的图像。

步骤 03 利用相同方式，将另外三张图像分别插入到文字段落中，如图 3-38 所示。

图 3-38　网页中插入其他三张图像

3.3.2　插入日期符号

完成了文字与图像的设置后，以下将插入此网页的创建日期。

步骤 01 在最后一段“最后，感谢 ...”文字最后方，按 Enter 键移至下一个段落，单击菜单栏“插入\日期”，如图 3-39 所示。

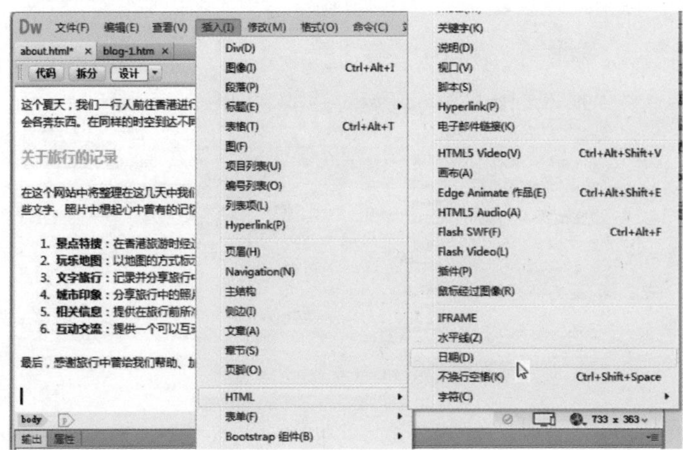

图 3-39　网页中插入日期

在“日期格式”中选择希望显示的格式，默认值是不显示星期和时间，如果需要显示时，可以在“星期格式”或“时间格式”中选择显示的格式；如果希望在每次保存这个页面时，会自动更新存储文件的时间，可选中“存储时自动更新”。设置完成后单击“确定”按钮，网页中就会插入日期，如图 3-40 所示。

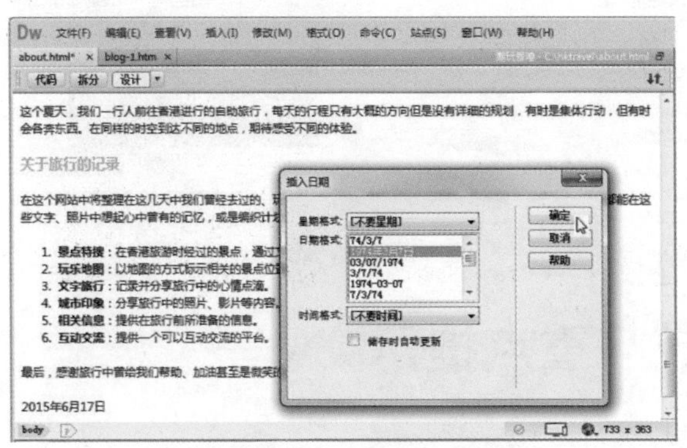

图 3-40　网页中插入日期时设置日期格式

3.3.3　设置网页背景

在网页上浏览页面时，会看到某些网页的背景是一张图像，而不是简单的背景颜色。现在，我们要为网页加入背景。

步骤 01 单击“属性”面板“页面属性”按钮或单击菜单栏“修改 \ 页面属性”，选择“分类：外观（CSS）”，在“背景图像”字段右侧单击“浏览”按钮，如图 3-41 所示。

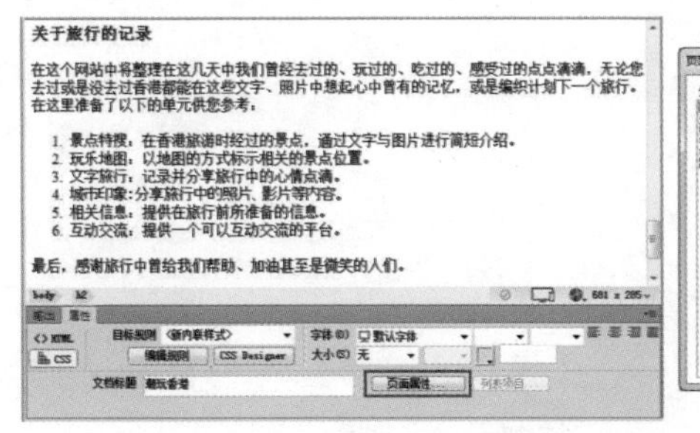

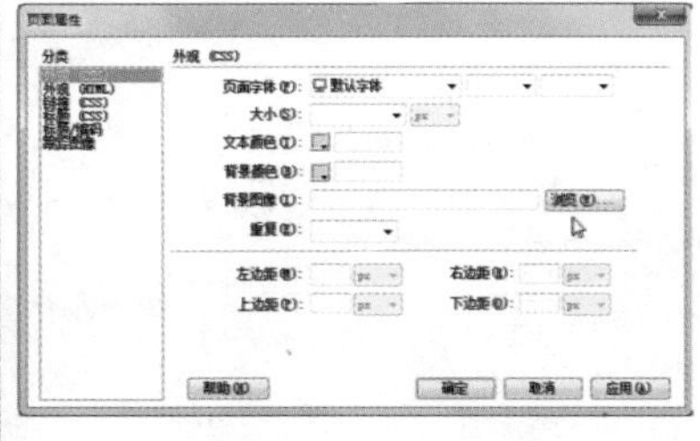

图 3-41　设置网页背景（一）

步骤 02 在“选择图像源文件”对话框，选择 <images>\<about> 文件夹下的图像 <background.gif>，依次点击两次“确定”按钮以完成设置，接着单击菜单栏“文件 \ 保存”，并按 F12 键预览，如图 3-42 所示。

小提示
背景图的应用

背景图在选择或设计时要考虑页面文字与图片的颜色搭配，若过于抢眼容易喧宾夺主，会让整个网页看起来杂乱无章。
如果想用大开的全图当背景，可在“页面属性”对话框把“重复：”设置为 no-repeat，让背景图固定而不产生多张拼贴的效果。

图 3-42　设置网页背景（二）

3.4　操作秘技与重点提示

在本节中提供了几种设置图像的相关技巧，以及插入特殊符号、删除无关的程序代码等，在编辑网页时能更快速地操作。

3.4.1　插入特殊符号

编辑经常会使用到一些不容易输入的符号，例如版权符号、注册商标或是特定国家的货币单位符号。因为在键盘没有这些符号的按键，所以输入时就格外困难。

HTML 软件语言对于这些符号有它特殊的输入码，要使用正确才能在浏览器中显示，所以在使用时如果没有熟背的话，都要先查阅相关规定再输入。

单击菜单栏“插入 \ HTML \ 字符”，在列表中单击所需要的特殊字符，如果没有找到所需要的字符时，可单击“其他字符”，在对话框中单击特殊字符，再单击“确定”按钮就可以插入特殊字符了，如图 3-43 所示。

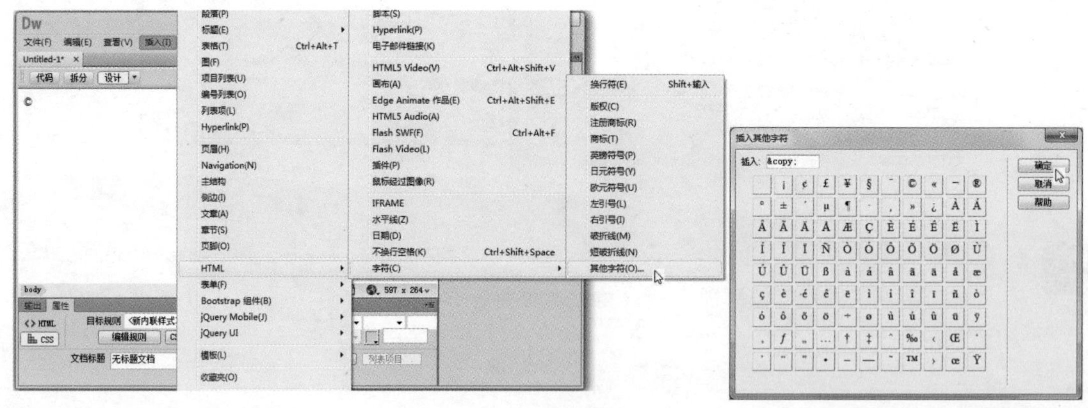

图 3-43　插入特殊字符

3.4.2　样式的修改

应该如何修改设置好的样式呢？有两种方式。若是可以在“属性”面板完成，就直接在面板上设置；若是较高级的 CSS 设置，建议开启“CSS 设计器”面板进行修改。

步骤 01　以修改段落文字颜色为例，将编辑插入点移至段落文字中，再在“标签选择器”单击该段文字所属的标签以便选择该段文字，再在“属性”面板单击 CSS 按钮，再单击“文字颜色”按钮选择其他颜色进行样式的修改，如图 3-44 所示。

图 3-44　改变文字颜色

步骤 02　也可以单击“属性”面板中的“CSS Designer”按钮开启右侧面板，在“属性”窗格针对要修改的样式属性进行修改即可，如图 3-45 所示。

图 3-45　在 CSS Designer 中修改属性

3.4.3　选择网页中可使用的图像类型

图像的加入能让网页增色不少，想把手边所有的图像全部放置到个人的网页上吗？但是请注意，并不是任何类型的图像都可以插入到网页之中。

在插入图像时会打开“选择图像源文件”对话框，图像文件的类型允许 GIF、JPG、JPEG 、PNG、SVG 及 PSD 等类型，如图 3-46 所示。

图 3-46　网页中可以选用的图像类型

那么这些类型的图像有些哪些特性呢？可以参考下表的分析：

图像类	颜色画质	特色
GIF	256 色	可制作背景透明图，GIF 动画文件
JPG（JPEG）	全彩	网页上的全彩图像，常用于图像类的图像照片
PNG	全彩	可制作背景透明图，亦可处理全彩的图像，但是在浏览器的支持上较少，需使用 IE5 版本以上的浏览器方能阅读，不过相当有前瞻性，为下一个网页图像的主流
PSD	全彩	Dreamweaver 支持插入 PSD 格式图像文件，但需通过优化的格式转化，将 PSD 格式文件转存为 JPEG 或其他网页兼容格式，操作方式参考下面说明

3.4.4　PSD 文件转换成网页图像格式

Dreamweaver CC 可以将 Photoshop 图像文件（PSD 格式）插入网页中，并由 Dreamweaver 将这些图像文件优化转换为网页可用的图像（GIF、JPEG 和 PNG 格式）。

复制下载文件 <本书范例 \ 各章练习文件 \ ch03> 文件夹到 <C:\ practice> 下，然后打开一个全新空白的文件来练习插入 PSD 图像的步骤。

步骤 01　单击菜单栏“插入 \ 图像 ”开启对话框，选择 <practice \ ch03> 文件夹下的图像 <photo.psd>，单击“确定”按钮，如图 3-47 所示。

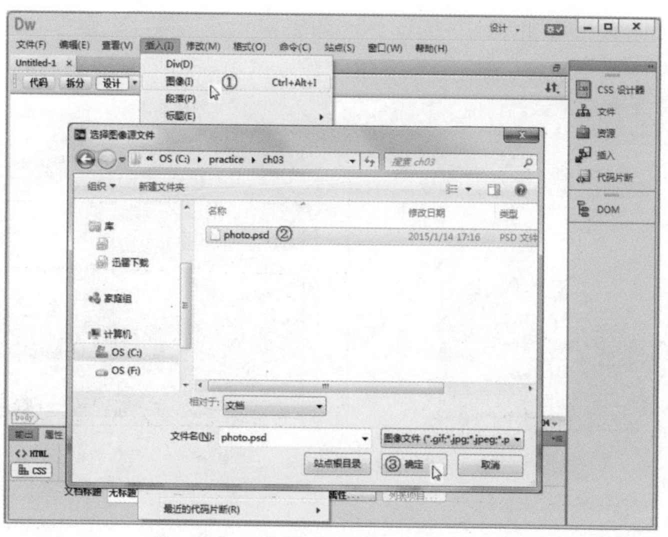

图 3-47　把 PSD 转换成网页图像类型

步骤 02　在“图像优化”对话框的“格式”选择合适的格式，再单击“确定”按钮，如图 3-48 所示。

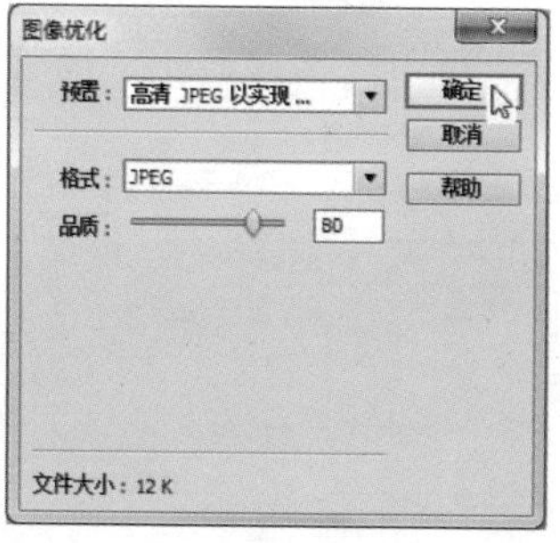

图 3-48　选择要将 PSD 图像转换成的图像格式

步骤 03　打开“保存 Web 图像”对话框选择保存位置，“文件名”会按照刚才选择的图像格式对应的格式来显示，单击“保存”按钮，再在打开的对话框单击“确定”按钮，这样就完成了 PSD 转换格式并被插入至网页编辑区中，如图 3-49 所示。

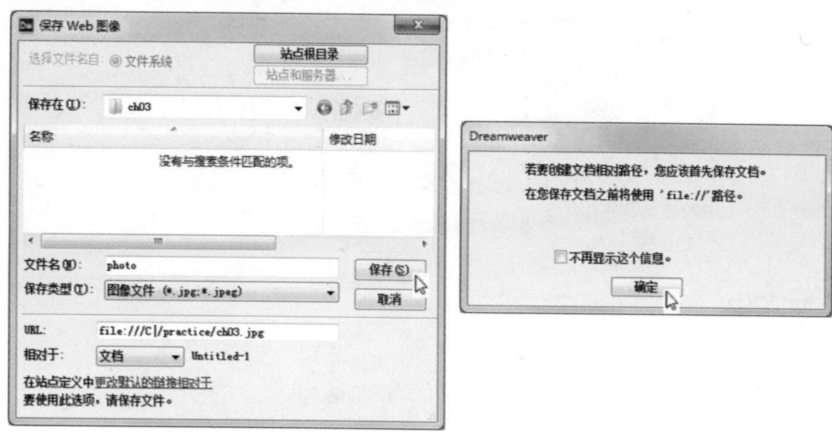

图 3-49　选择要将 PSD 图像转换成的图像格式

插入的图像左上角会出现图像同步的图标，如果源文件修改了，就会出现“源图像已修改”图标（如图 3-50 的左图所示）。只要在图标上用鼠标双击重新链接到修改后的文件，就会出现“图像已同步”的图标（如图 3-50 的右图所示）。

图 3-50　将转换好的图像加入网页

小提示
PSD 文件与图像同步

当我们选择转换后的图像，在“属性”面板单击“编辑”按钮可在 Photoshop 中打开 PSD 文件进行编辑；当保存修改后的 PSD 文件再回到 Dreamweaver，在“属性”面板单击“从原文件更新”按钮即可和修改的 PSD 文件进行同步，如图 3-51 所示。

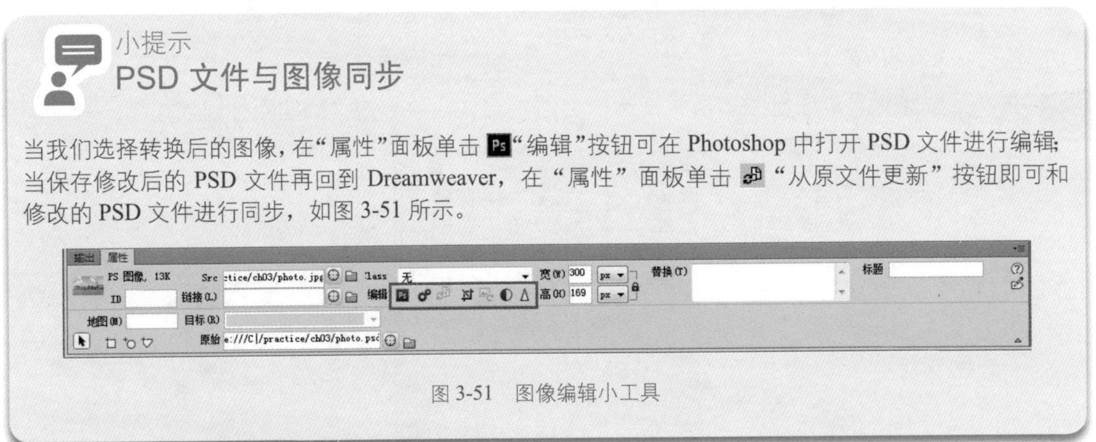

图 3-51　图像编辑小工具

3.4.5　编辑图像相关设置

Dreamweaver 提供了基本的图像编辑功能，在 Dreamweaver 中可以直接调整图像大小、裁剪、调整亮度、对比度或锐化等，如图 3-52 所示。现在就一起看看如何操作。

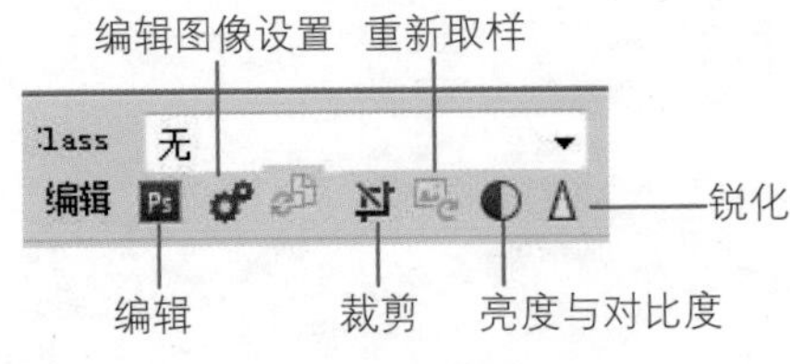

图 3-52　基本的图像编辑功能

目视调整图像大小

若是插入的图像大小并不符合需求，应该如何调整呢？

选择图像后，将鼠标指针移至图像对象右下角的缩放控制点，当鼠标指针呈 ⇔ 显示时，按 Shift 键不放再拖动该缩放控制点，即可正比例调整图像大小。要注意的是，缩放图像时，过于放大图像会导致图像失真。

重置大小、重新取样

调整图像大小后，会发现图像的显示不如调整前清楚，可在选择图像的状态下，在“属性”面板重置图像大小或重新取样。使用的功能按钮如图 3-53 所示。

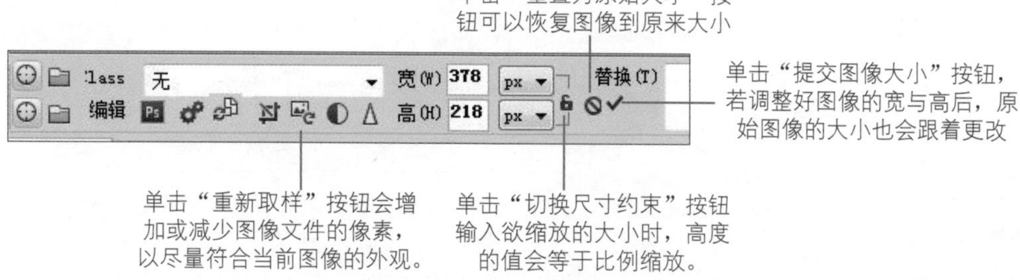

单击“重置为原始大小”按钮可以恢复图像到原来大小
单击“提交图像大小”按钮，若调整好图像的宽与高后，原始图像的大小也会跟着更改
单击“重新取样”按钮会增加或减少图像文件的像素，以尽量符合当前图像的外观。
单击“切换尺寸约束”按钮输入欲缩放的大小时，高度的值会等于比例缩放。
lass
无
编辑
宽(W) 378
高(H) 218
px
替换(T)

图 3-53 重置图像大小和重新取样等的功能按钮

裁剪

选择图像后，单击“属性”面板的 “裁剪”按钮，在打开的对话框单击“确定”按钮，再将鼠标指针移至裁剪框的任一控制点上，待鼠标指针呈 ⇔ 状态时按住鼠标左键不放，拖动裁剪范围，最后按 Enter 键完成裁剪，如图 3-54 所示。

图 3-54 裁剪图像

亮度和对比度

当图像太暗或太亮时，在选择图像的状态下，在“属性”面板单击 “亮度和对比度”按钮，在打开的对话框中单击“确定”按钮，打开“亮度 / 对比度”对话框调整图像，如图 3-55 所示。

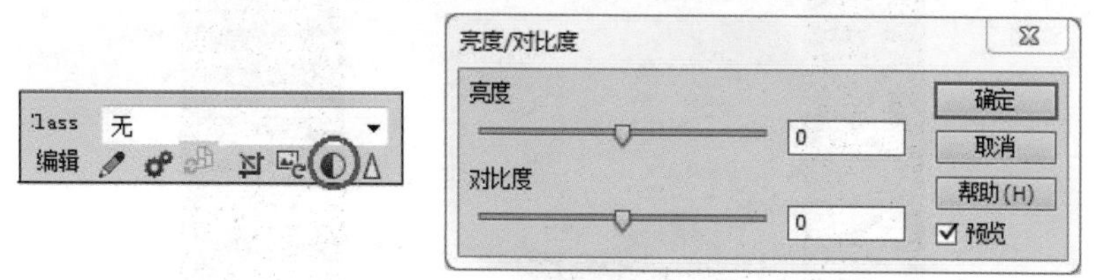

图 3-55 拖动滑杆轴可调整设置值（范围从 -100~100）

锐化

锐化会增加对象边缘四周的像素对比，并增加图像的清晰度或锐利度。在选择图像的状态下，在“属性”面板单击 △“锐化”按钮，在打开的对话框单击“确定”按钮，打开对话框调整图像，如图 3-56 所示。

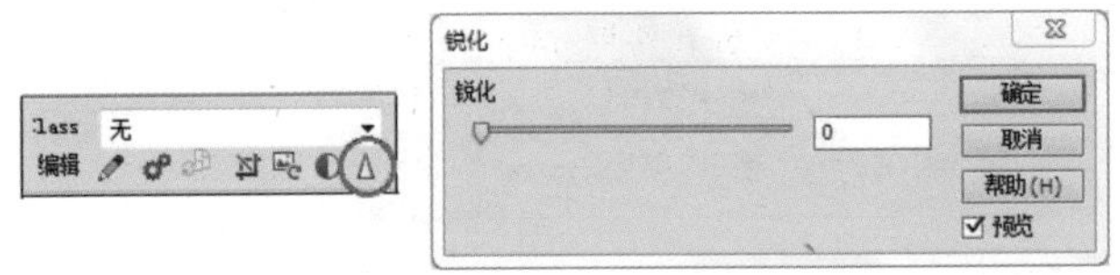

图 3-56　拖动滑杆轴可调整锐利化程度，或在字段中输入介于 0~10 的值

编辑图像设置

在选择图像的状态下，在“属性”面板单击 “编辑图像设置”按钮，将网页中的图像做最优化处理，如图 3-57 所示。

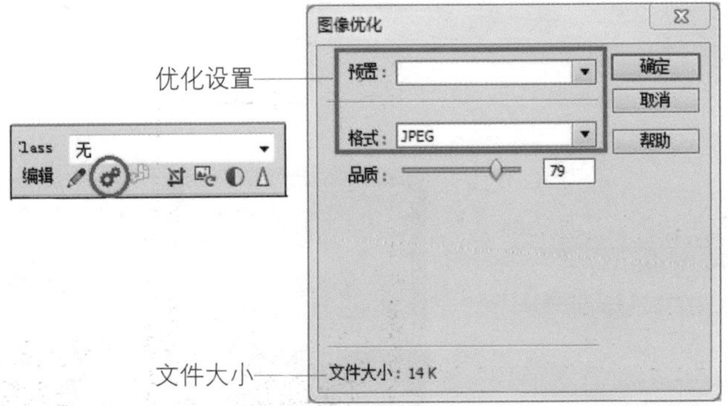

图 3-57　对图像做最优化处理

在 Photoshop 中编辑图像

若想再修改已插入编辑区中图像的样式，可以先选择该图像，然后在“属性”面板单击 “编辑”按钮开启 Photoshop，如图 3-58 所示。等图像文件编辑和修改完成后，直接保存即大功告成，回到 Dreamweaver，可看到图片已经更改了，是不是又方便又快速呢。

图 3-58　在 Photoshop 中编辑图像

3.4.6　删除 Word 产生的无关 HTML 程序代码

是否经常遇到需要将 Word 制作的内容转成网页呢？文件在 Dreamweaver 中打开时，却夹带 Word 中不必要的 HTML 程序代码。以下将说明如何在 Dreamweaver 中删除 Word 所产生的无关 HTML 程序代码，让网页完整呈现，如图3-59 为 Word 中不必要的HTML 程序代码清除前后的情况。

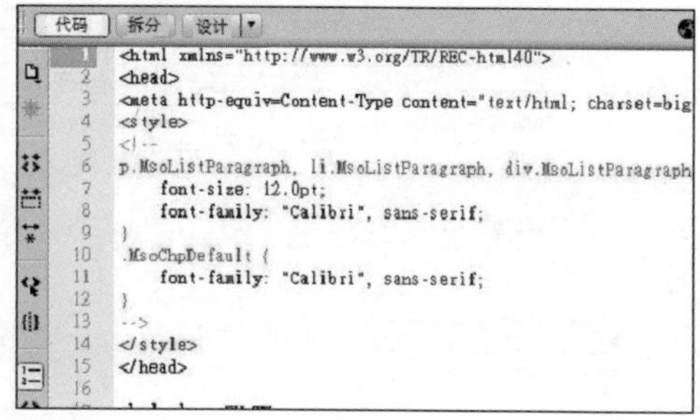

图 3-59　清理前与清理后的效果

在 Dreamweaver 中打开先前在 Word 中转存成网页的文件。

单击菜单栏“命令 \ 清理 Word 生成的 HTML”打开对话框进行相关设置即可，如图 3-60 所示。

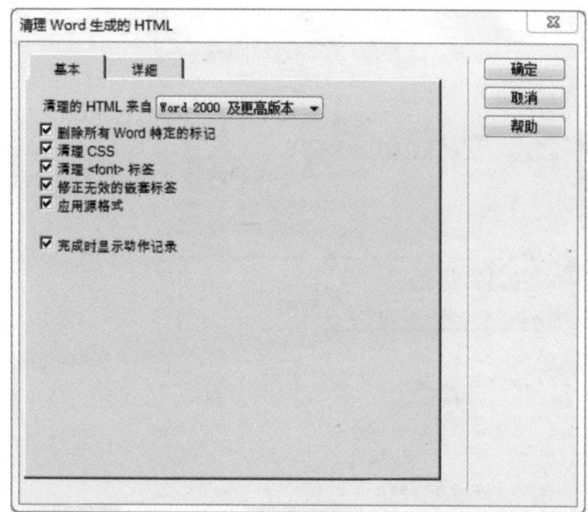

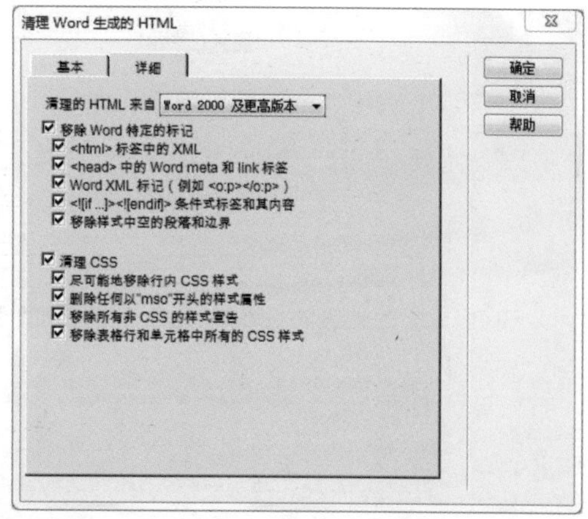

图 3-60　设置清除 Word 生成的 HTML

在此对话框中，“基本”标签有下列几种选项。

- 删除所有 Word 特定的标记：会删除所有 Word 专用的 HTML，可以利用“详细”标签分别选择这些选项。
- 清理 CSS：会删除所有 Word 专用的 CSS，可利用“详细”标签进一步自定义这个选项。
- 清理 <font> 标签：会删除 HTML 标签，将默认的正文文字大小转换为大小为 2 的 HTML 文字。
- 修正无效的嵌套标签：会删除 Word 在段落和标题标签之外所插入的字体标记标签。
- 应用源格式：会将用户在 HTML 格式偏好设置和 SourceFormat.txt 中所指定的原始格式选项应用至文件。
- 完成时显示动作记录：会在清理动作完成时，显示一个消息框，内含更改的相关详细数据。

当完成设置时，单击“确定”按钮。根据文件的大小及所选的选项数目，完成清理动作可能要花数秒的时间；而所输入的偏好设置会自动另存为默认的“清理 Word 生成的 HTML”设置。结果如图 3-61 所示。

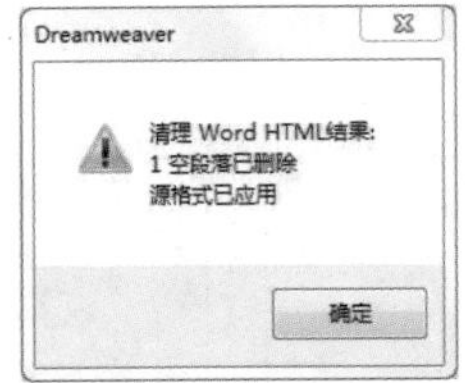

图 3-61　设置“清除 Word 生成的 HTML”结果

3.5　课后练习

实践题

按照如下提示，完成“视频制作大解析”网页的制作，如图 3-62 所示。

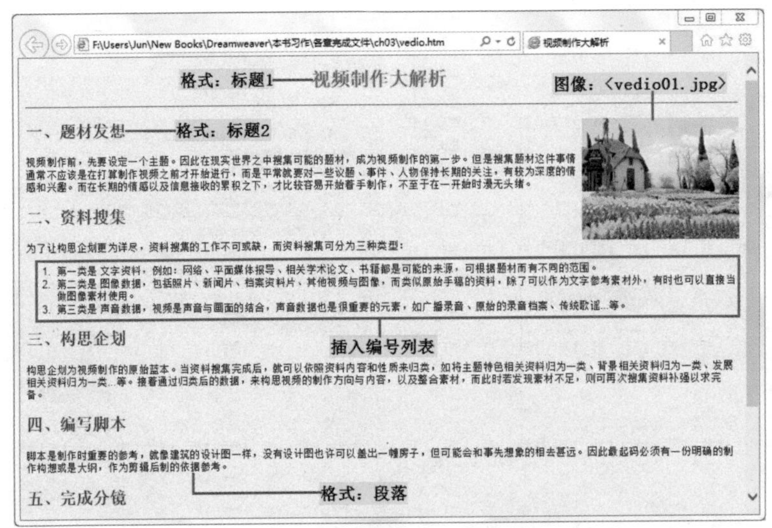

图 3-62　“视频制作大解析”的结果图

参考范例完成的结果
本书习题 \ 各章完成文件 \ ch03 \ vedio.htm

实践提示

1. 将下载文件中 < 本书习题 \ 各章原始文件 \ ch03> 文件夹复制到 <C:\ exercise> 下，并进入 Dreamweaver “文件”面板“本地磁盘（C:）”中，打开 <C:\ exercise \ ch03> 文件夹下方的 <vedio.htm> 文件开始练习。

2. 在“文件”面板 <C:\ exercise \ ch03 \ vedio.txt> 文本文件上方双击鼠标左键以打开此文件，并复制全部的文字。回到 Dreamweaver 的 <vedio.htm> 编辑区再单击菜单“编辑 \ 粘贴”把刚才复制的文字粘贴进去。

3. 参考上页完成的结果图，在“属性”面板单击 <> HTML 按钮分别应用指定格式（标题 1、标题 2）。

4. 选择“二、资料搜集”下方的文字，在“属性”面板单击“编号列表”按钮加入编号，结果如图 3-63 所示。

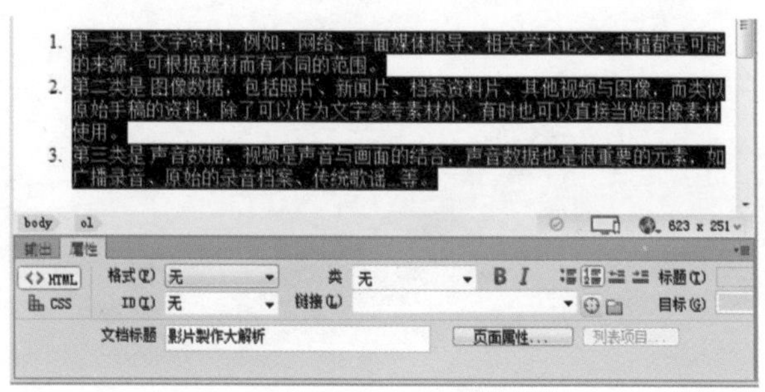

图 3-63　给段落设置编号

5. 接着在“属性”面板单击 CSS 按钮，参考下表的样式设置值，并应用给指定的段落。

目标规则	设置内容
标题 1	居中、字体：微软雅黑 , 楷体 , Arial、大小：18 pt、颜色：#F30
标题 2	字体：微软雅黑 , 楷体 , Arial、大小：16 pt、颜色：#03F
段落	字体：微软雅黑 , 楷体 , Arial、大小：10 pt、颜色：#333
l	字体：微软雅黑 , 楷体 , Arial、大小：10 pt、颜色：#333

6. 将插入点移至“一、题材发想”最前方，插入一条水平线。

7. 将插入点移至“一、题材发想”最前方，插入 <C:\ exercise \ ch03 \ vedio01.jpg> 图像，在图像上单击鼠标右键，单击“对齐 \ 右对齐”。结果如图 3-64 所示。

视频制作大解析

一、题材发想

图 3-64　给页面和图像设置格式

在“页面属性”对话框“外观（HTML）”分类的“背景图像”单击“浏览”按钮，插入 <C:\ exercise \ ch03 \ bg.gif> 图像做为背景。

待完成后单击菜单栏“文件 \ 保存”，按 F12 键来预览一下。

第 4 章

热门景点的介绍——超链接的设置

建立超链接不再是困难的事，它可以包含文字、图案、图像、按钮等类型，只要运用简单技巧就能在弹指间前往想要浏览的其他网站。

4.1 关于超链接

在浩瀚的网海中，每个网页之间似乎都维系着一条看不见的线，无论天涯海角，都能在“弹指之间”瞬间串连起来，这就是网页链接的强大魔力。没有什么高深的技巧，只要几个设置步骤就能把亲朋好友“拉，拉，拉进来”。

超链接的方式

可以在网页中使用“属性”面板的相关设置来建立链接类型：

1. 文字链接：在文字下方加入一条下划线用来链接，这个常见的功能并不会占用太多网页的空间而且维护也容易。
2. 图像链接：一般而言，图像比文字链接更容易传达信息，让人一目了然。
3. 按钮链接：在视觉效果上，大多网页都使用按钮链接来方便浏览者选择内容。
4. 网页、网站地图链接：常用于自制图像上的链接方式。

超链接的对象

1. 命名锚记的超链接：当内容太过冗长时，可以用锚记来制作快速指定的链接方式。
2. 网站内部的超链接：链接到网站内部其他网页，或是同一网页中的其他内容。
3. 网站外部的超链接：链接到其他网站的内容，例如：相关网站的介绍。
4. 文件下载的超链接：将文件以超链接的方式提供下载服务。
5. 电子邮件的超链接：建立一个空白电子邮件，并已填好收件者的 E-mail 地址，以提供一个与网友交互的渠道。

4.2 超链接的设置

当网页内容太过冗长，又找不到想要的内容，是不是感到很困扰？这时使用超链接的设置，就能在浏览网页时快速滚动网页到达想要的链接位置，准备好要来体验超链接的神奇魔力了吗？以下将针对景点、页首、图像、文件与其他网页进行超链接的设置。范例如图 4-1 所示。

图 4-1　范例示意图

参考范例完成的结果
本书范例 \ 各章完成文件 \ ch04 \ sceniscpots.htm

4.2.1　相关网站的链接设置

网页中的链接可以连到世界任何一个可以抵达的网络，甚至不同语言、平台、操作环境，让具有同样爱好的浏览者也可以在弹指间前往其他网站观摩。

将链接加入网页中

进入“潮玩香港”范例网站，打开 <scenicspots.htm> 文件。

步骤 01　在页面最下方选择要加入链接的“网址”，然后在“属性”面板输入“链接”为 http://www.discoverhongkong.com/、“标题”为香港旅游发展局，再单击“目标”为 _blank，如图 4-2 所示。

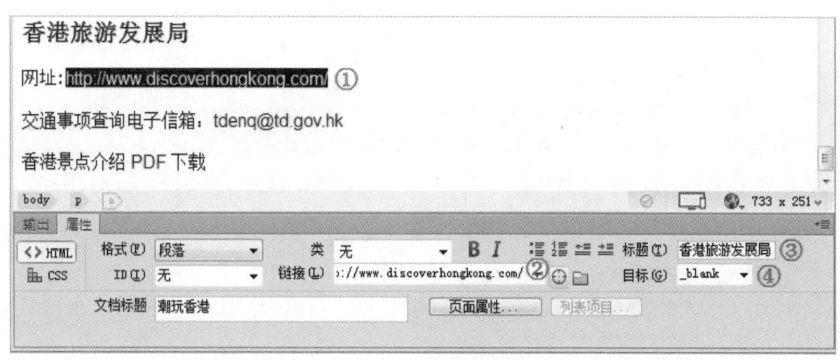

图 4-2　在网页中设置链接

小提示

以打开一个新的浏览器窗口的方式链接友站

构建一个好的网站与网站的经营都需耗费许多人力与物力，为了尊重其著作权，建议在链接到友网站时，都应该以打开一个新的浏览器窗口的方式打开友站，以免产生侵权的问题。

步骤 02 完成后单击菜单栏“文件\保存”，再按 F12 键来预览一下。当鼠标指针移到链接文字上，鼠标指针会呈现手指状并出现标题文字，单击鼠标左键，马上就会开启一个新的窗口或新索引标签，显示出该网站网页，如图 4-3 所示。

图 4-3　链接到友站的效果

小提示

链接属性设置的注意事项

“属性”面板上“目标”字段的下拉式列表，如图 4-4 所示。

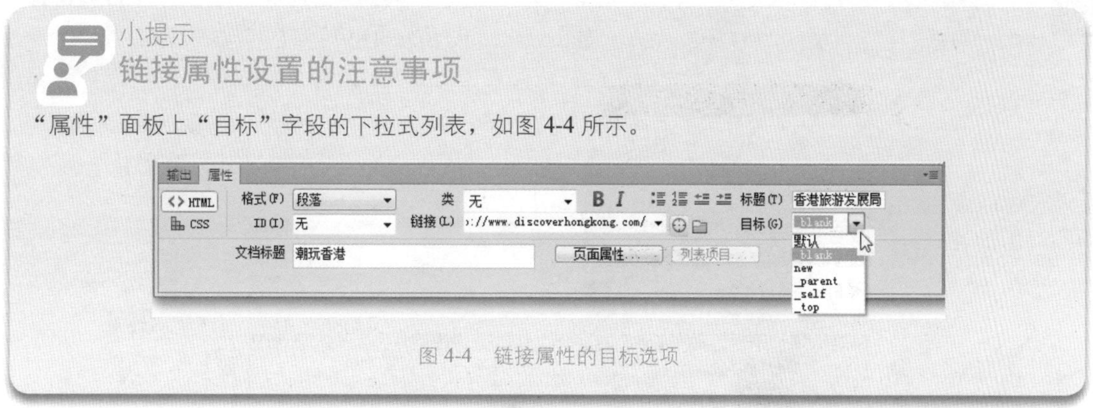

图 4-4　链接属性的目标选项

◆ _blank：会在新的、未命名的浏览器窗口中加载链接文件。
◆ _parent：会在上一层窗格组或包含链接的窗格窗口中加载链接文件。如果包含链接的窗格不是嵌套的，则会在完整的浏览器窗口中加载链接文件。
◆ _self：会在与链接所在的同一个窗格或窗口加载链接文件，这是默认选项。
◆ _top：会在完整的浏览器窗口中加载链接文件，同时删除所有窗格。

若要链接至网站中的其他网页，输入网站根目录的相对路径；若要链接至网站外的文件，输入包含通信协议（如 http://）的绝对路径。也可以使用这个方法，输入尚未建立的文件链接。

若单击“属性”面板中“链接”字段旁的“浏览文件”按钮，在“选择文件”对话框的“相对于”字段中更改路径类型时，Dreamweaver 会使用当前设置的选项做为任何未来链接的默认路径类型，直到再次更改路径类型为止，如图 4-5 所示。

图 4-5　链接属性的文件选择

4.2.2　建立邮件超链接

在网页中常以 E-mail 做为意见表达或联络的方法，它能让网站经营者与浏览者之间拥有良好的交互，进而通过文字交流听到更多建言与鼓励，其建立邮件超链接的格式为“mailto：E-mail”。

步骤 01 以“交通事项查询电子信箱”为例，选择要设置电子邮件链接的文字为“tdenq@td.gov.hk”，在“属性”面板“链接”输入“mailto:tdenq@td.gov.hk”，如图 4-6 所示。

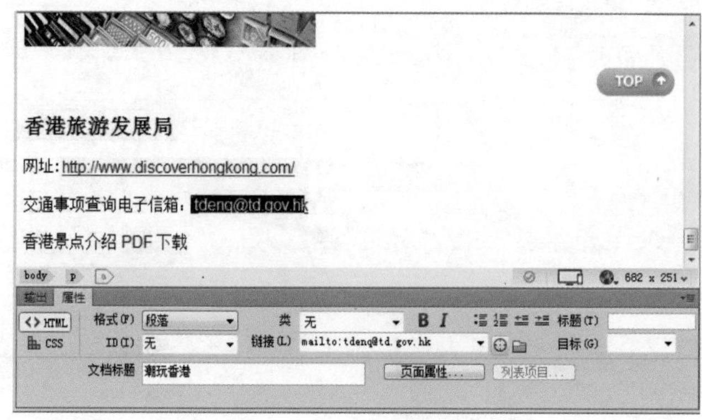

图 4-6　建立邮件链接

步骤 02 若“链接”填入电子邮件链接为“mailto：Email?subject= 香港交通状况查询”，以这个范例输入为“mailto:tdenq@td.gov.hk?subject= 香港交通状况查询”，那么在电子邮件程序启动后，E-mail 将自动在“主题”字段中填入“香港交通状况查询”，如图 4-7 所示。

图 4-7　建立邮件链接并设置邮件的主题

步骤 03 完成后单击菜单栏“文件 \ 保存”，再按 F12 键来预览一下。使用鼠标单击这个邮件链接，浏览器便会自动打开电子信箱发一封信给对方，如图 4-8 所示。

图 4-8　通过单击网页上的邮件链接给对方发邮件

小提示
URL 程序语法与 E-mail 链接格式

列举出相关外部超链接与启动其他网络服务程序的 URL 程序语法：

名称	语法	范例
链接到 WWW 网站	http://	http://www.e-happy.com/
链接到 FTP 网站	ftp://	ftp://ftp.seed.net
启动邮件传送	mailto:	mailto:e-happy@e-happy.com

如果是 E-mail 链接，则要加上邮件的副本收件者、密件抄送收件者或写好邮件内容的开头，其链接格式如下：

链接项目	链接格式
副本收件者	mailto：E-mail?cc= 副本收件者信箱
密件抄送收件者	mailto：E-mail?bcc= 密件抄送收件者信箱
邮件内容开头	mailto：E-mail?body= 邮件内容
同时加上主题、副本收件者与邮件内容等	mailto：E-mail?subject= 主题 &cc= 副本收件者信箱 &body= 邮件内容

4.2.3 配置文件下载的超链接

在浏览网页时，有时候单击图像或文字会开启“文件下载”的对话框，然后下载义件到计算机中。现在就来介绍配置文件下载的方法。

步骤 01 在页面最下方，选择要设置下载文件的链接文字，在“属性”面板单击“链接”旁的“浏览文件”按钮以开启对话框，选择提供下载的文件，单击“确定”按钮，如图 4-9 所示。

图 4-9 配置文件下载的超链

步骤 02 会发现链接的文字加了下划线，而且在“属性”面板“链接”字段也显示了要链接的文件位置。

步骤 03 完成后单击菜单栏“文件 \ 保存”，再按 F12 键来预览一下。将鼠标指针移至链接文字上，单击鼠标左键，浏览器就会打开文件，可以在屏幕画面中的按钮工具栏上单击“保存副本”或“打印文件”等功能，如图 4-10 所示。

图 4-10　通过文件链接来下载文件

小提示
<.exe> 与 <.zip>

<.exe> 与 <.zip> 是最常用来设为下载的文件类型，只要浏览器无法直接打开的文件类型，就会直接下载。

4.2.4　点缩略图开大图

在网页中的每个景点都有一张照片的图像，然而因版面布局的考虑，照片仅能缩小放在一旁。如何让网站照片变得更大、更清楚呢？我们将用文件中的维多利亚港照片为例。

步骤 01　选择图像，在“属性”面板单击 按钮，设置“链接”为 <images / sceniscpots / scenicspots01.jpg> 图像，设置“目标”为 _blank，如图 4-11 所示。

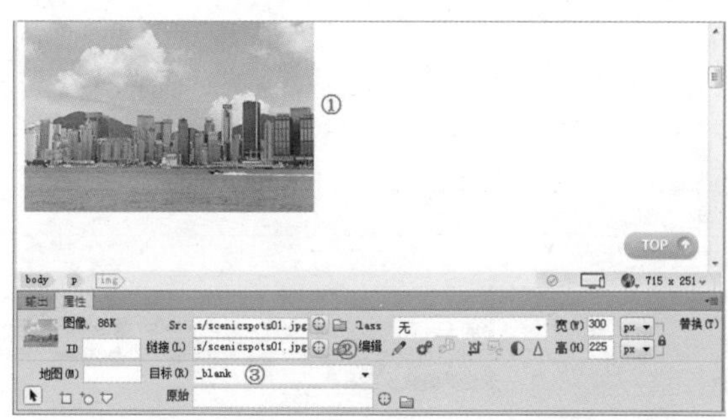

图 4-11　设置图像的属性

步骤 02　接着在“标签选择器”单击 <a> 标签，在“HTML 模式 \ 标题”输入“维多利亚港”，这样鼠标指针移到图像上时就会出现“维多利亚港”的文字，如图 4-12 所示。

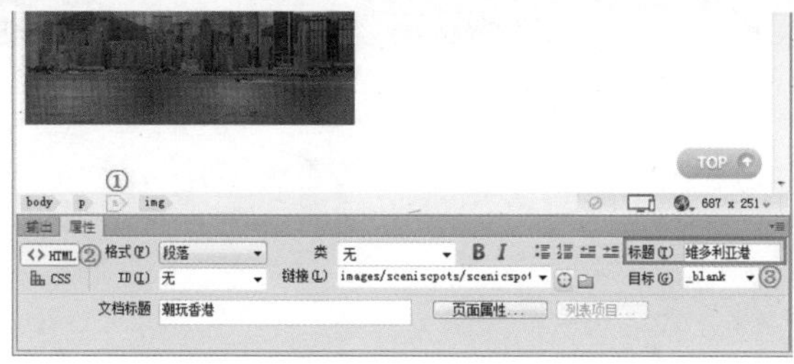

图 4-12　为图像设置提示文字

步骤 03 完成后单击菜单栏“文件 \ 保存”，再按 F12 键来预览一下。当单击图像时，会以打开新浏览器窗口的方式显示大图，如图 4-13 所示。

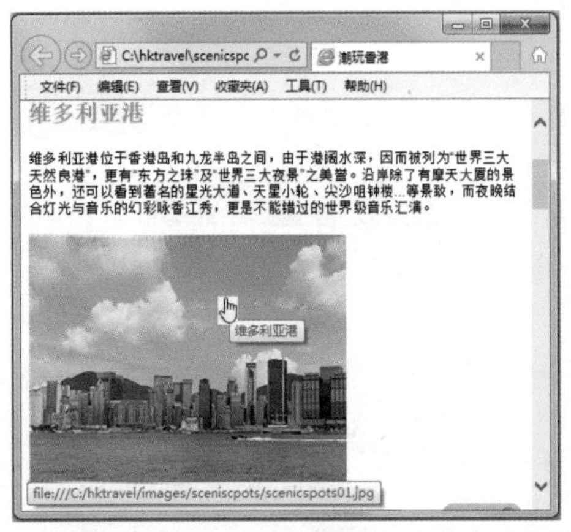

图 4-13　单击图像开启新浏览窗口单独显示图像

4.2.5　命名锚记的使用

若将文字、图像全部设计在同一个网页上，可能会使该网页变得太过冗长、不易阅读。这时就必须使用 Dreamweaver 中的命名锚记，它类似 Word 中的书签，只需要在几个关键地方插入“命名锚记”，当它与链接搭配时就能很快地滚动到命名锚记的位置。

首先要确认菜单栏“查看 \ 可视化助理 \ 不可见元素”为选中状态，如此就可看到插入锚记时所有的元素符号。

步骤 01 先于第一个景点“维多利亚港”插入“命名锚记”。将插入点移至“维多利亚港”文字最前方，单击鼠标右键单击“插入 HTML”，如图 4-14 所示。

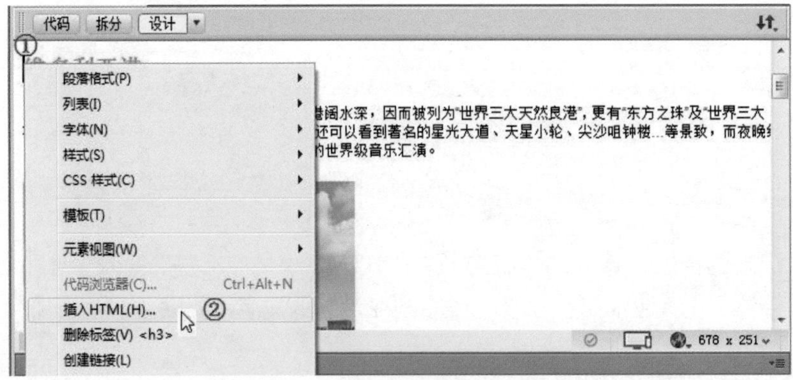

图 4-14　设置命名锚记（一）

步骤 02 输入“a name="s1"”，按 Enter 键，文字前方即产生“s1”锚记，如图 4-15 所示。

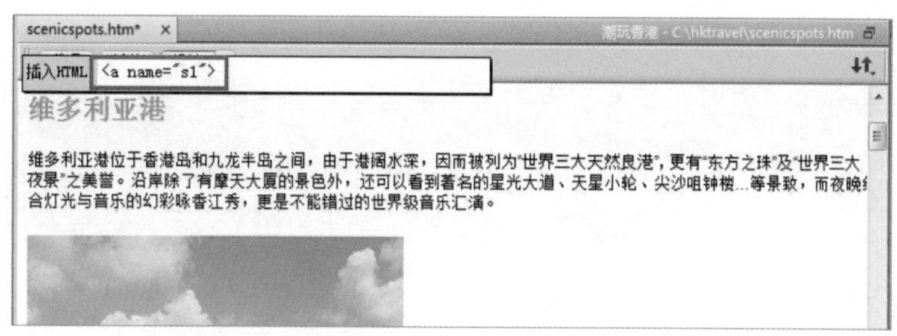

图 4-15　设置命名锚记（二）

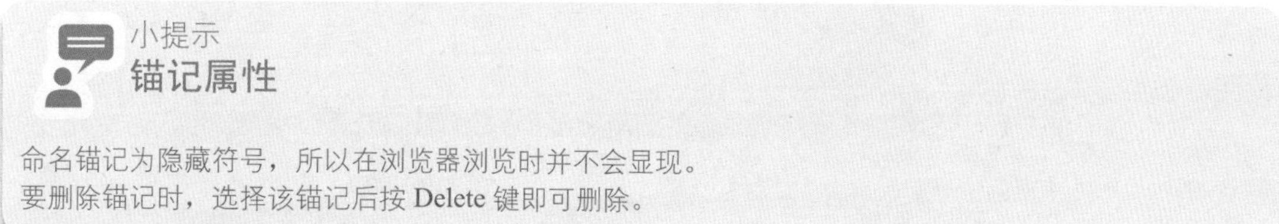

小提示

锚记属性

命名锚记为隐藏符号，所以在浏览器浏览时并不会显现。
要删除锚记时，选择该锚记后按 Delete 键即可删除。

步骤 03 选择“s1”锚记，按 Ctrl + C 键复制，接着把插入点移到“香港会议展览中心”标题文字的前方，按 Ctrl + V 键粘贴。

步骤 04 选择“香港会议展览中心”文字前方的锚记，在“属性”面板修改名称为“s2”，最后按 Enter 键完成“s2”锚记的添加，如图 4-16 所示。

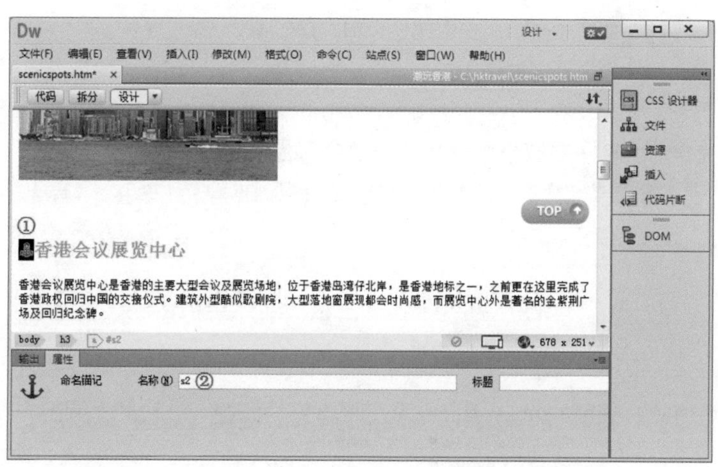

图 4-16　复制并粘贴命名锚记

步骤 05 按照前面的操作步骤，参考下表说明完成其他三个景点锚记的建立：

景点名称	锚记名称
太平山顶	s3
春秧街	s4
女人街	s5

4.2.6　设置文字链接

完成了命名锚记的设置，如果缺少了链接的介入，这一切也都是白费。接着开始让链接的魔力进场护盘。

步骤 01 以第一个景点分类“维多利亚港”为例，选择页面右上方要链接的文字“维多利亚港”，再于“属性”面板单击 <> HTML 按钮，输入“链接”为 #s1，再按 Enter 键，如图 4-17 所示。

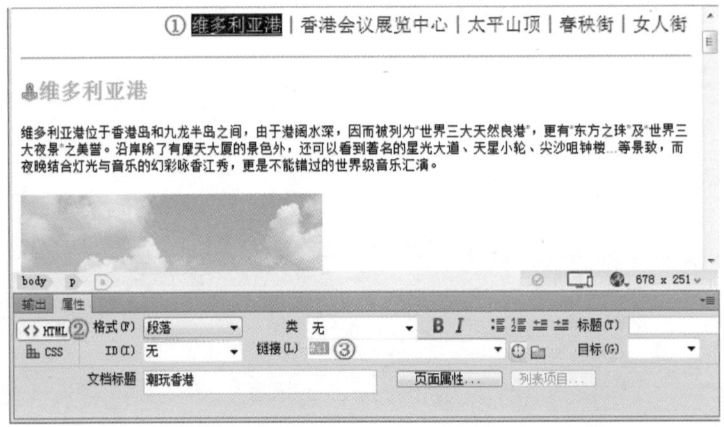

图 4-17 设置文字链接（一）

锚记链接

因为在“维多利亚港”标题前插入的“命名锚记”为 s1，所以要在“维多利亚 港”链接文字，需在“属性”面板上的“链接”就必须输入“#s1”。

按照上步骤的操作，选择要链接的文字“香港会议展览中心”，再于“属性”面板输入“链接”为 #s2。将其他三个景点都加入正确的链接，“太平山顶”为 #s3；“春 秧街”为 #s4；“女人街”为 #s5，结果如图 4-18 所示。

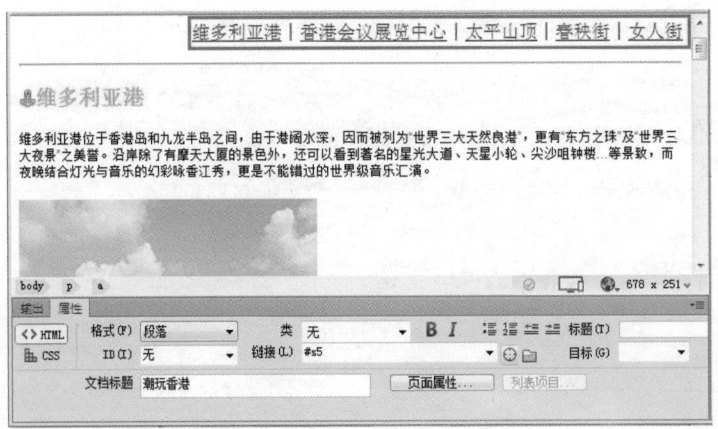

图 4-18 设置文字链接（二）

完成景点分类的链接后，单击菜单栏“文件 \ 保存”，再按 F12 键来预览一下。
当指针移到链接文字上，会呈现手指状，单击链接文字后整个页面会快速滚动到相关内容上，如图 4-19 所示。

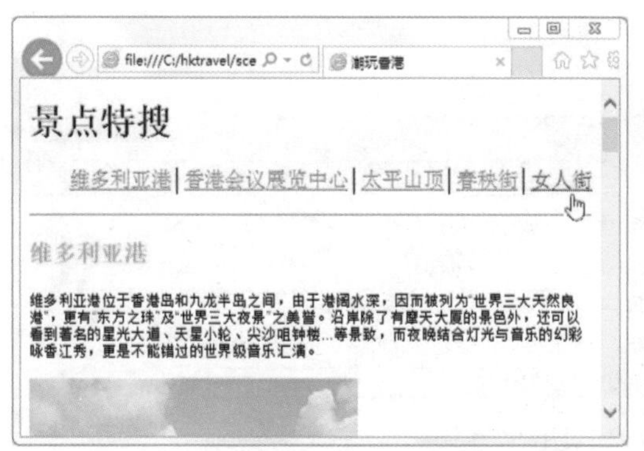

图 4-19　完成文字链接后的实测效果

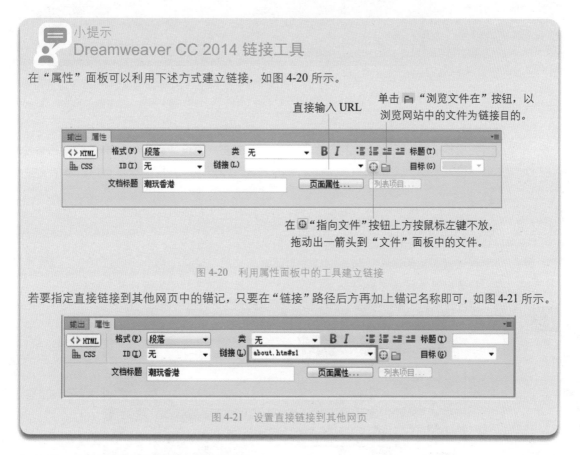

小提示
Dreamweaver CC 2014 链接工具

在“属性”面板可以利用下述方式建立链接，如图 4-20 所示。

直接输入 URL

单击 “浏览文件在” 按钮，以浏览网站中的文件为链接目的。

在 “指向文件”按钮上方按鼠标左键不放，拖动出一箭头到“文件”面板中的文件。

图 4-20　利用属性面板中的工具建立链接

若要指定直接链接到其他网页中的锚记，只要在“链接”路径后方再加上锚记名称即可，如图 4-21 所示。

图 4-21　设置直接链接到其他网页

4.2.7　设置文字链接的颜色

在 Dreamweaver 中，默认的链接文字颜色为蓝色，而浏览过的颜色为紫红色，若想改变超链接文字的颜色，在“属性”面板单击“页面属性”按钮开启对话框，单击“分类 \ 链接（CSS）”，修改链接文字相关的设置，最后单击“确定”按钮完成设置，如图 4-22 所示。

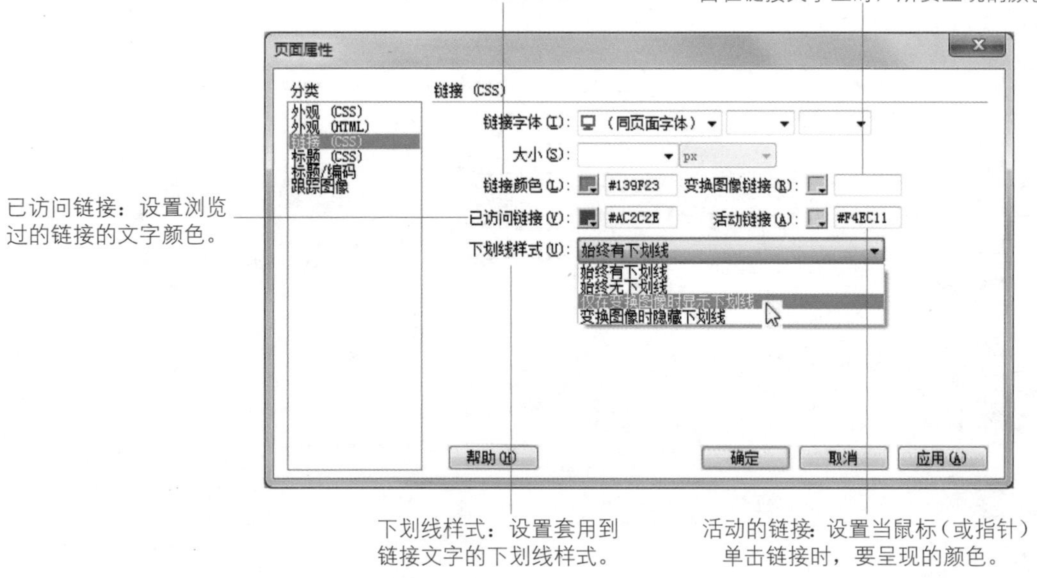

图 4-22 设置文字链接的颜色

若要取消各项链接的颜色，只需将该字段内的颜色编码清除干净即可。这里链接文字颜色都设置为整体默认值，所以只要修改链接文字颜色的设置，网页中所有应用此项链接设置的文字就会更改。

4.2.8 设置回到页首的图像链接

除了文字有链接的功能之外，其实图像也有链接的功能，使用图像作为链接媒介，设置也相当方便。以下将要设置无论浏览者看到网页的哪一个部分，都可以快速地回到页首。

步骤 01 选择第一个 Top 图像，在“属性”面板输入“链接”为 #top，如图 4-23 所示。

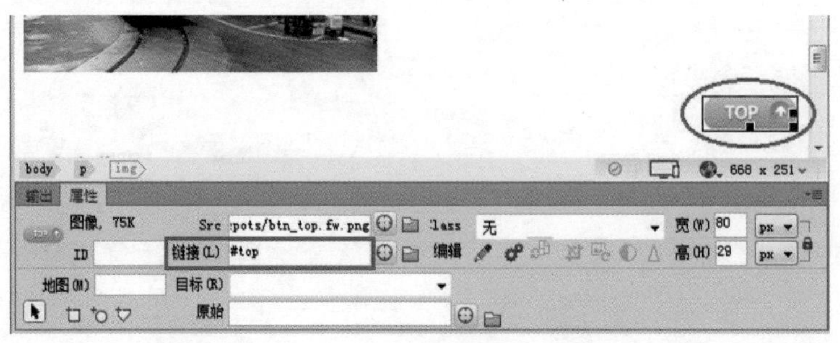

图 4-23 设置回到页首的图像链接

小提示

设置锚记回到页首

在网页中并没有设置“#top”锚记，在页面中只要遇到找不到锚记名称时，会自动回到该页页首。这样，比锚记放置在固定的地方灵活很多，也不用担心网页的设计更改时，会影响到该锚记的位置。

步骤 02　按照步骤 1 的操作，完成其他 Top 图像的链接，将“链接”设置为 #top。

步骤 03　完成了图像的链接设置，单击菜单栏“文件 \ 保存”，再按 F12 键来预览一下。将指针移到图像上，会发现指针呈现手指状，单击鼠标左键后，页面很快就滚动到页首去了，如图 4-24 所示。

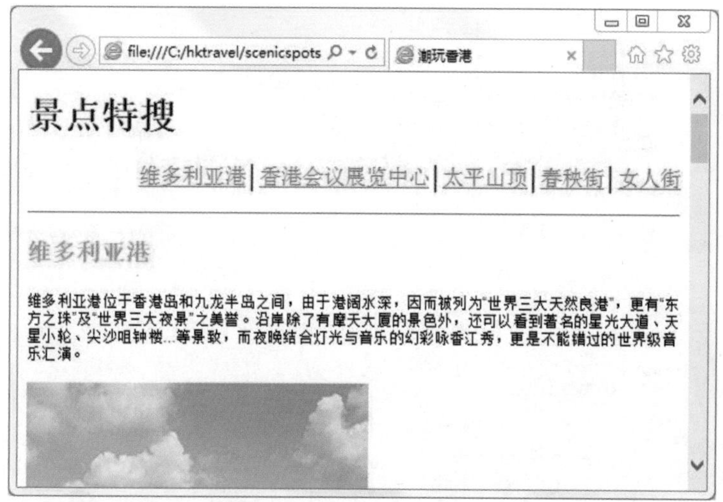

图 4-24　完成图像链接设置后的实测效果

4.2.9　删除与更改链接

倘若当初设置的链接网址、锚记有误或者变更时应该怎么办呢？别紧张，跟着步骤一步步完成。

更改链接

在已设置链接的图像上单击鼠标右键，再单击“更改链接”以打开“选择文件”对话框，重新选择“文件名”、“文件类型”或者输入新的“URL 链接”，如图 4-25 所示。

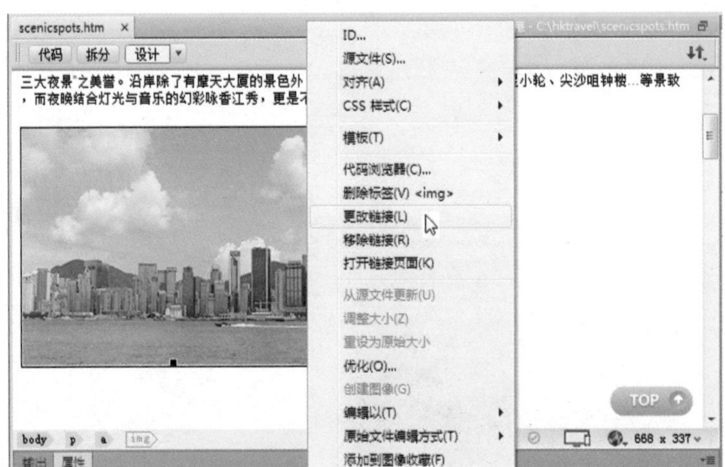

图 4-25　更改图像链接

删除锚记链接

将插入点移至已设置锚记链接的文字上再单击鼠标右键（或选择之），然后单击“删除标签”，就可删除其锚记链接，如图 4-26 所示。

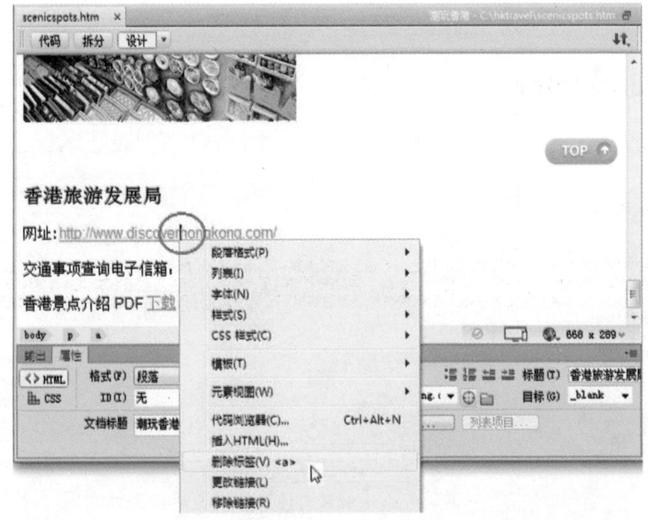

图 4-26　删除锚记链接

移除一般链接

将插入点移至链接图像或者文字中单击鼠标右键，选择“移除链接”，就可删除其链接，如图 4-27 所示。

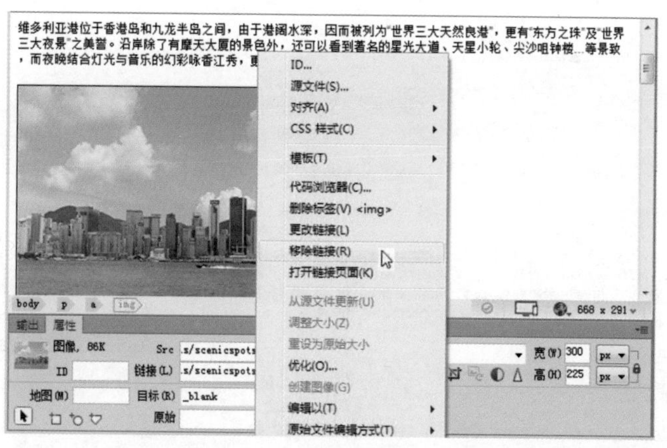

图 4-27　移除链接

此外，选择欲删除链接的图像或文字，通过 Delete 键删除“属性”面板上的“链接”字段内的相关设置值，也可达到删除链接的目的。如果 4-28 所示。

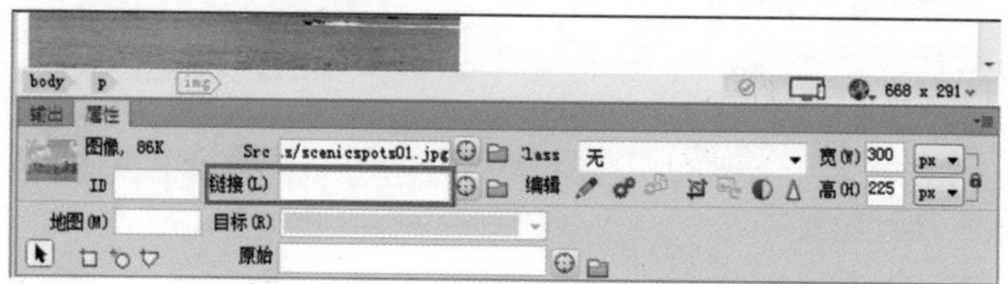

图 4-28　通过删除属性面板上的链接设置也可以删除链接

4.3　课后练习

实践题

按照如下提示，完成“视频制作大解析”网页的制作，如图 4-29 所示。

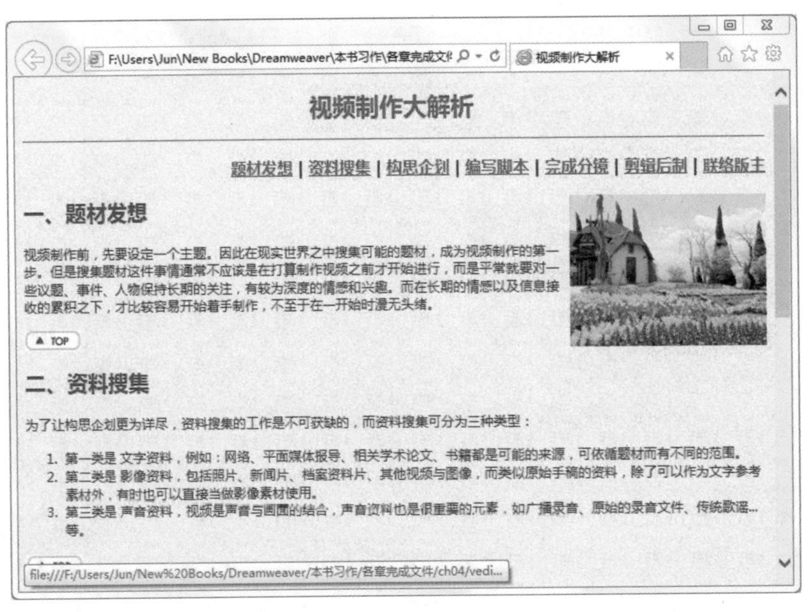

图 4-29　“视频制作大解析”网页的结果图

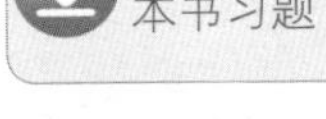

参考范例完成的结果
本书习题 \ 各章完成文件 \ ch04 \ vedio.htm

实践提示

1. 将下载文件中 < 本书习题 \ 各章原始文件 \ ch04> 文件夹复制到 <C:\ exercise> 中，进入 Dreamweaver “文件”面板“本地磁盘（C:）”中打开 <exercise \ ch04 \ vedio.htm> 文件。

2. 在文章中“一、题材发想”、“二、资料搜集”、“三、构思企划”、“四、编写脚本”、“五、完成分镜”与“六、剪辑后制”6 个标题的最前方，分别插入命名锚记：“v1”、“v2”、“v3”、“v4”、“v5”与“v6”。

3. 将网页右上角 6 个文章主题分别链接步骤 2 所建立的命名锚记，如图 4-30 所示。

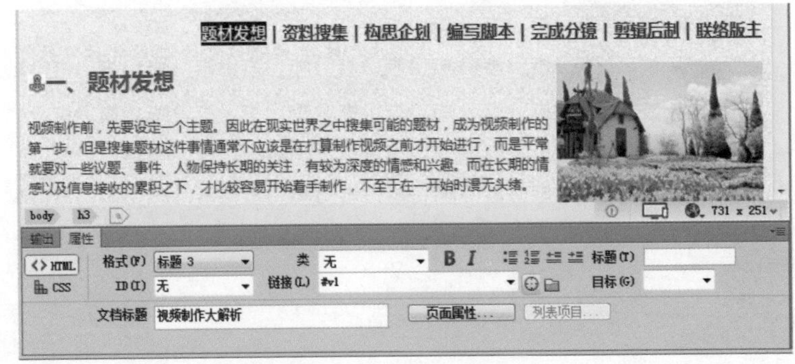

图 4-30　将文章主题链接命名锚记

4. 如图 4-31 所示，选择 6 个欲设置链接的 Top 图像，设置“链接”为 #top。

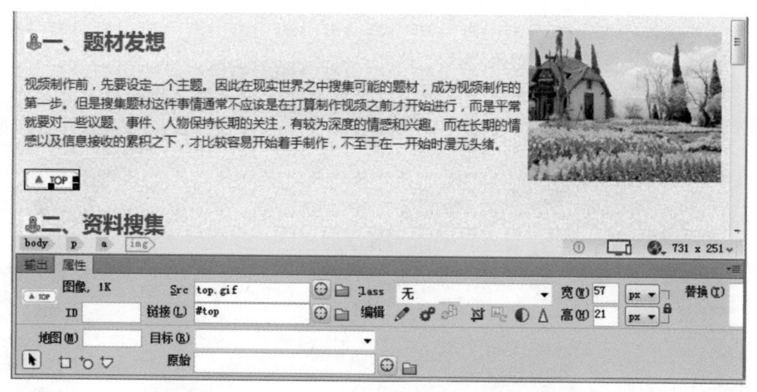

图 4-31　将 Top 图像的链接设置为返回页首

5. 选择网页右上角的“联络版主”文字，接着在“属性”面板设置“链接”为 mailto:123@ e-happy. com.tw ?subject= 视频回函，如图 4-32 所示。

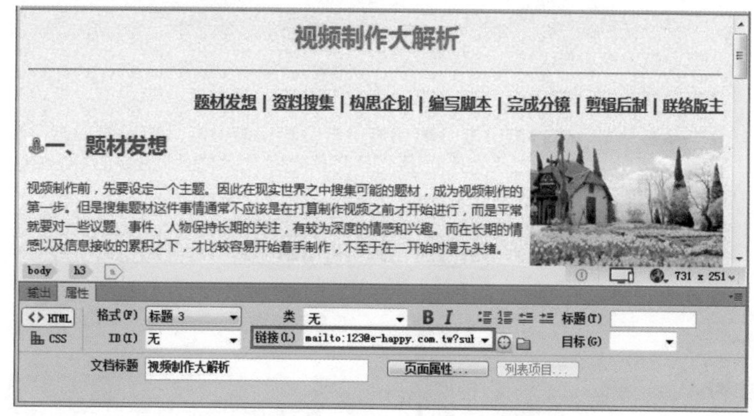

图 4-32　设置链接以便发送电子邮件

6. 完成后单击菜单栏“文件 \ 保存”，再按 F12 键来浏览看看。

第 5 章

旅游信息的分享——表格的使用

表格能让所有的版面看起来更井然有序，当然在网页中也是如此。它可以输入一般数据、分类列表，也是目前网页进行版面配置最主要的结构。善用表格，会让网页更显专业、更引人入胜。

5.1　关于表格

表格能让所有的版面看起来更井然有序，当然在网页也是如此。它可以输入一般数据、分类列表，也是目前网页进行版面配置最主要的结构。善用表格，会让网页更显专业、更引人入胜。在正式进入“潮玩香港”范例网站相关网页制作前，先对表格与相关环境面板有所认识与了解。

5.1.1　认识表格组成元素与插入表格

认识表格

表格是由一行或多行所构成；而每一行则是由一个或多个单元格构成，由下方的图示可清楚了解组成表格的元素有哪些，如图 5-1 所示。

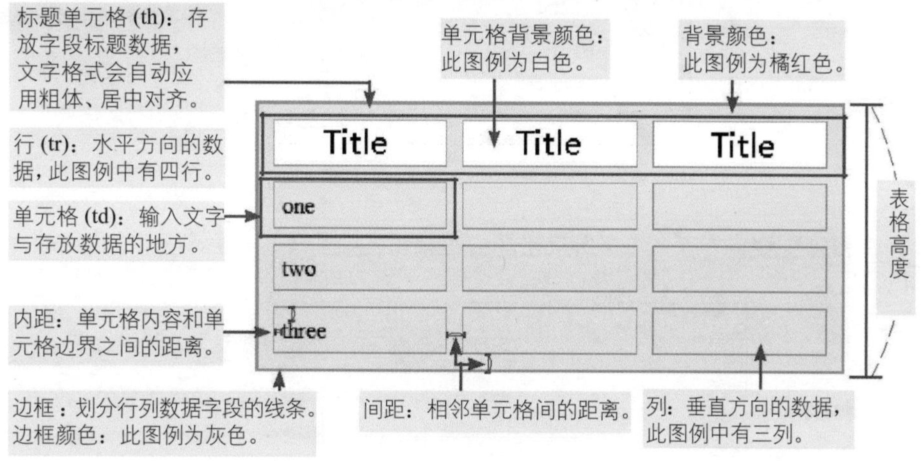

图 5-1　表格的组成

插入表格的基本方法

步骤 01 在“插入 \ HTML”面板单击 “Table”按钮，开启对话框，如图 5-2 所示。

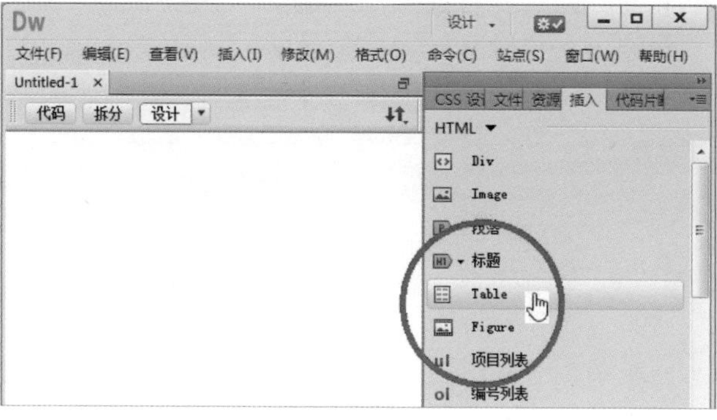

图 5-2　插入表格步骤 1

步骤 02 在“Table”对话框指定表格的各个属性（见图 5-3），其属性说明如下：

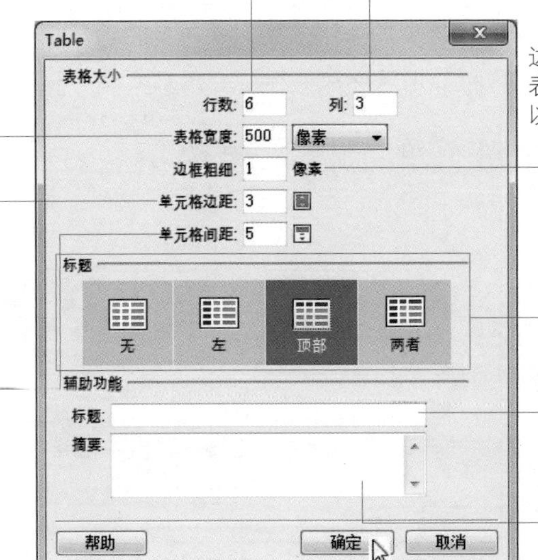

行数：决定表格的行数
列：决定表格的列数
表格宽度：决定表格需要的宽度，可选择以像素或浏览器窗口宽度的百分比为单位
边框粗细：决定表格边框的宽度，以像素为单位
单元格边距：决定单元格边框和其内容之间的距离，以像素为单位
单元格间距：决定相邻表格单元格之间的距离，以像素为单位
标题：无、左、顶部对齐、两者 4 个选项，可决定让表格的哪些单元格成为标题单元格，一旦成为标题单元格，其属性会设置为粗体、居中
标题：提供显示在表格外的表格标题，或是简介的文句
摘要：提供表格说明。此内容会写入程序代码中，但不会在浏览器显示
Table
表格大小
行数: 6
列: 3
表格宽度: 500
像素
边框粗细: 1
像素
单元格边距: 3
单元格间距: 5
标题
无
左
顶部
两者
辅助功能
标题:
摘要:
帮助
确定
取消

图 5-3 表格的各个设置项

步骤 03 设置好相关属性后，单击“确定”按钮即会在编辑区中生成一表格对象，如图 5-4 所示。

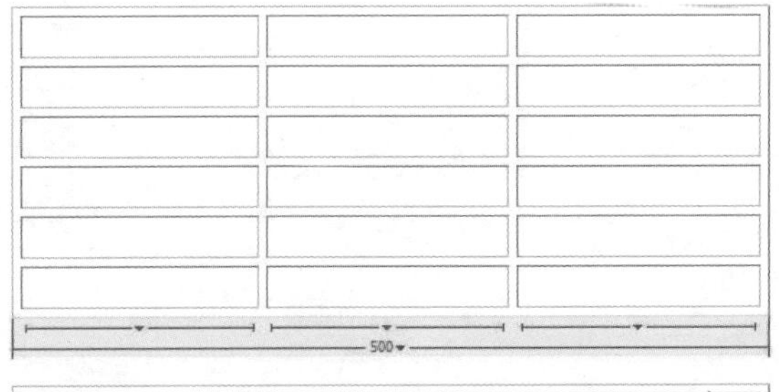

地区	气温	天气状况
关岛	24-30	晴天
檀香山	18-27	多云
旧金山	24-26	晴天
西雅图	18-25	多云
洛杉矶	20-22	多云

图 5-4 最后填入数据就可以完成基本的表格文件

5.1.2 表格的两种查看模式

此节将说明 Dreamweaver 中拥有的两种表格查看模式，分别为“标准模式”与“扩展表格模式”。

表格的标准查看模式

“标准模式”是默认的编辑模式，也是最接近在浏览器中预览的样子，如图 5-5 所示。

地区	气温	天气状况
关岛	24-30	晴天
檀香山	18-27	多云
旧金山	24-26	晴天
西雅图	18-25	多云
洛杉矶	20-22	多云

图 5-5　表格的标准查看模式

表格的扩展查看模式

在表格上方单击鼠标右键，单击“表格 \ 扩展表格模式”，即可切换至“扩展表格模式”。

在“扩展表格模式”中，表格的框线和间距会变得特别粗、特别宽，与实际在浏览器中所看到的不一样，目的是方便选择到较细小的单元格与其内容，如图 5-6 所示。

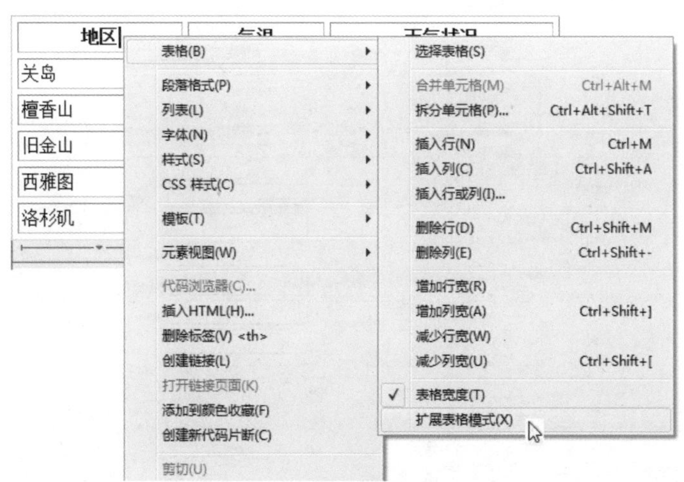

图 5-6　选择“扩展表格模式”

当调整完再选择上方的“退出”（蓝字），切换回“标准模式”即可，如图 5-7 所示。

图 5-7　单击“退出”可回到表格查看的“标准模式”

5.1.3 表格的可视化助理工具

在 Dreamweaver 中添加表格后，就能使用“表格宽度”查看的功能，直接得知表格当前宽度的数字或比例。

确定选中了菜单栏的“查看\可视化助理\表格宽度”功能，这样用鼠标在表格内任意单击，或调整单元格时，会在下方以绿色线条与数字标示出单元格的宽度，让表格编辑更快、更容易，如图 5-8 的上半图所示。

图 5-8 表格的可视化助理工具

在下方三角符号处单击鼠标左键，可选用“选择列”、“清除列宽”、“左侧插入列”、“右侧插入列”的功能，如图 5-8 的下半图所示。

5.1.4 选择行、列、单元格与表格的方法

插入表格后，若有觉得列宽不够宽、行高不够高、颜色不太搭等问题，在动手设置、修改前，一定要先知道如何快速选择要调整的表格或单元格。

可新建文件或延续使用前面练习的文件，插入三行三列表格来练习。

选择单元格

不连续单元格的选择（Ctrl 键）：

步骤 01 按 Ctrl 键不放，将鼠标指针移至欲选择的单元格上方，目标单元格会呈红框状态，此时单击鼠标左键，如图 5-9 的左图所示。

步骤 02 继续按 Ctrl 键不放，用鼠标单击，即可选择多个单元格，如图 5-9 的右图所示。

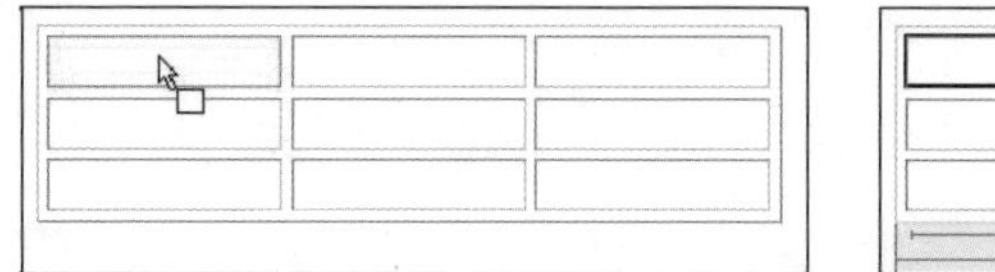
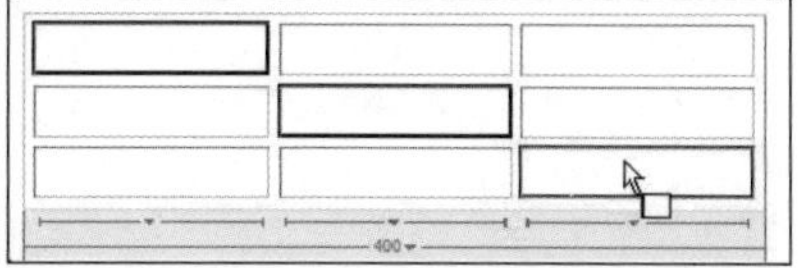

图 5-9　单元格的选择（一）

连续单元格的选择（Shift 键）：

步骤 01 按 Ctrl 键不放，将鼠标指针移到要选择的单元格上方，目标单元格会呈红框状态，此时单击鼠标左键。

步骤 02 放开 Ctrl 键，改按 Shift 键不放，再如图 5-10 所示在另一单元格单击鼠标左键，这样即选择了范围内的所有单元格。

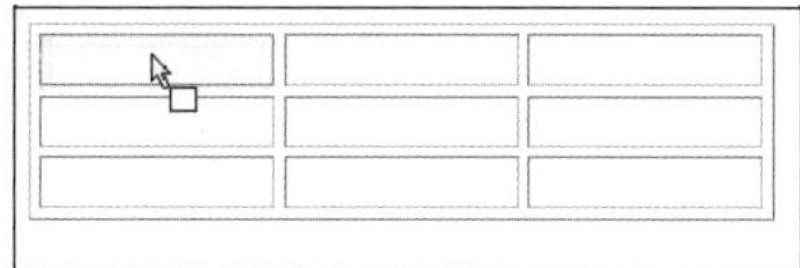
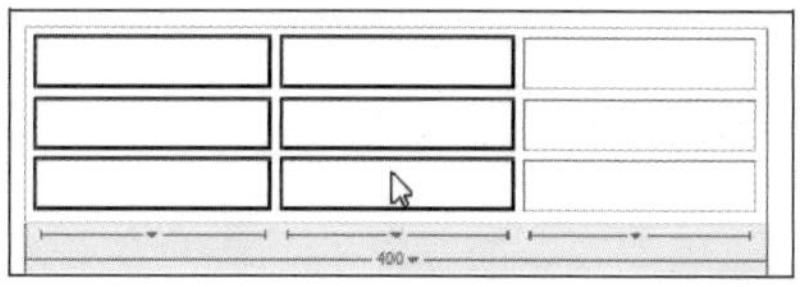

图 5-10　单元格的选择（二）

小提示

单元格的选择

若要选择连续单元格，可以直接在单元格上单击第一个单元格后拖动鼠标，即可选择一定范围内的单元格。

选择行与列

选择行：

将鼠标指针移到要选择行的最左方，等鼠标指针显示为 ➜ 时，目标行也会呈红框状态，此时单击鼠标左键，就可将此行选择，如图 5-11 所示。

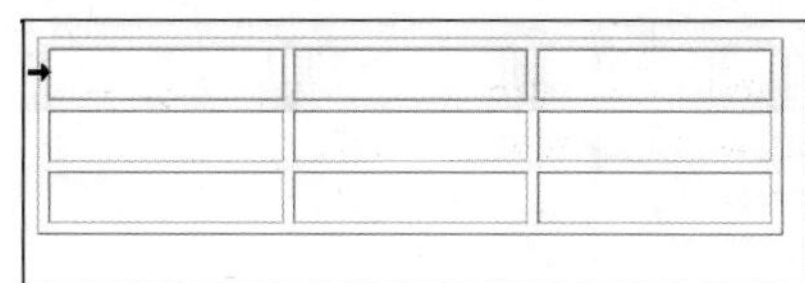
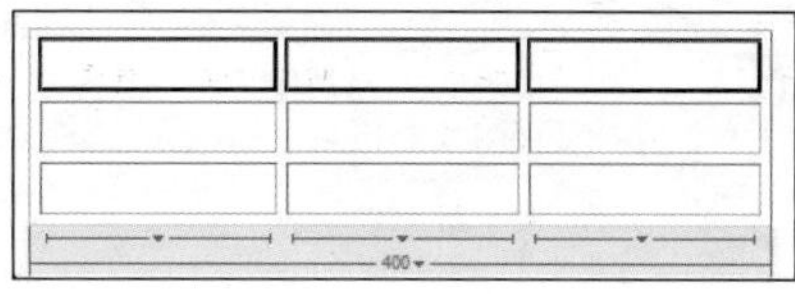

图 5-11　选择行

选择列：

将鼠标指针移到要欲选择列的最上方，等鼠标指针显示为 ⬇ 时，目标列也会呈红框状态，此时单击鼠标左键，就可将此列选择，如图 5-12 所示。

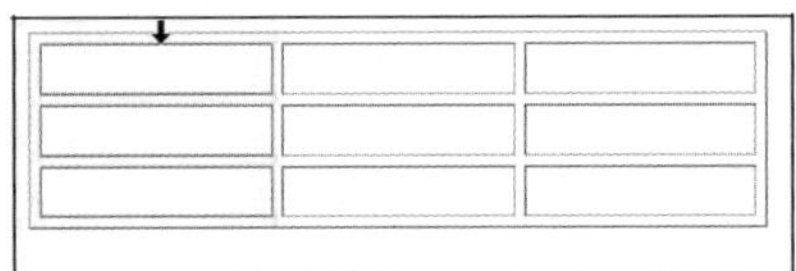

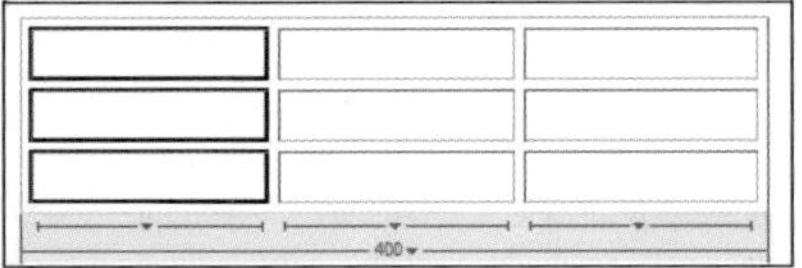

图 5-12 选择列

选择表格

将鼠标指针移至欲选择表格的左上角，等鼠标指针显示为 时，目标表格也会呈红框状态，此时单击鼠标左键，就可将此表格选择，如图 5-13 所示。

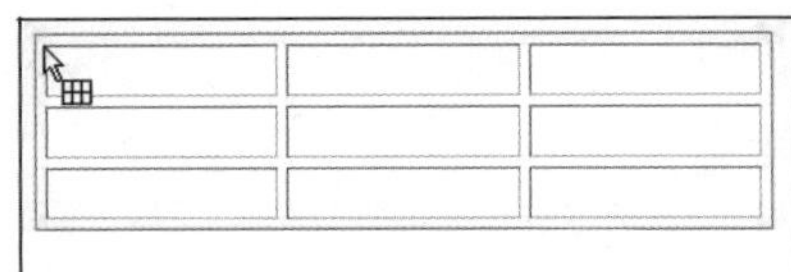

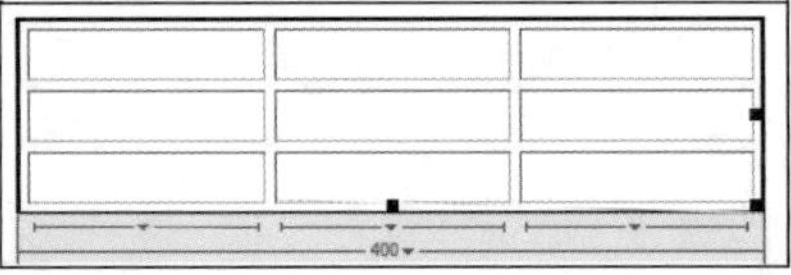

图 5-13 选择表格

通过标签选择器面板选择

认识“标签选择器”面板中的标签可帮助用户快速选择单元格，具体说明如图 5-14 所示。

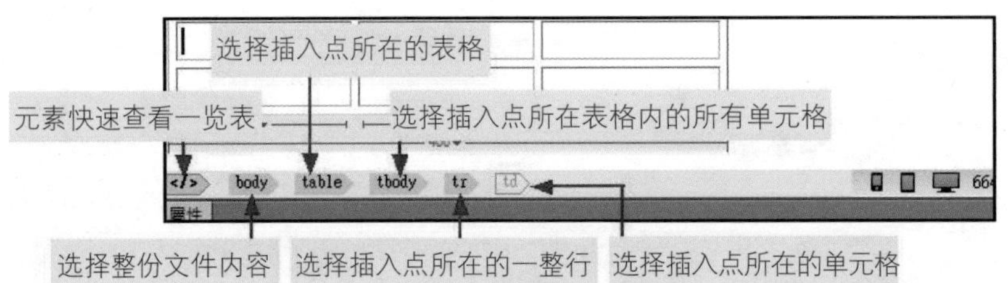

图 5-14 标签选择器的表格选择功能

5.1.5 认识表格属性面板

选择整个表格时，会看到此表格的“属性”面板，如图 5-15 所示。

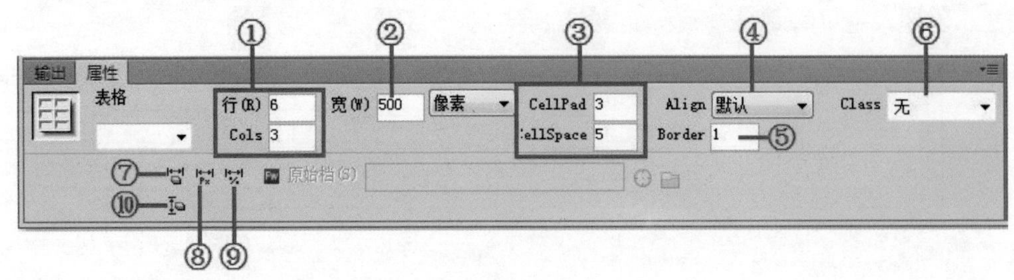

图 5-15 表格属性面板的各个功能

①行、列：设置表格中的行数、列数，增加与减少行数时会从表格的下方变动，增加与减少列数时会从表格的右边变动（如果表格内已有内容，则不建议使用此方法调整）。

②宽：设置表格的宽度，以像素或浏览器窗口宽度的百分比为单位。

③边距、间距：设置表格单元格内部的空间及单元格之间的间距，以像素为单位。

④对齐：表格相对所在的位置（可设置整个网页、单元格等），对齐的方式有：默认、左对齐、右对齐与居中对齐。

⑤边框宽度：设置表格边框的宽度，以像素为单位。

⑥类：可指定应用 CSS 样式。

⑦清除列宽：清除表格内设置的列宽，按表格内容自动调整宽度。

⑧将表格宽度转换成像素：将当前表格内的列宽数值转换为像素单位的值。

⑨将表格宽度转换成百分比：将当前表格内的列宽数值转换为百分比单位的值。

⑩清除行高：清除表格内设置的行高，按表格内容自动调整高度。

5.1.6　认识单元格属性面板

选择任一单元格时，在“属性”面板除了会显示文字的设置字段外，在下方会显示单元格的设置字段，如图 5-16 所示。

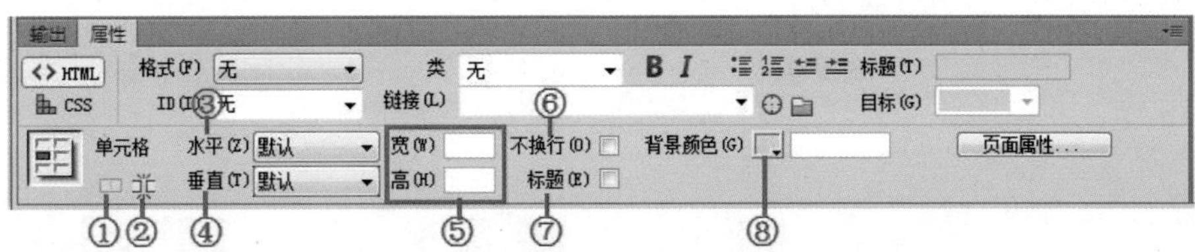

图 5-16　单元格属性面板的各个功能

①合并所选单元格：会将选择的单元格（行或列）合并成一个单元格，但必须选择一个以上的连续单元格才可以合并。

②将单元格为行或列：可以将所选择的单元格拆分为两个以上的单元格（行或列）。不过，如果选择了一个以上的单元格，这个功能就无法使用。

③单元格内容水平对齐：指定单元格内容的水平对齐方式。可以将内容左对齐、右对齐或居中对齐单元格，也可以使用默认对齐方式。一般单元格的默认为靠左对齐，标题单元格的默认为居中对齐。

④单元格内容的垂直对齐：指定单元格、行或列内容的垂直对齐方式。可以将内容对齐上沿、中间、对齐下沿或基线，也可以指定使用默认对齐方式（默认为居中对齐）。

⑤单元格的宽、高：单元格宽度和高度以像素或以整个表格宽、高百分比来计算。若要指定百分比，在值后面加上百分比符号（%）；若要根据单元格内容以及其他行和列的高与宽来决定适当的高度或宽度，可将“宽、高”字段中保持留白，即采用默认值。

⑥单元格内容不换行：会防止换行，让指定单元格内的文字保持在一行中；如果启用了此功能，在单元格输入或粘贴数据时，单元格就会以加宽来容纳所有的数据（一般而言，会先水平扩展来容纳单元格中最长的字或最宽的图像）。

⑦使单元格成为标题单元格：会将选择的单元格格式化为表格标题单元格格式（表格的标题单元格格式的内容默认为“粗体”并且“居中对齐”）。

⑧背景颜色：设置单元格的背景颜色。

5.2 制作基础表格

表格是网页上呈现表格式数据以及展示文字和图形的强大工具，此节主要通过“潮玩香港 - 相关信息”单元中的“网上指南”数据表格来练习，让基础表格也可以展现大不同的功能。

在动手制作表格前，先来看一下这个作品的结构（如图 5-17 所示），待会儿就要按图施工。

图 5-17　本节目标表格的结构图

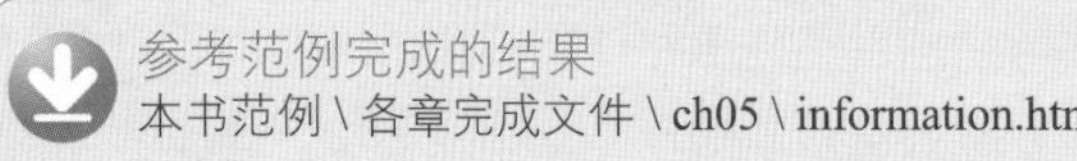
参考范例完成的结果
本书范例 \ 各章完成文件 \ ch05 \ information.htm

5.2.1　插入表格

进入“潮玩香港”范例网站，打开 <information.htm> 文件，添加一个表格。

步骤 01　将插入点移到要插入表格的“网上指南”下一个空白段落，在“插入 \ HTML”面板单击 “Table”按钮添加表格，如图 5-18 所示。

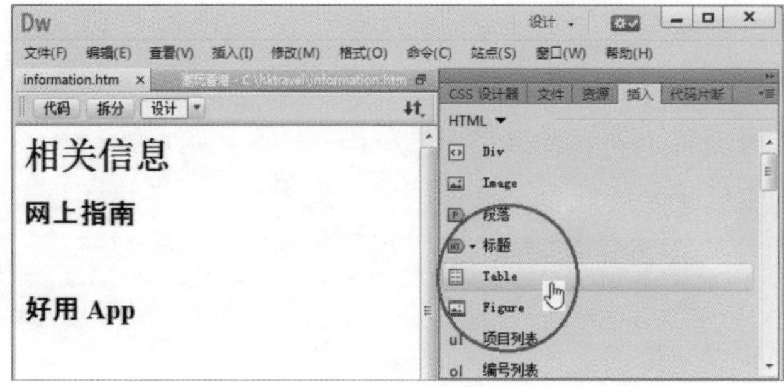

图 5-18　插入表格

“网上指南”数据表格预计是 6 行 2 列的表格，现在先插入一个 2 行 3 列的表格，待后续设置时会再插入 4 行。设置“表格宽度”为 540 像素、“边框粗细”为 1、“单元格边距”为 6、“单元格间距”为 1、“标题”为顶部对齐，再单击“确定”按钮，如图 5-19 所示。

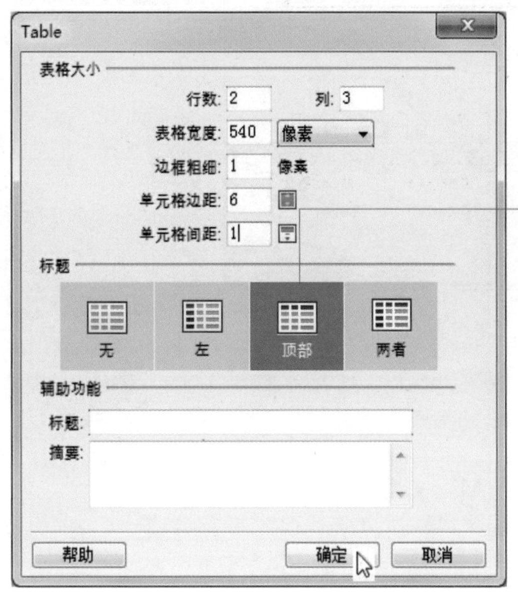

标题的格式：缩图中单元格显示灰色的部分，文字会以“加粗”与“居中对齐”格式呈现。
此例选择了顶部对齐，如此一来，在表格第 1 行输入文字时会自动以“加粗”与“居中对齐”格式呈现。

图 5-19　插入表格前先设置表格的属性

小提示

设置表格对话框的注意事项

1. 若没有明确指定表格边框、内距、间距的值，则大部分浏览器将会以设置为“1”的状态来显示。
2. 如果只是想使用表格来协助版面的布置，那么在边框、内距、间距的字段上输入“0”，如此开启浏览器预览时，就可以将表格边框线完全隐藏起来；而在 Dreamweaver 中，表格会以虚线的方式呈现。
3. 表格的宽度有两种设置：“百分比”与“像素”，如果以“百分比”为单位时，表格会按浏览器窗口的大小自动调整、缩放；如果选择“像素”，则会一直保持固定宽度，不会因浏览器窗口的大小而改变表格中内容的排列，而超过页面的部分，将以滚动条的方式呈现，这个重要的小秘技，在制作网页时可绝对不容忽视。

5.2.2　调整表格的宽度

完成上节插入表格的设置后，在编辑区中会出现指定的表格。表格的宽度有两种设置：“百分比”与“像素”，加入的表格若要再调整其表格宽度，可先选择整个表格，“标签选择器”面板会自动选择 <table> 标签，接着在“属性”面板的“宽”字段先指定为百分比（%）或像素，再指定表格宽度值，如图 5-20 所示。

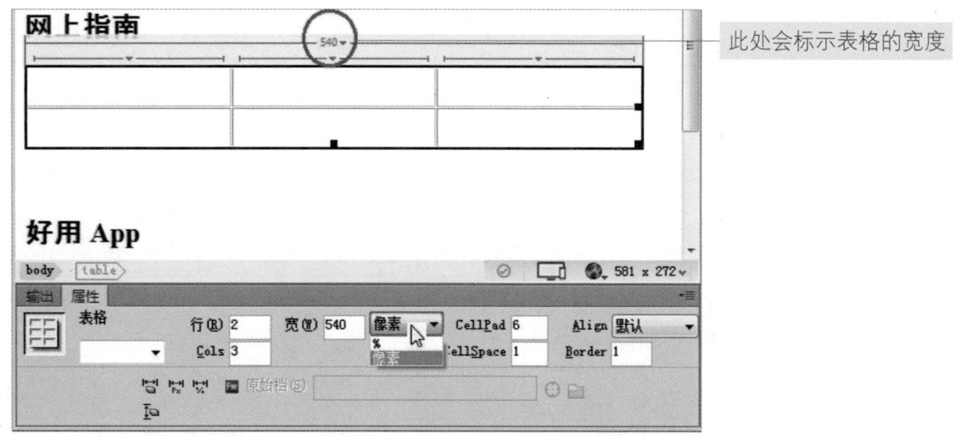

图 5-20　插入表格前先设置表格的属性

5.2.3　调整列宽、行高

刚建立好的表格结构未必符合作品需求，在此要将表格列 1 的列宽调整为 150 像素、将行 2 的行高调整为 40。有两种方式可以调整列宽、行高，一是用鼠标拖动表格边线，二是在单元格“属性”面板调整。

使用鼠标拖动表格边线的方法调整如下所示。

 将鼠标指针移至要调整的框线上方（此例要调整列 1 的宽度），等鼠指针显示为 时，按鼠标左键不放往左、右拖动（这时可以看到单元格宽度的可视化助理标记）。

 此例将列 1 的宽度调整为 150，等到列 1 单元格宽度的可视化助理标记为 150 时，放开鼠标左键，即完成了调整列宽的操作，如图 5-21 所示。

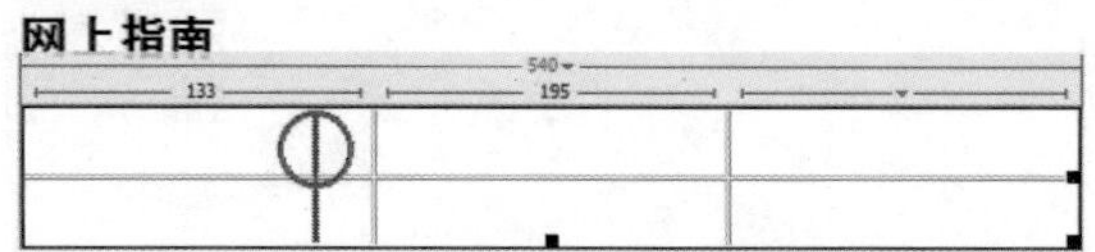

图 5-21　用鼠标拖动来调整列宽

但是用鼠标指针进行调整有时无法精准地拖动到指定的列宽值，这时可通过单元格“属性”面板的方法来调整。

 先将插入点置于左方列 1 的第一个单元格内，再按鼠标左键不放往下拖动，选择下方的单元格。

 在“属性”面板“宽”输入 150，完成列 1 的列宽调整（默认是以“像素”为单位，若输入 150 %，则调整为以百分比来计算的宽度），如图 5-22 所示。

图 5-22　用“属性”面板来设置列宽

行高的部分，同样可以将鼠标指针移至要调整的框线上方进行拖动，或在“属性”面板“高”字段中输入像素值（行高不能以百分比值来指定），在此输入 40，如图 5-23 所示。

图 5-23　用鼠标拖动或者用“属性”面板来设置行高

小提示

可视化助理——表格宽度

若单击编辑区中的表格后，并未出现如上图的表格宽度标记，可参考第 5.1.3 节的说明，开启相关的可视化助理功能。然而，如果不习惯该标记的用户也不用烦恼，“可视化助理 \ 表格宽度”功能是否开启不会影响作品制作的方式，您可自行设置合适的编辑环境。

5.2.4　插入、删除行和列

已插入编辑区的表格，若需要再插入、删除行和列时该如何处理？目前“网上指南”表格，在插入时即指定第 1 行为标题单元格，而作品中需要更多的非标题单元格，因此先将插入点置于行 2 任一单元格内，这样一来再插入的行、列均会以此单元格内的属性样式对表格进行扩展。

插入行和列

步骤 01 先将插入点置于行 2 任意单元格内，把鼠标指针移至插入点上再单击鼠标右键，单击“表格 \ 插入行或列”。

步骤 02 指定在当前插入点所在行之后插入 4 行，选中“行”，“行数”输入 4，选中“所选之下”，再单击“确定”按钮，如图 5-24 所示。

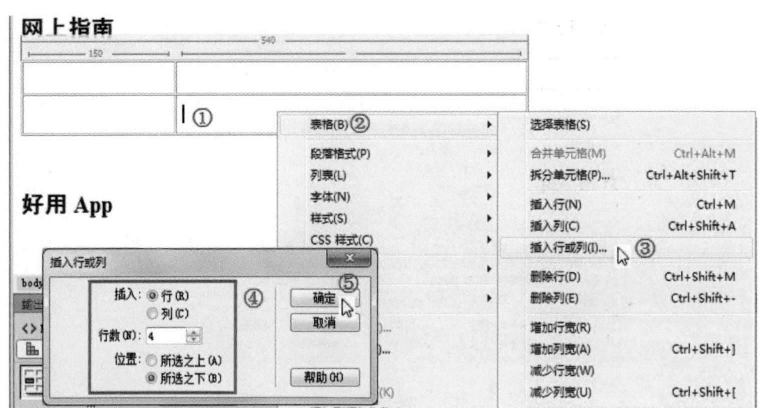

图 5-24　插入行

步骤 03　这样即完成如图 5-25 所示，在行 2 之下插入 4 行，所以当前表格为标题单元格 1 行、非标题单元格 5 行。

图 5-25　插入行后的结果图

步骤 04　插入列的方式跟插入行是一样的，先将插入点置于如图 5-26 所示位置的单元格内，将鼠标指针移至插入点上单击鼠标右键，单击“表格\插入行或列”。

接着单击“插入”再选中“列”，“列数”输入要插入的列数，最后选中要插入的列所在的位置：“在当前列之前”或“在当前列之后”，再单击“确定”按钮。

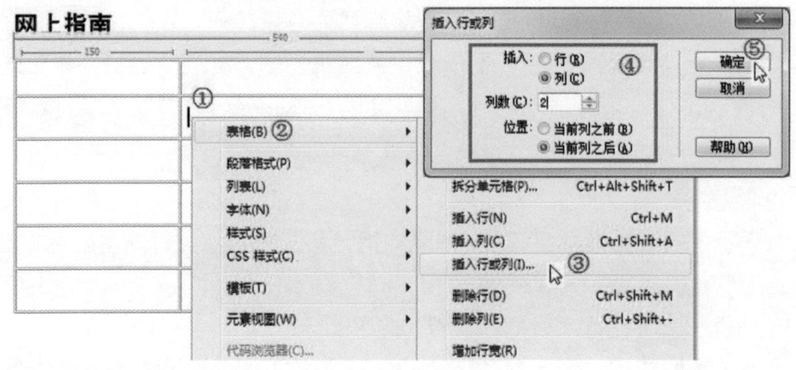

图 5-26　在表格中插入列

删除行和列

步骤 01 若要删除行和列，同样也可以通过单击鼠标右键开启快捷菜单，然后选择要删除的行和列，或将插入点置于要删除的行或列对应的单元格内，将鼠标指针移到插入点上，再单击鼠标右键，单击“表格”，在开启的快捷菜单中选择“删除行”或“删除列”，如图 5-27 所示。

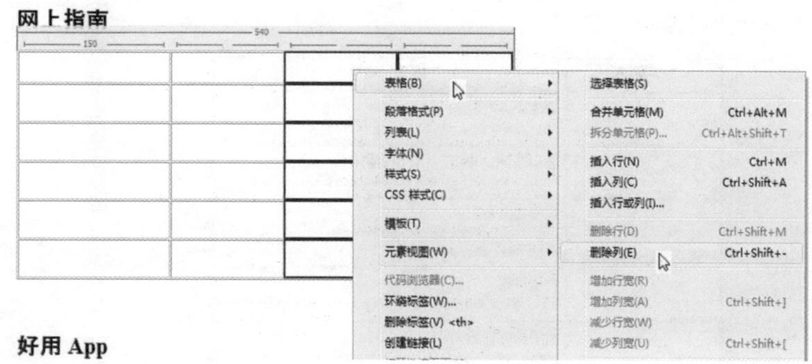

图 5-27　在表格中删除列

步骤 02 这样一来便可将指定的行或列删除，如图 5-28 所示。

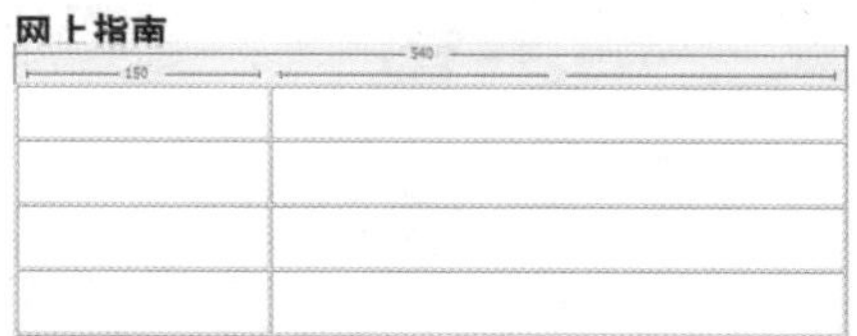

图 5-28　删除列之后的结果图

5.2.5　填入文字内容

步骤 01 在“文件”面板打开 <txt \ information_01 网上指南 .txt> 文件，将相关文字数据复制、粘贴到表格中，如图 5-29 所示。

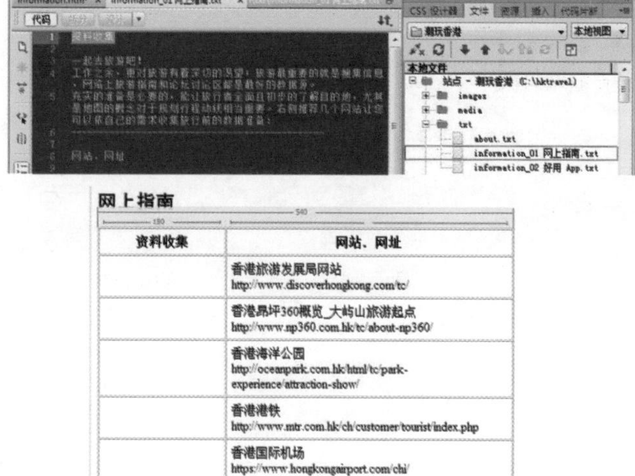

资料收集	网站、网址
	香港旅游发展局网站 http://www.discoverhongkong.com/tc/
	香港昂坪360概览_大屿山旅游起点 http://www.np360.com.hk/tc/about-np360/
	香港海洋公园 http://oceanpark.com.hk/html/tc/park-experience/attraction-show/
	香港港铁 http://www.mtr.com.hk/ch/customer/tourist/index.php
	香港国际机场 https://www.hongkongairport.com/chi/

图 5-29　填入相关资料，“资料收集”一列下先保持空白

完成后单击菜单栏"文件 \ 保存"，按 F12 键进行预览，看看目前"网上指南"表格的设计效果，如图 5-30 所示。

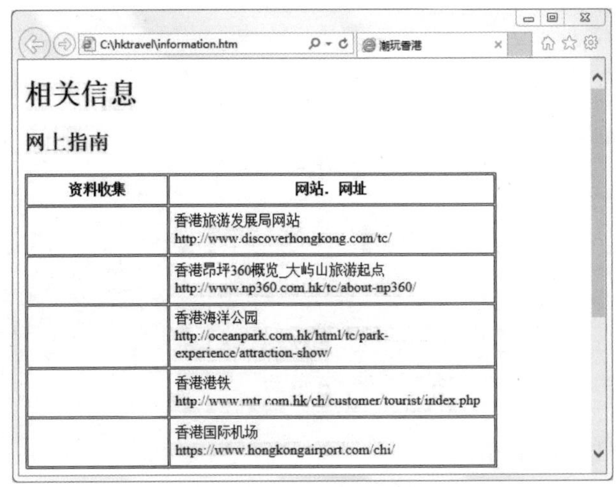

资料收集	网站、网址
	香港旅游发展局网站 http://www.discoverhongkong.com/tc/
	香港昂坪360概览_大屿山旅游起点 http://www.np360.com.hk/tc/about-np360/
	香港海洋公园 http://oceanpark.com.hk/html/tc/park-experience/attraction-show/
	香港港铁 http://www.mtr.com.hk/ch/customer/tourist/index.php
	香港国际机场 https://www.hongkongairport.com/chi/

图 5-30 "网上指南"表格在浏览器中预览的结果

5.3 表格与表格文字的美化

前面完成了基础表格的制作，接着要动手为表格与表格文字应用合适的属性，让表格看来更加专业。制作前先来看一下"网上指南"资料表格美化后的效果（如图 5-31 所示），待会儿就要按图施工。

资料收集	网站、网址
一起去旅游吧！ 工作之余，更对旅游有着深切的渴望；旅游最重要的就是搜集信息，网络上旅游指南和论坛讨论区都是最好的数据源。 充实的准备是必要的，能让旅行者全面且初步的了解目的地，尤其是地图的概念对于规划行程动线相当重要。右侧推荐几个网站让您可以依自己的需求收集旅行前的数据准备：	香港昂坪360概览_大屿山旅游起点 http://www.np360.com.hk/tc/about-np360/
	香港旅游发展局网站 http://www.discoverhongkong.com/tc/
	香港海洋公园 http://oceanpark.com.hk/html/tc/park-experience/attraction-show/
	香港国际机场 https://www.hongkongairport.com/chi/
	香港港铁 http://www.mtr.com.hk/ch/customer/tourist/index.php

图 5-31 "网上指南"表格美化的结果图

5.3.1 设置单元格的背景

单元格的背景色默认是透明的，为了区分表格标题与正文资料，可以为表格的标题单元格设置背景颜色。

为表头标题单元格应用的深灰背景颜色：如图 5-32 所示选择表格第 1 行的两个单元格，在"属性"面板单击"背景颜色"右侧的色板，选择合适的颜色后按 Enter 键完成颜色指定，

如图 5-32 所示。

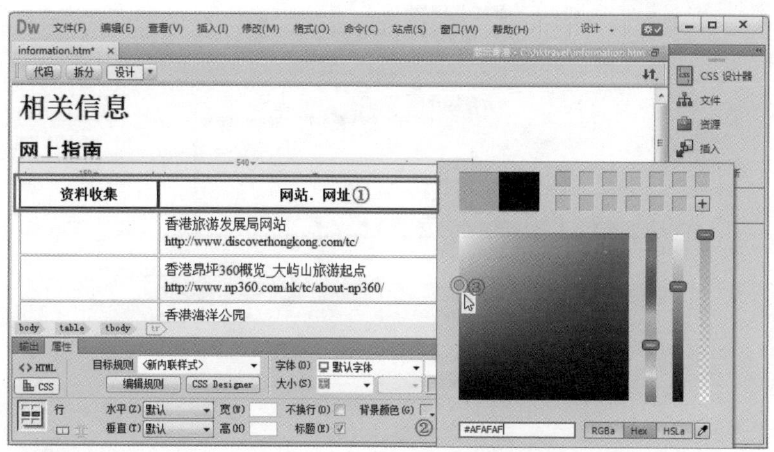

图 5-32　为表头标题设置背景颜色

步骤 02 接着为“资料收集”一列之下的 5 个单元格设置浅灰背景颜色：如下图 5-33 所示选择 5 个单元格，在“属性”面板单击“背景颜色”右侧的色板，选择浅灰色后再按 Enter 键完成颜色的设置，如图 5-33 所示。

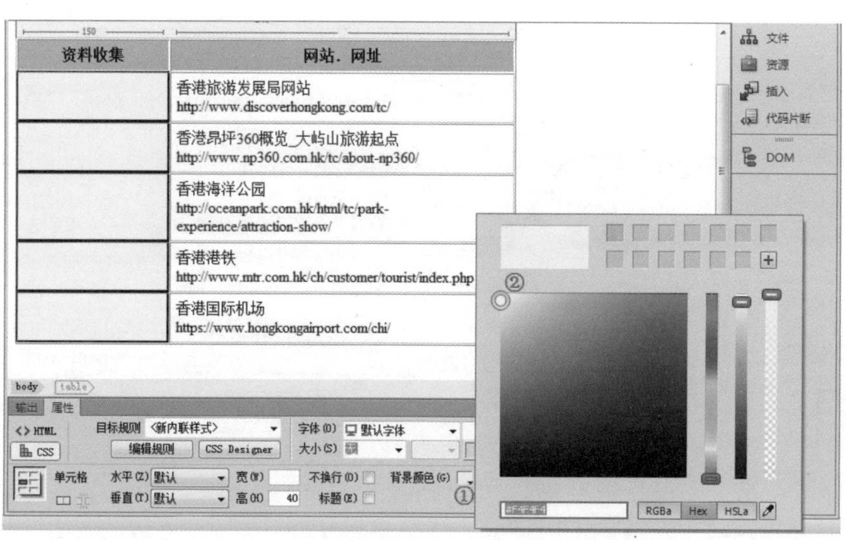

图 5-33　给“资料收集”一列设置背景颜色

5.3.2　设置单元格边框样式

“网上指南”资料表格一开始插入时设置了粗细为“1”的边框，现在先将此边框线取消，试着用较细的实线、虚线、点状线、双线等样式来设计，让表格呈现出不一样的风貌。

步骤 01 在任意单元格内单击，再在“标签选择器”面板单击“<table>”标签选择整个表格，然后在“属性”面板的“Border”字段输入 0，这样一来即可取消表格的边框线，如图 5-34 所示。

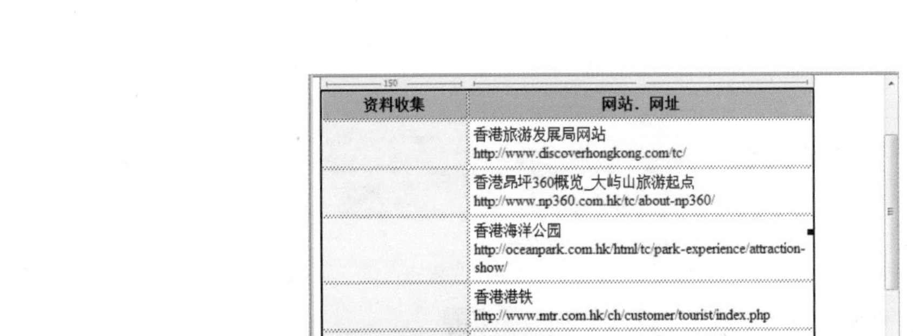

图 5-34　取消表格的边框线

步骤 02 用鼠标单击“网站. 网址”一列下方的第一个正文单元格，将插入点置于其中，再在“标签选择器”面板单击“<td>”标签，选择此单元格。接着在“属性”面板 CSS 模式下单击一下“编辑规则”按钮（若“目标规则”未显示为“ < 内联样式 >”，则再单击“编辑规则”按钮），右侧会开启“CSS 设计器”面板的“属性”窗格，如图 5-35 所示。

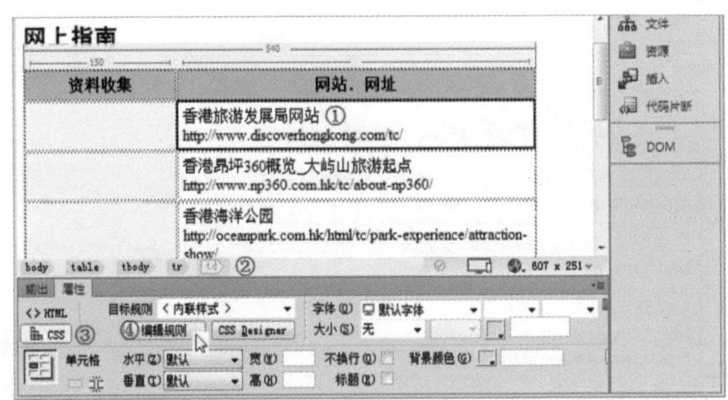

图 5-35　运用“编辑规则”功能

步骤 03 在“CSS 设计器”面板“属性”窗格单击 “边框”，在此可选用的边框“style”，如图 5-36 所示。

接着为单元格下方设置细的灰色虚线，因此单击 “下方”，设置“width”为 thin、“style”为 dashed、“color”为 #D2D2D2，如图 5-37 所示。

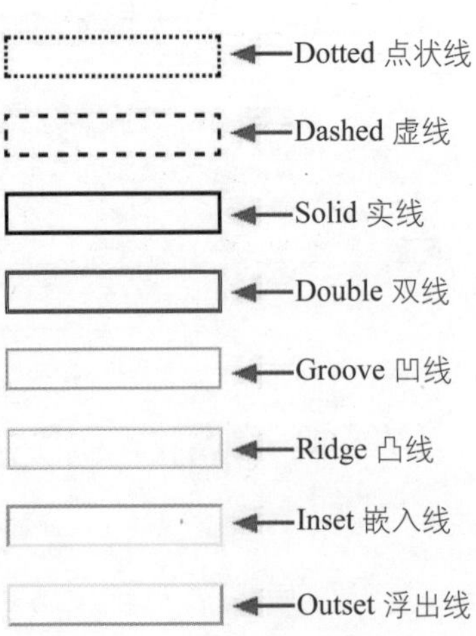

图 5-36　运用“编辑规则”功能

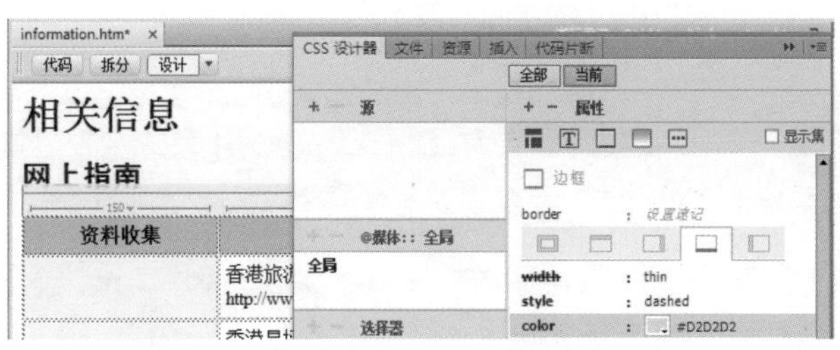

图 5-37　设置单元格的样式

步骤 04　以相同的方式，逐一为“网站．网址”列下方的其他 5 个正文单元格下边线设计细的灰色虚线，如图 5-38 所示。

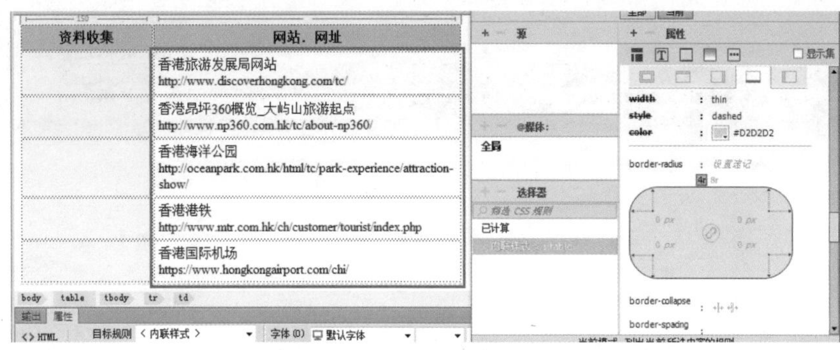

图 5-38　为 5 个单元格下边线设计细的灰色虚线

小提示

禁用或删除边框属性

如果想要停用或删除单元格的边框属性，可将插入点置于该单元格之中，再在“属性”面板单击“编辑规则”按钮，右侧会开启“CSS 设计器”面板的“属性”窗格。

将鼠标指针移至其 border 属性右侧，则会出现 ⊘“禁用”🗑“删除”图标，可分别暂时禁用或删除该属性的所有设置；如果将鼠标指针移至 border 属性之下的各个项目（例如：width），右侧也会出现 ⊘“禁用”与 🗑“删除”图标，如图 5-39 所示。

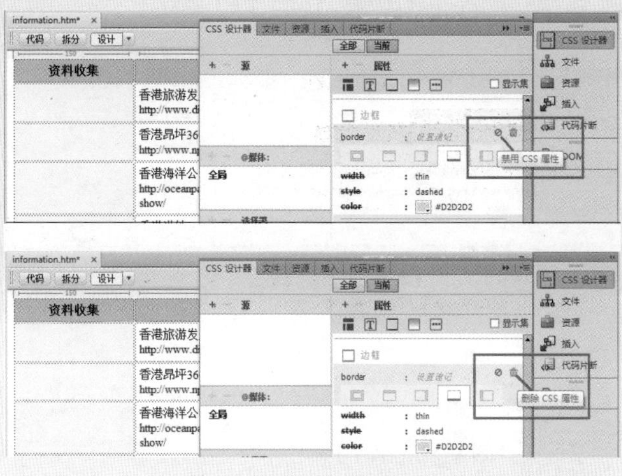

图 5-39　禁用或删除边框属性

5.3.3　设置表格正文字的格式

浏览“网上指南”表格时，会发现标题单元格当前的设计为深灰底色搭配黑色文字，让文字看起来很不清楚，这时可通过“属性”面板来调整文字格式。

步骤 01 选择“资料收集”文字，在“属性”面板设置“大小”为 12 pt、单击色块设置文字颜色为白色，这样一来标题文字的大小即稍加变大，且变成白色的字，如图 5-40 所示。

图 5-40　设置表格正文字的格式 1

步骤 02 选择“网站．网址”文字，同样在“属性”面板设置“大小”为 12 pt、单击色块设置文字颜色为白色，如图 5-41 所示。

图 5-41　设置表格正文字的格式 2

步骤 03 接着，选择第一个正文单元格内的文字，在“属性”面板设置“大小”为 10 pt，同样完成其他 4 个正文单元格正文字格式的设置，如图 5-42 所示。

图 5-42　设置表格正文字的格式 3

5.3.4　表格 / 单元格内容的对齐

当页面中既有表格又有文字时，“对齐”功能可以让一切井然有序。表格可设置为对齐于页面左侧、右侧或中间，单元格内的文字也可设置水平或垂直的对齐方式。

表格对齐

表格对象默认是靠页面左侧对齐，如果要调整对齐位置时，可通过“属性”面板来设置。

步骤 01 在表格下方空白段落输入正文（或可在“文件”面板打开 <txt \ information_01 网上指南 .txt> 文件，将相关文字资料复制、粘贴）。

步骤 02 在表格任一单元格内单击鼠标，再在“标签选择器”面板单击 <table> 标签选择整个表格，接着在“属性”面板设置“Align”为居中对齐即可，如图 5-43 所示。

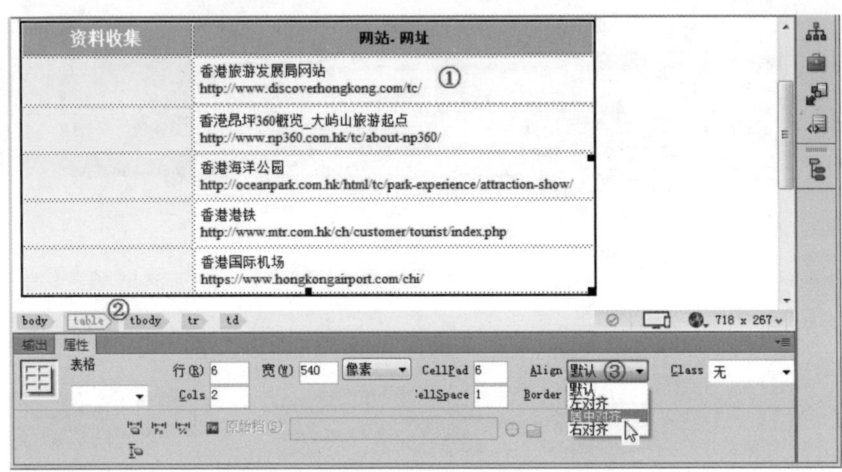

图 5-43　设置表格和单元格正文字的对齐

步骤 03 这样，表格便会居中对齐，在浏览器浏览时会自动按页面宽度调整表格的位置，使之居中对齐，如图 5-44 所示。

图 5-44　表格居中对齐的结果图

单元格内容对齐

单元格内的文字或对象，默认是“水平”靠左侧对齐而“垂直”是靠行的中央对齐。如果要调整对齐显示的位置，同样可通过“属性”面板来设置。

步骤 01 选择要调整内容对齐方式的单元格，在“属性”面板的“水平”与“垂直”字段中可分别指定单元格正文字或对象的对齐方式，如图 5-45 所示。

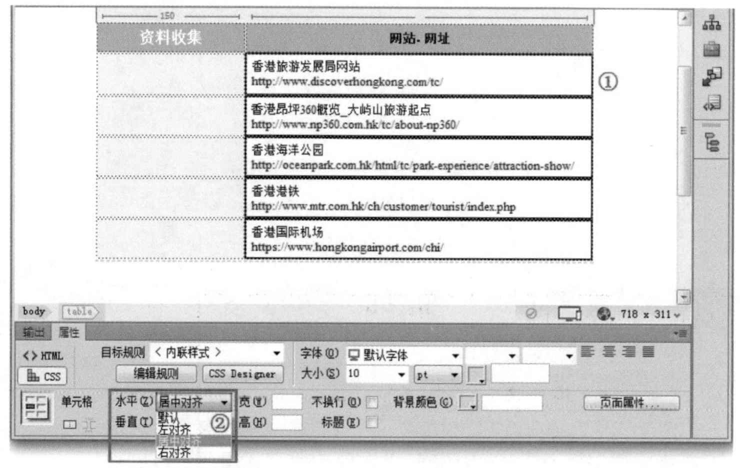

图 5-45　单元格居中对齐

步骤 02 这样，单元格内的文字或对象就会按指定的对齐方式显示，如图 5-46 所示。

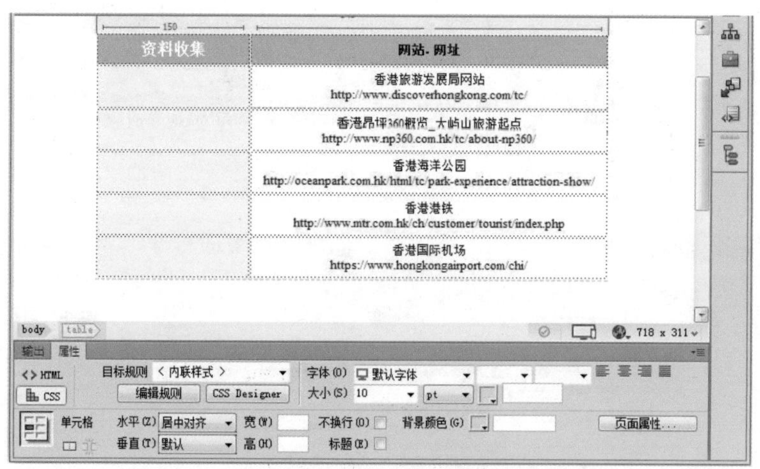

图 5-46　单元格居中对齐后的结果图

以上操作只是为了简单练习，作品中单元格内的数据还是设置为默认的“水平”为左对齐、“垂直”为居中对齐，这样对齐的资料内容比较容易浏览。

5.3.5　对表格内的数据进行排序

表格相关功能中，还可以根据单列或多列的内容来对表格行中的数据进行排序，这主要是对表格内容的数值或中文、英文按照顺序进行排列。

此范例要试着将“网站 . 网址”标题单元格下方的数据内容，以中文名称递增的方式排序，将插入点置于要排序的任意单元格内，单击菜单栏“命令 \ 排序表格”开启对话框，如图 5-47 所示。

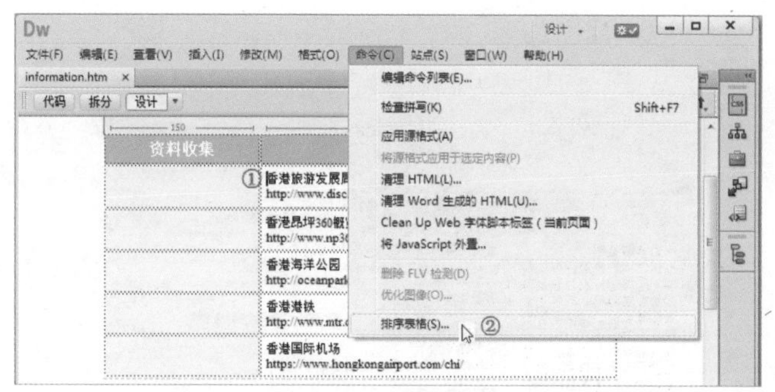

图 5-47　对表格进行排序的菜单及其选项

设置“排序”为列 2，设置“顺序”为按照字母顺序、升序，确认没有选中“选项”中的“排序包括第一行”（因为标题栏不加入排序），接着单击“确定”按钮。回到编辑区中，可以看到第 2 列“网站 . 网址”内的数据已经按照文字升序排列了，如图 5-48 所示。

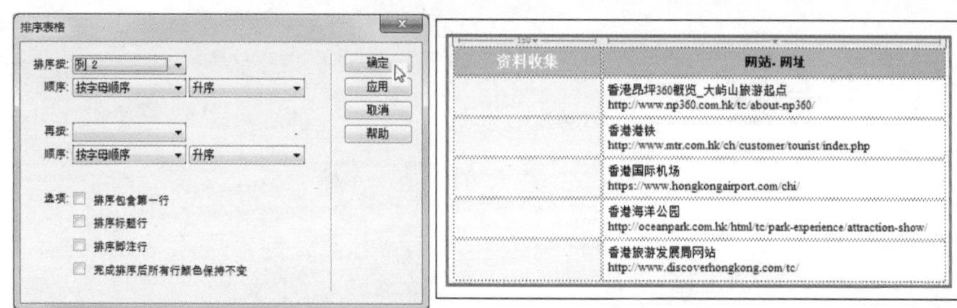

图 5-48　对表格中指定列进行排序以及排序后的结果

5.3.6　合并单元格

设计表格时，不一定只是一格一格呆板的配置方式，也可以搭配合并与拆分单元格，让版面更加活泼。

将第 1 列“资料收集”标题单元格下方的空白单元格合并起来。选择要合并的单元格（共 5 个单元格），单击“属性”面板的“合并所选单元格”按钮，完成合并操作，如图 5-49 所示。

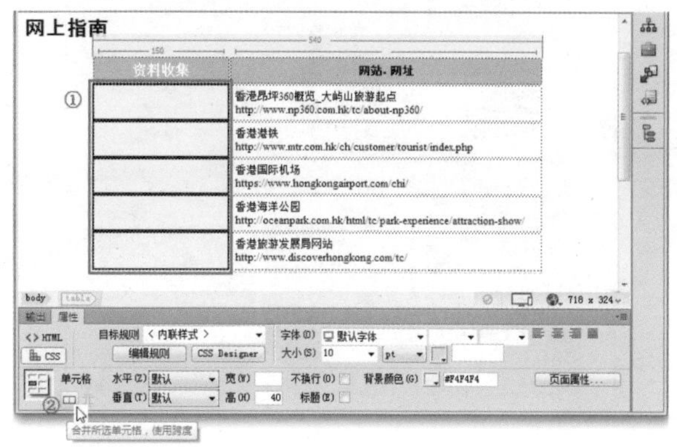

图 5-49　对表格中所选的单元格进行合并

步骤 02 打开 <txt \ information_01 网上指南 .txt> 文件引用其文字，填入第 1 列标题下方的单元格，接着选择文字，在“属性”面板中分别设置“大小”为 10 pt、“垂直”为顶端对齐。结果如图 5-50 所示。

资料收集	网站. 网址
一起去旅游吧！ 工作之余，更对旅游有着深切的渴望；旅游最重要的就是搜集信息，网络上旅游指南和论坛讨论区都是最好的数据源。 充实的准备是必要的，能让旅行者全面且初步的了解目的地，尤其是地图的概念对于规划行程动线相当重要。右侧推荐几个网站让您可以依自己的需求收集旅行前的数据准备：	香港昂坪360概览_大屿山旅游起点 http://www.np360.com.hk/tc/about-np360/
	香港港铁 http://www.mtr.com.hk/ch/customer/tourist/index.php
	香港国际机场 https://www.hongkongairport.com/chi/
	香港海洋公园 http://oceanpark.com.hk/html/tc/park-experience/attraction-show/
	香港旅游发展局网站 http://www.discoverhongkong.com/tc/

图 5-50　在合并后的单元格填入文字和设置文字大小与对齐方式后的结果图

步骤 03 完成后单击菜单栏“文件 \ 保存”，再按 F12 键来预览一下，这份“网站指南”表格就已设计好。

5.4　制作嵌套表

嵌套结构表格，也就是一个表格置于另一表格的单元格中。同样的可以格式化嵌套表格，就像设计一般表格一样；但是内层表格与单元格的宽和高会受到外层表格的限制，此节主要通过“潮玩香港 - 相关信息”单元中的“好用 App”数据表格来练习。

在动手制作表格前，先来看一下这个作品的结构（如图 5-51 所示）。

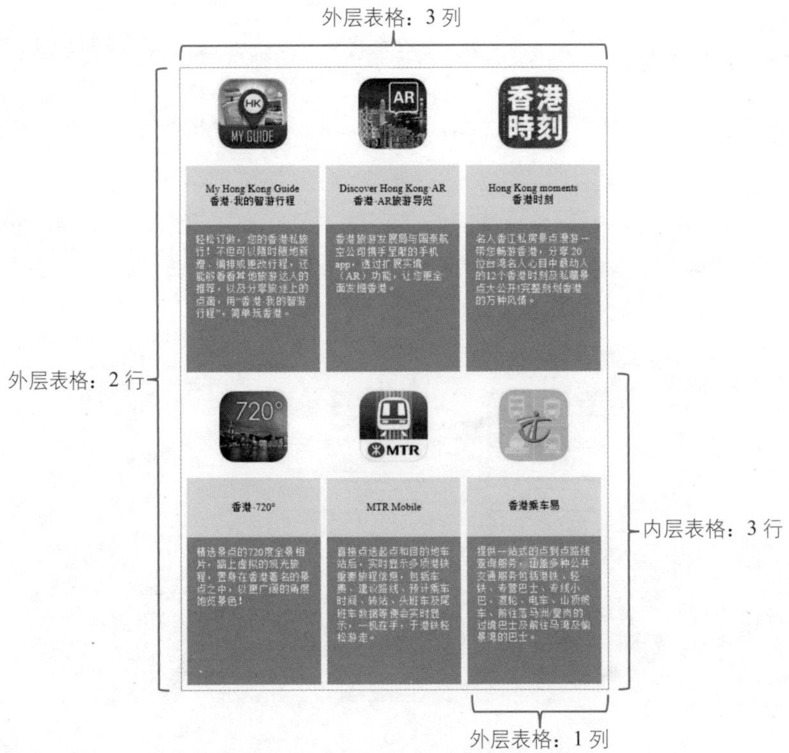

图 5-51　嵌套表格的结构

参考范例完成的结果
本书范例 \ 各章完成文件 \ ch05 \ information.htm

5.4.1 制作第一层与第二层表格

步骤 01 打开 <information.htm> 文件。延续上一节继续设计，将插入点移至“好用 App”下一个空白段落，在“插入 \ HTML”面板单击 “Table”按钮添加表格，如图 5-52 所示。

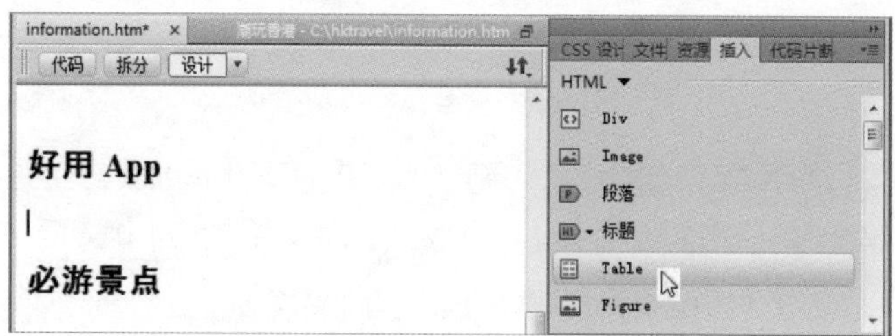

图 5-52 插入表格，制作第一层表格步骤 1

步骤 02 插入一个 2 行 3 列的表格，分别设置“表格宽度”为 540 像素、“边框粗细”为 1、“单元格边距”为 4、“单元格间距”为 1、“标题”为无，再单击“确定”按钮，如图 5-53 所示。

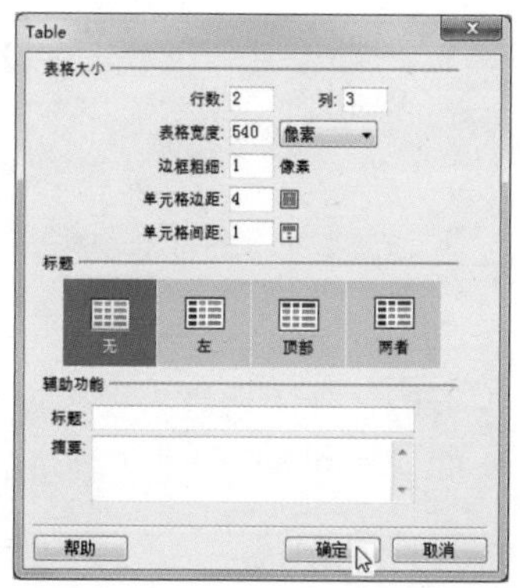

图 5-53 制作第一层表格步骤 2

步骤 03 从表格左方开始，分别选择列 1、列 2、列 3，然后在“属性”面板设置“宽”为 180 像素，将宽度固定为 180 像素（540 像素平均分三列），如图 5-54 所示。

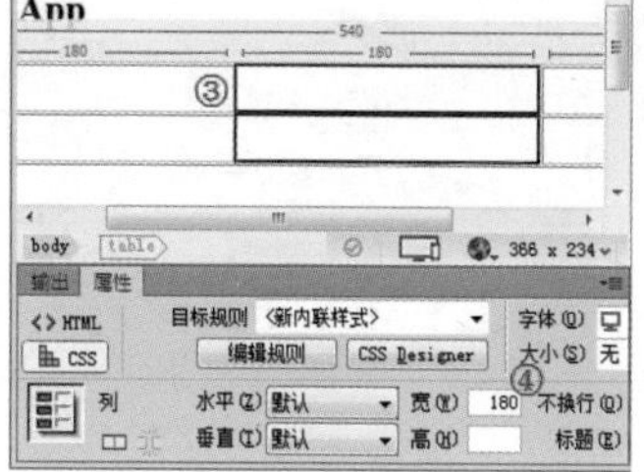
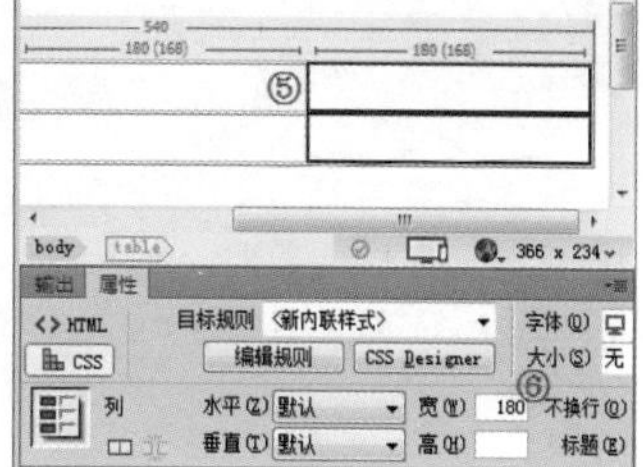

图 5-54 设置各列的宽度

步骤 04 接着要插入第二层的表格，在表格左方第 1 列单元格内单击鼠标左键，在“插入 \ HTML”面板单击 “Table” 按钮添加表格，如图 5-55 所示。

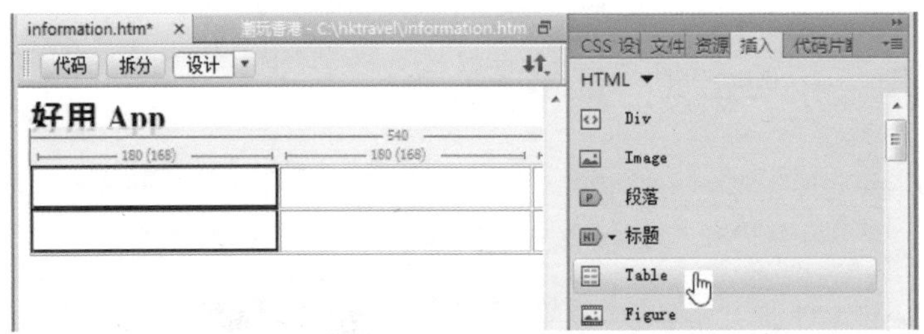

图 5-55 插入表格，制作第二层表格步骤（一）

步骤 05 插入一个 3 行 1 列的表格，分别设置“表格宽度”为 100 百分比、“边框粗细”为 1、“单元格边距”为 12、“单元格间距”为 0、“标题”为无，再单击“确定”按钮，如图 5-56 所示。

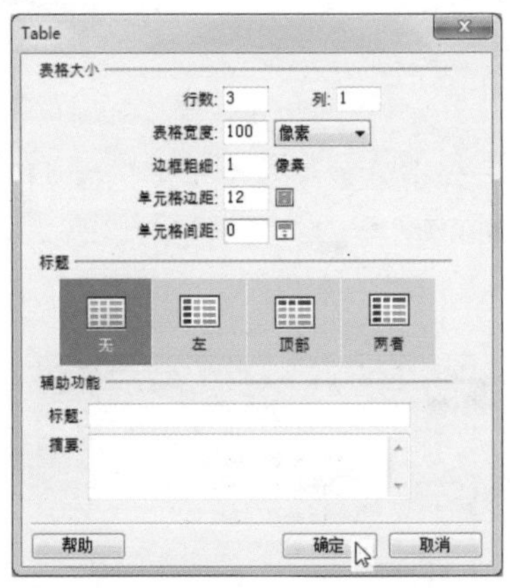

图 5-56 制作第二层表格步骤（二）

步骤 06 将插入点置于第二层表格第 1 行内，在“属性”面板设置“高”为 120，接着再分别设置第二层表格第 2 行的“高”为 50、第 3 行的“高”为 160，这样就完成“好用 App”嵌套表格的初步结构，如图 5-57 所示。

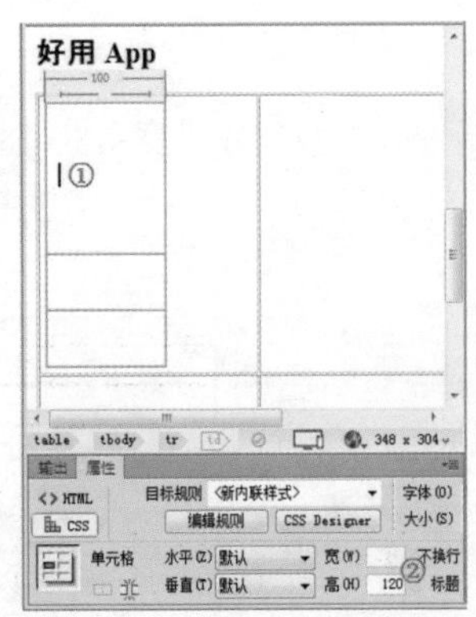

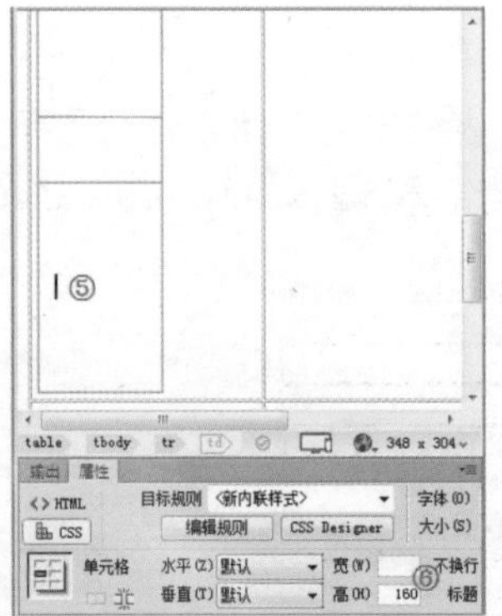

图 5-57 设置第二层表格的高度

5.4.2　将图像与文字填入表格并调整样式

步骤 01 先将插入点置于第二层表格的第 1 行中，在“插入 \ HTML”面板上单击“Image”按钮，插入 <images \ information \ information01.jpg>，即插入第一张 App 图像，如图 5-58 所示。

图 5-58　在表格中插入图像

步骤 02 在“文件”面板打开 <txt \ information_02 好用 App.txt> 文件，将相关文字资料一段一段复制、粘贴到表格内，如图 5-59 所示。

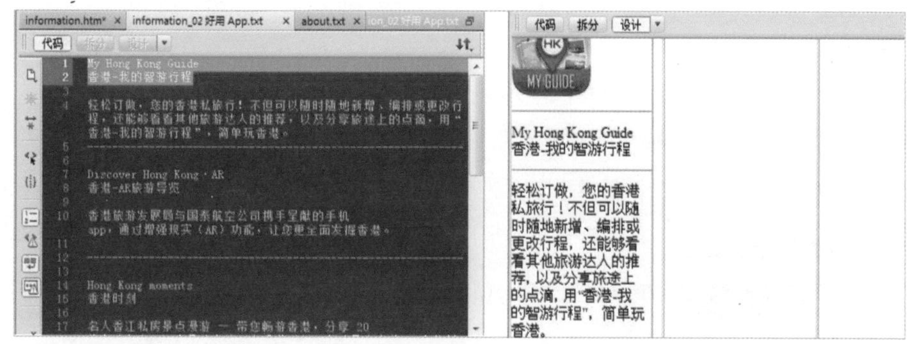

图 5-59　将文字资料中的文字复制并粘贴表格中

步骤 03 单击第一张 App 图像右侧，进入其单元格，在“属性”面板设置“水平”为居中对齐，这样图像即摆放在单元格中央，如图 5-60 所示。

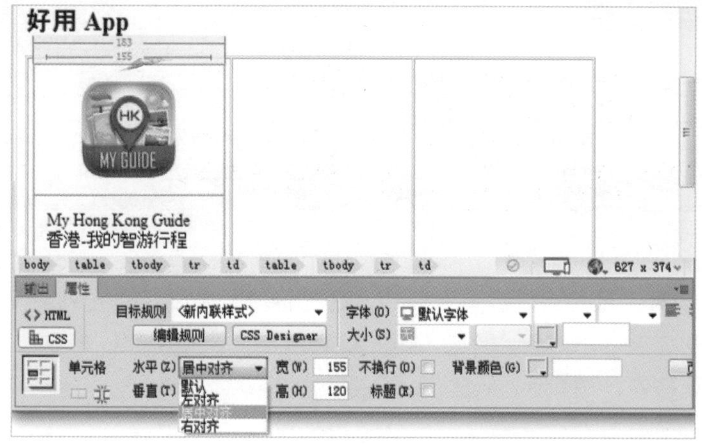

图 5-60　将图像在单元格居中对齐

步骤 04 将插入点置于第二层表格的第 2 行中，在“标签选择器”面板单击 <td> 标签选择此单元格，接着在“属性”面板分别设置“水平”为居中对齐、“大小”为 10 pt、“背景颜色”为 #E1E1E1，完成此单元格文字与背景属性的设置，如图 5-61 所示。

图 5-61　设置第二层表格的第 2 行文字的属性

步骤 05 将插入点置于第二层表格的第 3 行中，在“标签选择器”面板单击 <td> 标签选择此单元格，接着在“属性”面板分别设置“垂直”为顶端对齐、“大小”为 10 pt、“文字颜色”为 #FFFFFF、“背景颜色”为 #8B8B8B，完成此单元格文字与背景属性设置，如图 5-62 所示。

图 5-62　设置第二层表格的第 3 行文字的属性

步骤 06 将插入点置于第二层表格任意单元格中，在“标签选择器”单击从右侧数第一个 <table> 标签，选择第二层表格对象，再按 Ctrl + C 键复制此表格对象，将插入点置于第一层表格中间列的单元格中，按 Ctrl + V 键粘贴表格对象，如图 5-63 所示。

图 5-63　复制第二层表格第 1 列的内容

步骤 07 接着再将插入点置于其他单元格内，按 Ctrl + V 键逐一粘贴制作好的第二层表格，完成如图 5-64 的版面布局。

图 5-64　粘贴到其他两列后的结果

步骤 08 接着将“好用 App”表格对象调整至页面居中对齐。用鼠标单击“好用 App”表格的任意单元格，再在“标签选择器”面板单击从左侧数第一个 <table> 标签，选择整个表格，接着在“属性”面板设置“Align”为居中对齐，如图 5-65 所示。

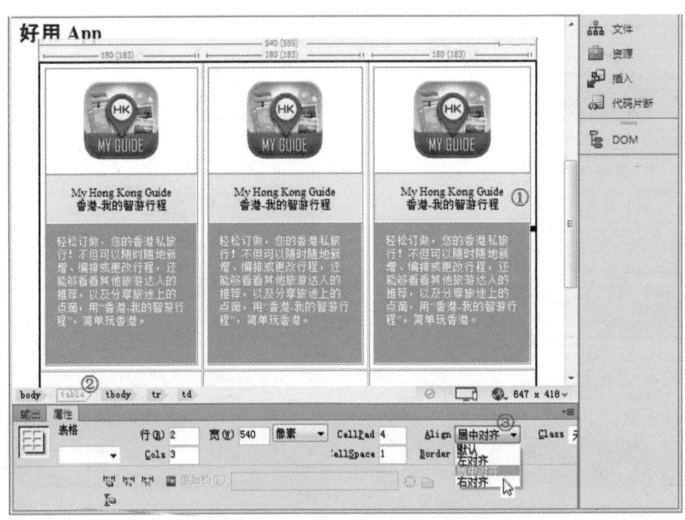

图 5-65　设置整个表格居中对齐

步骤 09　调整第 1 行第 2 列的图像与文字数据：选择 App 图像，在“属性”面板 Src（图像源文件）字段中，将文件名改为“images/information/informaion02.jpg”。引用 <txt \ information_02 好用 App.txt> 文件，将相关文字数据复制、粘贴到表格内。结果如图 5-66 所示。

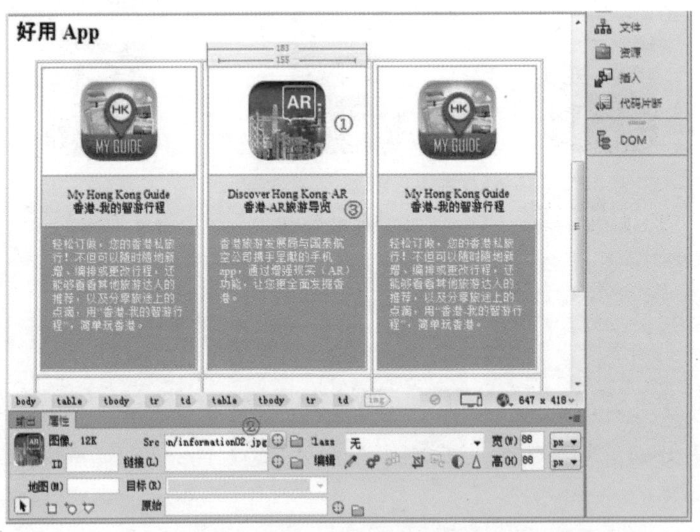

图 5-66　调整第二层表格中间一列的内容

步骤 10　按照同样的方法，将其余的 4 张 App 图像与文字资料整理至表格中（可参考 第 5.4 节图 5-51 所示的完成效果图）。完成后单击菜单栏“文件 \ 保存”，按 F12 键来预览一下，这份“好用 App”嵌套表格就设计好了。

5.5　导入 Word、Excel 做好的表格

在 Dreamweaver 中制作表格，除了前面说明的两种方式，用户也可以将 Word、Excel 制作好的表格对象、单元格数据导入，既省时又省力。其导入的方式相似，以下示范导入 Word 表格的

方法，如图 5-67 所示为需要导入表格的 Word 文件。

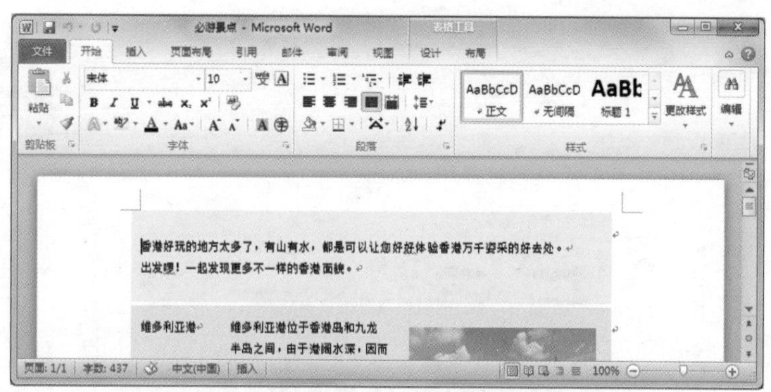

图 5-67　需要导入表格的 Word 文件

步骤 01　在 Dreamweaver 中打开 <information.htm> 文件，延续上一节继续设计，将插入点移至 “必游景点” 下一个空白段落，准备导入 Word 中的表格对象，如图 5-68 所示。

图 5-68　在网页中选择 Word 对象的插入点

步骤 02　单击 “文件 \ 导入 \ Word 文档”，在对话框中选择要导入的 Word 文件 < 必游景点 .docx>，再在 “格式化” 列表中选择 “文字、结构、全部格式（粗体、斜体、样式），最后单击 “打开” 按钮，如图 5-69 所示。

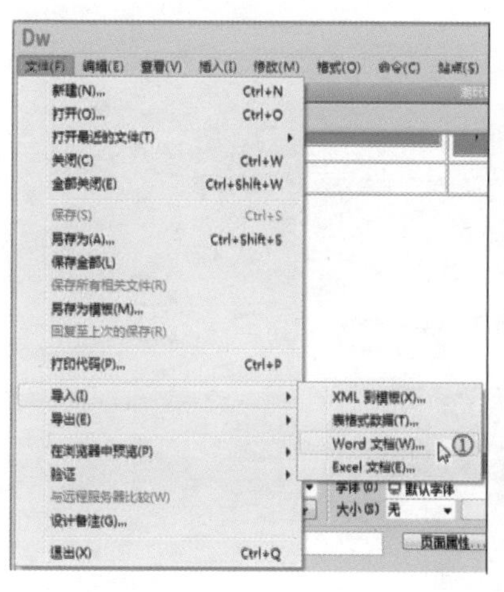

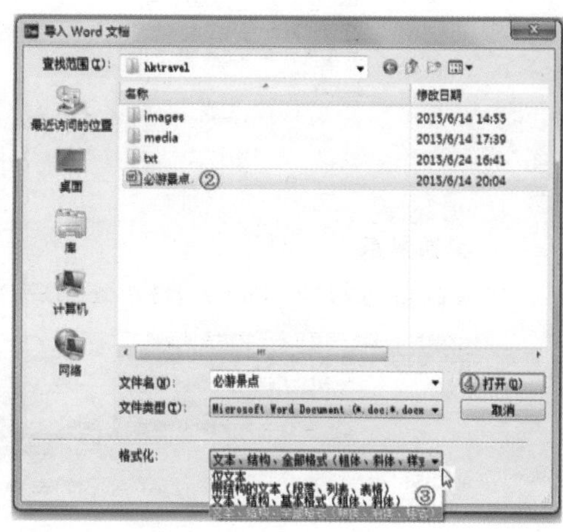

图 5-69　选择要导入的 Word 文件

小提示
定义网站的作用

导入内容可选择应用的 4 种格式

选择“文件 \ 导入 \ Word 文档”，在导入文件的对话框中，“格式化”列表内可以看到 Dreamweaver 提供了 4 种格式让导入的内容有不同的显示方式（如图 5-70 所示）。

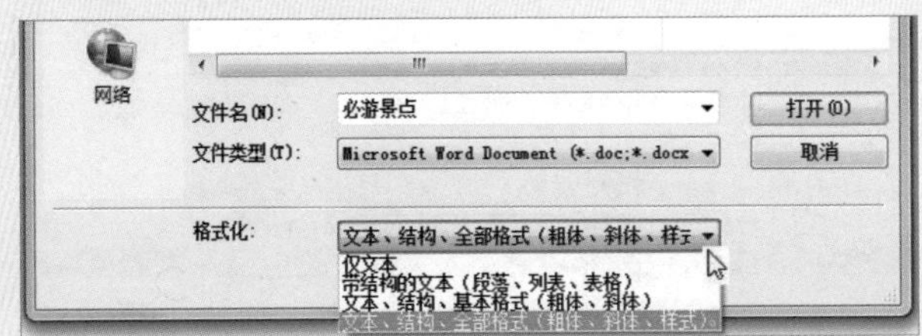

图 5-70　Dreamweaver 提供了四种导入 Word 文件对象的格式

“仅文本”格式（如图 5-71 所示）。

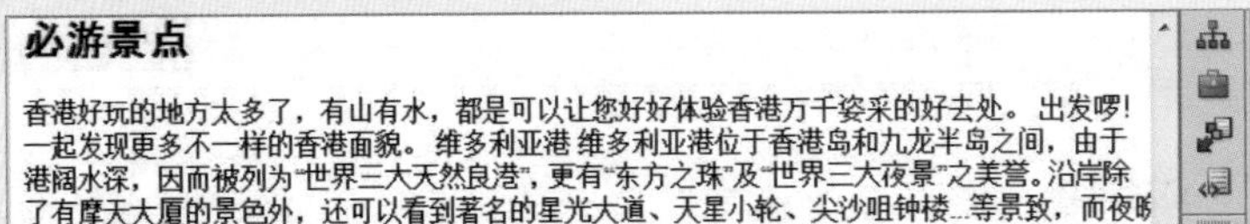

图 5-71　“仅文本”格式

“带结构的文本（段落、列表、表格）”格式（如图 5-72 所示）

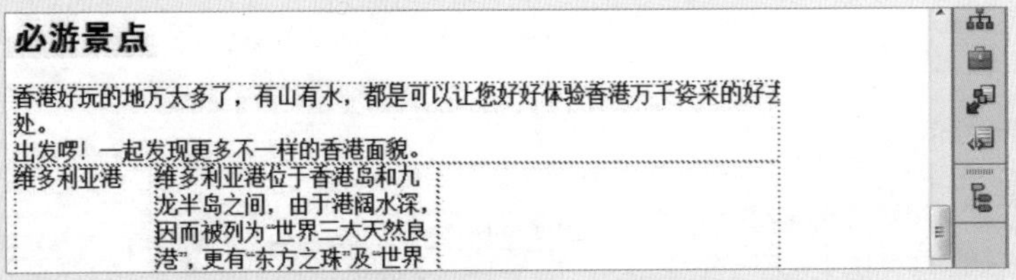

图 5-72　“带有结构的文本（段落、列表、表格）”格式

“文本、结构、基本格式（粗体、斜体）”格式（如图 5-73 所示）。

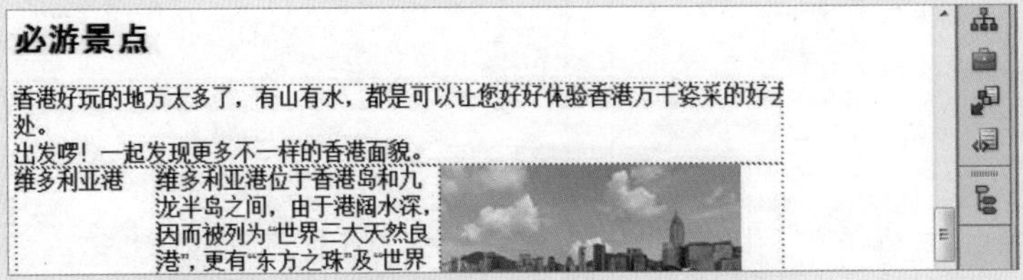

图 5-73　“文本、结构、基本格式（粗体、斜体）”格式

“文本、结构、全部格式（粗体、斜体、样式）”格式（如图 5-74 所示）。

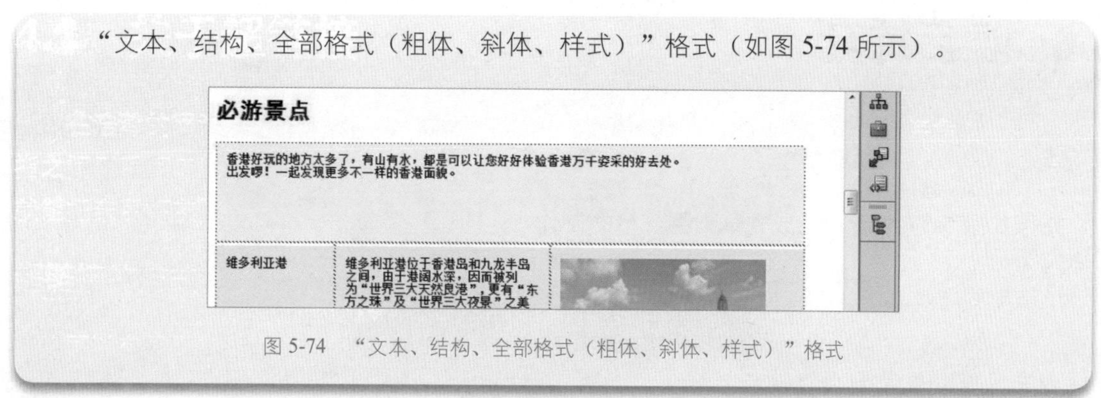

图 5-74　“文本、结构、全部格式（粗体、斜体、样式）”格式

步骤 03　接着将“必游景点”表格对象调整至页面居中对齐，在“必游景点”表格任意单元格内单击鼠标，在“标签选择器”面板单击从左侧数第一个 <table> 标签，选择整个表格，再在“属性”面板设置“Align”为居中对齐，如图 5-75 所示。

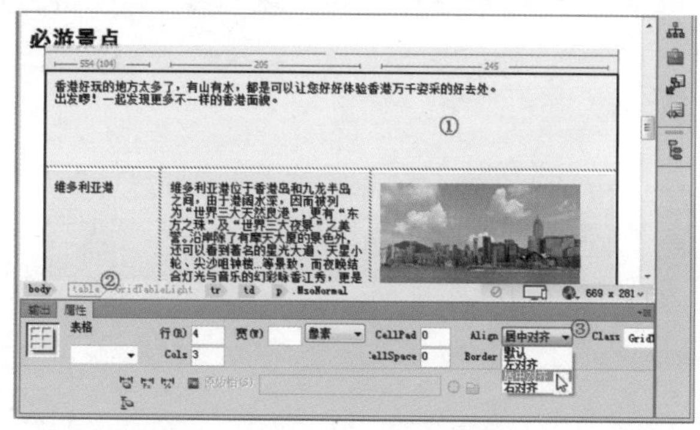

图 5-75　让导入的表格居中对齐

步骤 04　完成后单击菜单栏“文件 \ 保存”，按 F12 键来预览一下，这份“必游景点”表格就已设计好了，如图 5-76 所示。

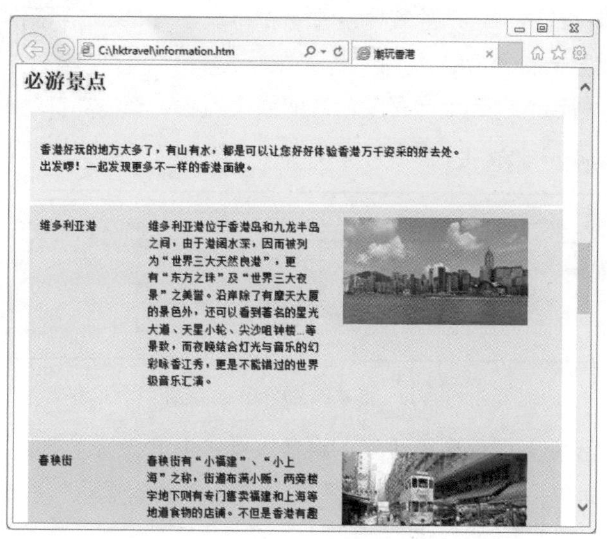

图 5-76　设计完成后网页上实际显示的结果

5.6 课后练习

实践题

按照如图 5-77 所示，完成香草园圃表格的制作。

图 5-77　香草园圃网页的结果图

参考范例完成的结果
本书习题 \ 各章完成文件 \ ch05 \ herb.htm

实践提示

1. 将下载文件中的 < 本书习题 \ 各章原始文件 \ ch05> 文件夹复制到 <C:\exercise> 下，并进入 Dreamweaver “文件”面板“本地磁盘（C:）”中，打开 <C:\ exercise \ ch05> 文件夹下方的 <herb.htm> 文件开始练习。

2. 在编辑区插入一个 2 行、2 列、宽度 800 像素的表格（单元格边距为 10，其他数值均 为 0，“标题”为无），接着设置这个插入的表格：左、右行宽各为 50%，再将第 1 行的两个单元格合并为一个单元格，完成第一层表格的初步设计。

3. 插入表头图像：将插入点置于已完成合并的第 1 行内，在“属性”面板分别设置“水平”为居中对 齐、“垂直”为居中对齐，再插入表头图像 <images \ herb01.jpg>，如图 5-78 所示。

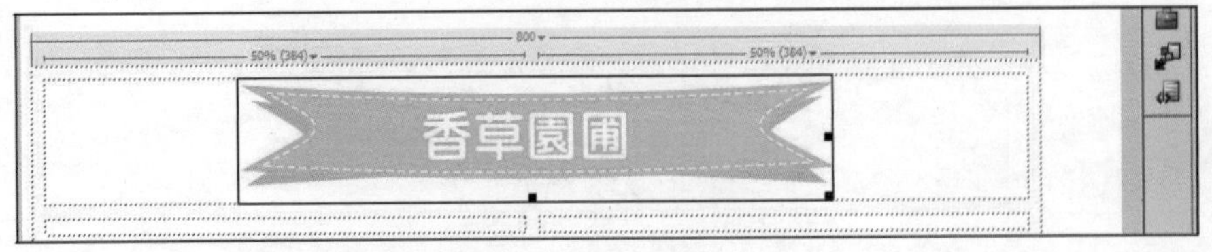

图 5-78　设置插入图像的对齐方式

4. 为单元格设计圆角矩形的绿色虚线框：将插入点置于第 2 行左列内，在“标签选择器”面板单击 <td> 标签选择此单元格，再在“属性”面板单击“编辑规则”按钮，“CSS 设计器”面板的“属性”窗格单击 “边框”，再单击 “所有边”，分别设置“width”为 thin、“style”

为 dashed、“color”为绿色、“border-ridius”为 15px，如图 5-79 所示。

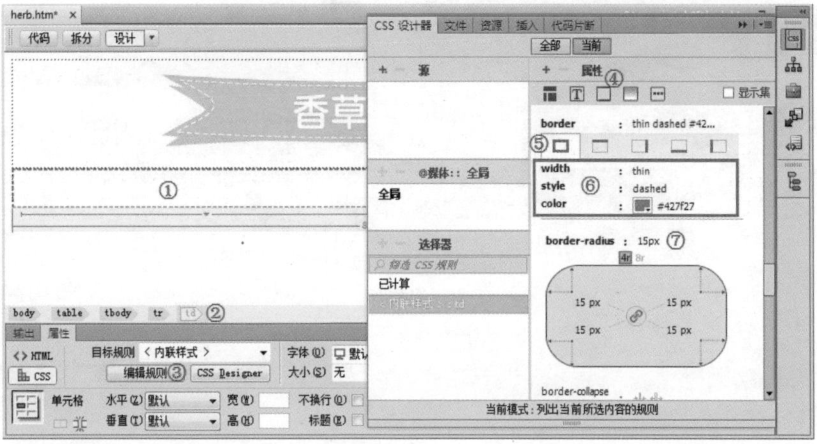

图 5-79　香草园圃网页的结果图

5. 将插入点置于第 2 行左列内，插入一个 1 行、2 列、宽度 100 % 的表格（“单元格内距”为 8，其他数值均为 0，“标题”为无），接着设置其左行宽为 100 像素，完成第二层表格的初步设计。

6. 设置第二层表格的单元格“垂直”对齐方式：选择第二层表格的两个单元格，在“属性”面板设置“垂直”为顶端对齐（如图 5-80 左图）。

7. 在第二层表格插入图像、文字资料：左列插入图像 <images \ 001.jpg>，右列粘贴文字资料：可打开 <herb.txt> 复制、粘贴“甜罗勒（Sweet Basil）”文字。接着选择“甜罗勒（Sweet Basil）”文字在“属性”面板“HTML”中设置为“格式”为标题 3（如图 5-80 右图）。

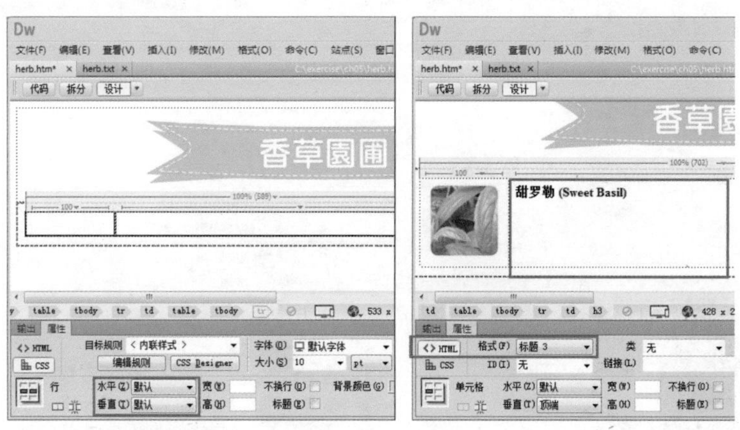

图 5-80　插入图像和设置标题文字

8. 将插入点置于“甜罗勒（Sweet Basil）”文字后，插入一个 3 行、2 列、宽度 100% 的表格（“单元格边距”为 5、“单元格间距”为 1，其他数值均为 0，“标题”为左对齐），接着设置其左列“宽”为 33%，这样就完成了第三层表格的初步设计。

9. 打开 <herb.txt> 文件引用其文字，如图 5-81 的右图将第三层表格内的资料填入，并为左列设置格式为“大小”为 10 pt、“背景颜色”为浅绿，如图 5-81 所示。

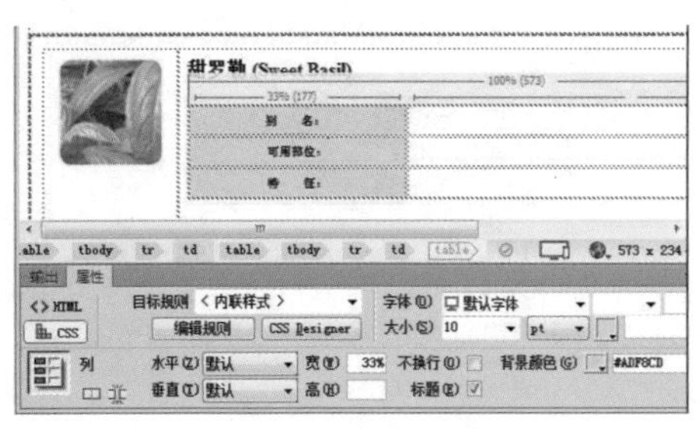

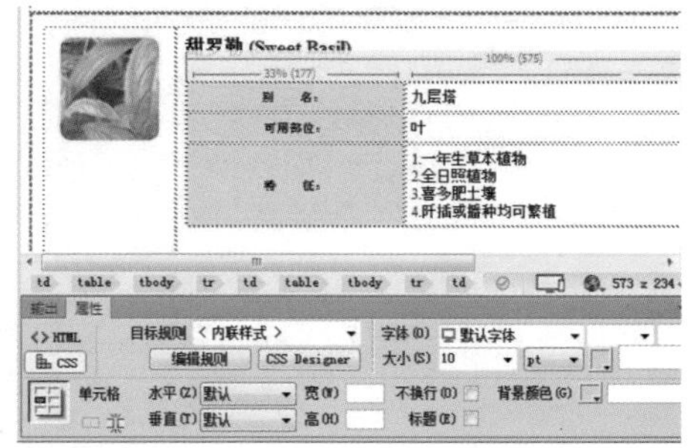

图 5-81　为第三层表格插入文字并设置格式

10. 将插入点移到“甜罗勒（Sweet Basil）”文字后方，在“标签选择器”面板单击从左方数第一个 <td> 标签以选择第一层表格的单元格，复制此单元格内容并粘贴到右侧空白的单元格内，如图 5-82 所示。

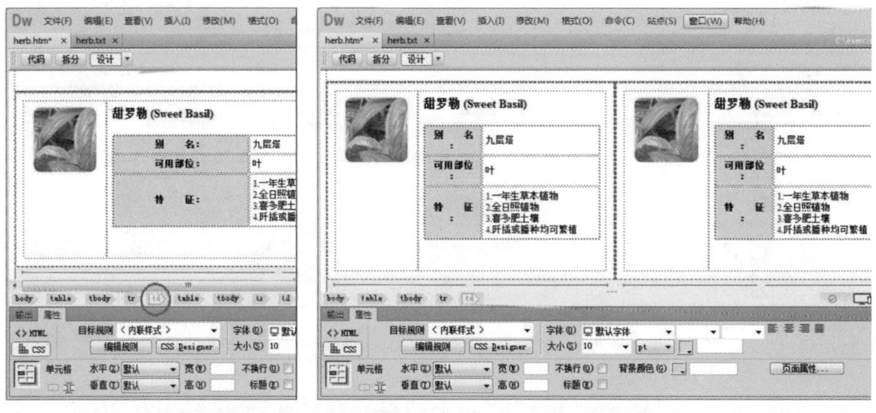

图 5-82　复制已制作好的单元格内容到空白的单元格

11. 最后调整第二个香草项目的资料，引用 <herb.txt> 文件内的文字，将正确资料填入，并将图像调整为 <images \ 002.jpg>，如图 5-83 所示。

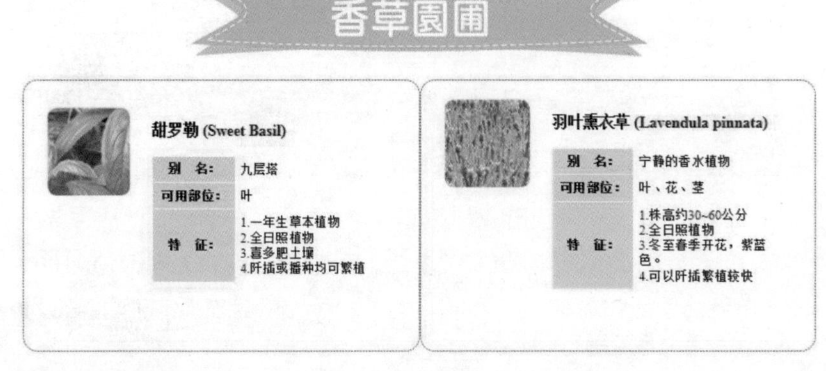

图 5-83　复制已制作好的单元格内容到空白的单元格

这样就完成了。单击菜单栏“文件 \ 保存”，再按 F12 键预览制作完成的网页。

第 6 章

旅行点滴的杂记——CSS 的设计

CSS 在 Dreamweaver 使用上占有举足轻重的地位，如果能充分运用 CSS 特性，不但网页的版面布置更加灵活，内容呈现也更能趋于完美。

- 6.1 什么是 CSS
- 6.2 添加 CSS 样式
- 6.3 应用及管理 CSS 样式
- 6.4 应用已设置好的 CSS 样式文件
- 6.5 利用 CSS3 加强网页视觉效果
- 6.6 制作秘技与重点提示
- 6.7 课后练习

6.1 什么是 CSS

CSS 的全名为 Cascading Style Sheets，它可以定义 HTML 标签，按语法将许多文字、图像、表格、图层、表单等设计加以格式化。

在 HTML 语法中，经常会使用一些关于颜色、文字大小、框线粗细等类型的标签，而 CSS 的主要功能就是希望在开始制作网页时就将这些设置值构建好，不需要反复写入同样的标签，即可将整个网页套用设置好的 CSS 样式。

有了 CSS 的协助，不但让网页大大的减肥，对于网页、网站的维护更方便，让用户在最快速的时间内更新网站相关格式与设计。

6.1.1 CSS 样式的特色

快速规格化网页样式

可以将某些常使用的文本属性定义为一个样式，而且设置的选项远比文字的“属性”面板还多，例如字距、行距、段距、缩进定位等，让版面格式更加丰富、美观。

快速应用大量网页

所有定义完毕的样式，并不限于应用在某一个网页中，可以将它导出成单一文件，让多个网页，甚至整个网站使用，如此一来不但可以快速统一整个网站的格式，而且当格式有所修改时，只要在 CSS 样式表单中重新定义，整个网站页面都会自动跟着改变。

6.1.2 CSS 样式与网页结合的方式

内部样式

内部样式是将 CSS 语法直接写在 HTML 文件的 <style>...</style> 标签内（置于 <head>...</head> 文件头内），仅供该网页使用。

内部样式的构建，是在“CSS 设计器”面板单击 + “添加 CSS 源”按钮，再单击“在页面中定义”，如图 6-1 所示，这样所添加的 CSS 样式便会内置在 HTML 文件内部。

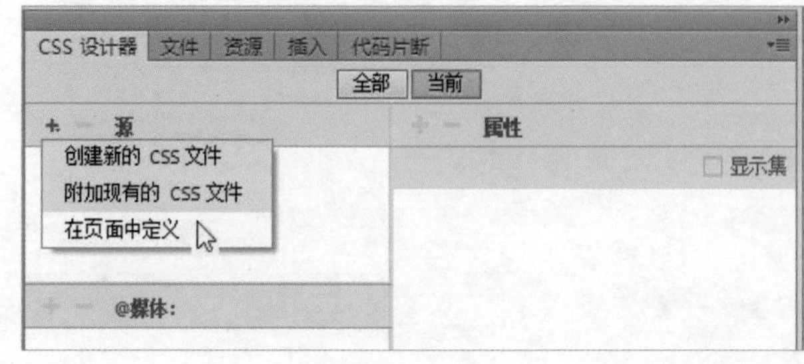

图 6-1 复制已制作好的单元格内容到空白的单元格

选择“在页面中定义”方式添加 CSS 后，HTML 文件在“代码”查看状态下可查看到相关的特性，如图 6-2 所示。

```
<title>潮玩香港</title>
<style type="text/css">
h1 {
      font-size: 23px;
      color: #FFFFFF;
   }
</style>
</head>
```

图 6-2　“在页面中定义”是将 CSS 语法直接写在当前 HTML 网页文件的 <style>...</style> 标签内

外部样式

为了更有效率地管理网站，将网页内容与版型设计分开来处理是一个很不错的方式，CSS 可设置与规划网页样式，而以外部样式结合是将 CSS 样式保存在一个独立的样式文件中（*.css 为扩展名），样式文件设计完成后，需要此样式的网页再以“链接”的方式将其应用到网页上。这样一来，当 CSS 样式文件的设置有所更动，相关链接的网页也会一并更新。

外部样式文件的创建，是在“CSS 设计器”面板单击 + “添加 CSS 源”按钮，再单击“创建新的 CSS 文件”，这样所创建的 CSS 样式便会保存在独立的样式文件中，如图 6-3 所示。

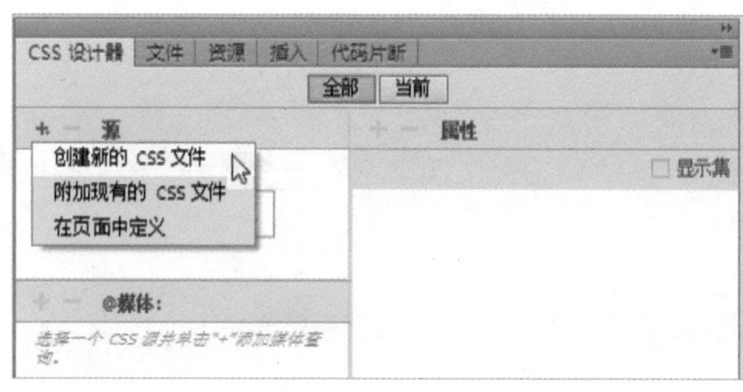

图 6-3　“创建新的 CSS 文件”

打开已链接外部样式文件的 HTML 文件，在“代码”查看状态下可以查看到相关的特性，如图 6-4 所示。

```
<!doctype html>
<html>
<head>
<meta charset="utf-8">
<title>潮玩香港</title>
<link href="hongkong.css" rel="stylesheet" type="text/css">
</head>

<body>
```

图 6-4　外部样式文件使用 <link> 标签链接指定的 <*.css> 样式文件，不但包含多个样式还可应用于当前网页

行内样式

使用“属性”面板的“新建规则”，并不会将设置添加到 CSS 样式中，而是直接添加在所选择标签的 Style 属性里，而效果也只限于已定义的区段，如图 6-5 所示。

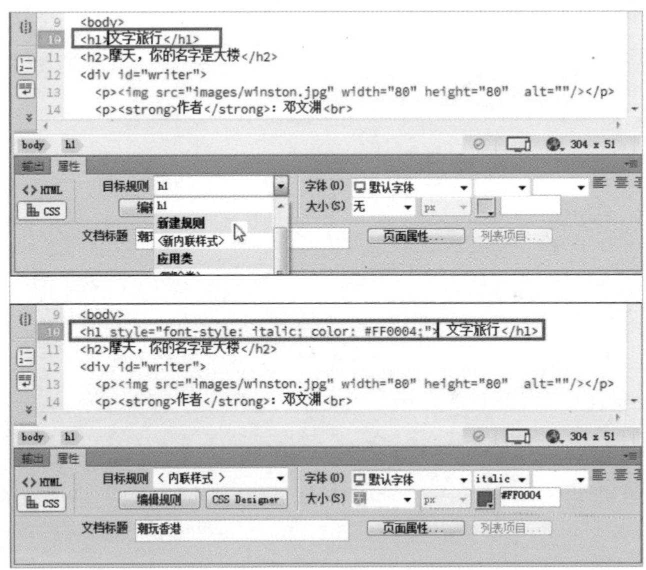

图 6-5　新建规则后，在“代码”查看状态下 <h1> 标签内直接指定了 style 属性，标签正文字即调整成指定格式

6.2　创建新的 CSS 样式

在创建 CSS 样式的操作技巧中，将学习定义内置标签、自定义样式、超链接样式的设置与通过 ID 值进行设置，并将定义好的 CSS 应用到各个网页组件上，如标题、段落、边框等。网页的设计结果如图 6-6 所示。

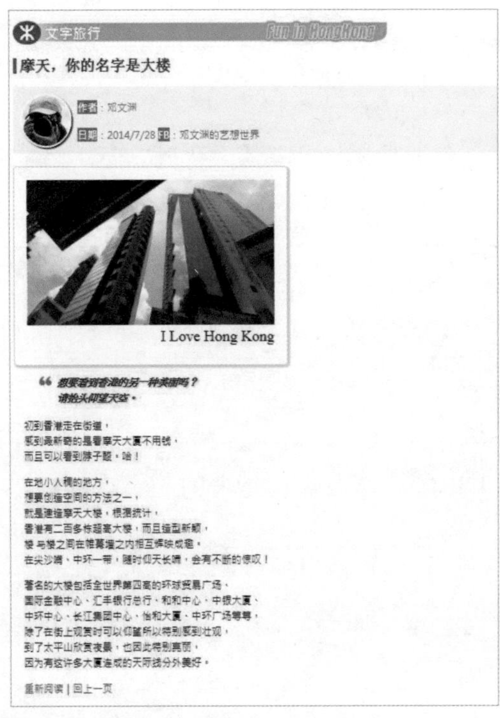

图 6-6　范例网页的结果图

参考范例完成的结果
本书范例 \ 各章完成文件 \ ch06\ blog-1.htm

6.2.1　定义内定标签样式

一般常用的内置标签 <body>、<p>、<h1>、<h2> 等，可以通过“CSS 设计器”面板调整其样式，不过无法新建名称。

进入“潮玩香港”范例网站打开 <blog-1.htm> 文件，以下整理了本节欲更改的标签样式与设置内容，如图 6-7 所示。

图 6-7　本节欲更改的标签和设置内容

样式名称	分类	设置内容
h1（标题 1）	布局	padding-left：50 px
	文本	color：#FFFFFF、font-family：微软雅黑，楷体、font-size：23 px、line-height：40 px
	背景	background-image：<h1banner1.png>、background-repeat：no-repeat
h2（标题 2）	布局	padding-left：5 px
	文本	color：#571636、line-height：100%
	边框	左侧、width：5 px、style：solid、color：#BE2659
p（段落）	布局	padding-right：15 px、padding-left：15 px、margin-bottom：5 px
	文本	font-family：微软雅黑，楷体、line-height：150%

新建样式文件

在开始定义内置的标签样式之前，先创建新的 CSS 样式，此处要运用外部样式的方式与网页结合。

步骤 01　在“CSS 设计器”面板单击 + “添加 CSS 源”再单击“创建新的 CSS 文件”，在对话框单击“浏览”按钮，如图 6-8 所示。

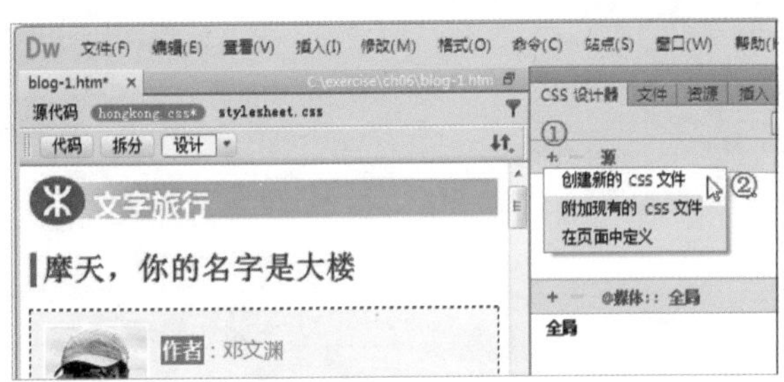

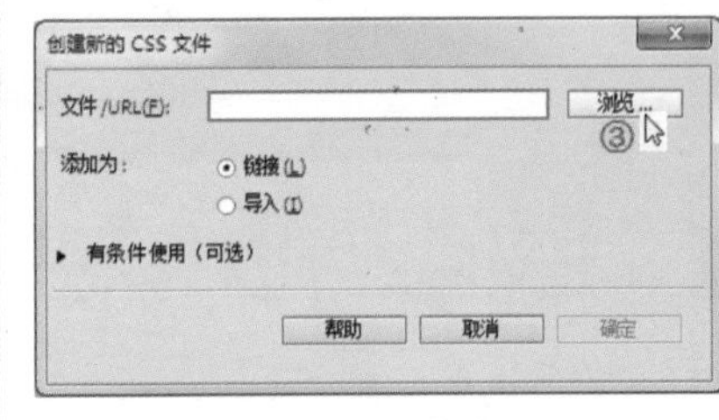

图 6-8　创建新的 CSS 文件

将新建的 CSS 样式以独立的样式文件存放在之前定义的 <C:\hktravel> 中，如图 6-9 所示。在“文件 /URL”输入：hongkong，单击“保存”按钮返回“创建新的 CSS 文件”对话框中，选中“添加为”链接，单击“确定”按钮，如图 6-9 和图 6-10 所示。

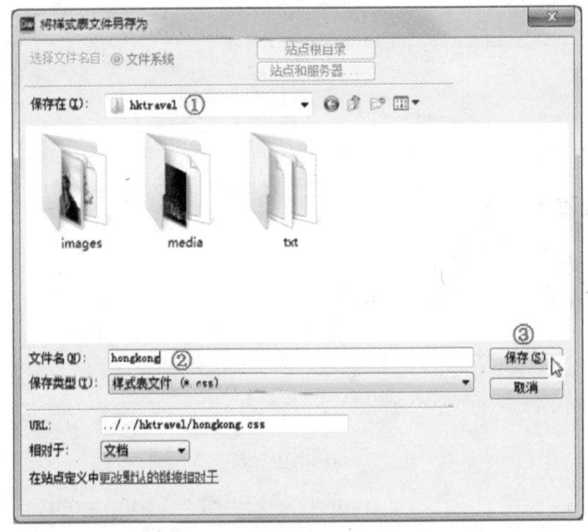

图 6-9　“将样式表另存为”对话框

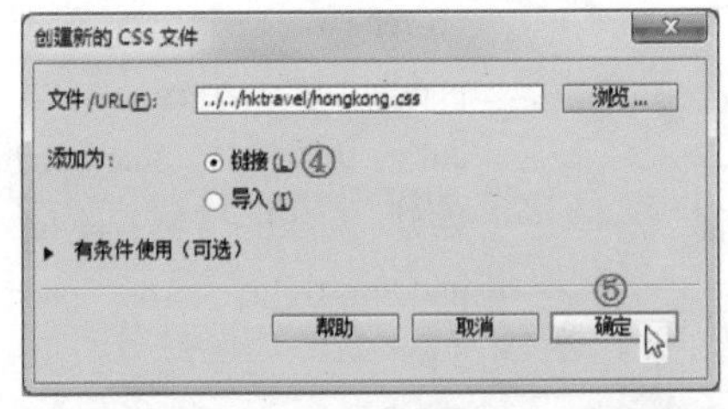

图 6-10　“创建新的 CSS 文件”对话框

h1 版面样式设置

将插入点移至 <blog-1.htm> 文件的“文字旅行”文字中，先在“CSS 设计器”面板“源”窗格选择“hongkong.css”，接着在“选择器”窗格单击 + “添加选择器”按钮，这时“CSS 设计器”会聪明地辨识出文件中选择的元素或插入点所在的元素，再在“选择器”显示名称“body h1”，如图 6-11 左图所示。

步骤 02　将 CSS 样式命名为“h1”后按 Enter 键，此时“属性”窗格会看到“布局”、“文本”、“边框”、“背景”与“更多”5 种类，如图 6-11 右图所示。

图 6-11　网页版面布局样式的设置

步骤 03　在“属性”窗格单击“布局”分类，这里主要对页面上的元素大小和位置进行属性调整。根据范例需求，通过“padding”调整元素内容到其边框间的距离，设置 padding-left（左方间距）为 50 px，如图 6-12 所示。

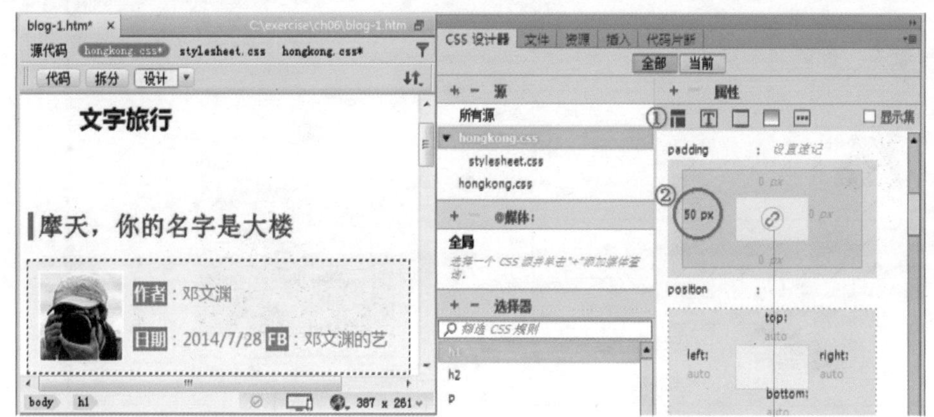

图 6-12　通过“padding”调整元素内容到其边框间的距离

小提示

margin 与 padding 如何区别？

“布局”分类中会看到 margin(边界) 与 padding (字段间距) 属性设置，这两个到底如何区别呢？以下便通过一个简单图示进行说明。

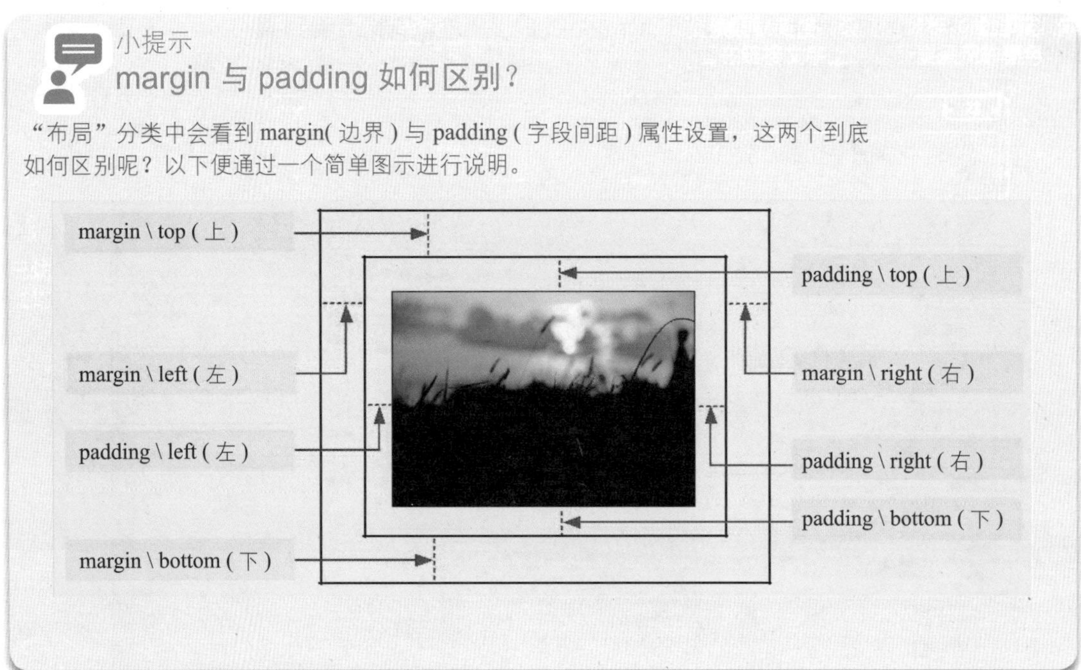

h1 文字样式设置

步骤 01 在“属性”窗格单击“文本”分类，范例中先通过“color”调整文字颜色。单击“设置颜色”色块，在面板下方输入 #FFFFFF 后按 Enter 键，如图 6-13 所示。

也可以在此处直接输入已知色码。

通过拖动选择适合颜色，并可以单击 ⊞ 按钮，添加色块。

图 6-13　设置文字的颜色

步骤 02　接着在“font-family”单击右侧字段，打开“管理字体”对话框进行字体设置，如图 6-14 所示。

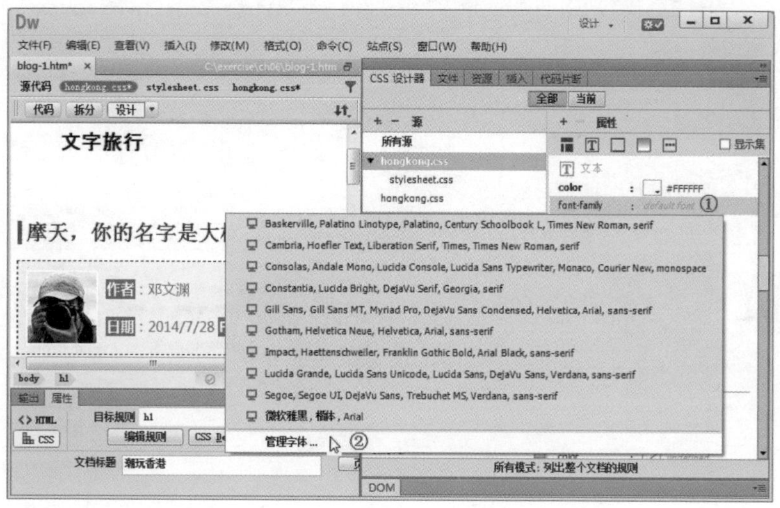

图 6-14　设置文字的字体步骤 2

步骤 03　在“自定义字体堆栈”标签中设置“可用字体”为微软雅黑，单击 << 按钮将选择的字体加入“选择的字体”列表中，接着按照相同方式加入“楷体”字体后，单击“完成”按钮即完成了字体的设置，如图 6-15 所示。

通过此标签可以在网页中使用 Adobe Edge Web Fonts。

通过此标签可以将计算机中的网页字体添加至 Dreamweaver 中的“字体列表”。

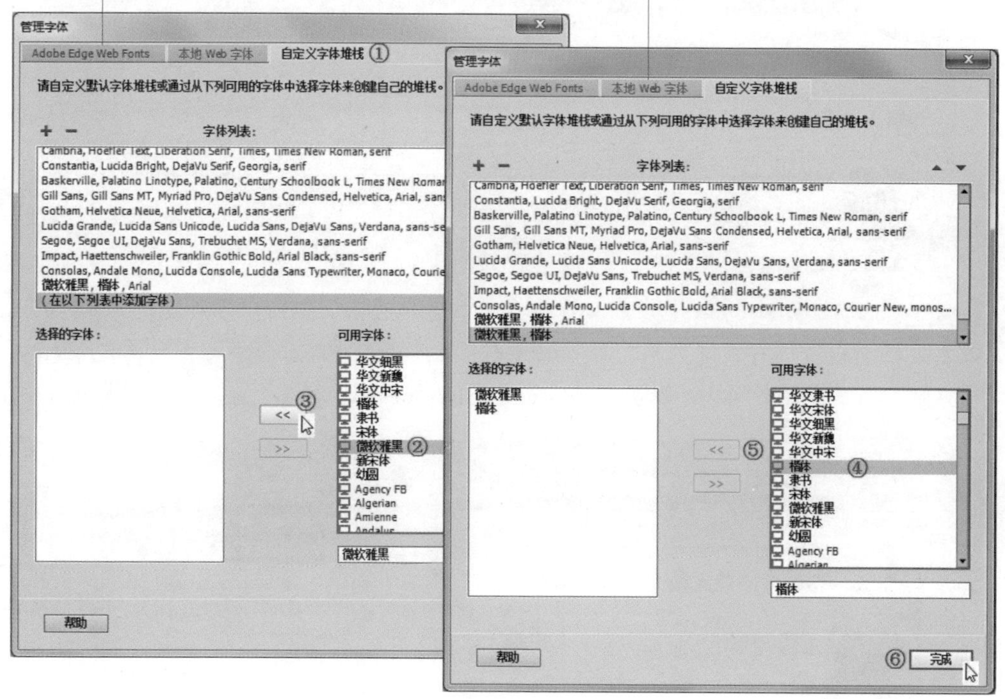

图 6-15　设置文字的字体步骤 3

步骤 04 再次单击“font-family”右侧字段，选择“微软雅黑，楷体”完成字体设置。最后设置“font-size”（字体大小）为 23 px、“line-height”（行高）为 40 px，如图 6-16 所示。

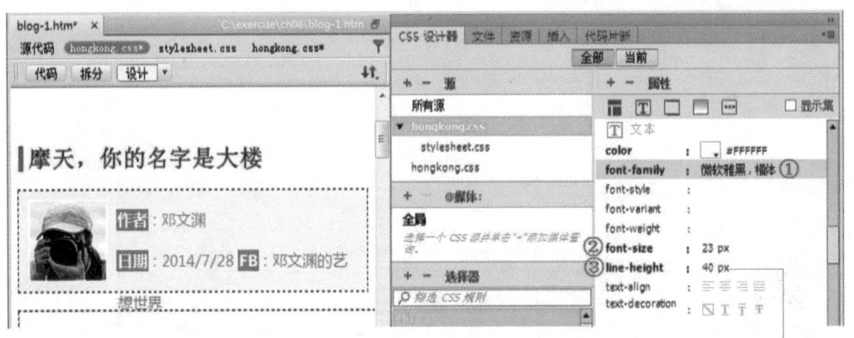

度量单位常用到的有：px = Pixel（像素）、
pt = Point（大于 px）、% = 百分比等。

图 6-16　设置文字的字体步骤 4

h1 背景样式设置

步骤 01 在“属性”窗格单击“背景”分类，这里主要提供颜色或图像的设置方法，范例中先通过“background-image”设置背景图像。在“url”右侧单击输入文件路径的字段，再单击“浏览”按钮，开启对话框单击 <images \ h1banner.png>，如图 6-17 所示。

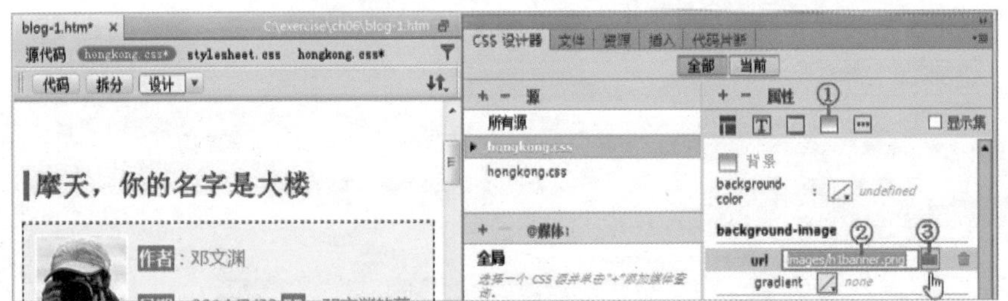

图 6-17　背景设置步骤 1

步骤 02 接着在“background-repeat”设置背景图像是否要重复，提供四项设置值：repeat（图像以水平和垂直并排方式排列）、repeat-x（以水平排列方式显示图像）、repeat-y（以垂直排列方式显示图像），以及在此范例选用的 no-repeat（不重复），如图 6-18 所示。

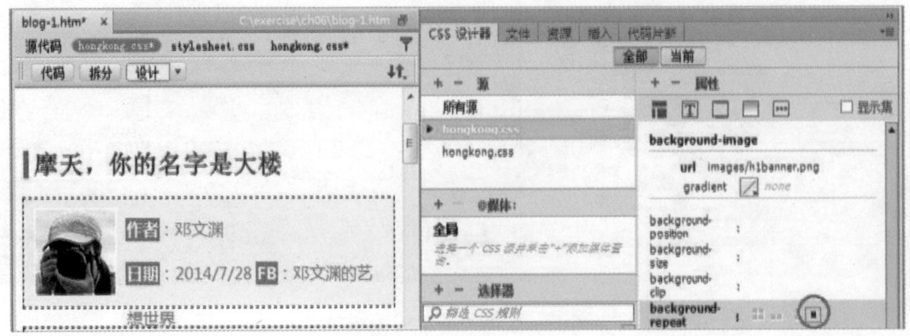

图 6-18　背景设置步骤 2

h2 及 p 的样式设置

步骤 01　“CSS 设计器”面板除了可以在“源”窗格看到 hongkong.css 外部样式文件、“选择器”窗格看到 h1 样式名称，在单击 h1 样式名称状态下，在“属性”窗格选中“显示集”，就只能看到该样式已设置的属性，如图 6-19 所示。

图 6-19　显示已设置的属性

遵循 h1（标题 1）CSS 样式建立规则，分别为 h2（标题 2）、p（段落）进行设置（相关数值请参考第 6.2.1 节的表格说明，设置前记得先取消选中“显示集”），如图 6-20 所示。

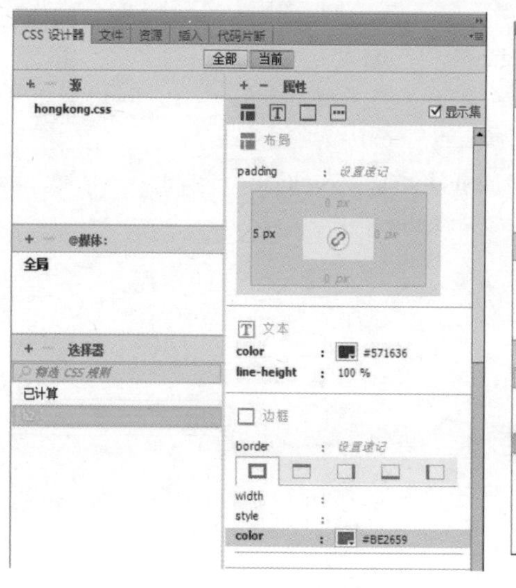

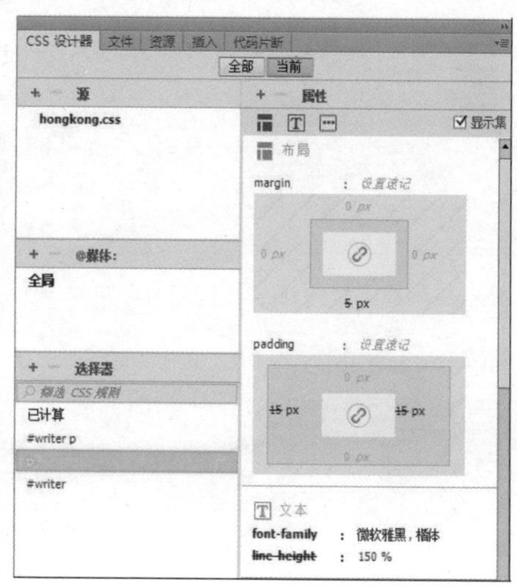

图 6-20　设置好 h2（标题 2）和 P（段落）

6.2.2 自定义类样式 I

如果内置标签无法呈现想要的样式，可以自定义样式，也就是在“CSS 样式”名称前面加上“.”前置符号，设计出该样式的组合，自定义样式能重复应用在文章内任意元素上。

打开 <blog-1.htm> 文件，以下整理了本节欲创建的 CSS 样式，如图 6-21 所示。

图 6-21 本节欲创建的 CSS 样式

样式名称	分类	设置内容
.poem	布局	padding-left：30 px
	文本	color：#7d0000、font-family：楷体、font-style：italic、font-weight：bold
	背景	background-image：<quotation.fw.png>、background-repeat：no-repeat

在 <blog-1.htm> 文件内，通过自定义样式的设置，加强图像下方该段重点文字的呈现。

步骤 01 将插入点移至图像下方，“想要看到 ... 天空”文字内，在“标签选择器”单击 <p> 选择整段文字。然后在“CSS 设计器”面板的“选择器”窗格单击 + “添加选择器”按钮，在出现的样式名称上更名为“.poem”后按 Enter 键，如图 6-22 所示。

设置前记得先取消选中“显示集”。

图 6-22　设置自定义段落格式步骤 1

步骤 02 单击“.poem”的“布局”分类，设置“padding-left”（左方间距）：30 px。“文本”分类，分别设置“color”（颜色）：#7D0000、“font-family”为楷体、“font-style”（文字样式）：italic（斜体）、“font-weight”（文字粗细）：bold。

步骤 03 单击“背景”分类，设置“background-image”（背景图像）：<quotation.fw.png>、background-repeat（背景重复）：no-repeat（不重复），如图 6-23 所示。

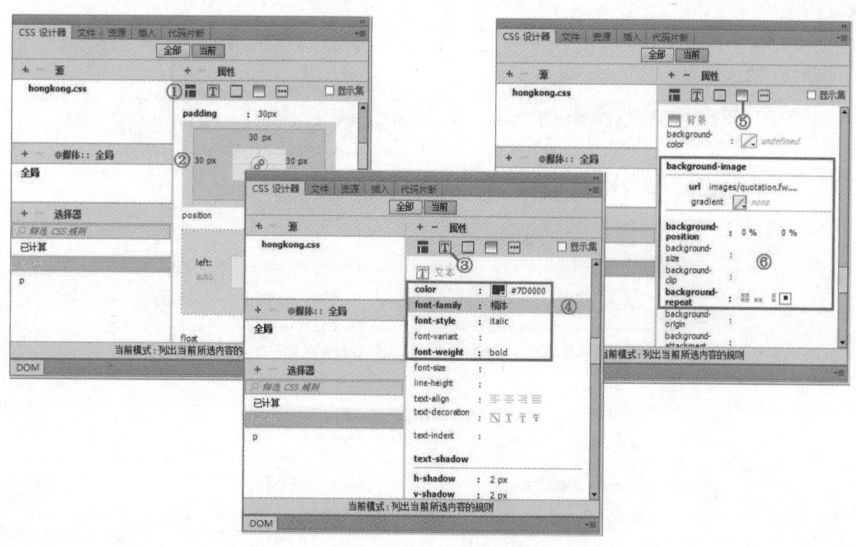

图 6-23　设置自定义段落格式步骤 2 和步骤 3

步骤 04 在段落文字“想要看到 ... 天空”选择状态下，在“属性”面板单击 CSS 按钮，设置“目标规则”为 poem，这时该段文字即会应用“.poem”CSS 样式内的设置，如图 6-24 所示。

图 6-24　应用自定义段落格式

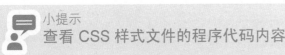

小提示

查看 CSS 样式文件的程序代码内容

如果想要浏览 CSS 样式文件内各个样式的程序代码，可在“关联文件表”单击样式文件名，会切换到拆分查看模式下，同时显示程序代码与网页设计的内容进行对比查看，如图 6-25 所示。

图 6-25　查看 CSS 样式文件的程序代码内容

如果是内部样式或新内联样式，则直接单击“代码”按钮切换到“代码”查看模式下进行查看。

6.2.3 自定义样式Ⅱ

文章中的图片，如果想要“立拍即得”的呈现效果时，可以通过 DIV 标签先建立 CSS 设置的范围，再在“CSS 设计器”面板自定义合适的 CSS 样式。

打开 <blog-1.htm> 文件，以下整理了本节欲创建的 CSS 样式，如图 6-26 所示。

图 6-26　本节欲创建的 CSS 样式

.photoframe	布局	width：400 px、pandding-top：20 px、padding-left：20 px、padding-bottom：20 px、padding-right：20px
	文本	text-align：right
	边框	border：所有侧边、style：solid、width：1 px、color：#CCCCCC
.photofrmae-txt	文本	font-size：24 px

插入 DIV 标签

步骤 01 选择图像及右侧的“I love hongkong”文字，接着在“插入 \ HTML”面板单击 “DIV”按钮开启对话框，如图 6-27 所示。

图 6-27　插入 DIV 标签步骤 1

步骤 02 依据选择的内容，自动设置“插入”为在选定的内容旁换行，在“Class”字段输入：photoframe，然后单击“确定”按钮。按照相同操作方式，另外选择“I love hongkong”，在单击“插入”再单击“DIV”，然后在对话框“Class”字段输入：photoframe-txt，如图 6-28 所示。

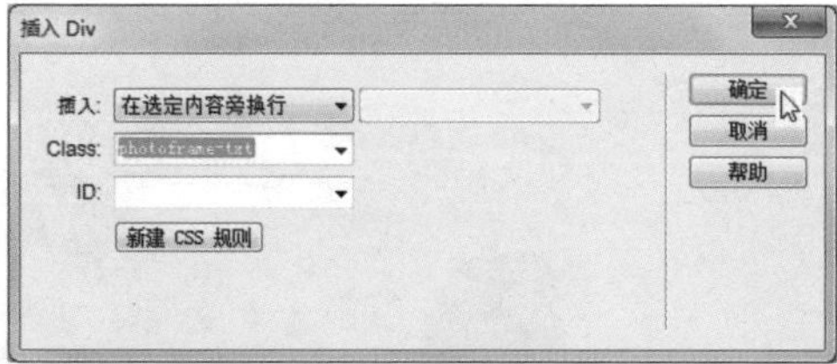

图 6-28　插入 DIV 标签步骤 2

设置图像的边框样式

步骤 01 回到编辑画面，选择图像后在“标签选择器”单击 <div.photoframe>，接着在“CSS 设计器”面板的“源”窗格先单击“hongkong.css”，再在“选择器”窗格单击 +“添加选择器”按钮，出现 .photoframe 后按 Enter 键，如图 6-29 所示。

图 6-29　设置图像的边框样式步骤 1

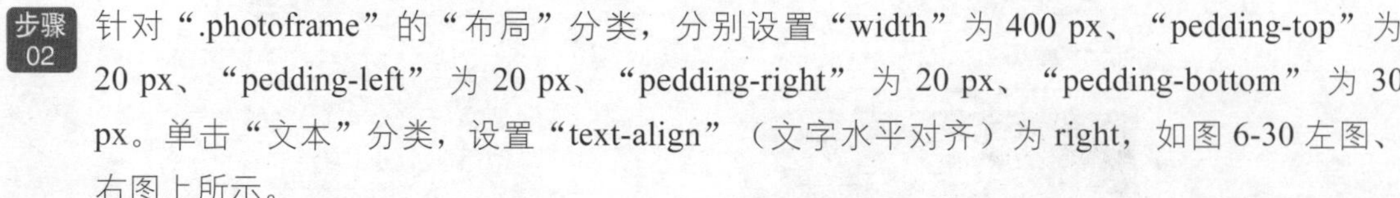

步骤 02 针对“.photoframe”的“布局”分类，分别设置“width”为 400 px、“pedding-top”为 20 px、“pedding-left”为 20 px、“pedding-right”为 20 px、“pedding-bottom”为 30 px。单击“文本”分类，设置“text-align”（文字水平对齐）为 right，如图 6-30 左图、右图上所示。

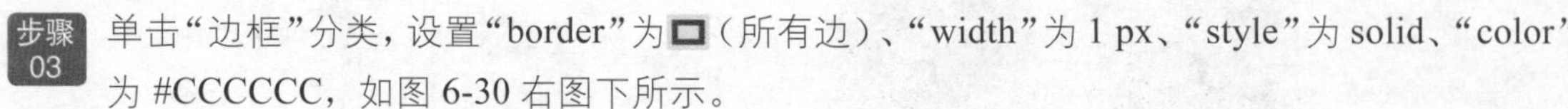

步骤 03 单击“边框”分类，设置“border”为□（所有边）、“width”为 1 px、“style”为 solid、“color”为 #CCCCCC，如图 6-30 右图下所示。

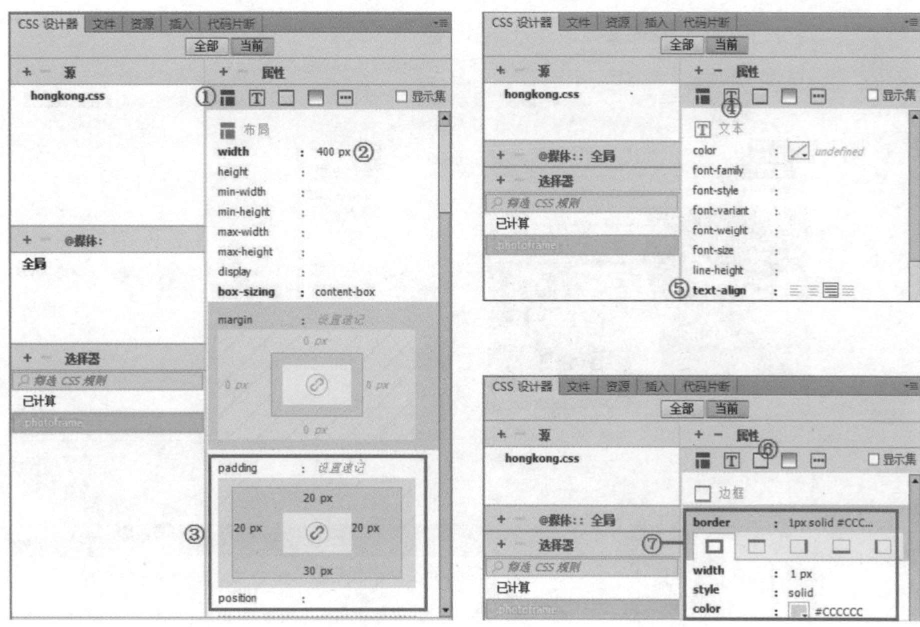

图 6-30　设置图像的边框样式步骤 2 和步骤 3

设置图像文字的样式

按照图像边框的操作方式，在“CSS 设计器”面板的“选择器”窗格添加“.photoframe-txt”样式后，针对“.photoframe-txt”的“文本”分类，设置“font-size”为 24 px，如图 6-31 所示。

图 6-31　设置图像文字的样式

6.2.4　设置超链接的样式

加入超链接的元素，可以根据需求修改超链接与鼠标交互的效果：一般状态、已链接过的状态、鼠标滑过的状态以及正在链接中的状态。

打开 <blog-1.htm> 文件，以下整理了本节要创建的标签样式，如图 6-32 所示。

图 6-32　本节欲创建的标签样式

样式名称	分类	设置内容
a:link	文本	color：#0066CC、text-decoration：none
a:visited	文本	color：#494949、text-decoration：none
a:hover	文本	color：#FF0000、text-decoration：none

以下先对文章内作者的 FB 数据进行超链接设置，并看一下超链接的默认格式：

步骤 01　选择“邓文渊的艺想世界”，在“属性”面板单击“HTML”按钮，在“链接”字段输入：http://www.facebook.com/travelsoflight、设置“目标”为 _blank，如图 6-33 所示。

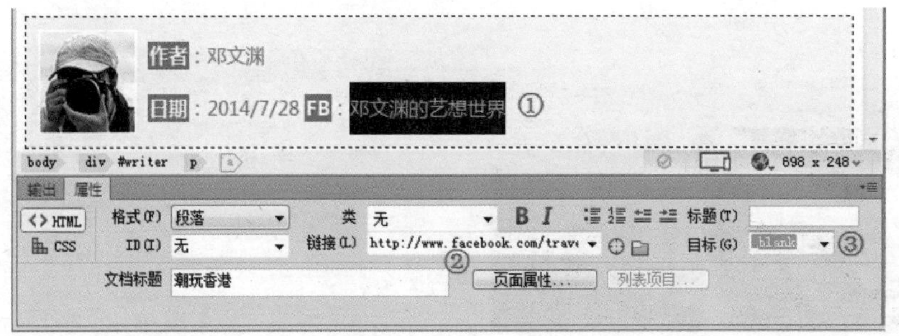

图 6-33　设置超链接

步骤 02　完成后单击菜单栏“文件 \ 保存所有相关文件”，再按 F12 键来预览一下。在浏览器中会发现“邓文渊的艺想世界”文字颜色显示为蓝绿色并出现下划线，而将鼠标指针移到文字上时，会呈手指状，如图 6-34 所示。

图 6-34　用浏览器预览制作好的超链接

步骤 03　接着修改默认的链接样式。将插入点移到“邓文渊的艺想世界”文字内，在“标签选择器”单击 <a> 选择链接文字，如图 6-35 所示。

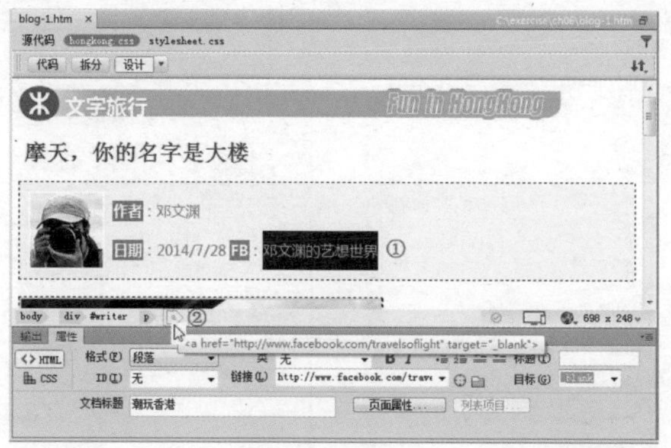

图 6-35　选择要设置链接的文字

步骤 04　然后在“CSS 设计器”面板的“选择器”窗格单击 + “添加选择器”按钮，将出现的 CSS 样式名称更名为“a:”，在下拉式列表中单击“link”后按 Enter 键，如图 6-36 所示。

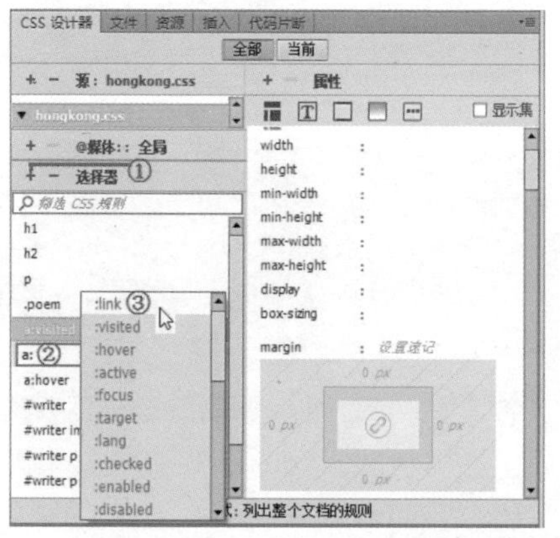

图 6-36　设置超链接步骤 4

步骤 05　针对 a:link 的“文本”分类，分别设置“color”（颜色）为 #0066CC、“text-decoration”（文字装饰）为 none，如图 6-37 所示。

图 6-37　设置超链接步骤 5

步骤06 遵循“a:link”样式建立的规则，另外再创建“a:visited”及“a:hover”链接样式（相关数值请参考第 6.2.4 节的表格说明），如图 6-38 所示。

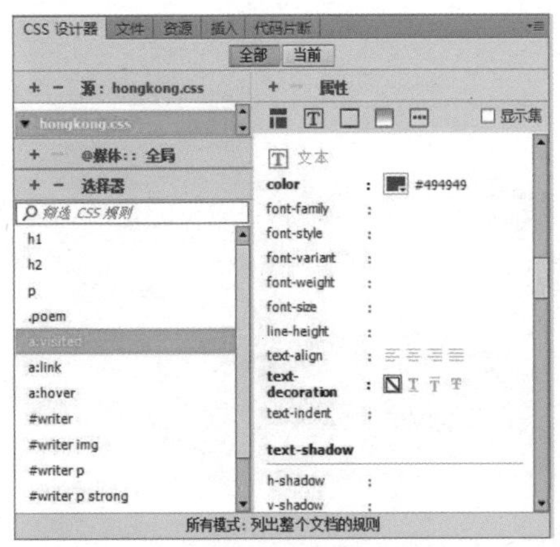

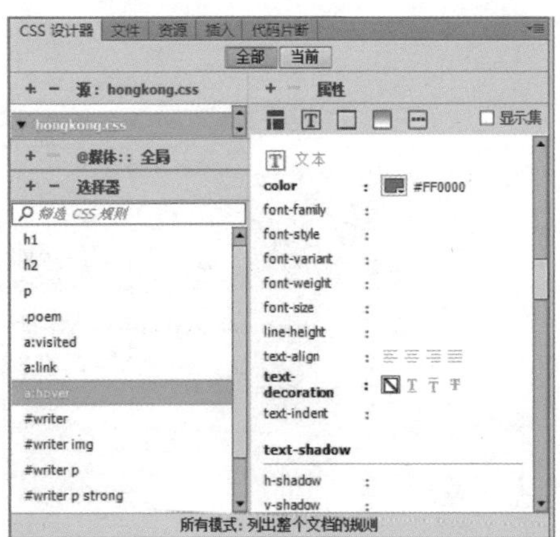

图 6-38　设置超链接步骤 5

小提示

超链接的意义和设置顺序

1. 关于超链接的相关选项意义如下：a:link：超链接文字的一般状态、a:visited：超链接文字已链接过的状态、a:hover：鼠标指针移到超链接文字上的状态、a:active：超链接文字正在链接中的状态。

2. 在设计超链接文字的效果时，若只是挑选其中一个状态加以变更，则无先后顺序的问题。若要同时调整 a:link、a:visited、a:hover、a:active 四个状态时，记得一个很重要的原则：“四位一体”，必须按 a:link、a:visited、a:hover、a:active 的先后顺序来设置其样式，如果先后顺序颠倒了，设置样式的效果将无法出现。

步骤07 完成后请单击菜单栏“文件 \ 保存所有相关文件”，再按 F12 键来预览一下。当鼠标指针滑过链接文字“邓文渊的艺想世界”时，会产生如下状态，如图 6-39 所示。

超链接文字

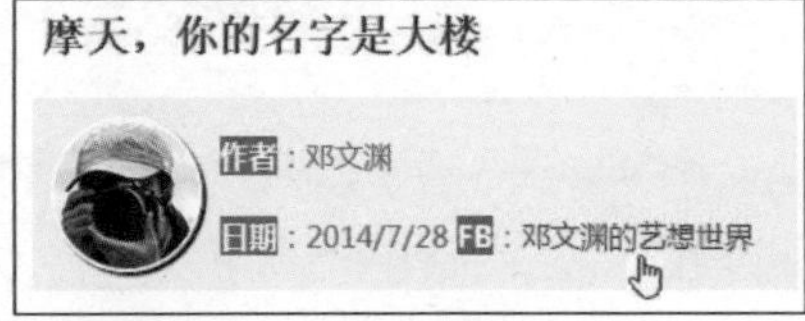

鼠标指针移到超链接文字上的状态

当点击了超链接文字后，会打开另一个窗口（或在新网页打开）并链接至指定网站页面

图 6-39　不同的超链接状态

6.2.5　设置 ID 类型的标签样式

这个范例中作者信息包含了大头照、作者、日期与 FB，而作者信息内这些元素在这个网页页面中只出现一次，为了让它与其他元素区分并应用指定样式，在此创建一个 DIV 标签定义这个区块，再通过 CSS 的 ID 类型来设置标签样式。因为 ID 就如同人的“身份证号码”一样，不仅独一无二，无可取代，更因为无法重复使用，而可以清楚识别。

打开 <blog-1.htm> 文件，以下整理了本节要创建的标签样式，如图 6-40 所示。

图 6-40　本节要创建的标签样式

样式名称	分类	设置内容
#writer	布局	height：84 px、pandding：10 px、margin-bottom：20px
	文本	color：#666666
	背景	background-color：#F5F5F5
#writer img	布局	margin-right：10 px、float：left
	边框	border：所有侧边、width：2 px、style：solid、color：#FFFFFF
#writer p	版型	padding：0 px、margin：0 px、float：left
	文本	line-height：43 px
#writer p strong	文本	color：#FFFFFF
	背景	background-color：#666666

插入 DIV 标签

在进行样式创建前，为了让作者信息内的元素整合在一个区域内，我们将利用 DIV 标签先建立范围。

所谓 DIV 标签，就是通过逻辑或规则将网页内容区分出各个范围并进行定义的标签。它可以设置区域内容的居中状态、在字段上建立效果、建立不同的颜色区域等。

选择“大头照”、“作者”及“日期”三个段落，接着在“插入\HTML”面板中单击“DIV”按钮开启对话框。根据前面选择的内容，设置“插入”为“在选定内容旁换行”，输入“ID”为 writer，然后单击“确定”按钮，如图 6-41 所示。

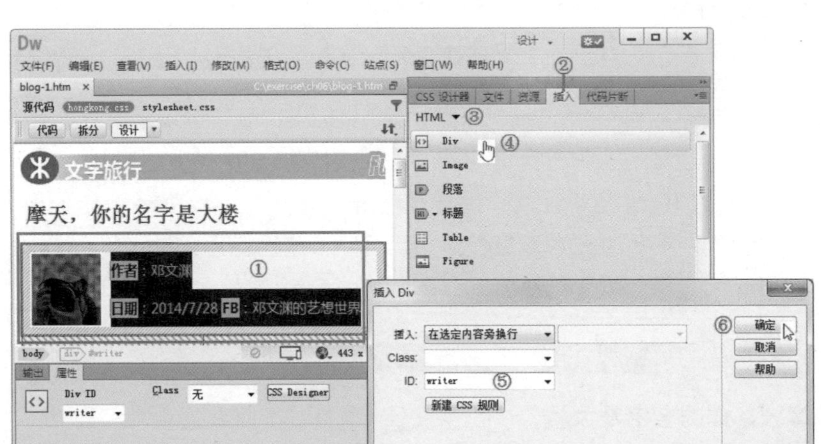

图 6-41　选择段落设置 ID

步骤 02 回到编辑画面中，在“标签选择器”单击 <div #writer>，接着在“CSS 设计器”面板的“源”窗格先单击“hongkong.css”，再在“选择器”窗格单击 +“添加选择器”按钮，出现“#writer”后按 Enter 键，如图 6-42 所示。

图 6-42　建立 DIV 标签的范围

设置样式

在进行 DIV 标签 #writer 样式设置之前，简单利用示意图标示数值设置的位置：

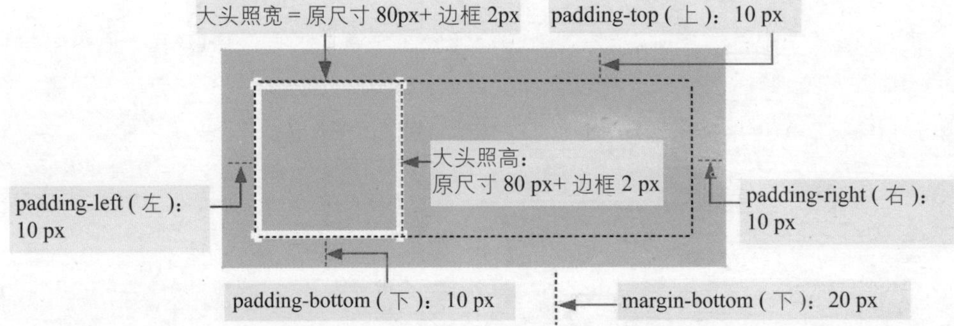

步骤 01 针对“#writer”的“布局”分类，分别设置“height”为 84 px、“margin-bottom”为 20 px、“padding”为 10 px。“文本”分类，设置“color”（颜色）为 #666666。针对“背景”分类，设置“background-color”（背景颜色）为 #F5F5F5，如图 6-43 所示。

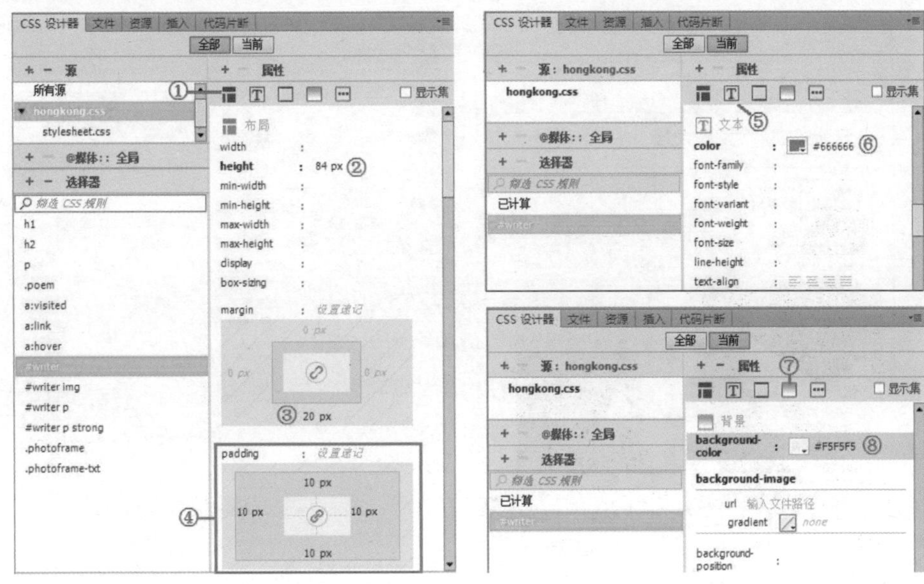

图 6-43　设置页面布局

步骤 02 “#writer”样式创建后回到编辑区，会发现通过 DIV 在页面产生一个虚线框范围，而在此范围中的内容就是前面设置 ID 为“#writer”的 CSS 样式规则。在“CSS 设计器”面板单击“hongkong.css”源与“#writer”选择器后，在“属性”面板选中“显示集”，可以查看该样式的完整属性，如图 6-44 所示。

图 6-44　“#writer”样式的完整属性

单击作者大头照，然后在“CSS 设计器”面板的“选择器”窗格单击 + “添加选择器”按钮，会自动出现“#writer p img”CSS 样式名称，更名为“#writer img”后按 Enter 键，如图 6-45 所示。

图 6-45　为新样式名称更名

步骤 04　遵循“#writer”样式创建的规则，另外完成“#writer img”样式的创建（相关数值参考第 6.2.5 节的表格说明），如图 6-46 所示。

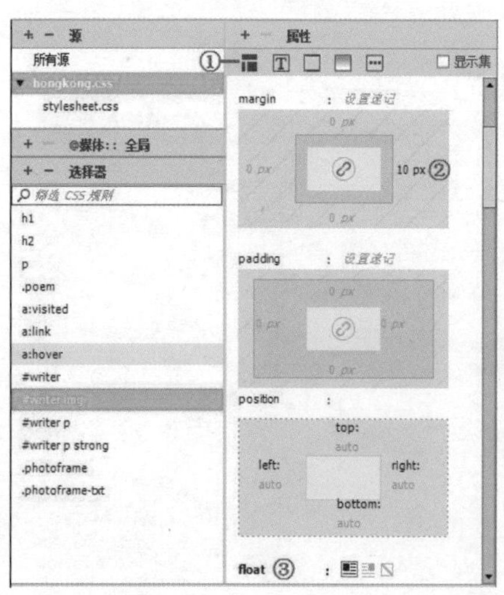

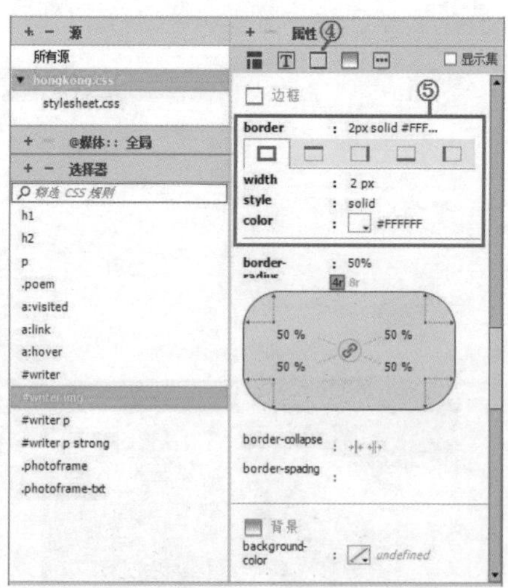

图 6-46　完成“#writer img”样式的创建

将插入点移到作者信息中，在“标签选择器”单击 <p> 后，遵循“#writer img”样式创建的规则，另外创建“#writer p”样式（相关数值参考第 6.2.5 节的表格说明），如图 6-47 所示。如图 6-48 所示为设置好样式后的效果。

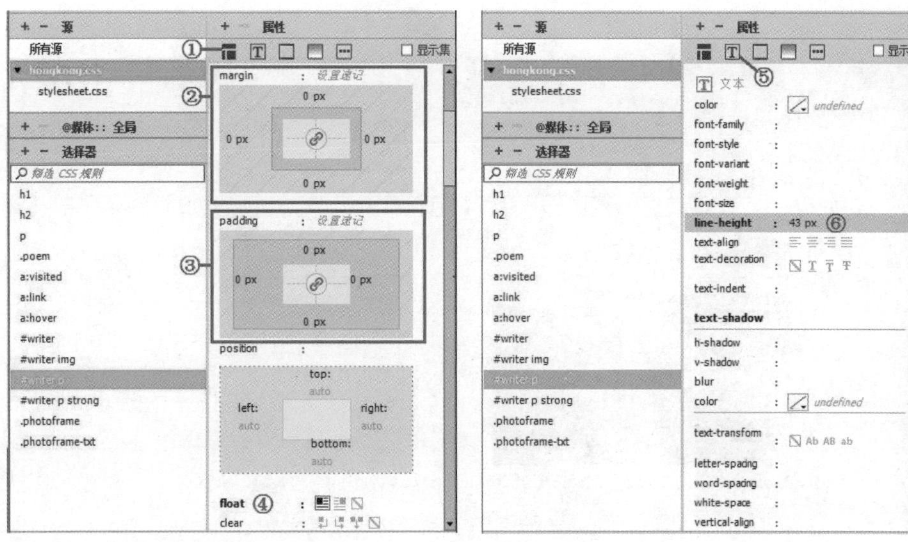

图 6-47　创建“#writer p”样式

图 6-48　设置好样式后的结果图

步骤 06 将插入点移到“作者”二字中，在“标签选择器”单击 <strong> 后，遵循“#writer img”样式创建的规则，另外创建“#writer p strong”样式（相关数值参考第 6.2.5 节的表格说明），如图 6-49 所示。

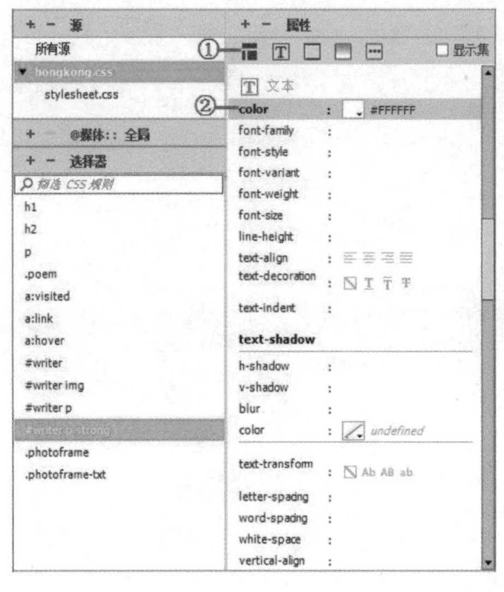

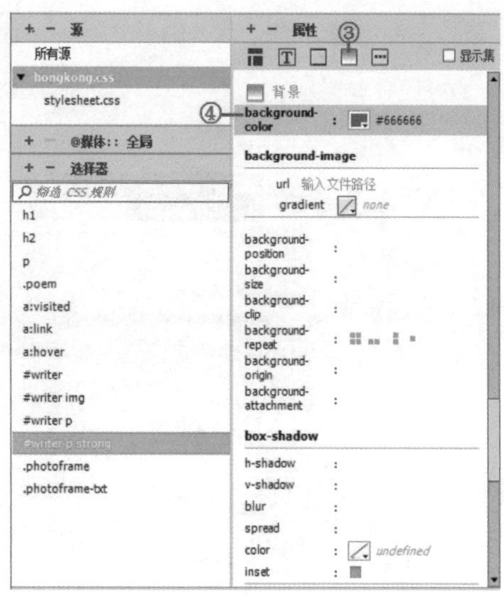

图 6-49　创建“#writer p strong”样式

步骤 07 在这一连串样式创建后，记得完成后单击菜单栏“文件 \ 保存所有相关文件”，再按 F12 键来预览一下，如图 6-50 所示。至此完成了“文字旅行”<blog-1.htm> 单元的 CSS 样式设置。

图 6-50 “文字旅行”网页设计结果图

6.3 应用及管理 CSS 样式

添加 CSS 样式操作后，如何将样式有效应用在段落或各个元素上，或将已制作好的样式进行调整，以充分展现 CSS 规则带来的版面布局优势，是本节所要学习的重点。

6.3.1 应用 CSS 样式的方法

在打开前面完成的 <blog-1.htm> 页面状态下，说明几种 CSS 样式常见的应用方法。

在属性面板上设置

选择要应用样式的元素，在“属性”面板单击“CSS”按钮，再单击“目标规则”旁的列表按钮，在下拉式列表中单击要应用的样式名称，如图 6-51 所示。

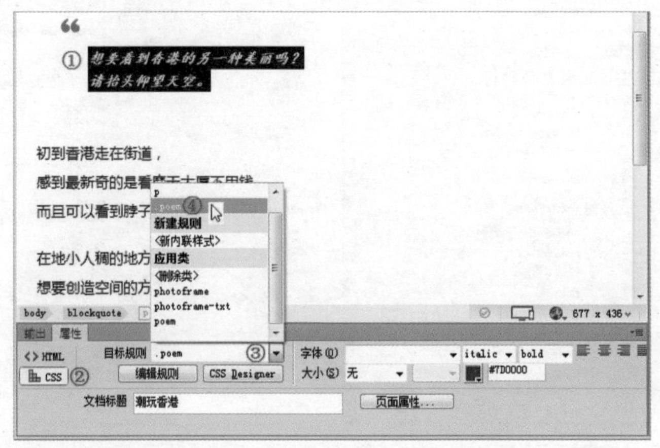

图 6-51 在“属性”面板应用 CSS 样式

在标签设置

选择要设置样式的元素，在“标签选择器”用鼠标右键单击其标签（此例为 <p> 标签），再单击“设置类”下要应用的样式，如图 6-52 所示。

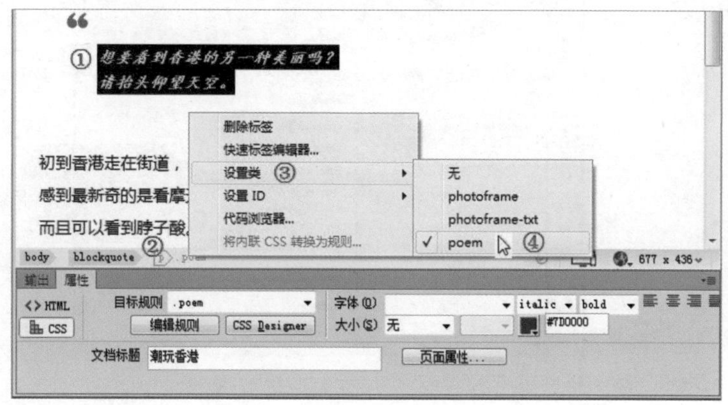

图 6-52　通过标签应用 CSS 样式

在元素上单击鼠标右键进行设置

在要应用样式的元素上单击鼠标右键，单击“CSS 样式”下的样式名称，这样即可应用此样式，如图 6-53 所示。

图 6-53　单击鼠标右键应用 CSS 样式

6.3.2　编辑 CSS 样式

添加完 CSS 样式后，如果要进行样式编辑和修改时，可以通过“CSS 设计器”面板与“CSS 属性”面板进行调整。以下在打开 <blog-1.htm> 页面的状态下，针对这两种方法进行说明。

利用“CSS 设计器”面板进行编辑和修改

在“CSS 设计器”面板中单击“CSS 源”后，就可以在“选择器”窗格中看到所有创建的 CSS 样式，这时只要单击需要调整的样式，就可以通过“属性”窗格直接进行编辑和修改，如图 6-54 所示。

图 6-54　用“CSS 设计器”面板进行 CSS 样式的编辑和修改

利用 CSS 属性面板进行编辑和修改

将插入点移到已应用样式的元素中，此例为第一段文字，然后在“CSS 属性”面板单击“编辑规则”按钮开启“CSS 规则定义”对话框，即可看到当前插入点位置所应用的样式内容，如图 6-55 所示。这时就可以根据需求修改选定的样式。

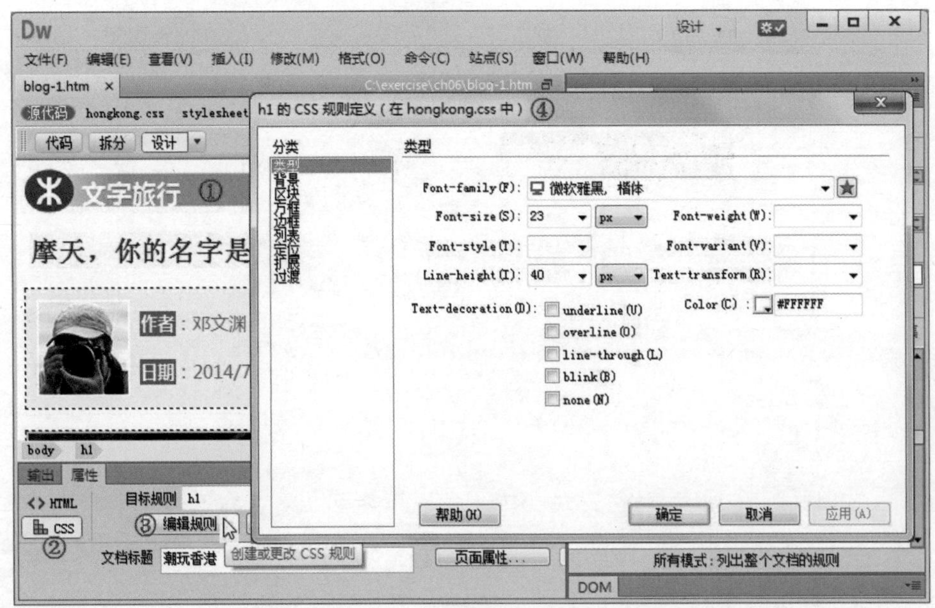

图 6-55　用 CSS 属性面板进行 CSS 样式的编辑和修改

小提示

检查样式应用情形

确定选择的元素或插入点位置，在“CSS 属性”面板“目标规则”项目、“标签选择器”中或是“CSS 设计器”面板之下，都可清楚看到当前元素应用的样式。此外，还可以从“代码”查看模式浏览该网页中 CSS 样式应用的情形，如图 6-56 所示。

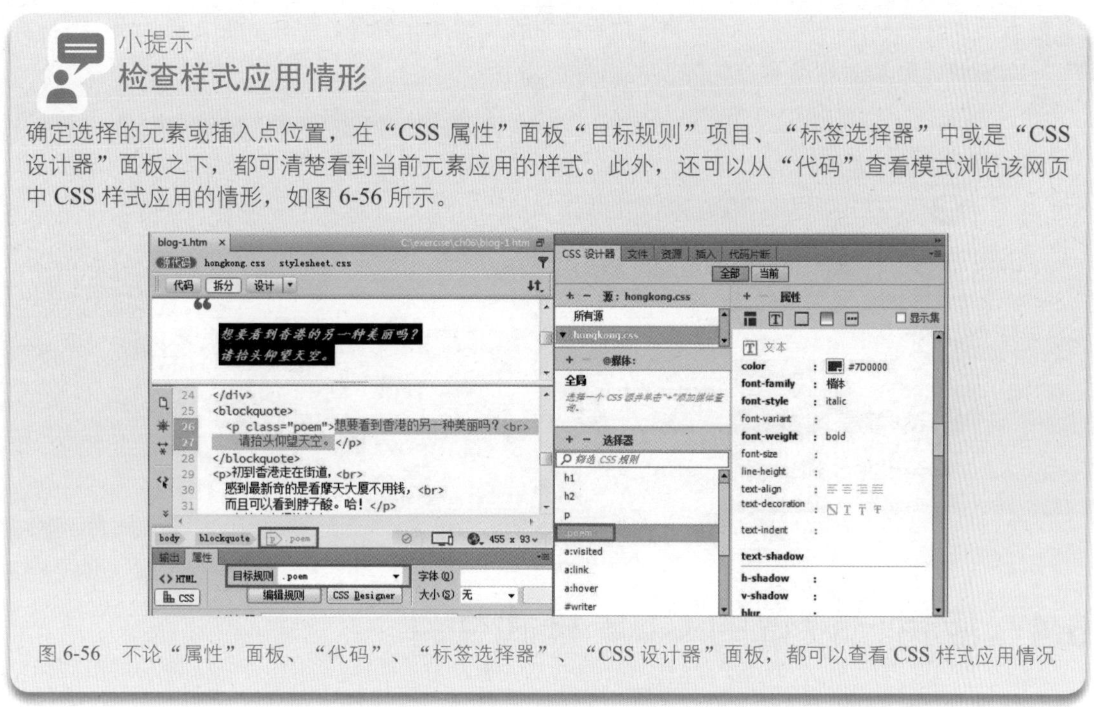

图 6-56　不论“属性”面板、“代码”、“标签选择器”、“CSS 设计器”面板，都可以查看 CSS 样式应用情况

6.3.3　禁用 / 启用 / 删除 CSS 属性

“CSS 设计器”面板的 ⊘ “禁用 CSS 属性”与 🗑 “删除 CSS 属性”图标，可以分别禁用或删除选择的 CSS 样式属性，此时立即在编辑页面上看到禁用或删除这个属性对页面的影响。如果再单击一次 ⊘“启用 CSS 属性”图标即可恢复属性的应用，不需要再打开原始文件“进行编辑”。

步骤 01　在“CSS 设计器”面板中，先在“选择器”窗格选择要调整的样式，再将鼠标指针移到“属性”窗格想要停用的属性字段右侧，显示 ⊘ 图标时，单击就可禁用该 CSS 属性；若要重新启用，只要再单击 ⊘ 图标，就可以恢复应用该样式，如图 6-57 所示。

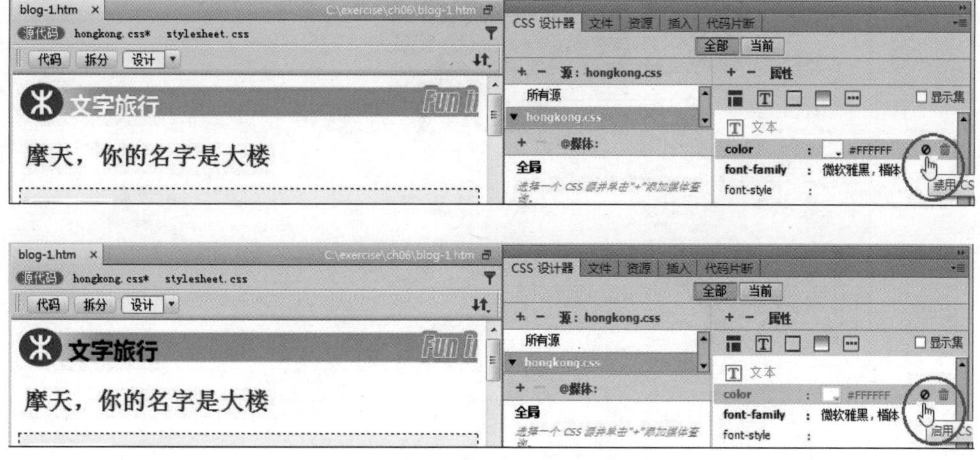

图 6-57　禁用和启动 CSS 样式的属性

步骤 02 若要删除已设置的属性时，只要将鼠标指针移到想删除的属性字段右侧，显示 图标时，单击就可删除该 CSS 属性的内容，如图 6-58 所示。

图 6-58　删除 CSS 样式的属性

6.4　应用已设置的 CSS 样式文件

通过链接 CSS 样式文件的操作，可以让网站内所有网页版面变得一致，而不需要一页页手动更改，如图 6-59 所示。

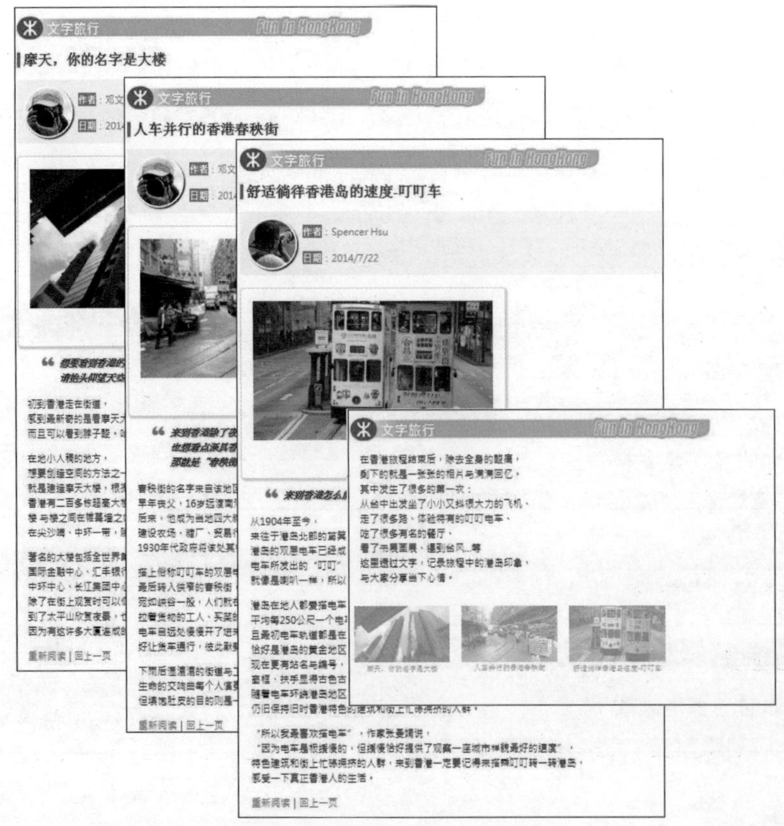

图 6-59　范例完成的结果图

参考范例完成的结果
本书范例 \ 各章完成文件 \ ch06 下的 <blog.htm>、<blog-2.htm>~<blog-3.htm>

6.4.1 链接外部 CSS 样式文件

前面曾经提过，定义 CSS 样式的来源时，可以将它定义为一个独立的文件，也就是 Dreamweaver 会将所设置的 CSS 样式导出成为一个扩展名为 .css 的文件。

也因为这个文件是独立存在的，所以在网站内的所有网页都可以使用链接的方式应用这个样式文件，这样所有网页都会因为这样的链接操作，让网页版面上的排版显得一致。因此，若想更改整个网页内的排版方式，不需要打开一个个的网页进行更新，只要对这个外部文件进行修正，所有链接的网页就会跟着改变。

步骤 01　第 6.2 节中已制作了一个样式文件：<hongkong.css>，接着进入“潮玩香港”范例网站打开 <blog-2.htm> 文件。在“CSS 设计器”面板的“源”窗格单击 + “添加 CSS 源”，在单击“附加现有的 CSS 文件”，在对话框单击“浏览”按钮，如图 6-60 所示。

图 6-60　单击“附加现有的 CSS 文件”步骤 1

步骤 02　单击 <hongkong.css> 后单击“确定”按钮，回到“附加现有的 CSS 文件”对话框中，确认选中“添加为”为“链接”，再单击“确定”按钮，如图 6-61 所示。

图 6-61　选择现有的 CSS 文件

步骤 03　回到“CSS 设计器”面板，会发现已链接到 <hongkong.css> 样式文件中的设置，如图 6-62 所示。

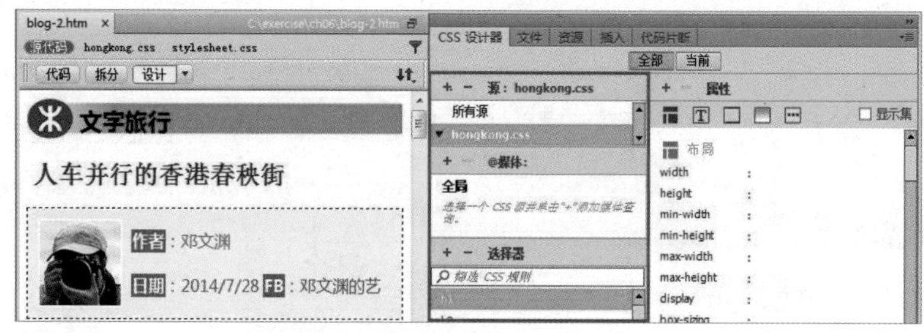

图 6-62　链接到选定的样式文件

6.4.2　手动指定应用的样式

虽然 <blog-2.htm> 已链接相关 <hongkong.css> 样式文件，但是除了应用内置标签样式的段落文字会自动调整外，其他如：重点文字、作者信息、图像及文字等均需逐一指定应用的样式。以下便将应用样式时需要注意的重点进行相关说明：

步骤 01　选择“大头照”、“作者”及“日期”三个段落插入 DIV 标签，设置“ID”为 writer。同样，选择图像及右侧的“I Love Hong Kong”插入 DIV 标签，设置“Class”为 photoframe。再单独选择“I Love Hong Kong”插入 DIV 标签，设置“Class”为 photoframe-txt。

步骤 02　选择“邓文渊的艺想世界”，在“HTML 属性”面板输入“链接”为 http://www.facebook.com/travelsoflight、设置“目标”为 _blank，结果如图 6-63 所示。

图 6-63　手动指定应用的样式步骤 1 和步骤 2

将插入点移到“来到香港……‘春秧街’。”段落中，接着在“CSS 属性”面板“目标规则”项目中单击“poem”样式，如图 6-64 所示。

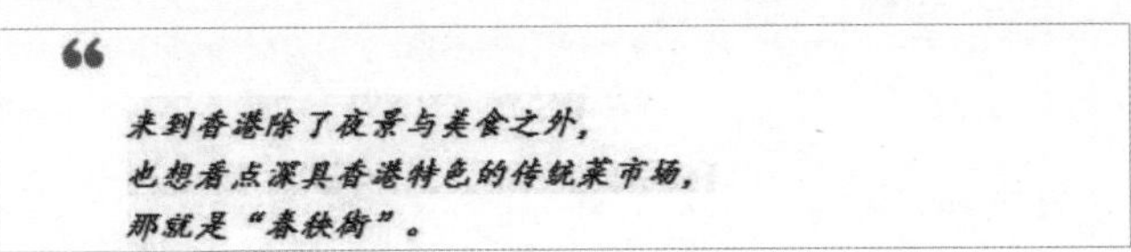

图 6-64　手动指定应用的样式步骤 3

步骤 04　遵循 <blog-2.htm> 操作步骤，分别为“潮玩香港”范例网站内 <blog-3.htm>、<blog.htm> 文件进行 <hongkong.css> 样式文件的链接并手动指定应用的样式。

6.5　使用 CSS3 加强网页视觉效果

新版的 CSS3 样式语言，能让网页设计师不用大费周章去使用绘图软件或编写程序代码，就可以提升网页的整体设计，CSS3 新增的属性、设置值及选择器名称，能让用户制作出实用的圆角、阴影、变形等出色效果，兼顾视觉与效率的双重优势。

6.5.1　关于 CSS3

CSS3 版本中加入了许多强大的新功能，但也有一些功能是原本 CSS 2.1 扩展之后的加强及改良版。它虽然新，但开发者如果有原本 CSS 的概念及基础，只要在原来 CSS 分类之下，再学习一些新增的属性，就可以逐一掌握新增加的增强网页外观的这些新功能。

浏览器支持的情况

在使用新的 CSS3 技术时，为了要确定哪些语法是可以完整呈现出来的，并让大部分浏览者可以看见，其中浏览器是一个很重要的考虑因素。根据浏览器在市场上的使用情况，及浏览网页用户使用不同浏览器的占比，我们选择使用稳定且又支持各大浏览器的 CSS3 样式，才能让网页在浏览器上看起来更加完美。

各大浏览器在市场的占有率，可以参考下方 Wikipedia 2014 年 07 月的曲线图（如图 6-65 所示）。

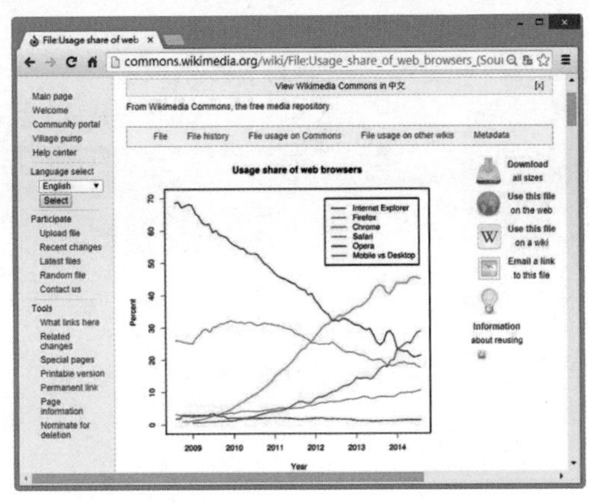

图 6-65　Wikipedia 2014 年 07 月曲线图

以下简单说明 CSS3 在各大浏览器的支持现况：

- Safari 及 Chrome：两个浏览器都属于 Webkit 的处理引擎，支持大部分的 CSS3 样式，以及其他浏览器无法达到的动画效果。此外关于 3D 变形的效果，则是 Safari 浏览器独有的支持。
- Fireforx：除了不支持动画和 3D 变形之外，Fireforx 支持 Safari 浏览器支持的所有语法，还包含渐层语法、执行多栏版面等功能。
- Opera：除了不支持渐层及弹性框版面之外，Oper 支持 Firefox 浏览器支持的所有语法，也支持 Firefox 3.6 所没有的转换功能。
- IE：因为在 CSS3 略趋成熟之际，IE 8、7 和 6 就已普遍出现在市面上，所以 CSS3 的大部分属性它们几乎无法支持。而新的 IE 10 虽然效果好一些，但实际上还是差了其他浏览器一大截。

通过以上的对比，可以发现 Safari 及 Chrome 支持的 CSS3 功能最多，而 FireFox 的效果虽然仅次于前面两个浏览器，但是其实差别不大。而 IE 10 的部分，跟其他浏览器比较起来，还有很“大”的进步空间。

小提示

各家浏览器对 CSS3 的支持程度

如果要知道各家浏览器到底支持哪些 CSS3 属性，可以到 findmebyIP 网站“http:// www.findmebyip.com/litmus/”中查看，findmebyIP 网站通过列表简单整理列出了各家浏览器对“HTML5”以及“CSS3”的支持现状。

CSS3 的优势

CSS3 技术不仅仅只是产生让网页变得很棒或很炫的特效，以前必须花费大量裁图或美化的制作时间，有了 CSS3 技术即可快速达到图像式的视觉效果，即使后续要维护或更改，也不需要花太多时间。

CSS3 取代了运用大量图像文件的操作方式，以及省去编写长串程序代码的麻烦，不仅缩短了图像或程序代码的下载时间，也加快页面的显示速度，让网站的整体效率得到了提升。

6.5.2 CSS3 特效——圆形、圆角及阴影

利用 CSS3 技巧，将原本四边形的作者大头照改为圆形、图片边框改为圆角，另外为图片应用上阴影效果，呈现立体感，如图 6-66 所示。

尚未应用 CSS 3 样式的原始网页　　应用了 CSS 3 圆形及阴影样式的网页

图 6-66　应用 CSS 3 的网页效果

属性	分类	设置内容	可支持的浏览器
border-radius	边框	边框半径：50%	IE 9、Firefox、Opera、Safari、Chrome
box-shadow	背景	h-shadow：2 px、v-shadow：2 px、blur：2 px、color：#000000	IE 9、Firefox、Opera、Safari、Chrome

大头照属性设置

属性	分类	设置内容	可支持的浏览器
border-radius	边框	边框半径：5 px	IE 9、Firefox、Opera、Safari、Chrome
box-shadow	背景	h-shadow：2 px、v-shadow：2 px、blur：2 px、spread：2 px、color：#CCCCCC	IE 9、Firefox、Opera、Safari、Chrome

图片属性设置

步骤 01　打开前面完成的 <blog-1.htm> 页面，在作者信息范围中选择大头照，如图 6-67 所示。

图 6-67　选择大头照

步骤 02　先设置圆形大头照：在“CSS 设计器”面板的“选择器”窗格选择“ #writer img”，单击“边框”分类，在“border-radius”属性单击，当图标呈状后，输入 50 %，如图 6-68 左图所示。

步骤 03　接着设置阴影效果：一样在选择“#writer img”的状态下，在“背景”分类的“box-shadow”属性分别设置“h-shadow”（水平阴影）为 2 px、“v-shadow”（垂直阴影）为 2 px、“blur”（模糊半径）为 2 px、“color”为 #000000，如图 6-68 右图所示。

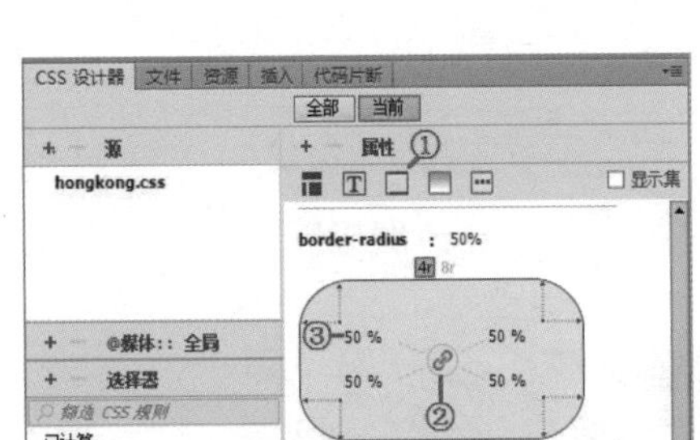

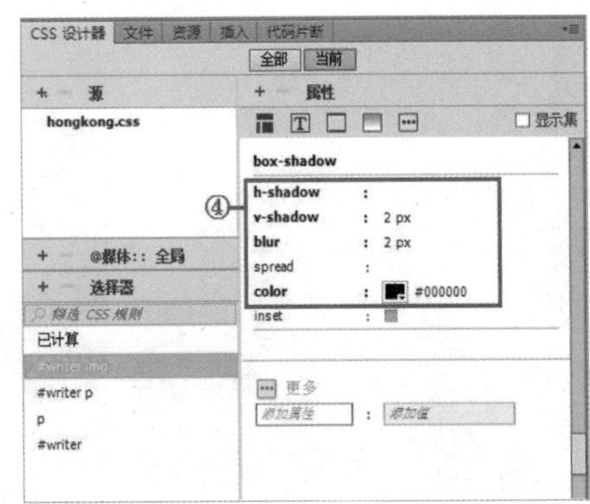

图 6-68 设置大头照的“边框”和“背景”属性步骤 3

步骤 04 另外，选择图片后准备加上圆角边框与阴影：在“CSS 设计器”面板选择“.photoframe”状态下，在“边框”下单击“ border-radius”属性及“背景”单击“box-shadow”属性，参照图 6-69 进行设置。

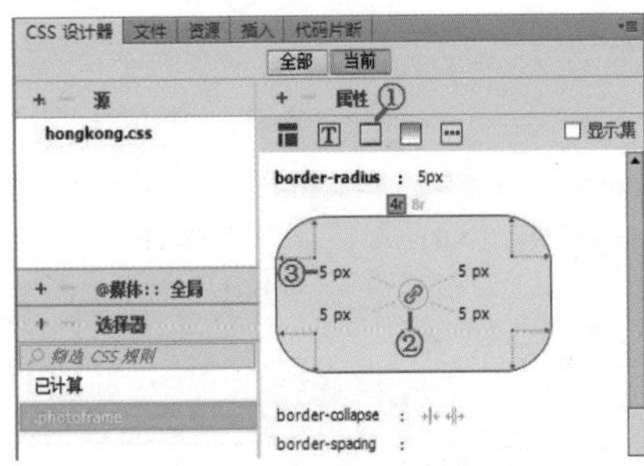

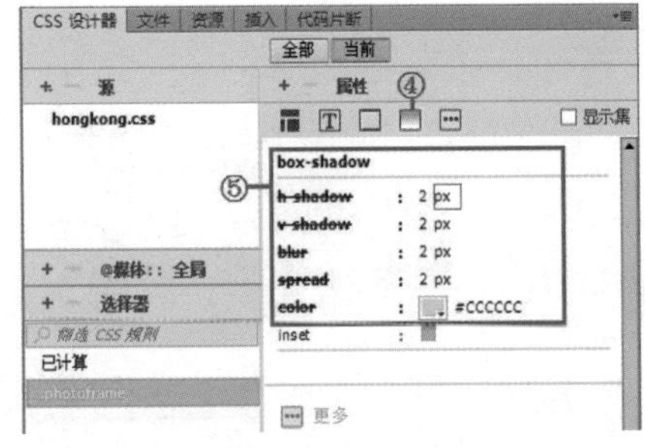

图 6-69 设置大头照的“边框”和“背景”属性步骤 4

步骤 05 由于 CSS3 特效在应用后并不会在“设计”查看状态下的编辑区中呈现出来，记得完成设置后单击菜单栏“文件 \ 保存所有相关文件”，按 F12 键来预览一下，至此就完成了“文字旅行”<blog-1.htm> 单元关于圆形、圆角及阴影的 CSS3 样式的设置。

6.5.3 CSS3 特效——文字阴影

利用 CSS3 技巧，将原本图片下方的文字加上阴影效果，让文字的表现更多样，如图 6-70 所示。

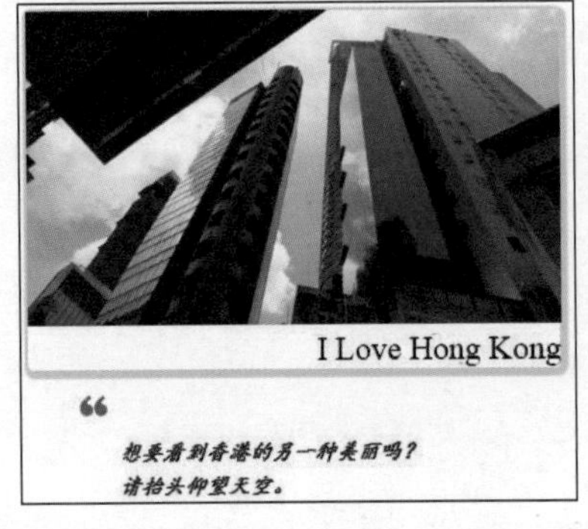

尚未应用 CSS 3 样式的原始网页

应用 CSS 3 文字阴影样式的完成网页

图 6-70 文字阴影特效

属性	分类	设置内容	可支持的浏览器
text-shadow	字体	X 轴位移 2 px、Y 轴位移 2 px、模糊半径：1 px、颜色：#CCCCCC	Firefox、Opera、Safari、Chrome

步骤 01 打开前面完成的 <blog-1.htm> 页面，将插入点移至“想要看到 ... 天空”此段文字内，在“标签选择器”单击 <p .poem>，准备设置文字阴影效果。

步骤 02 在“CSS 设计器”面板选择“.poem”状态下，单击“文本”分类，在“text-shadow”属性分别设置“h-shadow”为 2 px、“v-shadow”为 2 px、“blur”为 1 px、“color”为 #CCCCCC，如图 6-71 所示。

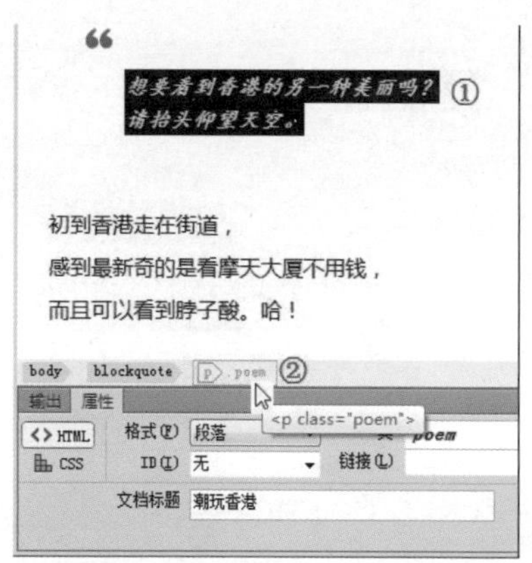

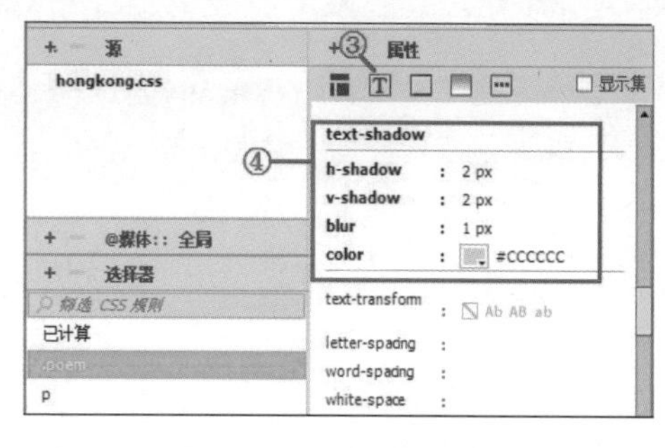

图 6-71　设置文字阴影特效

步骤 03 记得完成后单击菜单栏“文件 \ 保存所有相关文件”，按 F12 键来预览一下，至此完成了“文字旅行”<blog-1.htm> 单元关于文字阴影的 CSS3 样式设置。

6.5.4　CSS3 特效——使用 @font-face

利用 CSS3 技巧，将原本“立拍可得”图像下方的“ I love Hong Kong”文字，利用 @font-face 表现出更活泼多样的文字设计，如图 6-72 所示。

尚未应用 CSS 3 样式的原始网页

应用 CSS 3 @font-face 样式的完成网页

图 6-72　设置文字阴影特效

属性	分类	设置内容	可支持的浏览器
font-family	文本	font-family：DJ GROSS	Firefox、Opera、Safari、Chrome

何谓 @font-face

以前在制作网页时，为了顾及浏览者浏览的完整度，都会尽量以大部分用户通用的字体来考虑。如果要呈现不一样的设计效果，就转而利用图像或 Flash 动画进行制作。只是这样的操作，难免会增加网页的制作时间及网页浏览时的下载速度。

所谓的 @font-face，是将存放在服务器的字体（又叫“网络字体”），通过链接方式，让浏览器可以直接下载并显示在网页上，而这种方式就是平常提到的“嵌入字体”。

授权限制

就像网页上使用的图像一样，在使用 @font-face 时，除了要考虑这些字体在网页上呈现的效果外，版权上的相关规定也不可轻视，一定要确认这些字体厂商的使用规定与授权限制以避免侵权。

下载免费网页字体

所以在使用 @font-face 之前，请先访问一个允许字体嵌入的网站：Font Squirrel，并在“http://www.fontsquirrel.com/fonts/DJ-Gross”页面，单击“DOWNLOAD TTF”按钮下载之后要使用的 DJ GROSS 字体，并将它放置在 <hktravel> 文件夹内（若为 .zip 的压缩文件，请先解压缩后复制 *.ttf 字体文件至 <hktravel> 文件夹内）。Font Squirrel 网站不仅拥有大量免费且允许嵌入的字体，还提供一些搭配 @font-face 使用的好工具，网站首页如图 6-73 所示。

图 6-73　Font Squirrel 网站首页

图片文字的样式设置

步骤 01　打开前面完成的 <blog-1.htm> 页面将插入点移至“I Love Hong Kong”文字之中，然后在“标签选择器”单击“ <div .photoframe-txt>”选择整个区块，如图 6-74 所示。

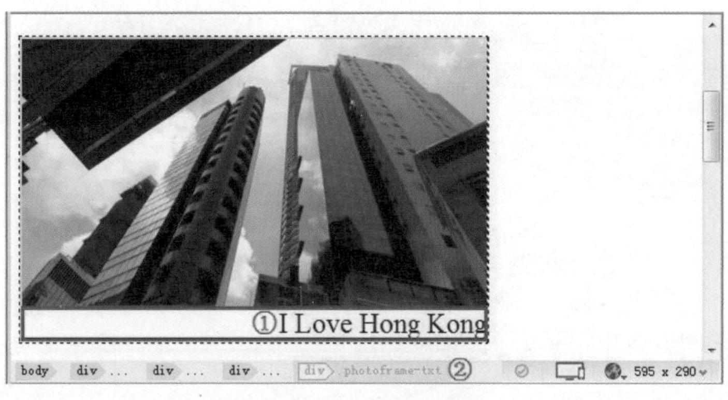

图 6-74　选择要设置属性的文字

步骤 02　在“CSS 设计器”面板的“选择器”窗格选择“.photoframe-txt”，单击“文本”分类，再于“font-family”单击右侧字段“管理字体”，在对话框中单击“本地 Web 字体”标签后，于“TTF 字体”字段单击“浏览”按钮，如图 6-75 的左图所示。

步骤 03　在开启的对话框中找到之前下载的 <hktravel\DJGROSS.ttf>（如果之前没有下载，<hktravel> 目录下也已事先存放了该 Web 字体文件以方便练习），接着选中下方“我已经对以上字体进行了正确许可，可以用于网站”，然后单击“添加”按钮，再单击“完成”按钮，如图 6-75 右图所示。

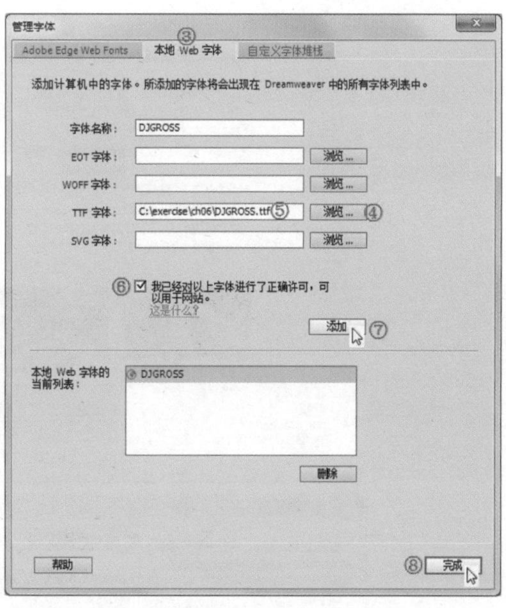

图 6-75　选择用于网页的字体

步骤 04　回到“CSS 设计器”面板，在“文本 \ font-family”属性的列表中单击“DJGROSS”即可，如图 6-76 所示。

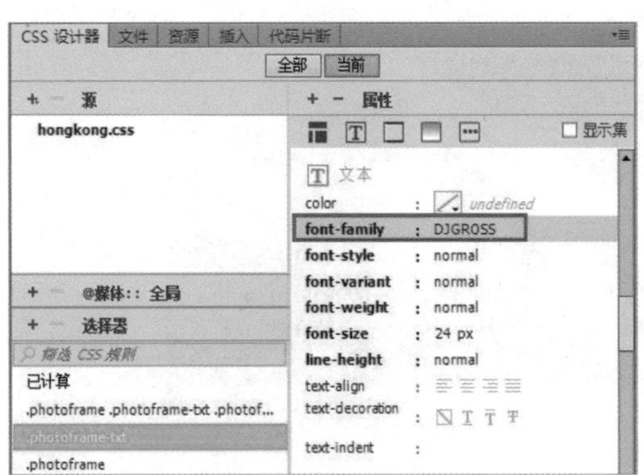

图 6-76 单击“DJGROSS”字体

步骤 05 记得完成后单击菜单栏“文件 \ 保存所有相关文件”，按 F12 键来预览一下，至此完成了“文字旅行” <blog-1.htm> 单元关于 @font-face 的 CSS3 样式设置。

6.5.5 CSS3 特效——图像转变效果

利用 CSS3 技巧，把原本清晰的图像改为淡化，当鼠标指针滑过时则恢复原本的清晰图像，让图像呈现有如动画一样的效果，如图 6-77 所示是当来应用 CSS3 样式的原始网页，如图 6-78 所示是应用样式后的效果。

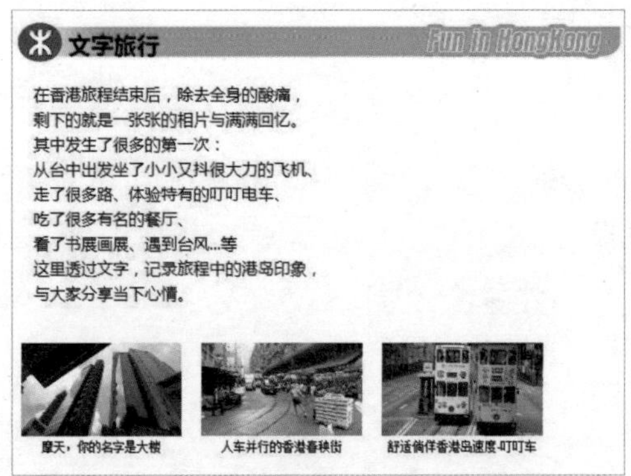

图 6-77 尚未应用 CSS 3 样式的原始网页

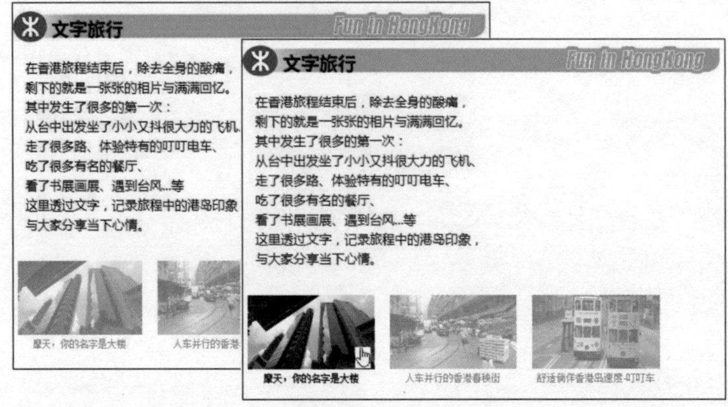

图 6-78 已应用 CSS 3 样式转变效果的完成网页

属性	分类	设置内容	可支持的浏览器
opacity	文本	0.5	IE9、Firefox、Opera、Safari、Chrome

设置图像的透明度

步骤 01　打开 <blog.htm> 页面，此范例预计浏览该页面时，图像开始以淡化效果呈现。选择左方第一张图像，然后在“标签选择器”单击 <div .thumbimg> 以选择整个区块，如图 6-79 所示。

图 6-79　选择需要设置的图像

步骤 02　在“CSS 设计器”面板先单击 <style> 源，再单击“.thumbimg”样式，在“布局\opacity”属性输入 0.5。“opacity”属性主要是设置透明度等级，数值介于 0~1 之间，当输入 1 时，表示为不透明；如果输入为 0 时，则表示全部透明，如图 6-80 所示。

图 6-80　设置图像属性的透明度

创建鼠标指针滑过的过渡效果

完成前面图像的透明度初始设置，接下来就要创建鼠标指针滑过时，让图像完全不透明的过渡效果。

步骤 01　先单击菜单栏“窗口\CSS 过渡效果”打开面板，单击 + “新建过渡效果”按钮，如图 6-81 所示。

图 6-81　新建图像的过渡效果步骤 1

步骤 02　在“新建过渡效果”对话框中，分别设置“目标规则”为 .thumbimg、“过渡效果开启”为 active、“对所有属性使用相同的过渡效果”下的“持续时间”为 0.5s、“延迟”

为 0s、“计时功能”为 ease（开始时慢慢加速，结束时慢慢减速）、单击“属性”的“+”按钮，列表中单击“opacity”，在设置“结束值”为 1（完全不透明），然后单击“创建过渡效果”按钮即完成设置，如图 6-82 所示。

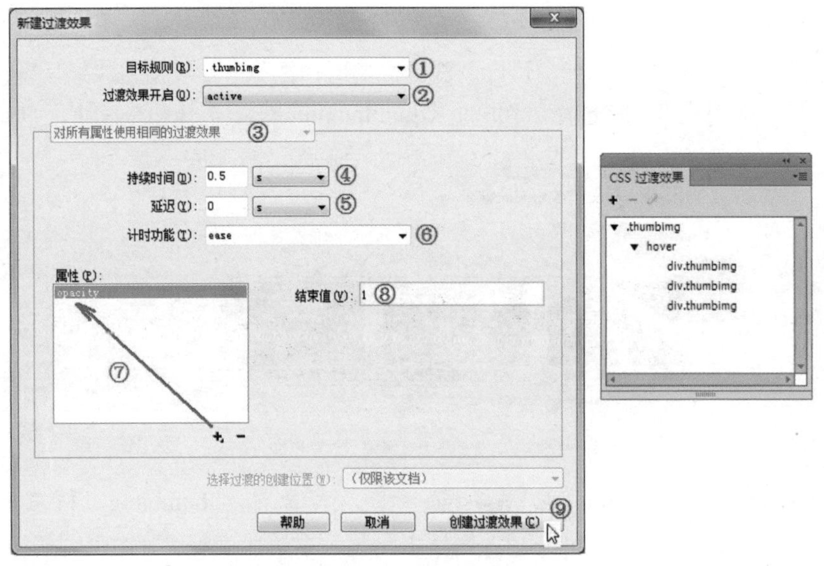

图 6-82　新建图像的过渡效果步骤 2

记得完成后单击菜单栏“文件 \ 保存所有相关文件”，按 F12 键来预览一下，至此完成了“文字旅行” <blog.htm> 单元关于过渡效果的 CSS3 样式设置。

小提示

关于 CSS3 过渡效果的设置项目

1. 目标规则：输入 CSS 样式的名称。
2. 过渡效果开启：选择想要应用过渡效果的对象。
3. 对所有属性使用相同的过渡效果、对每个属性使用不同的过渡效果：对所有或每个过渡效果的 CSS 属性指定相同与不同的持续时间、延迟和计时功能。
4. 持续时间：设置过渡效果的持续时间，为秒（s）数或毫秒（ms）数。
5. 延迟：过渡效果启动前的时间，以秒（s）或毫秒（ms）为单位。
6. 计时功能：从可用的选项中选择过渡样式。ease：开始时慢慢加速，结束时慢慢减速。ease-in：从开始时慢慢加速。ease-in-out：从开始时慢慢加速，结束时慢慢减速。ease-out：在结束时慢慢减速。linear：从开始到结束速度都相同。
7. 结束值：过渡效果的结束值。

6.6　制作秘技与重点提示

在本节中将讲述几项 CSS 样式设置的相关技巧，不仅加强对 CSS 功能的认识，更在操作中深刻体会 CSS 在网页设计所带来的轻松与便利。

6.6.1　在页面属性快速设置 CSS 样式

在 Dreamweaver 中单击菜单栏“修改 \ 页面属性”开启对话框，在“分类”中如果名称后有（CSS）即表示是以 CSS 样式的方式进行设置。这样不仅设置的属性变多了，还可轻松地设置背景、链接文字、标题等，如图 6-83 所示。

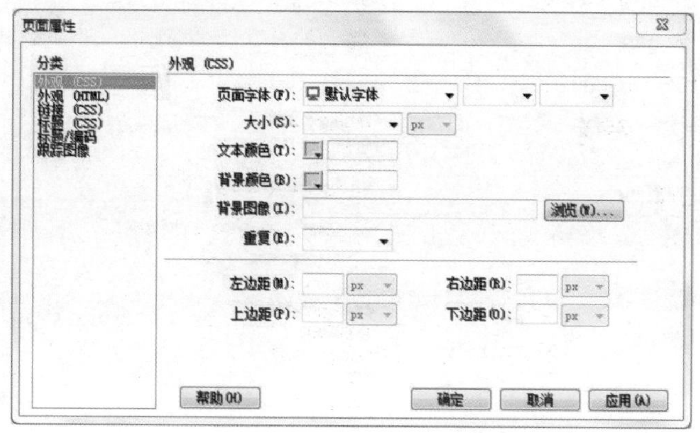

图 6-83　有（CSS）分类项目，主要用于设置页面上基础标签格式，而所有设置也会自动转换为“CSS 设计器”面板中的样式

6.6.2　使用 CSS 样式设计不会跟着滚动的背景图

在设计网页版面时，经常有人想将一张美丽的图像或该公司 LOGO 固定在页面某处，就算用户上下滚动浏览器的滚动条，图像还是固定在同样的位置，那么到底要如何制作呢？

步骤 01　在“CSS 设计器”面板的“选择器”窗格单击 + “添加选择器”按钮，因为要设置整体网页背景，所以这里要留意样式名称应命名为“body”，如图 6-84 所示。

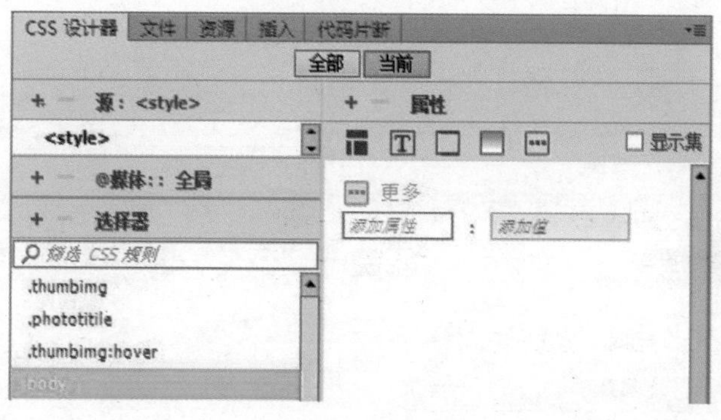

图 6-84　设置固定不动的背景图像步骤 1

步骤 02　在“背景”分类下，设置“background-image”（背景图像）。

步骤 03　接下来注意：设置“background-position”（背景位置），前后项目分别为水平与垂直相对于内容的位置。除了可以设置“left”、“right”、“top”、“bottom”、“center”，也可以通过距离单位与数值来调整位置，如此即可按照指定的背景位置摆放图像，滚动浏览器滚动条时，图像会依然呆在相对于内容的指定位置并跟着滚动。

最后设置“background-repeat”（背景重复）为 ▪ “no-repeat”（不重复），这样只会出现一张图像，而不会像瓷砖般贴满整个网页。而“background-attachment”（背景固定）则为“fixed”（固定），这样无论如何滚动浏览器的滚动条，图像都固定在浏览器页面指定的背景位置，不会跟着滚动，如图 6-85 所示。

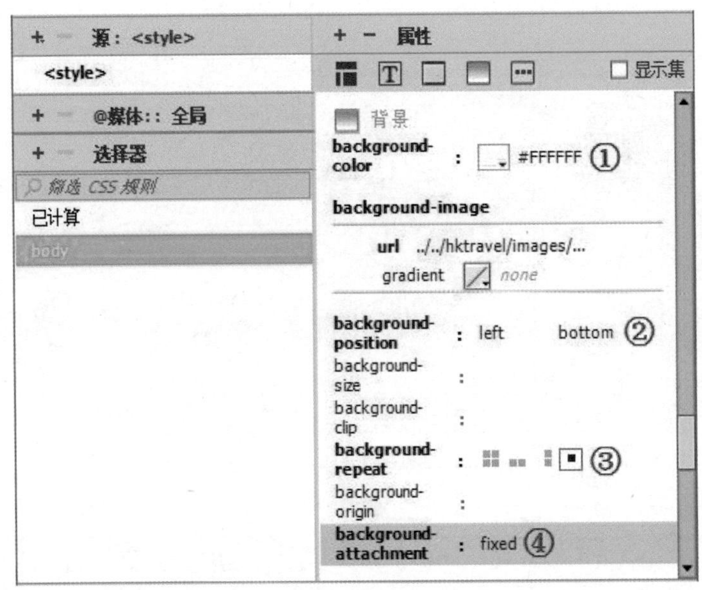

图 6-85　设置固定不动的背景图像步骤 2~ 步骤 4

6.6.3　使用 CSS 样式设计水平线

对于不同性质的文章或图像，可以插入水平线来区分，此技巧将说明如何让水平线变得不一样！

在“CSS 设计器”面板“选择器”窗格单击 ＋ “添加选择器”按钮，这里要留意的是样式名称应命名为 .line，如图 6-86 所示。

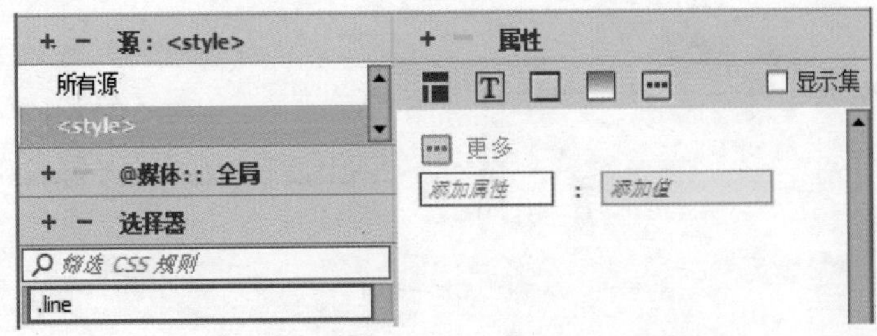

图 6-86　添加水平线的样式名称

进入“CSS 设计器”对话框，在“边框”分类下分别设置“border”为 下方、“width”为 2 px、“style”为 dotted（点状线）、“color”为 #003399，如图 6-87 所示。

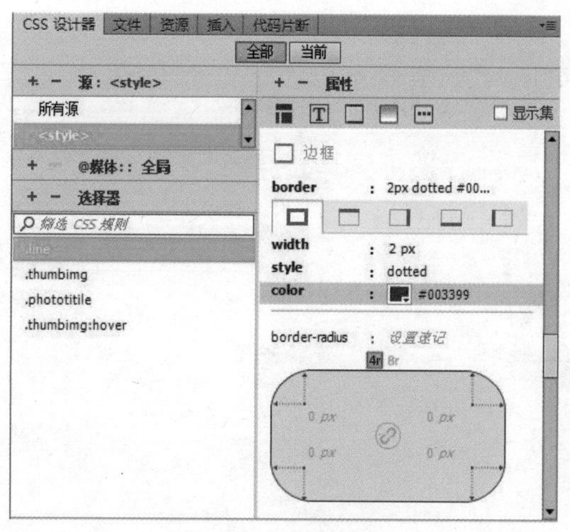

图 6-87　设置边框

步骤 03　回到编辑区，将插入点移至想要插入水平线的位置单击鼠标右键，单击“CSS 样式 \ line”即可在插入点所在位置下方插入一条刚刚已指定样式的水平线，如图 6-88 所示。

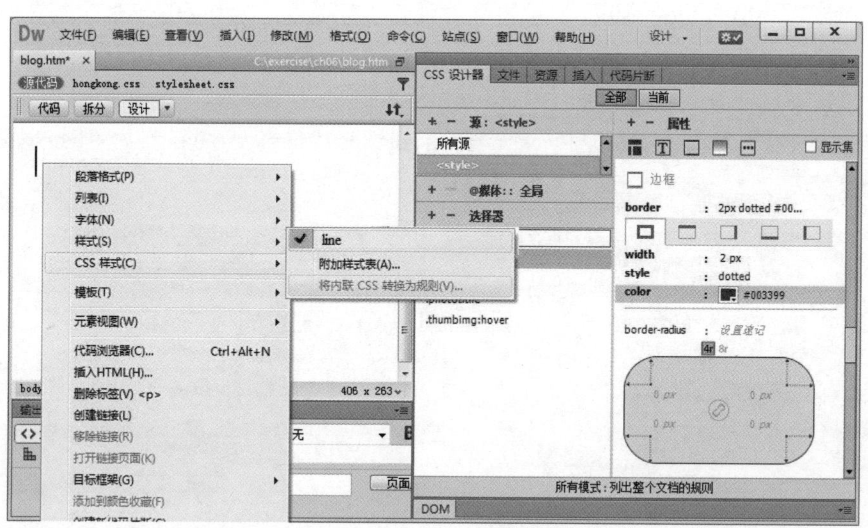

图 6-88　将水平线插入指定位置

小提示

CSS 设置位置

将 CSS 样式设置在“类”的指定名称中（CSS 样式名称前加上“.”前置符号）可在各个水平线应用此样式，但如果将 CSS 样式名称设置为 hr（水平线的标签名），则会使该网页文件内的所有水平线均应用此样式。

6.4　使用 CSS 样式设计元素列表与编号列表

想为文句加上项目列表吗？一成不变的圆点、正方形、数字……是不是也想换个新口味呢？利用 CSS 样式设计，列表中的项目符号即可轻松更换。

步骤 01 在“CSS 设计器”面板的“选择器”窗格单击 + “添加选择器”按钮，这里要留意样式名称自动命名为 body ul li，如图 6-89 所示。

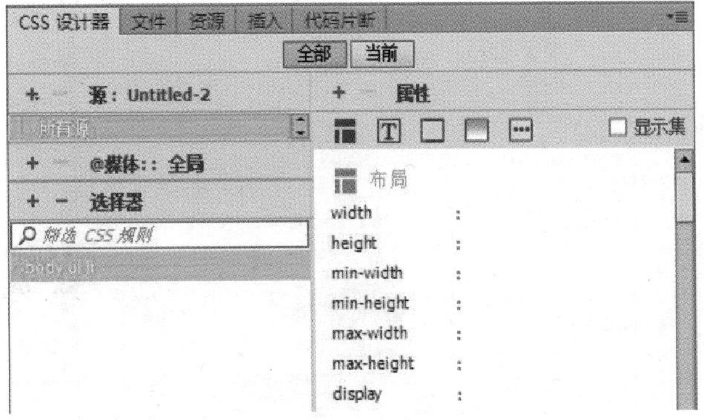

图 6-89　设计元素列表与编号列表的样式步骤 1

步骤 02 在“CSS 设计器”面板的“文本”分类下，简单设置列表的“font-size”（大小）、“line-height”（行距）或“color”，如图 6-90 左图所示。

步骤 03 接着可以在“list-style-position”设置列表项目文字是“inside”（靠左边界换行）或“outside”（换行及缩进）；“list-style-image”可以自定义项目符号的图像；“list-style-type”可以设置项目符号的外观，提供如“disc”（圆点）、“circle”（圆圈）、“square”（正方形）等样式，如图 6-90 右图所示（若同时设置了“list-style-type”与“list-style-image”，则会优先显示“list-style-image”的效果）。

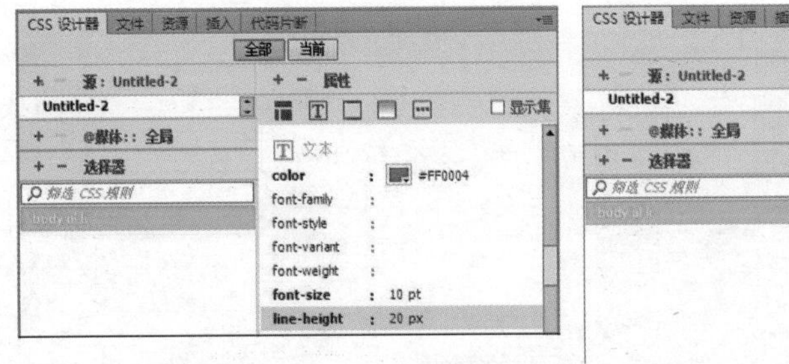

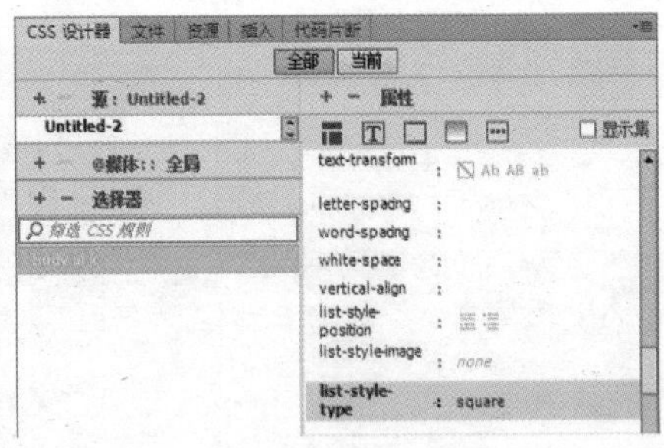

图 6-90　添加元素列表与编号列表的样式步骤 2 和步骤 3

小提示

设计编号列表

如果要设计编号列表的 CSS 样式时，要注意的是：在“CSS 设计器”面板中，在“选择器”窗格单击 + “添加选择器”按钮，样式名称会自动命名为 body ol li。

6.7　课后练习

实践题

按照如图 6-91 所示，完成“边走边拍”网页的 CSS 设计。

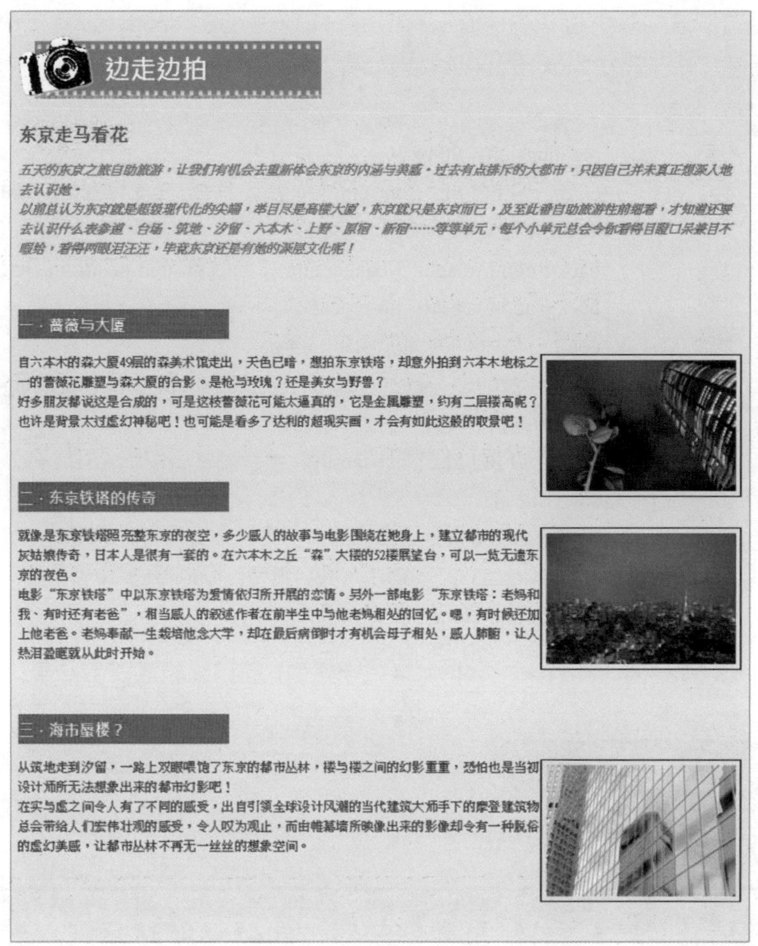

图 6-91　“边走边拍”网页的 CSS 设计之结果图

参考范例完成的结果
本书范例 \ 各章完成文件 \ ch06 \ tokyo.htm

实践提示

将下载文件中 < 本书习题 \ 各章原始文件 \ ch06> 文件夹复制到 <C:\ exercise> 下，并进入 Dreamweaver“文件”面板“本地磁盘（C:）”中打开 <C:\ exercise \ ch06> 文件夹下的 <tokyo.htm> 文件开始练习，如图 6-92 所示。

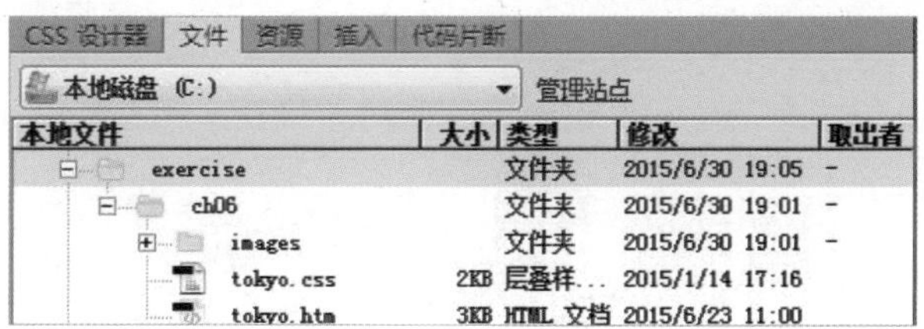

图 6-92　显示文件

通过“标签选择器”对内置标签 <h1>、<h2>、<h3>、<p>、<body>，在“CSS 设计器”面板中进行如下设置，并存放在 <tokyo.css> 样式文件内。

样式名称	分类	设置内容
h1	布局	padding-left：90 px
	文本	color：#FFFFFF、font-family：微软雅黑 , 楷体 ,ArialUnicode MS、font-size：20 pt、line-height：80 px
	背景	background-image：<banner.png>、background-position：left、center、background-repeat：no-repeat
h2	文本	color：#CC0000、font-size：14 pt
h3	布局	width：220 px、height：20 px、padding-top：5 px、padding-bottom：5 px、margin-top：50 px
	文本	color：#FFFFFF、font-family：微软雅黑 , 楷体 ,Arial Unicode MS、font-size：12 pt
	背景	background-color：#006666
p	文本	color：#333333、font-family：楷体、font-size：10 pt、line-height：20 px
body	背景	background-color：#E6E6E6

3. 完成 <h1>、<h2>、<h3>、<p>、<body> 样式创建后，回到编辑区查看结果，如图 6-93 所示。

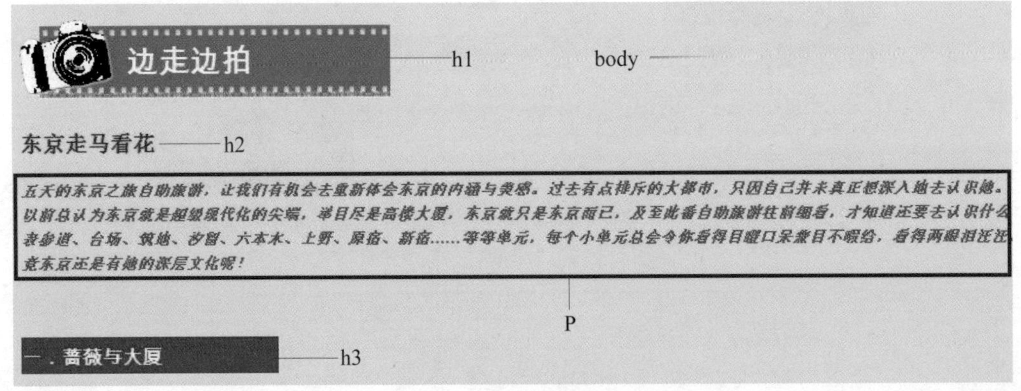

图 6-93　在编辑区查看结果

4. 对图像，在“CSS 设计器”面板中自定义“.photo”样式并进行如下设置，然后存放在 <tokyo.css> 样式文件内。

样式名称	分类	设置内容
.photo	布局	margin-top：0 px、margin-left：8 px、margin-right：8px、margin-bottom：8 px、padding：5 px、float：Right、clear：Both
	边框	border：所有侧边、width：1 px、style：solid、color：#000000

5. 完成“.photo”类样式建创建后，回到编辑区将该样式应用在所有图像上并查看结果，如图 6-94 所示。

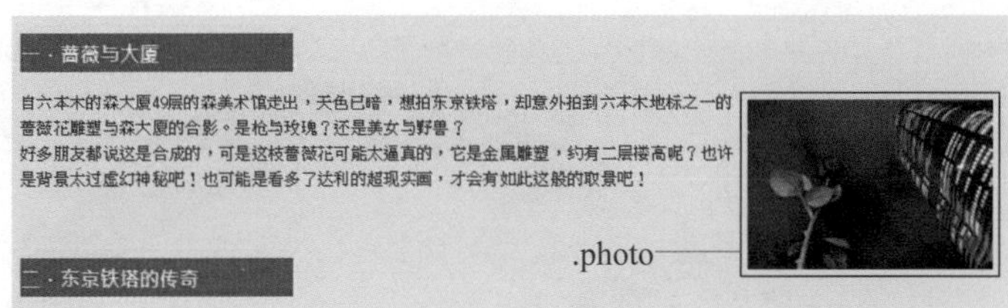

图 6-94　查看结果

6. 针对标题二下方的文字，在“CSS 设计器”面板中自定义“.poem”样式并进行如下设置，然后存放在 <tokyo.css> 样式文件内。

样式名称	分类	设置内容
.poem	文本	color：#996600、font-style：oblique、font-weight：bold

7. 完成“.poem”样式创建后，回到编辑区将插入点移至“东京走马看花”文字下方段落中的任一位置，在“属性”面板单击“CSS”按钮设置“目标规则”为 .poem，进行样式应用，如图 6-95 所示。

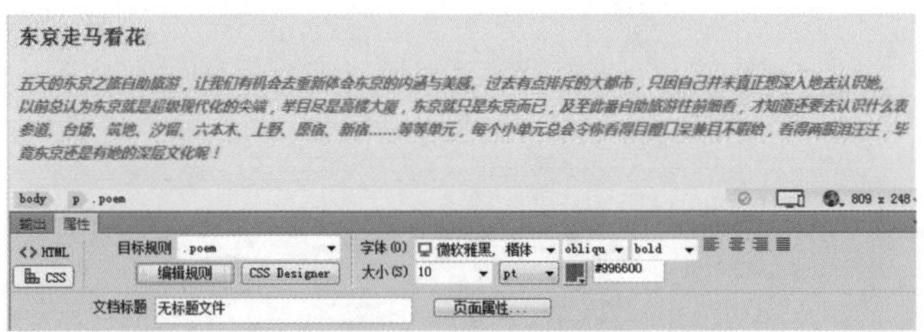

图 6-95　设置属性

8. 在“CSS 设计器”面板中调整“a:link”、“a:visited”、“a:hover”样式并进行如下设置，然后存放在 <tokyo.css> 样式文件内。

样式名称	分类	设置内容
a:link	字体	color：#FF0000、font-weight：bold、text-decoration：none
a:visited	字体	color：#FF0000、font-weight：bold、text-decoration：none
a:hover	字体	color：#33CC00、text-decoration：underline

完成“a:link”、“a:visited”、“a:hover”样式创建后，回到编辑区在“二. 东京铁塔的传奇”下方的段落文字中选择“东京铁塔”，在“属性”面板单击“HTML”按钮，输入“链接”为 http://www.tokyotower.co.jp/zh/secret/、设置“目标”为 _blank，如图 6-96 所示。

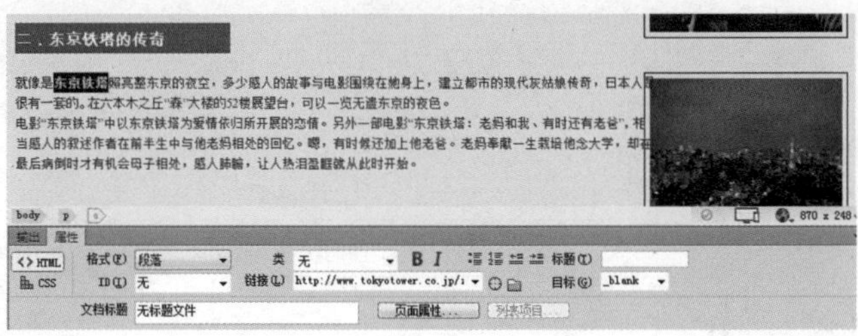

图 6-96

10. 完成后请单击菜单栏“文件 \ 保存所有相关文件”，再按 F12 键来预览一下。

第7章

地图展示——绝对寻址图层与行为

通过绝对寻址图层，让网页内容如：文字、图像等布置元素可以重叠并自由摆放。而行为特效则是可以将网页中常用的特效或是功能程序代码，简化成对话框的设置，让网页开发更方便。

7.1 关于绝对寻址图层

绝对寻址图层可以让用户采用重叠并自由摆放的方式来配置网页内容，包含文字、图像或任何可放在 HTML 文件中的内容。

7.1.1 什么是绝对寻址图层

在 Dreamweaver 中，绝对寻址图层外观为矩形中空的方框，不但大小可以任意绘制，像是文字、图像与表格等网页组件也都能轻易加入，完全不受传统网页编辑排版时的位置限制；而其中最重要的观念就是：绝对寻址图层可独立于整个网页平面上，彼此任意重叠而不受网页束缚，如图 7-1 所示。

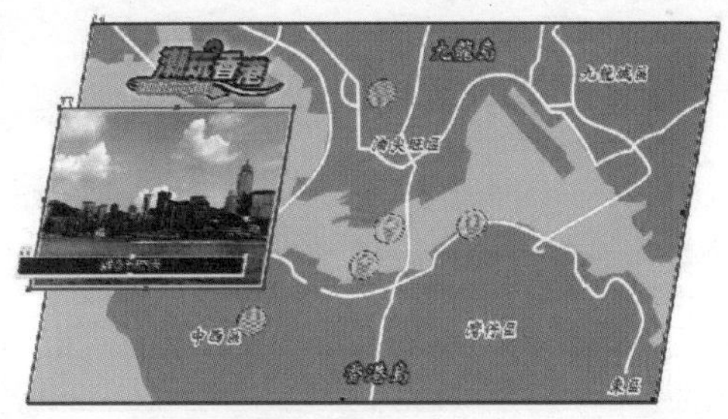

图 7-1 绝对寻址图层为方框区域，可插入文字、图像与表格等网页对象

7.1.2 新建绝对寻址图层

要添加绝对寻址图层之前，必须先利用 DIV 标签创建范围，接着通过“CSS 设计器”面板添加 CSS 样式后，在“布局”分类中设置绝对寻址即可产生一个新的图层。

步骤 01 将插入点移到要添加绝对寻址图层的编辑区中（用空白网页文件也可练习），在“插入 \ HTML”面板单击 DIV 按钮，开启对话框设置“插入”为“在插入点”，命名 ID，然后单击“确定”按钮，如图 7-2 所示。

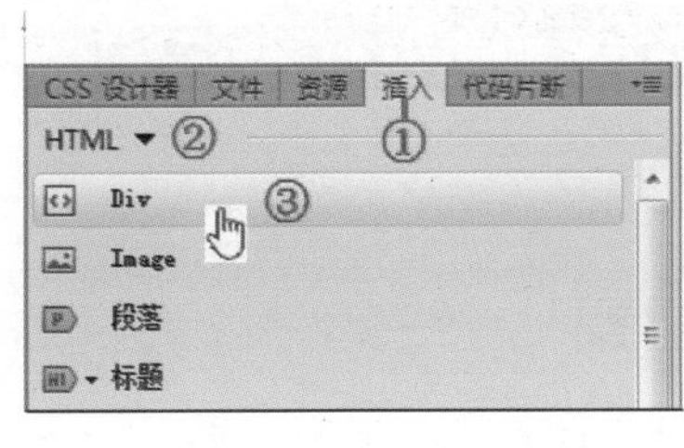

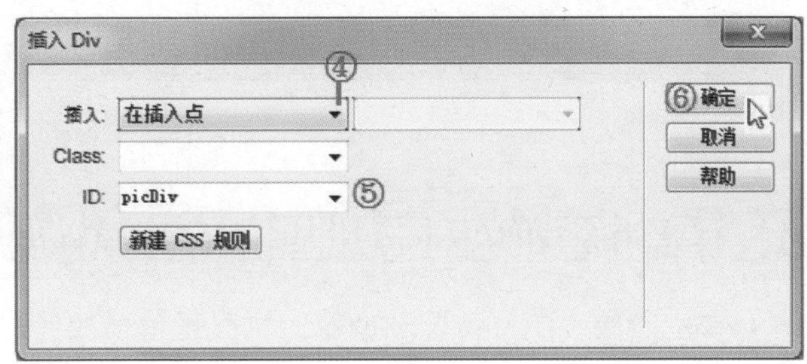

图 7-2 为新建绝对寻址图层创建范围

步骤 02 在编辑区中即产生一个虚线框范围，接着在“CSS 设计器”面板的“源”窗格创建、附加或在页面中定义 CSS 文件，如图 7-3 所示。

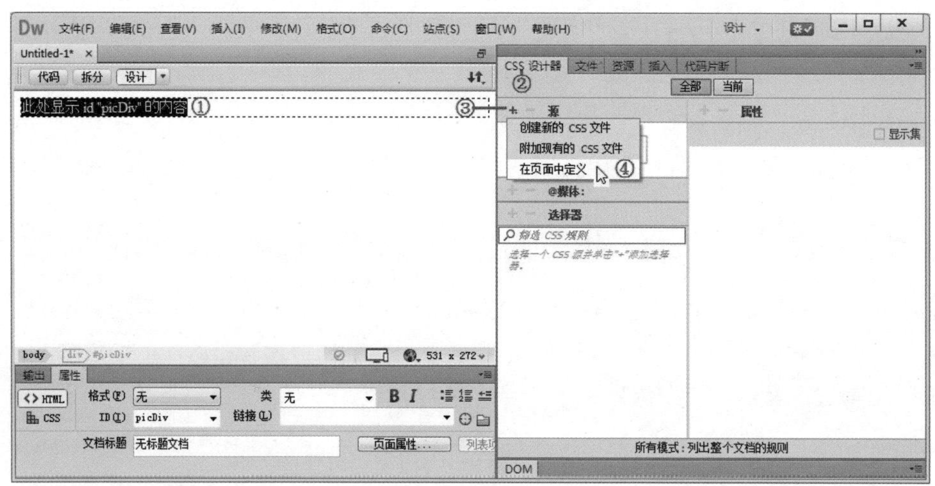

图 7-3 选择样式文件

步骤 03 在“标签选择器”单击 <div picDiv> 标签后，在“CSS 设计器”面板先单击 CSS 源，再在“选择器”窗格单击 + “添加选择器”按钮，出现选择器名称后按 Enter 键。接着在“布局”分类中设置“position”为 absolute（绝对地址），如图 7-4 所示。

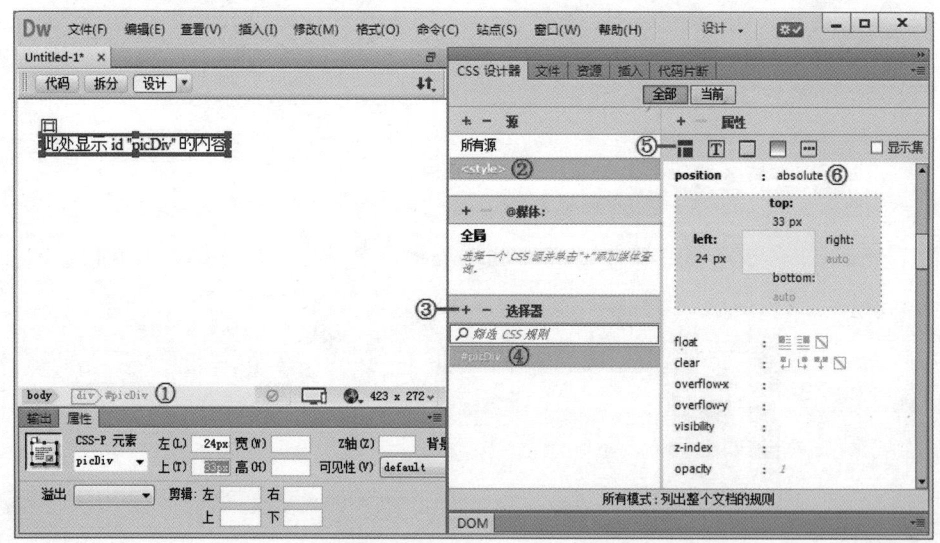

图 7-4 设置绝对寻址图层的位置

7.1.3 手动调整绝对寻址图层的大小及位置

步骤 01 绝对寻址图层大小及位置的调整，可以直接使用鼠标进行调整。如果要重设大小，最方便的是在选择图层后，拖动控制点来进行大小调整，如图 7-5 所示（如果没出现控点，请在图层边框单击）。

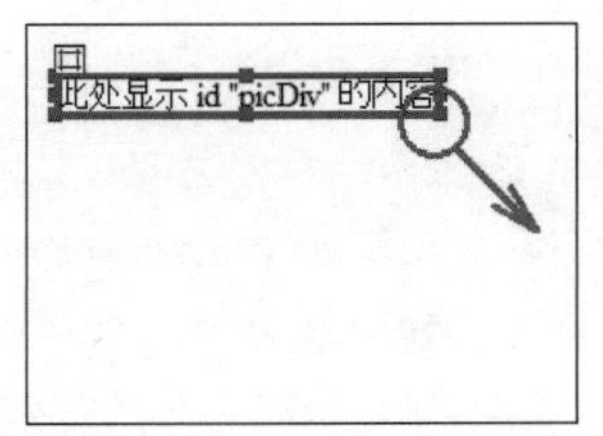

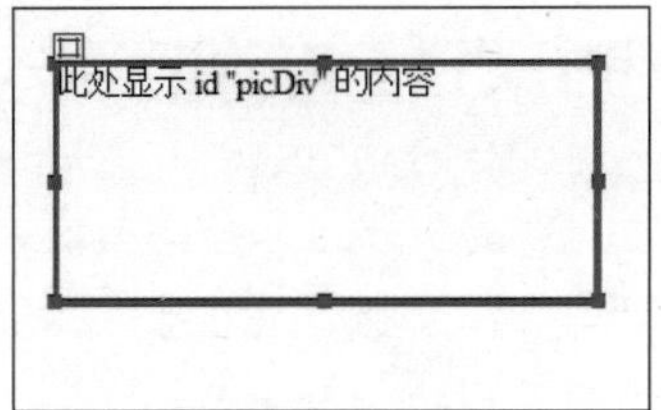

图 7-5　直接使用鼠标调整绝对寻址图层的大小

步骤 02 如果要调整绝对寻址图层的位置，可以在选择图层之后，拖动区域左上方的控制点到适当位置即可，如图 7-6 所示。

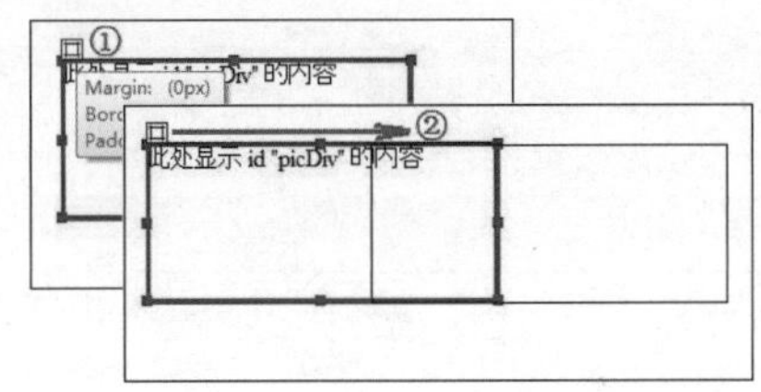

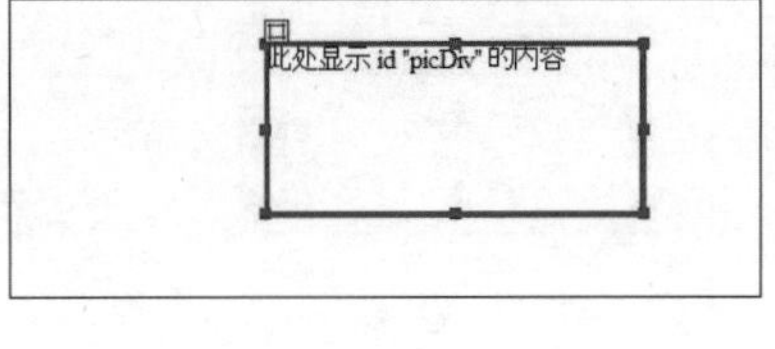

图 7-6　直接使用鼠标调整绝对寻址图层的位置

7.1.4　绝对寻址图层的属性设置

绝对寻址图层除了可以手动拖动大小及位置外，还可以在选择时，在右侧“CSS 设计器”面板的“属性”窗格，或编辑区下方的“属性”面板，通过数值来设置位置、宽高和 Z 轴（亦称为堆栈顺序）等属性值。针对“属性”面板，以下简单标示出各个项目设置的内容，如图 7-7 所示。

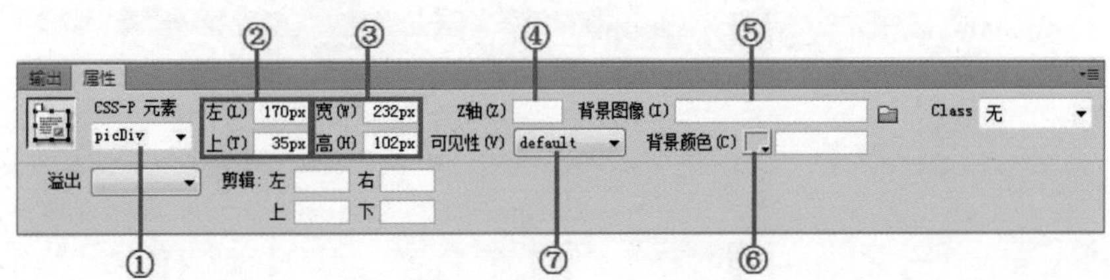

图 7-7　绝对寻址图层的属性设置

① 绝对寻址图层的 ID 不能重复。

② 绝对寻址图层的位置。

③ 绝对寻址图层的宽度及高度。

④ 绝对寻址图层的 Z 轴（堆栈顺序）。

⑤ 绝对寻址图层的背景图像。

⑥ 绝对寻址图层的背景颜色。

⑦ 绝对寻址图层的显示属性：

- default（默认）：不指定显示属性。
- inherit（继承）：使用上一层显示的属性。
- visible（显示）：显示绝对寻址图层内容。
- hidden（隐藏）：隐藏绝对寻址图层内容。

7.2 热点区与绝对寻址图层的建立

想让浏览网站的朋友更确切知道文章中所描述的景点位置吗？想简单展示出此趟旅行的路线吗？以地图的方式整理、归纳出所经过的景点以及回忆，是个既方便又令人 印象深刻的设计。

“玩乐地图”单元如果仅以一整张静态的地图做为说明，表现上会显得有些呆板，在第 7.2 节与第 7.3 节中，我们将直接在地图图像上，利用热点区、图层与加入动作指令的方式，让地图更加活泼。

所以这一节的操作重点，主要先建立地图的热点区，接着通过绝对寻址图层的建立，布置整个地图、景点的图像与名称，如图 7-8 所示。

图 7-8 在地图左侧，通过热点区与绝对寻址图层的布置，展示出景点照片及名称

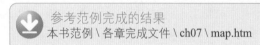

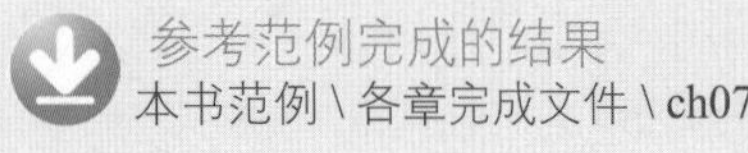
参考范例完成的结果
本书范例 \ 各章完成文件 \ ch07 \ map.htm

7.2.1 建立地图的热点区

进入“潮玩香港”范例网站打开 <map.htm> 文件，先为页面中地图图像建立 5 个热点区域，以便让 Dreamweaver 知道该在何处执行相关动作。

步骤 01 选择地图图像，在“属性”面板单击 “圆形热点工具”按钮，接着将鼠标指针移至如图 7-9 所示的红色图标上方，待呈“+”状时，在左上角按住鼠标左键不放往右下角拖动，再放开鼠标左键，即可产生一个圆形热点区域。

步骤 02 在“属性”面板的“链接”字段输入“scenicspots.htm#s1”，“替换”字段输入：维多利亚港，如此一来单击此热点区域时会链接并开启 <scenicspots.htm> 页面命名锚记 s1 所在位置，如图 7-10 所示。

图 7-9　用鼠标选择需要建立圆形热点区域的位置

图 7-10　用鼠标建立圆形热点区域

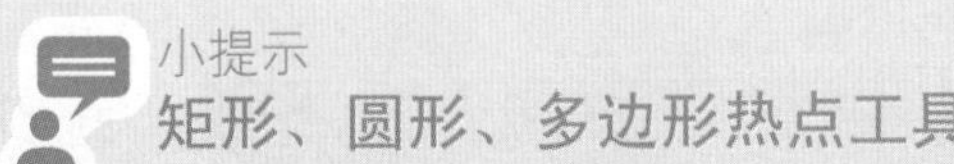

小提示

矩形、圆形、多边形热点工具

在“属性”面板中按所需的区域样式不同，可使用 “矩形热点工具”、 “圆形热点工具”、 “多边形热点工具”按钮来拖动出所需的热点区，并使用 “指针热点工具”按钮微调热点区的位置与大小。

按照前面的操作步骤，参考下表说明，完成其他景点热点区的建立，如图 7-11 所示。

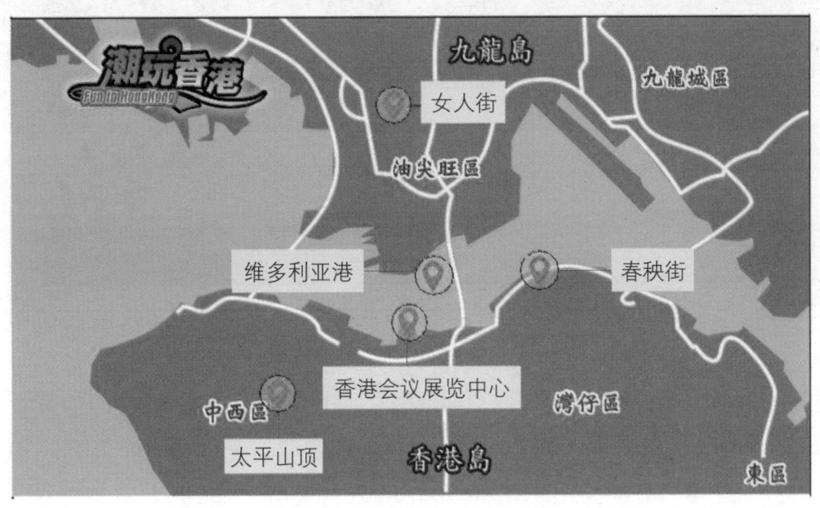

图 7-11　完成其他热点区的建立

名称 / 替代	链接	名称 / 替代	链接
维多利亚港	scenicspots.htm#s1	春秧街	scenicspots.htm#s4
香港会议展览中心	scenicspots.htm#s2	女人街	scenicspots.htm#s5
太平山顶		scenicspots.htm#s3	

7.2.2 绘制绝对寻址图层

以下将设计三个绝对寻址图层，分别放置地图、景点照片与名称。

设计第一个绝对寻址图层：选择地图图像后，先按 Ctrl + X 键剪切下地图图像，然后在编辑区中单击出现插入点，再在“插入 \ HTML”面板单击“DIV”按钮，如图 7-12 所示。

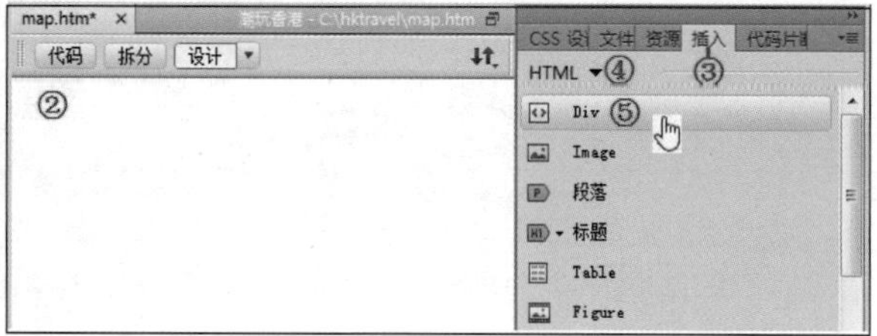

图 7-12 绘制绝对寻址图层步骤 1

在对话框设置“插入”为在插入点，输入“ID”为 mapDiv 后，单击“确定”按钮，在绘制的图层（mapDiv）中选择“此处显示 id “mapDiv” 的内容”，按 Ctrl + V 键粘贴地图图像，如图 7-13 所示。

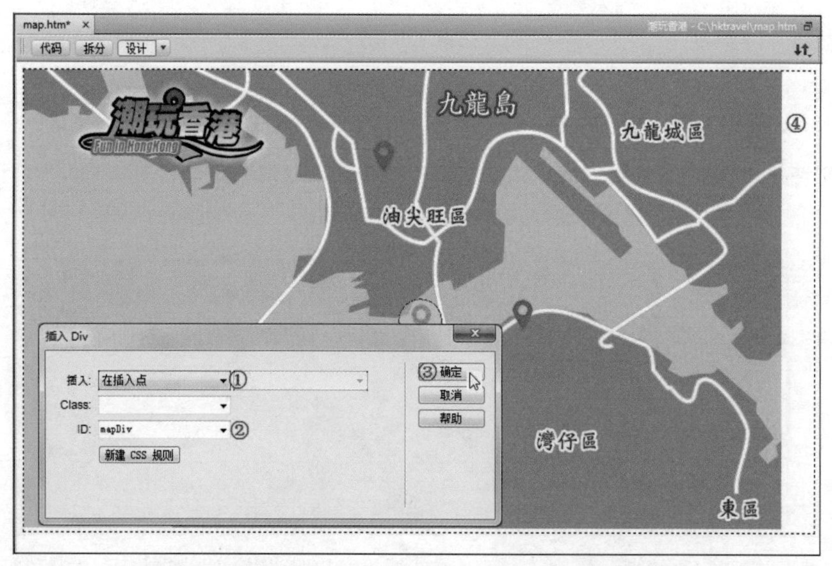

图 7-13 绘制绝对寻址图层步骤 2

范例设计中，放置地图图像的图层（mapDiv），必须包含放置景点照片的图层（picDiv），而此图层（picDiv）内则包含了设置文字的图层（txtDiv）。所以先将插入点移到图层（mapDiv）图像的右侧，根据前面操作步骤，插入第二个图层（picDiv），如图 7-14 所示。

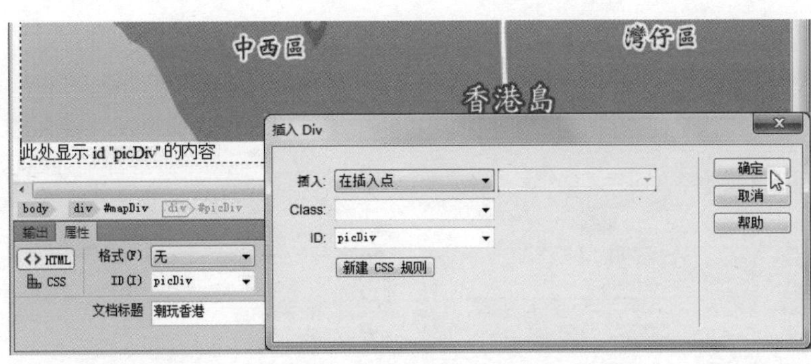

图 7-14　插入第二个图层

步骤 04　将第二个图层（picDiv）内的“此处显示 id “picDiv” 的内容”文字删除，然后将插入点移到第二个图层（picDiv）内，根据前面操作步骤，插入第三个图层（txtDiv），如图 7-15 所示。

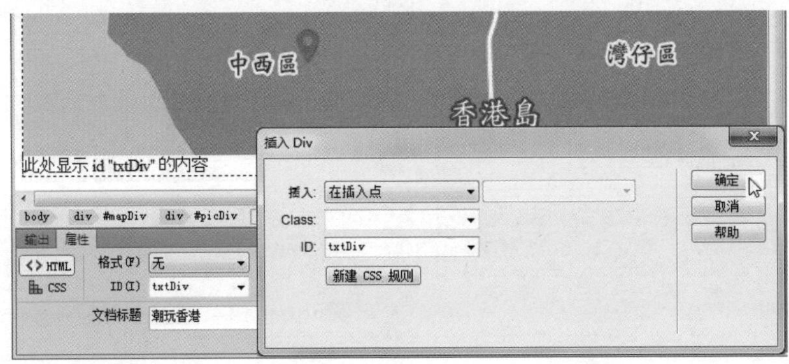

图 7-15　插入第三个图层

7.2.3　设置绝对寻址图层的 CSS 属性

图层绘制好，接着就通过“CSS 设计器”面板，调整宽、高与位置。

步骤 01　首先调整第一个图层（mapDiv）：在“CSS 设计器”面板单击 +“添加 CSS 源 \ 在页面中定义”产生 <style> 源，如图 7-16 左图所示。

步骤 02　接着选择地图图像后，在“标签选择器”单击 <div #mapDiv>，在“CSS 设计器”面板再单击 <style>，之后再单击 +“添加选择器”按钮，出现“#mapDiv”后按 Enter 键，如图 7-16 右图所示。

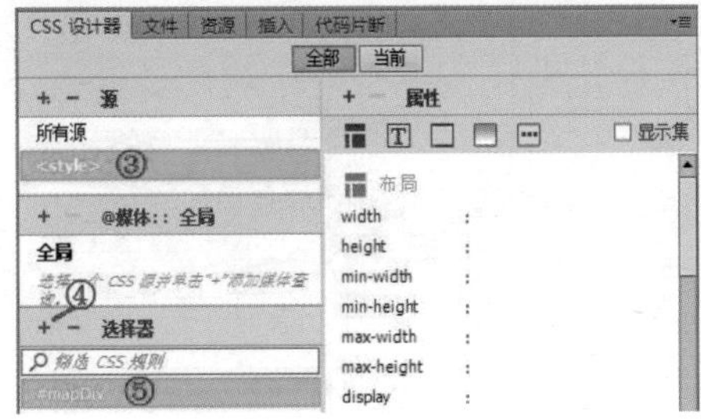

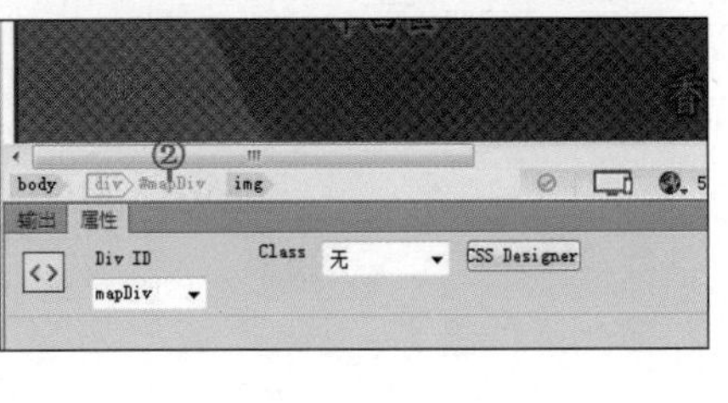

图 7-16　设置绝对寻址图层的 CSS 属性步骤 1 和步骤 2

步骤 03

单击“布局”分类，分别设置“width”为 840 px、“height”为 490 px，这里的数值主要以地图图像的宽度与高度为依据，接着输入“z-index”（堆栈顺序）为 1 value，如图 7-17 所示。

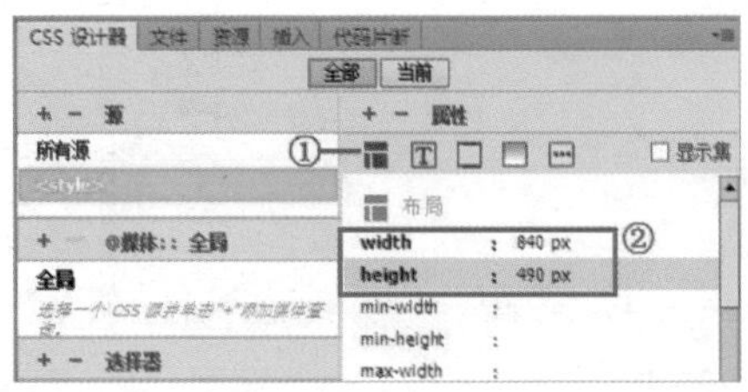

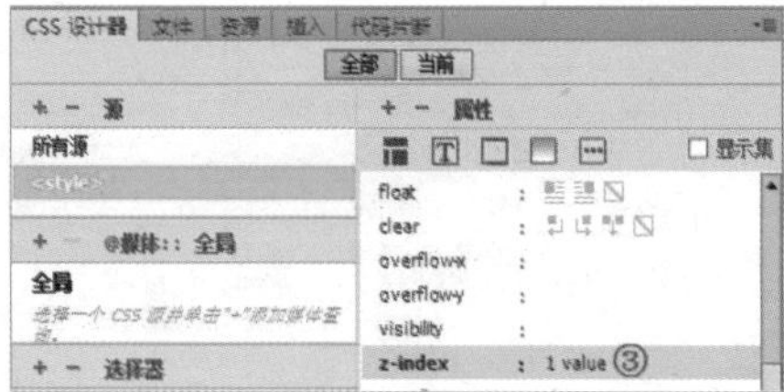

图 7-17 设置绝对寻址图层的布局

步骤 04

第二个图层（picDiv）：将插入点移到地图图像下方的图层内，在“标签选择器”单击 <div #picDiv>，根据前面操作步骤添加名称为 #mapDiv #picDiv 的样式后，在“布局”分类设置“width”为 300 px、“height”为 225 px，数值主要以景点照片的宽与高为依据，如图 7-18 所示。

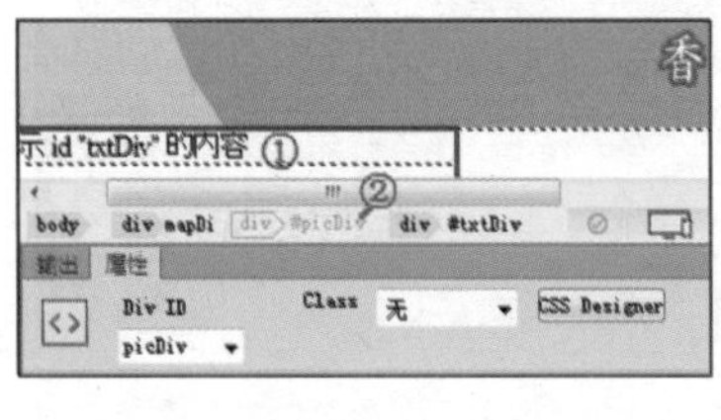

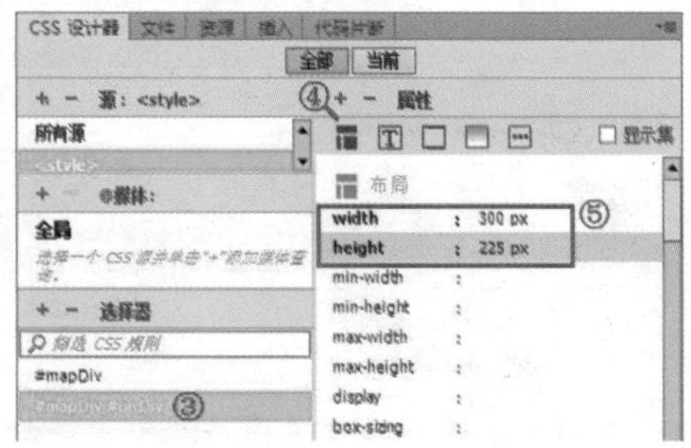

图 7-18 设置绝对寻址的第二图层

步骤 05

接着设置“position”（定位方法）：absolute（绝对地址）、“z-index”为 2 value，这时即可通过图层左上角的控制点往上拖动到地图图像的合适位置，或可在“position”的 top（上）、left（左）设置数值，更精准地将图层移至合适的位置，如图 7-19 所示。

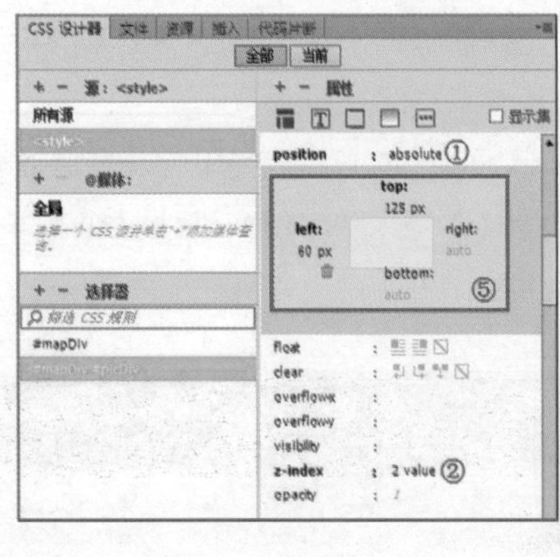

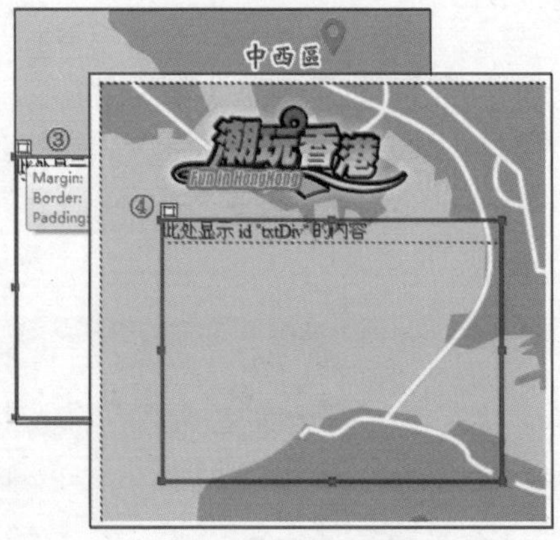

图 7-19 调整图层的位置

步骤 06

第三个图层（txtDiv）：将插入点移到第三个图层（txtDiv）内，在“标签选择器”单击 <div #txtDiv>，根据前面操作步骤添加名称为“#mapDiv #picDiv #txtDiv”的样式后，在“布局”分类设置“width”为 300 px、“height”为 25 px，如图 7-20 左图所示。

步骤 07　接着分别设置“position”为 absolute、“top”为 200 px、“left”为 0 px、“z-index”为 3 value，如图 7-20 右图所示。这时图层 3（txtDiv）则会出现在图层 2（picDiv）的下方，如图 7-21 所示。

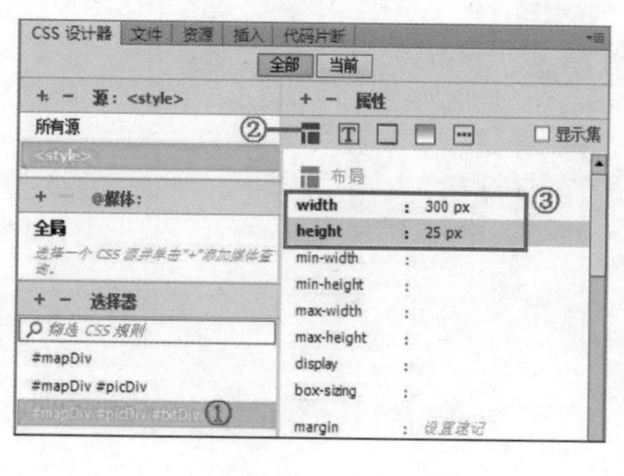
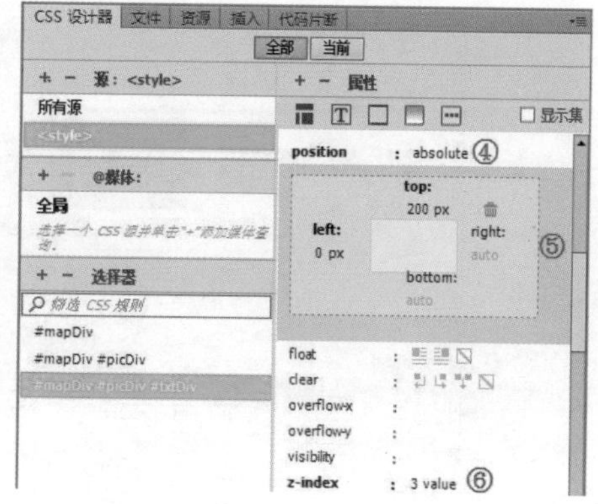

图 7-20　插入第三图层并设置其位置

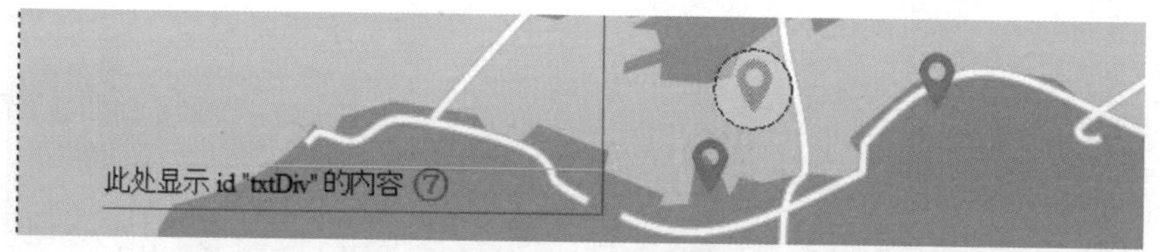

图 7-21　第三图层出现在第二图层的下方了

7.2.4　在绝对寻址图层中加入图像与文字

图像与文字的加入

步骤 01　在图层 2（picDiv）内单击鼠标左键，在“插入 \ HTML”面板单击“Image”（图像）按钮，如图 7-22 所示。开启对话框后，选择 <hktravel \ images \ map \ mphoto01.jpg>，单击“确定”按钮，如图 7-23 所示。

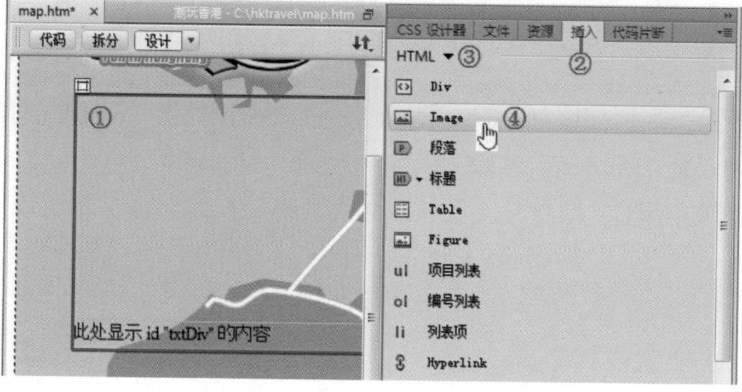

图 7-22　在绝对寻址图层中加入图像

图 7-23 选择要加入图像

步骤 02 回到编辑区中，可发现图像已加入 picDiv 中。选择图像后在“属性”面板输入“ID”为 mphoto 为此图像命名，以供后续设置，如图 7-24 左图所示。

步骤 03 接着在图层 3（txtDiv）中先删除“此处显示 id "txtDiv" 的内容”文字，然后输入这个景点的名称“维多利亚港”，如图 7-24 右图所示。

图 7-24 为加入的图像设置 ID 并设置图像的图注文字

美化图像与文字

接下来，要美化放置了景点照片及显示景点名称的绝对寻址图层。因为绝对寻址图层使用了 CSS 来设置显示的位置与相关内容，所以如果要美化，也要从 CSS 下手。

步骤 01 在“标签选择器”单击 <div #picDiv> 后，通过“CSS 设计器”面板的“属性”窗格单击“边框”类，分别设置“border”为 □“所有侧边”、“width”为 5 px、“style”为 solid、“color”为 #CCCCCC，如此一来景点照片会显示一个灰色实线的外框，如图 7-25 所示。

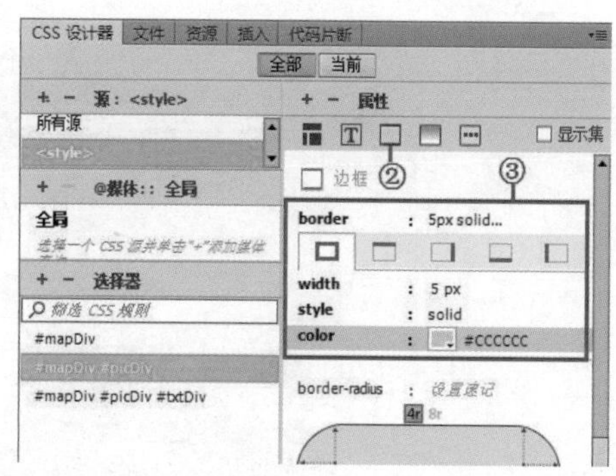

图 7-25

步骤 02 将插入点置于第三个图层（txtDiv）内，接着在“标签选择器”单击 <div #txtDiv> 后，单击“布局”分类，设置“opacity”为 0.8，让透明度为 80%。

步骤 03 单击“文本”分类，分别设置“color”为 #FFFFFF、“line-height”为 24 px、“text-align”为 ≡ center，如此一来景点名称会以白色、行高 24 px 的字体、居中对齐来显示。单击“背景”分类，设置“background-color”为 #333333，让文字区域呈现深色背景，如图 7-26 所示。

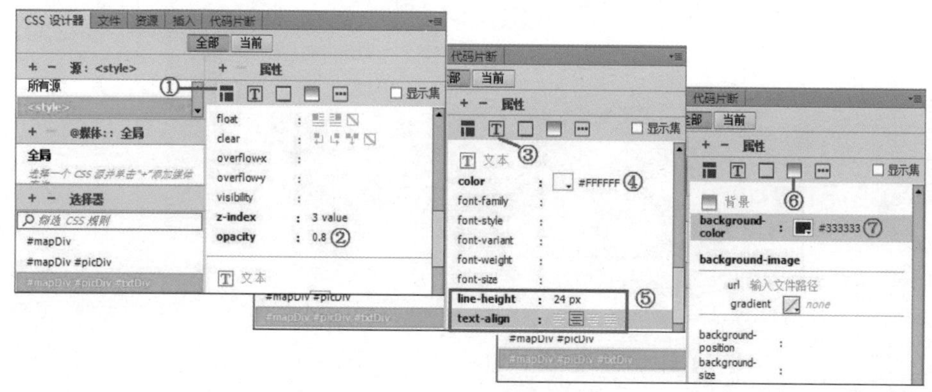

图 7-26 设置“布局”、“文本”和“背景”属性

步骤 04 完成设置后单击菜单栏中的“文件 \ 保存全部相关文件”，按 F12 键来预览当前的页面。页面上除了显示地图之外，在左侧会呈现默认的景点照片与景点名称。

7.3 行为的使用

行为的出现是让 Dreamweaver 流行的一大原因。它将网页中原本需要编写程序代码来实现的常用特效或是功能，现在简化成以对话框来设置即可，大大加速了网页的开发。本节中将使用行为指令设计鼠标指针与热点区的亲密关系：

- 当鼠标指针移至该景点热点区时，地图左侧会出现景点的相关图像与景点名称，如图 7-27 上图所示。
- 当鼠标指针离开该景点热点区时，景点的相关图像与景点名称会再隐藏起来，如图 7-27 下图所示。

图 7-27　鼠标指针移至热点区会显示相关景点照片及名称，鼠标指针离开后图片及名称会隐藏起来

7.3.1　行为的特性

市面上大部分的网页设计软件对于文字、图像、表格等基础组件在处理上不会有太大问题，可是遇到要编写程序的时候，网页设计师就得大伤脑筋了。而 Dreamweaver 已将许多常用程序集成到了“行为”面板中，让设计师在设计网页时能够很方便地加入这些程序效果。

7.3.2　关于行为面板

单击菜单栏中的“窗口 \ 行为”，以下对面板上的功能进行简单介绍，如图 7-28 所示。

图 7-28　行为面板上的各个功能

① 显示当前设置的行为事件或 以字母顺序递减显示类中所有的行为事件。

② 添加行为 或 删除事件。

③ 及 可以调整行为执行的顺序。

④ 触发行为的事件类。

⑤ 事件所执行的动作。

7.3.3　行为修改与删除的方式

如果想修改某个行为时，只要在该行为上双击鼠标左键即可开启原来的对话框进行修改。如果想删除某个已加入的行为，只要在选择该行为后单击 按钮即可，如图 7-29 所示。

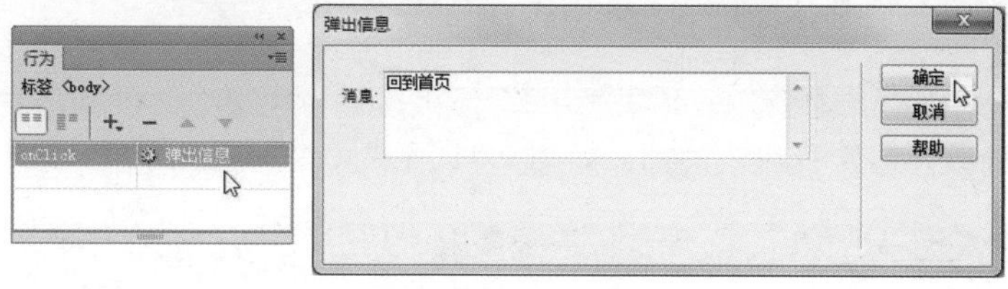

图 7-29　选择需要修改和删除的行为

7.3.4　事件的分类

行为的事件关系到触发的时机，常见的事件类如下表所示。

事件类	说明	事件类	说明
onLoad	网页载入时发生	onClick	按下鼠标左键并放开时
onUnLoad	离开网页时发生	onDubClick	双击鼠标左键时
onError	网页加载发生错误时	onSubmit	当表单送出时
onMouseOver	鼠标指针滑过时	onReset	当表单重置时
onMouseOut	鼠标指针移出时	onChange	当表单组件内容改变时
onMouseDown	按下鼠标左键时	onBlur	当表单组件失去焦点时
onMouseUp	释放鼠标左键时		

7.3.5　加入行为指令

Dreamweaver 中内置了许多实用的行为，以下将配合范例介绍这些常用的行为。

隐藏绝对寻址图层

前面在设置图层 2（picDiv）时，默认是显示的状态，在范例中希望网页开启时不显示任何景点的相关图像与名称，等浏览者移动鼠标指针到景点热点区上时，才会显示相关的信息，所以首先要将图层 2（picDiv）设置为隐藏。

在“标签选择器”选择 <div #picDiv> 后，通过“CSS 设计器”面板的“属性”窗格单击“布局”类，设置“visibility”（可见度）为 hidden（隐藏）。设置好后，将鼠标指针移至编辑区空白处单击，取消图层 2（picDiv）的选择，会发现编辑区中图层 2（picDiv）消失了，如图 7-30 所示。

图 7-30　选择绝对寻址图层并设置它的“布局”属性

显示 - 隐藏元素行为——显示景点照片与文字

以“维多利亚港”景点为例，利用“显示隐藏元素”行为指令设置：当鼠标指针移到该热点区时（onMouseOver），会显示图层 2（picDiv）内的景点照片与文字。

步骤 01 选择“维多利亚港”的热点区，单击菜单栏中的“窗口 \ 行为”，开启“行为”面板。单击“+ \ 显示 - 隐藏元素”开启对话框，如图 7-31 所示。

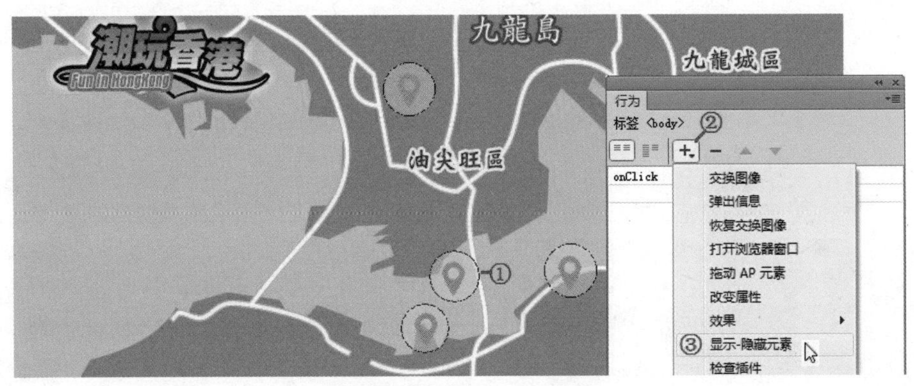

图 7-31　添加“显示 - 隐藏元素”

步骤 02 单击“元素”为 div "picDiv"（即是放置景点照片与文字的图层），先单击“显示”按钮，再单击“确定”按钮，如图 7-32 所示。

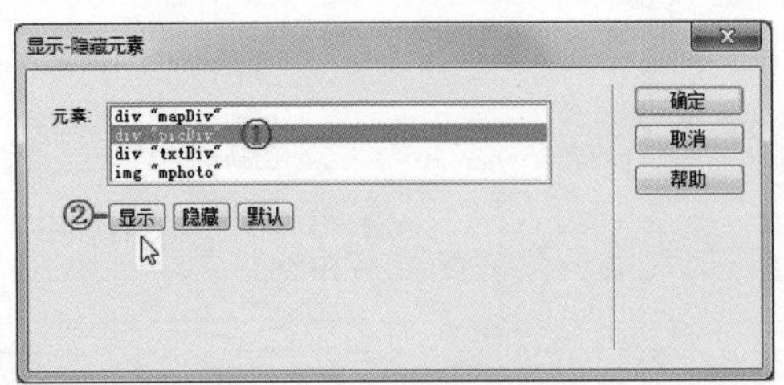
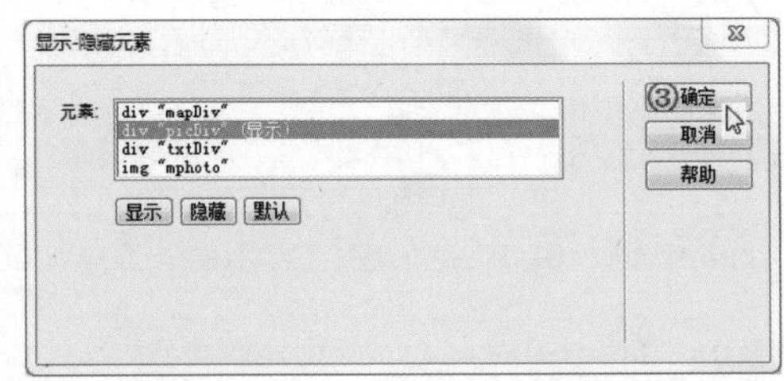

图 7-32　选定需要“显示 - 隐藏”的元素

步骤 03 如此就完成了“维多利亚港”热点区上第一个行为指令的设计，在“行为 ”面板上会显示行为的名称“显示 - 隐藏元素”，前面的“ onMouseOver”即是当鼠标指针滑过时会触发指定的行为事件，如图 7-33 所示。

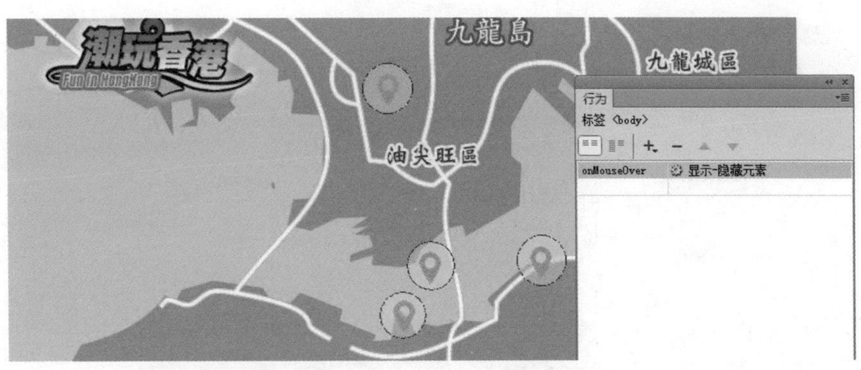

图 7-33　完成了热点区会触发的第一个行为指令

交换图像行为——显示指定的景点照片

接着使用“交换图像”行为指令进行设置：在图层 2（picDiv）内出现属于该热点区的景点照片。

选择“维多利亚港”的热点区，在“行为”面板单击“+ \ 交换图像”以开启对话框，如图 7-34 所示。

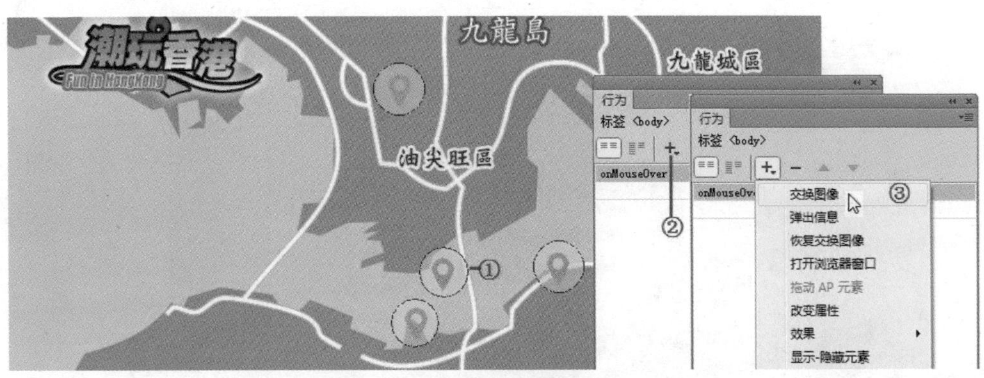

图 7-34　添加“交换图像”的行为

单击“图像”，选择“图像 "mphoto" 在图层 "picDiv"”。在“设置原始档为”字段后面单击“浏览”按钮选择 <hktravel \ images \ map \ mphoto01.jpg>，取消选中“鼠标滑开时恢复图像”，单击“确定”按钮，如图 7-35 所示。

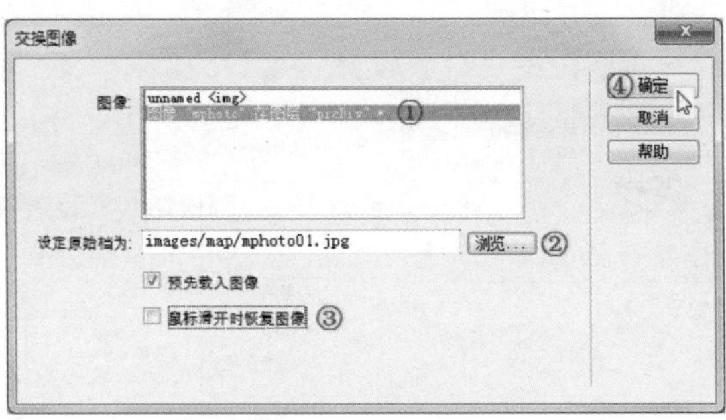

图 7-35　选择需要交换的图像

步骤 03 在“行为”面板上会显示行为“交换图像”的名称，前面的“onMouseOver”就是当鼠标指针滑过时会触发指定的行为事件，如图 7-36 所示。

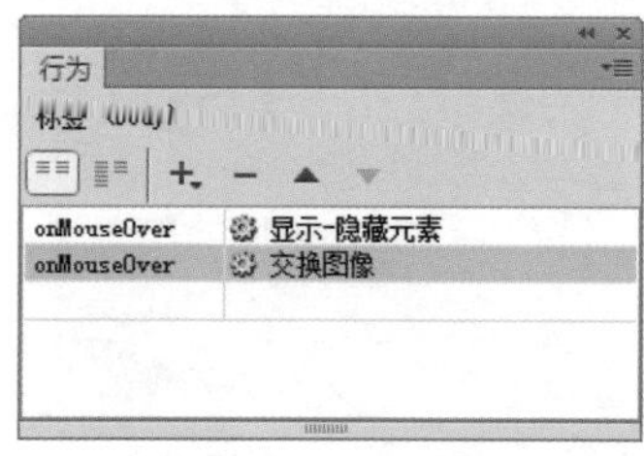

图 7-36 设置好第二个行为指令

设置容器文本的行为——显示指定的文本

使用“设置容器的文本”行为指令进行设置：当鼠标指针移到该热点区时，会在图层 3（txtDiv）显示属于该热点区的景点名称。

步骤 01 选择“维多利亚港”的热点区，在“行为”面板单击“+ \ 设置文本 \ 设置容器的文本”以开启对话框，如图 7-37 所示。

图 7-37 单击“+ \ 设置文本 \ 设置容器的文本”

步骤 02 设置“容器”为 div "txtDiv"（就是先前要放置文字的图层），在“新建 HTML”字段中输入景点名称，单击“确定”按钮，如图 7-38 左图所示。

步骤 03 在“行为”面板上会显示行为的名称“设置容器的文本”，而前方的“onMouseOver”即是当鼠标指针滑过时会触发指定的行为事件，如图 7-38 右图所示。

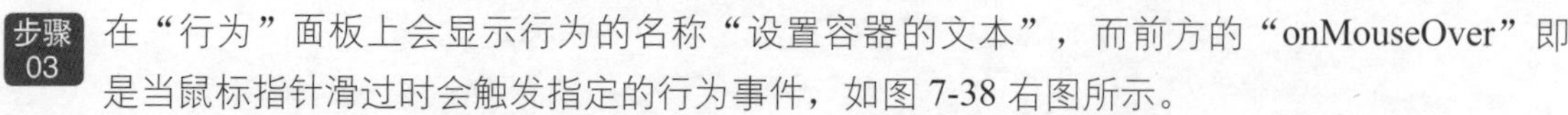

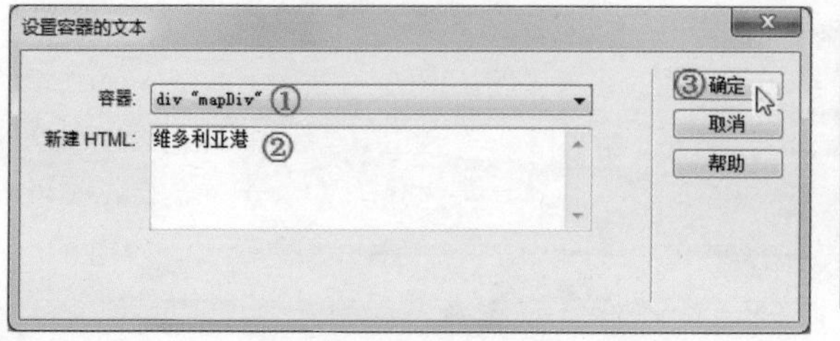

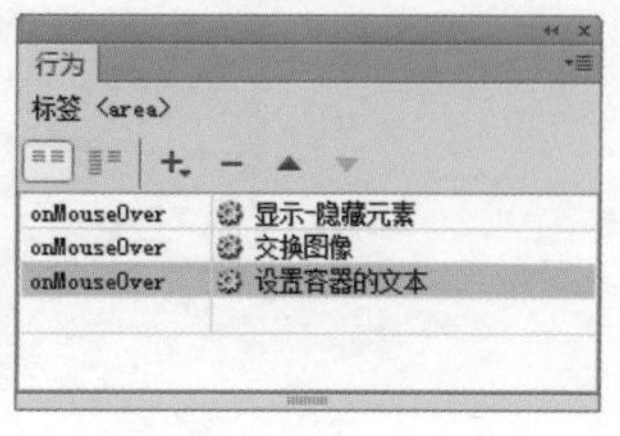

图 7-38 “设置容器的文本”后生成第三个行为指令

显示 - 隐藏元素行为——隐藏景点照片与文本

同样选择“维多利亚港”热点区，使用“显示 - 隐藏元素”行为指令进行设置：当鼠标指针离开热点区时，会隐藏图层 2（picDiv），连带里面的景点照片与文字也跟着隐藏。

步骤 01　在“行为”面板单击“+ \ 显示 - 隐藏元素”开启对话框，单击“元素”为 div "picDiv"，单击“隐藏”按钮，再单击“确定”按钮，如此即完成行为的设置，如图 7-39 所示。

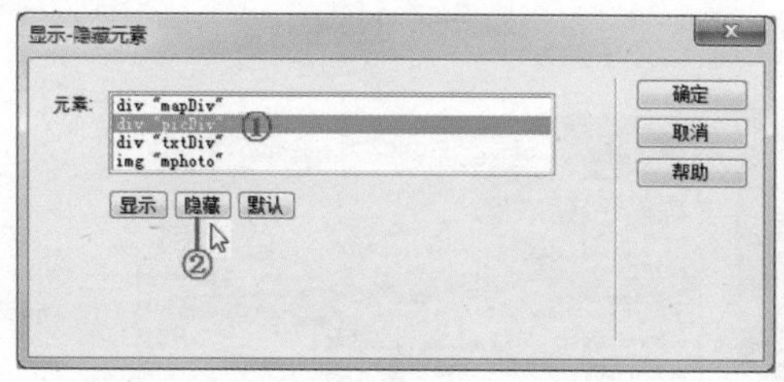

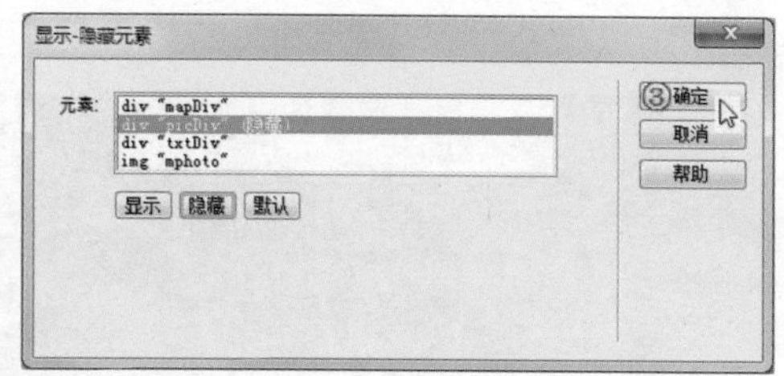

图 7-39　设置隐藏元素的行为

步骤 02　因为是鼠标指针移开后要执行的行为，所以要修改这个行为的触发事件。在最下方“显示 - 隐藏元素”的行为指令，将事件类型修改为“onMouseOut”，然后在编辑区重新选择“维多利亚港”热点区，即可看到修改后的结果，如图 7-40 所示。

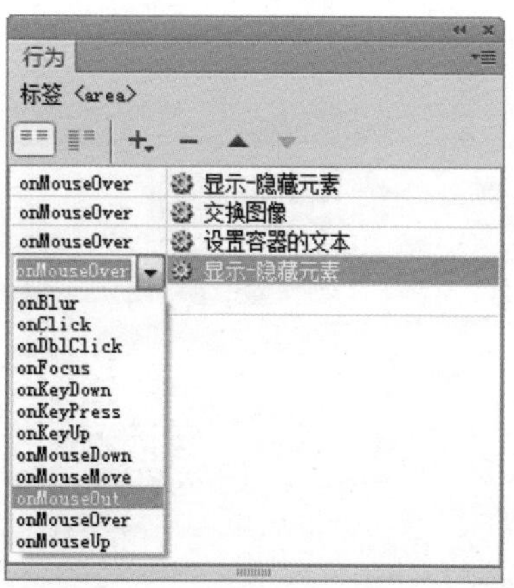

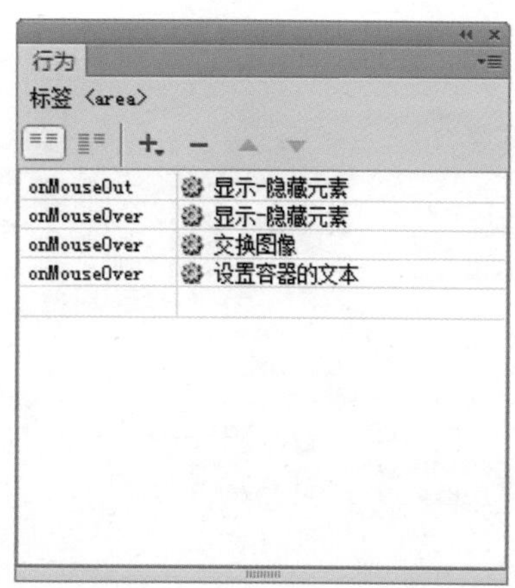

图 7-40　修改触发行为的事件

刚加入完毕时，会在“行为”面板看到两个完全相同的“显示 - 隐藏元素”行为，若是怕弄错，可以在其行为指令上双击鼠标左键进入其对话框进行确认。

完成其他景点的行为指令设计

这样，完成“维多利亚港”景点所有的行为设置。按照前面相同的操作方式，将其他景点的热点区分别运用“显示 - 隐藏元素”、“交换图像”与“设置容器文字”行为指令加入 4 个行为事件。特别要注意的是：参考图 7-11 上方的各景点热点区图解，各个景点的相关图片放置在 <images \ map> 文件夹，并以 <mphoto01.jpg> ~ <mphoto05.jpg> 加以命名，在设置时可以引用。

7.3.6 为行为套用效果

为景点加入的行为设置中，如果想加强视觉效果，让图片呈现动态变化，可以使用“行为”中所提供的淡出、缩放、滑动等“效果”进行套用。以下就分别对 5 个景点，套用 5 种不同的效果行为。

步骤 01 选择“女人街”的热点区，在为景点照片增加动态的行为前，先在“行为”面板中单击最上方的“onMouseOut”行为，再单击 - 按钮进行删除，如图 7-41 所示。

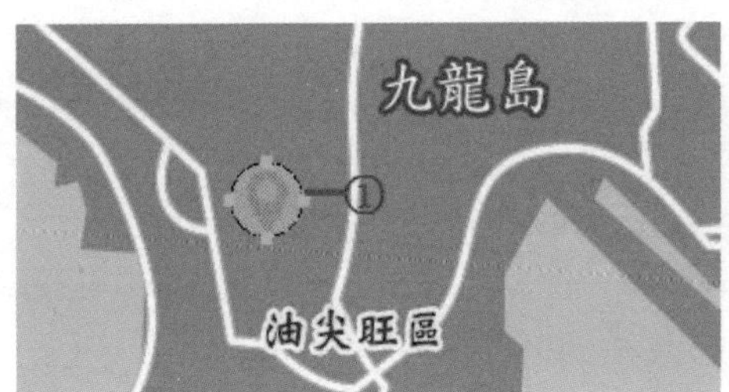

图 7-41 删除“onMouseOut”行为

步骤 02 在选择“女人街”热点区状态下，在“行为”面板单击“+ \ 效果 \ Blind”（百叶窗）开启对话框，分别设置“目标元素”为 div "picDiv"、“可见度”为 show、“方向”为 left，单击“确定”按钮，在“行为”面板上即会显示 Blind 行为，如图 7-42 所示。

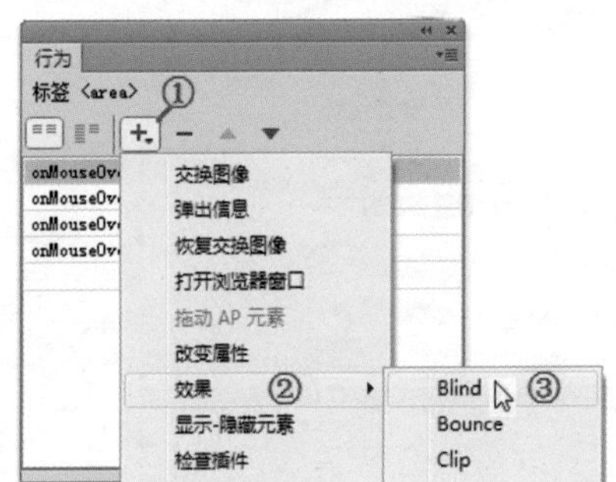

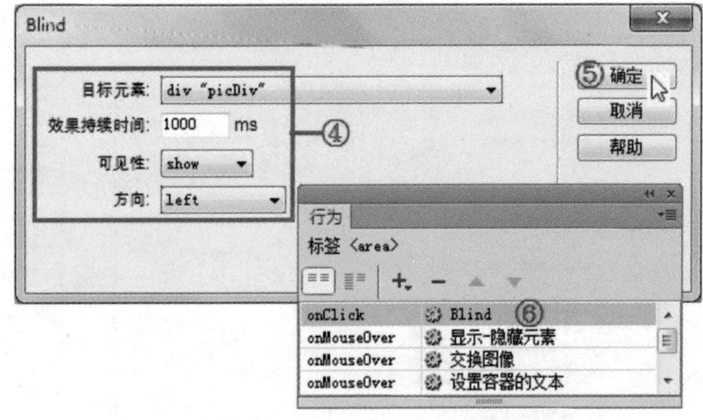

图 7-42 添加 Blind 效果

步骤 03 因为要设计为鼠标指针滑过时会触发的行为事件，所以在最上方“Blind”行为指令，将事件类型修改为“onMouseOver”，如图 7-43 所示。

图 7-43 修改事件类型为 onMouseOver

同样，在选择“女人街”热点区的状态下，再次在“行为”面板单击“+ \ 效果 \ Blind（百叶窗）开启对话框，分别设置“目标元素”为 div "picDiv"、“可见度”为 hide、“方向”为 up，单击“确定”按钮。因为要设计为鼠标指针移开时会触发的行为事件，所以在“行为”面板上将最上方“Blind”行为指令对应的事件类型修改为“onMouseOut”，如图 7-44 所示。

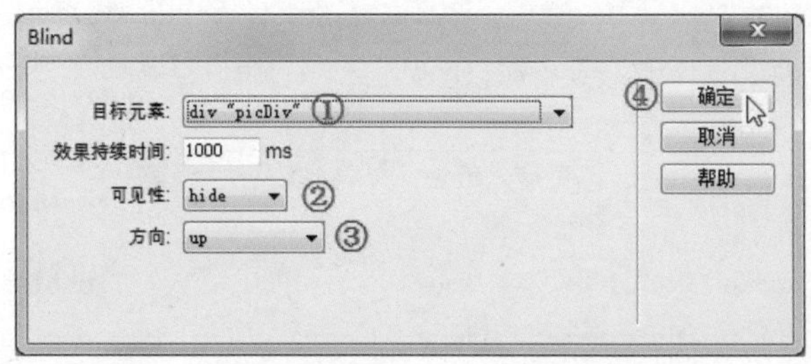

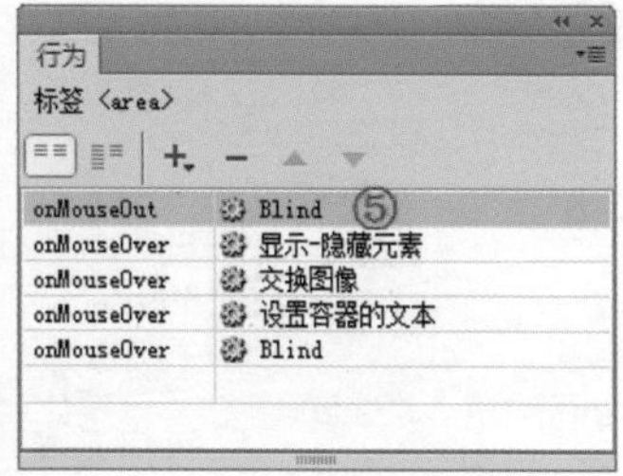

图 7-44 修改“Blind”对应的事件类型为“onMouseOut”

完成设置后单击菜单栏中的“文件 \ 保存”，按 F12 键在浏览器浏览网页时，会先出现如图 7-45 所示的警告对话框，单击“确定”按钮，将该网页使用的行为所需要支持的文件复制到本地网站中。

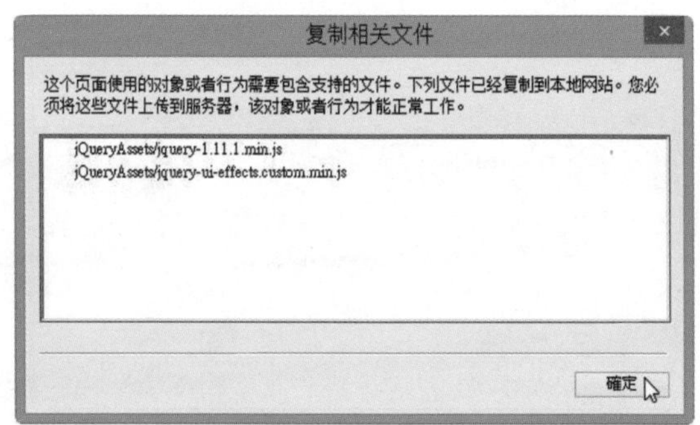

图 7-45 复制相关文件到本地网站中

在页面浏览过程中，当鼠标指针移到该“女人街”的景点上时，照片会以百叶窗方式从左侧往右侧显示出来；当鼠标指针离开时，照片则会从下方往上方逐渐消失，如图 7-46 所示。

图 7-46 鼠标指针移入和移出热点区时的实际效果

步骤07 按照前面“女人街”相同的操作方式，参考下表为其他景点的热点区分别加入指定的“效果”。特别要注意的是：每个景点在设置之前，必须先在“行为”面板删除最上方的“onMouseOut 显示 - 隐藏元素”行为，而过程中不管是加入效果或事件类型的改变，都必须确实选择该景点热点区才能进行有效设置。

热点区	效果	设置	事件类
维多利亚港	Slide	目标元素：div "picDiv"、可见度：show、方向：left、距离：300	onMouseOver
		目标元素：div "picDiv"、可见度：hide、方向：down、距离：300	onMouseOut
香港会议展览中心	Fade	目标元素：div "picDiv"、可见度：show	onMouseOver
		目标元素：div "picDiv"、可见度：hide	onMouseOut
太平山顶	Drop	目标元素：div "picDiv"、可见度：show、方向：up	onMouseOver
		目标元素：div "picDiv"、可见度：hide、方向：up	onMouseOut
春秧街	Clip	目标元素：div "picDiv"、可见度：show、方向：vertical	onMouseOver
		目标元素：div "picDiv"、可见度：hide、方向：horizontal	onMouseOut

小提示

关于效果的设置项

关于“效果”的设置项，分别有：Blind（百叶窗）、Bounce（反弹）、Clip（剪辑）、Drop（降落）、Fade（淡入淡出）、Fold（折叠）、Heighlight（高亮）、Puff（泡泡袖）、Pulsate（脉动）、Scale（缩放）、Shake（震动）、Slide（幻灯片）。

7.3.7 设置地图水平居中

按 F12 键在浏览器浏览“潮玩香港”网页时，会发现地图是靠左上方对齐，这是因为此地图采用了以图层为基础的构建方式，并具有绝对寻址的特性。因此，在调整浏览器窗口的大小时，地图并不会因此而跟着变动，如图 7-47 所示。

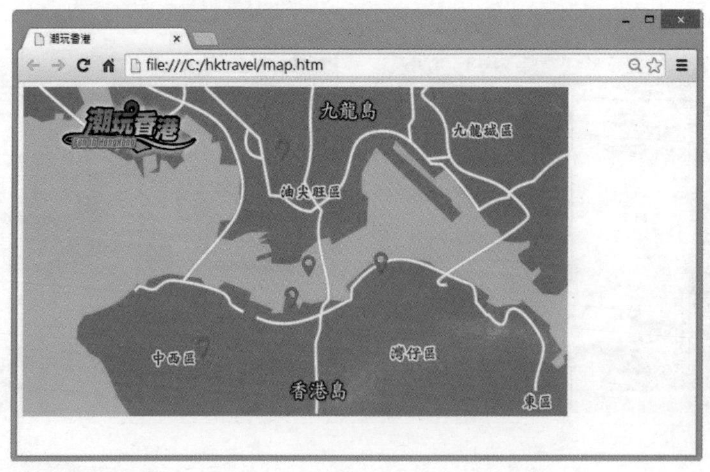

图 7-47 网页上的地图因为是绝对寻址的关系，所以是靠左上角来定位

本节将调整地图在浏览器中的呈现方式为水平居中，让它能自动根据窗口的宽度进行居中对齐。其中的关键是存放地图图像的图层 1（mapDiv），因为所有的图像，甚至其他的图层也都放置在其中，所以只要该图层居中即可完成设置动作。

步骤 01 在“标签选择器”选择 <div #mapDiv> 后，通过“CSS 设计器”面板的“属性”窗格单击“布局”分类，分别设置“margin-right”为 auto、“margin-left”为 auto、“position”为 relative（相对），如图 7-48 所示。

图 7-48　设置地图的“布局”属性

步骤 02 至此已完成整个单元网页的制作，单击菜单栏中的“文件 \ 保存”，再按 F12 键在浏览器中浏览看看，会发现不管窗口的宽度多大多小，地图都会以水平居中的方式呈现，使用“行为”来显示景点照片与名称的图层位置也不会跑掉，如图 7-49 所示。

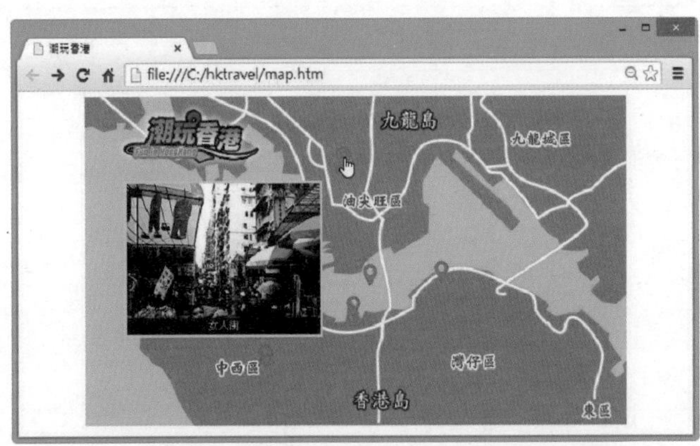

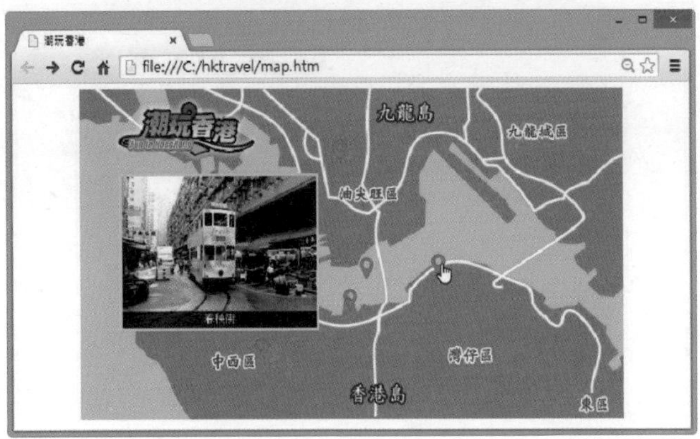

图 7-49　网页上的地图会自动居中显示，即使用“行为”显示景点照片与名称也不影响

7.4 课后练习

实践题

按照如下提示，完成拼图游戏的制作。

作品最左侧有完成后的缩图供玩游戏的人参考，要完成此拼图游戏必须拖动右侧零乱的拼图（共 9 片）至中间灰色虚线框中摆放。当该片拼图接近正确位置时，放开鼠标左键会有吸附的效果，让该片拼图可以正确的摆放，如图 7-50 所示。

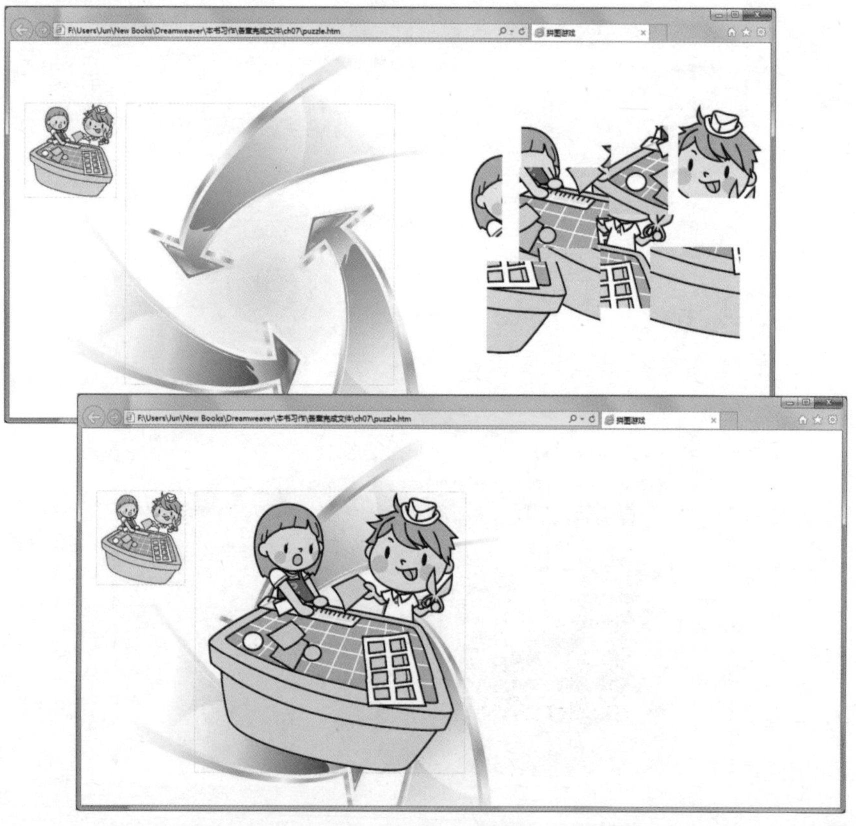

图 7-50　实现拼图游戏

参考范例完成的结果
本书习题 \ 各章完成文件 \ ch07 \ puzzle.htm

实践提示

1. 将下载文件中的 < 本书习题 \ 各章原始文件 \ ch07> 文件夹复制到 <C:\ exercise> 下，并进入 Dreamweaver“文件”面板“本地磁盘（C:）”中，打开 <exercise \ cho7 \ puzzle. htm> 文件练习。

2. 从“插入 \ HTML”面板单击“DIV”按钮，插入一个放置完成品缩略图 <puzzle.jpg> 的图层（picDiv1），然后在“CSS 设计器”面板建立 #picDiv1 样式，参考图 7-51 设置“布局”的相关属性，如图 7-51 所示。

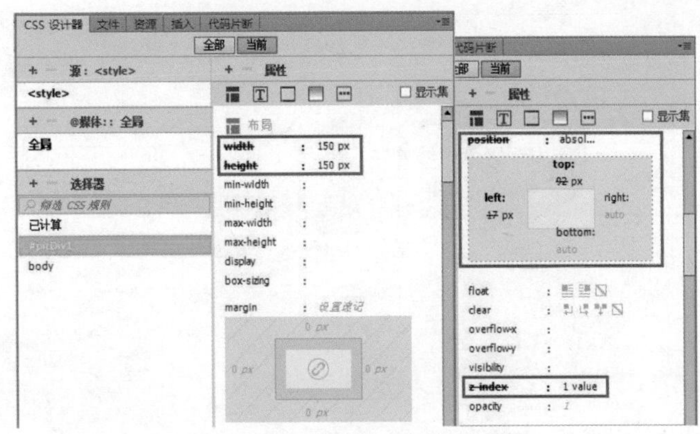

图 7-51　设置缩略图的“布局”属性

3. 再利用“DIV”按钮插入一个放置正确拼图位置的图层（picDiv2），然后在“CSS 设计器”面板创建“#picDiv2”样式，参考图 7-52 所示设置“布局”的相关属性（删除文字：“此处显示 id "txtDiv" 的内容”）。

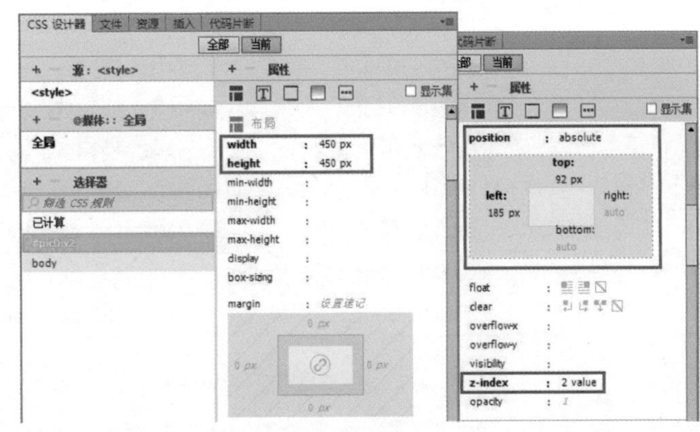

图 7-52　设置放置拼图的图层

4. 在“标签选择器”单击 <div #picDiv1>，再于“CSS 设计器”面板参考图 7-53，为图层（picDiv1）设计一个虚线“边框”。按照同样的方法，为图层（picDiv2）应用相同属性。

图 7-53　设置“边框”

5. 利用“DIV”按钮插入一个放置第一张拼图 <puzzle_01.jpg> 的图层（picDiv3），然后在“CSS 设计器”面板建立“#picDiv3”样式，参考图 7-54 设置“布局”的相关属性，并对齐前面制作好的图层（picDiv2）。

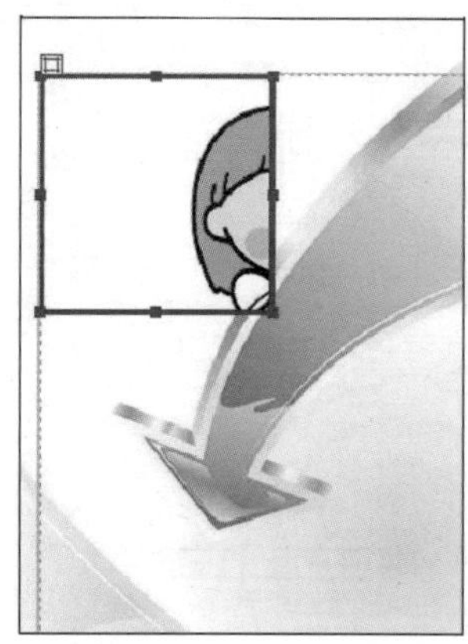

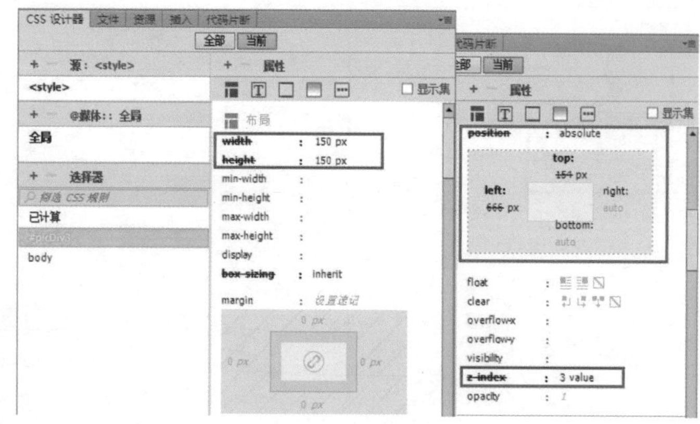

图 7-54　设置拼图图片的“布局”属性

按照步骤 5 的操作方式完成其他 8 张拼图，除了“position-left”、“postiton-top”与“z-index”属性可以参考下表完成设置，其余属性都相同，如图 7-55 所示。

图层	拼图	position	z-index
picDiv4	puzzle_02.jpg	left：336 px、top：93 px	4 value
picDiv5	puzzle_03.jpg	left：486 px、top：93 px	5 value
picDiv6	puzzle_04.jpg	left：186 px、top：243 px	6 value
picDiv7	puzzle_05.jpg	left：336 px、top：243 px	7 value
picDiv8	puzzle_06.jpg	left：486 px、top：243 px	8 value
picDiv9	puzzle_07.jpg	left：185 px、top：393 px	9 value
picDiv10	puzzle_08.jpg	left：335 px、top：393 px	10 value
picDiv11	puzzle_09.jpg	left：485 px、top：393 px	11 value

图 7-55　拼图

7. 在不选择任何图层的状态下，在“行为”面板单击“+ \ 拖动 AP 元素”开启对话框，设置拖动图层（picDiv3）的行为，单击“取得目前位置”按钮可取得“放下目标”与“靠齐距离”相关数据，如图 7-56 所示。

图 7-56　设置拖动图层的行为

8. 按照上步骤操作方式，按序为另外 8 个图层（picDiv4 ~ 11）套用相同的行为指令（若无法单击“拖动 AP 元素”功能时，请在编辑区空白处单击鼠标左键即可）。

9. 完成以上设置后，将 9 个图层（picDiv3 ~ 11）拖动至右侧空白编辑区并随意放置，然后保存文件，最后按 F12 键即可浏览成果（必须通过 IE 浏览器才可有效执行）。

第8章

重现感动的片刻——多媒体的呈现

网页的内容除了文字、图像之外，在网页上放置动画、音乐或视频已经越来越普遍了！本章主要介绍如何为用户平淡无奇的网页加入 Flash 动画、音频与视频等活泼元素。

8.1 Flash 动画效果

随着网络科技的日新月异，在网页上放置充满声光效果的动画、音乐或电影已经越来越普遍了。其中 Flash 动画是许多网页都喜欢展现的效果，如图 8-1 所示。

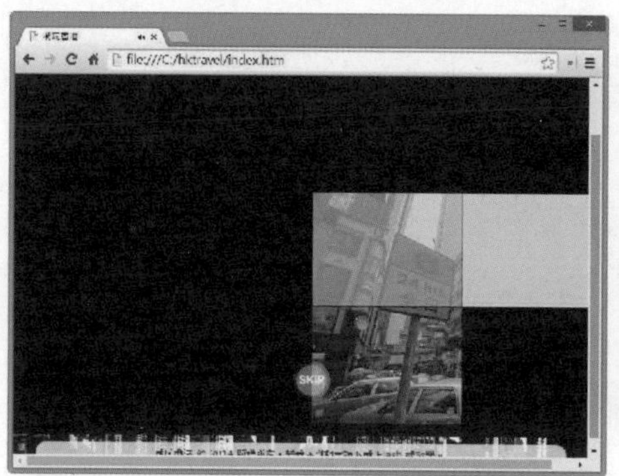

图 8-1 网页的 Flash 动画效果

参考范例完成的结果
本书范例 \ 各章完成文件 \ ch08 \ index.htm

8.1.1 插入 Flash 动画

首先介绍如何在 Dreamweaver 中插入 Flash 动画，在弹指间为平淡无奇的网页版面加入活泼的元素。请进入“潮玩香港”范例网站，打开 <index.htm> 文件，在网站的结构中这是范例网站的首页，将在其中放置一个 Flash 动画当作欢迎画面。

步骤 01 将插入点移至 DIV 标签区域内，在“插入 \ 媒体”面板单击“Flash SWF”开启对话框，选择 <media \ indexflash.swf>，单击“确定”按钮，如图 8-2 所示。

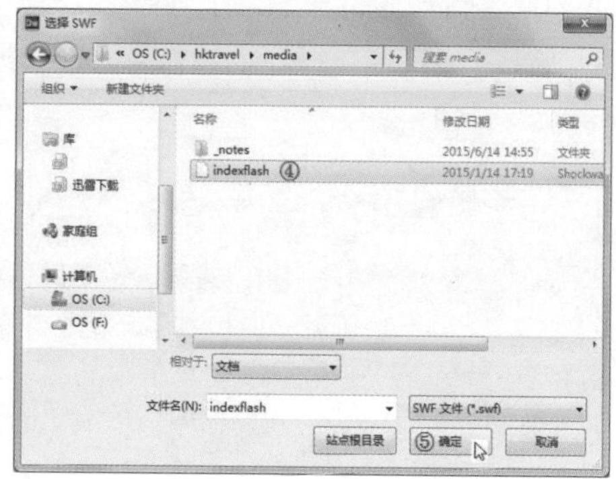

图 8-2 选定需要插入的 Flash 动画文件

步骤 02 在“对象标签辅助功能属性”对话框单击“取消”按钮，回到编辑画面，果然就插入了一个 Flash 动画文件在 DIV 标签区域，如图 8-3 所示。

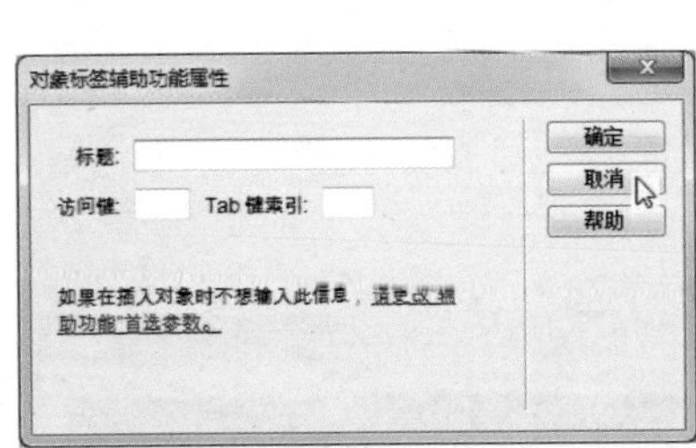

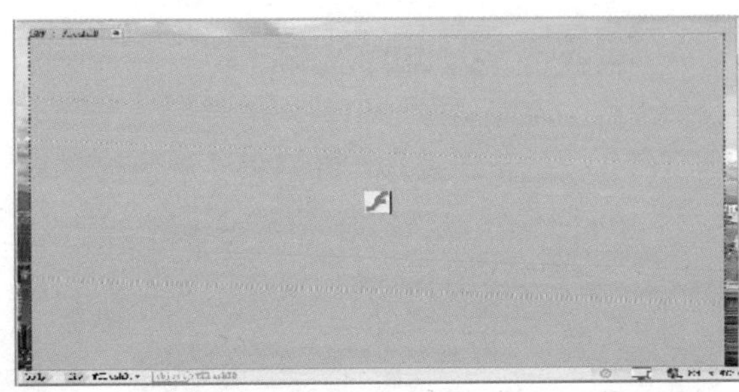

图 8-3　在编辑的画面插入了 Flash 动画文件

请先选择编辑区中刚插入的 <indexflash.swf>，并查看“属性”面板，其中较为重要的说明如图 8-4 所示。

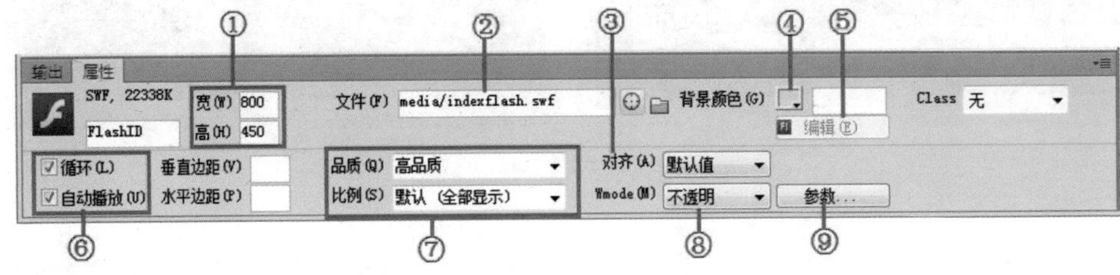

图 8-4　Flash 动画的属性设置面板

① 显示当前动画的宽和高。

② 显示当前动画的文件名和路径。

③ 动画文件与其他文字的对齐方法。

④ 可以设置 Flash 动画的背景颜色。

⑤ 单击此按钮可以开启 Flash 软件编辑。

⑥ 设置动画播放的方法：“重复”表示动画会一直重复播放，“自动播放”表示动画在下载完毕之后即会自动播放。

⑦ 选择动画播放质量和缩放方式，维持默认值即可。

⑧ 设置是否产生背景透明的效果。

⑨ 可以加入 Flash 动画的参数，改变或增强动画效果。

小提示

设置背景透明的 Flash 动画

如果 Flash 动画放置在一个有指定背景颜色的页面上，而背景色又与 Flash 本身的背景色不同时，就会令人感到页面不协调！您可以在“属性”面板设置“Wmode”为“透明”，也可以直接为该 Flash 动画加入一个参数，请选择编辑区中的 Flash 文件后，在“属性”面板单击“参数”按钮，加入 wmode = transparent，即可完成设置，如图 8-5 所示。

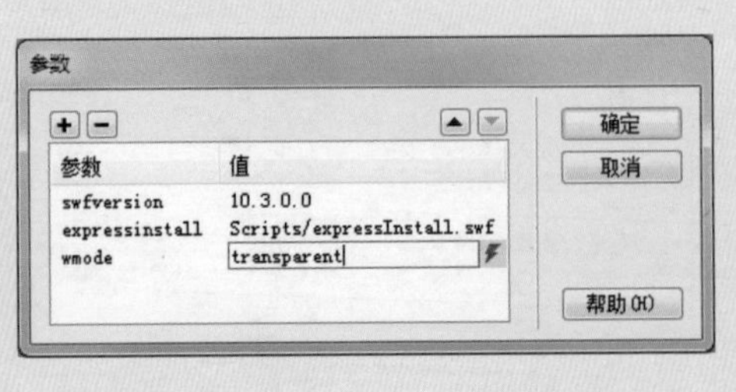

图 8-5　为 Flash 动画设置透明的属性

8.1.2 设置自动转页

进入欢迎首页后，如果没有单击直接进入网站（skip）按钮，页面会一直停留在欢迎首页上。以下便要在 Dreamweaver 中设置一些 Flash 属性，让页面在停留几秒后，自动转到内页去。

在要设置自动转页的页面 <index.htm>，单击“代码”查看模式进行编辑，将插入点移至 </head> 前，在“插入 \ HTML”面板单击“Head”为 Meta 以开启对话框，设置“属性”为 HTTP-equivalent，并输入“值”为 Refresh，再单击“确定”按钮，如图 8-6 所示。

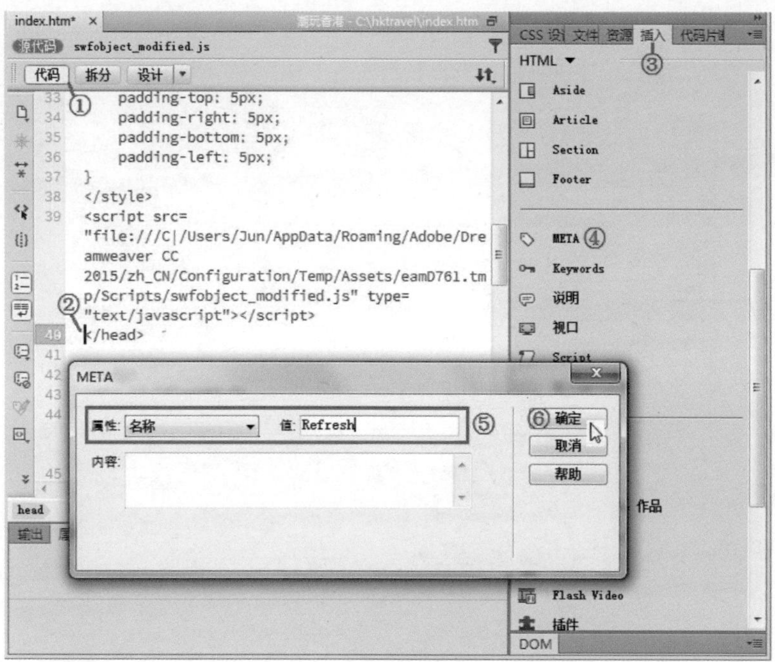

图 8-6　设置自动转页步骤 1

在插入的 Meta 程序代码上单击鼠标左键选择，在“属性”面板单击“刷新”按钮，接着选中“URL”并通过单击右侧 按钮，链接至 <about.htm> 网页，再输入“延迟”为 60，最后按 Enter 键，如图 8-7 所示。

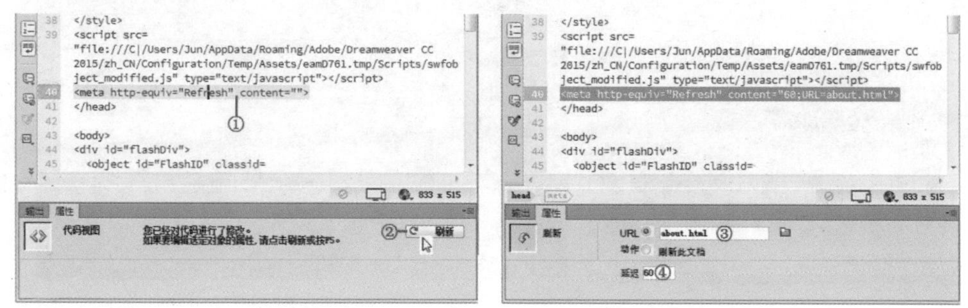

图 8-7　设置自动转页步骤 2

完成上述的设置之后，首页 <index.htm> 在 60 秒内如果没有任何动作，就会自动刷新并前往 <about.htm> 网页。

保存文件时，因为插入 Flash 文件，所以 Dreamweaver 会自动产生相关的程序文件，请按默认值保存于 <Scripts> 文件夹中。

“刷新”的技巧不仅可以使用到自动转页上，有些页面上需要定时刷新取得最新信息时也可以使用。例如页面上有程序可以计算在线人数、浏览人数，或是会随机显示一则信息、显示最新消息等功能时，也可以利用这个设置，定时的刷新页面，保持最新的页面信息显示。

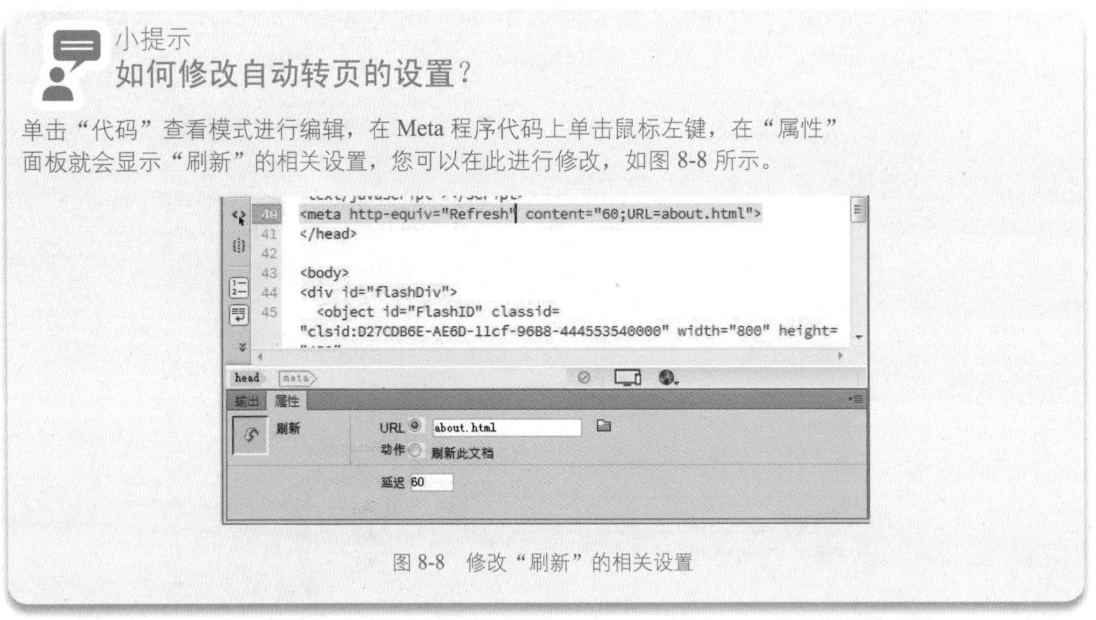

小提示

如何修改自动转页的设置？

单击“代码”查看模式进行编辑，在 Meta 程序代码上单击鼠标左键，在“属性”面板就会显示“刷新”的相关设置，您可以在此进行修改，如图 8-8 所示。

图 8-8 修改“刷新”的相关设置

小提示

通过 IE 浏览器安全性警告

在 Dreamweaver 中加入 Flash 等相关的交互式功能时，如果使用 IE 浏览器开启这些功能，会在下方自动出现显示栏标示安全性警告并自动封锁程序的执行，如果默认设置的是“不允许内容”就无法看到页面上加入设置的结果。请在下方出现的显示栏单击“允许阻止的内容”，即可开放程序的使用，进行预览，如图 8-9 所示。

图 8-9 在 IE 浏览器中浏览时“允许阻止的内容”

8.2　音频与视频文件的播放

沉静无声的网站已经无法吸引人的注意，充满声光效果、视频动画才是目前设计的主流！想在网页中插入背景音乐，加入视频播放吗？如图 8-10 所示，这些内容全部将在本节为用户介绍。

图 8-10　网页中的声光效果

参考范例完成的结果
本书范例 \ 各章完成文件 \ ch08 下 <about.htm> 和 <cityimage.htm>

8.2.1　在网页中加入音频

无论是音频文件或是视频文件，如果要在浏览器上播放都必须依靠浏览器的插件，而目前浏览器能够支持的多媒体文件可以说是越来越多了。

关于网页中播放的音频文件

除了一般常用的 wav、midi 等音频文件外，目前市场上的主流：mp3、wma，都可以放置到网页中播放。在这里特别建议使用 mp3 或 wma 等音乐文件，不仅文件小，而且音质的表现也更好。

加入音频文件

进入“潮玩香港”范例网站打开 <about.htm> 文件，现在要为这页加入背景音乐。

步骤 01　将插入点移至编辑区“充满国际魅力的都市”文字后方，在“插入 \ HTML”面板单击“插件”开启对话框，如图 8-11 左图所示。

步骤 02　选择 <media \ hkmusic.wav> 后单击“确定”按钮，如图 8-11 右图所示。

图 8-11　在音频设置步骤 1 或步骤 2

步骤 03　如图 8-12 所示已将音频文件加到页面当中，单击菜单栏“文件 \ 保存”，再按 F12 键来预览一下，会发现页面上多了一个控制器（虽然没有完整显示），网页上也开始播放音乐了！

图 8-12　预览网页背景音乐的实际效果

设置播放选项

如果想要让背景音乐自动播放 10 次并隐藏播放控制栏，可如下设置。

步骤 01　选择媒体文件后单击“属性”面板上“参数”按钮，按照如图 8-13 所示设置参数与值（可以使用 + 与 - 按钮来添加或删除参数项目），单击“确定”按钮后完成设置。

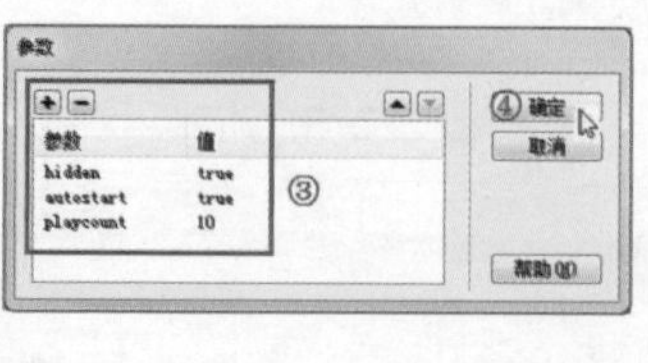

图 8-13　设置音频播放的属性

步骤 02　完成后单击菜单栏中的“文件 \ 保存”，再按 F12 键来预览一下，果然在画面上已经看不到播放控制区，而页面会自动播放所插入的音乐 10 次。

8.2.2　在网页中加入 FLV 格式的视频

在网页中加入 FLV 格式视频文件，其方法与加入音频文件大同小异，使用的参数也相同，可以使用几个简单的步骤，将视频快速放置在作品中。本节说明 FLV 格式视频文件的加入与设置方法，FLV 是指 Flash Video 格式，是目前网络上流行的视频文件格式。

步骤 01　进入“潮玩香港”范例网站打开 <cityimage.htm> 文件，接着要插入一个 FLV 格式视频，将插入点移至文字段落后再单击 Enter 键，在“插入 \ HTML”面板单击“ Flash Video”开启对话框，如图 8-14 左图所示。

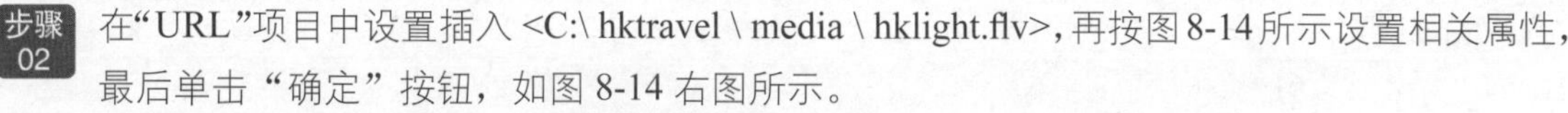

步骤 02　在“URL”项目中设置插入 <C:\ hktravel \ media \ hklight.flv>，再按图 8-14 所示设置相关属性，最后单击“确定”按钮，如图 8-14 右图所示。

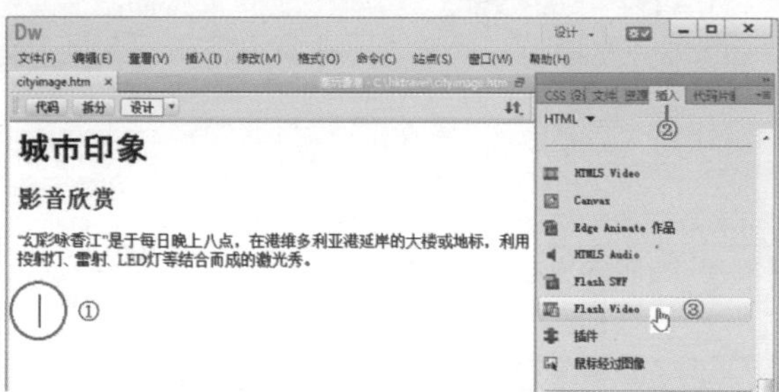

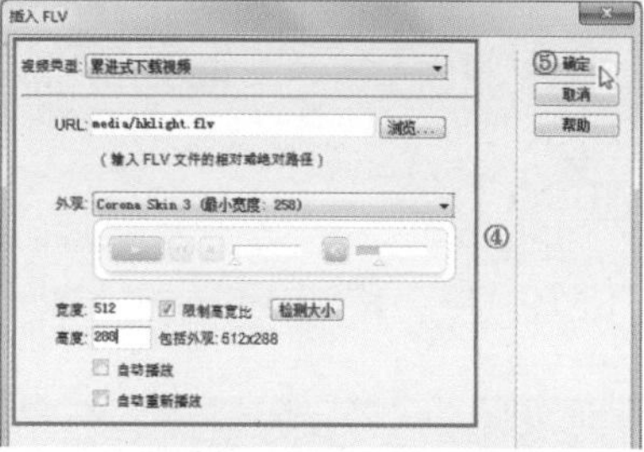

图 8-14　选定插入视频的位置，然后设置相关属性

步骤 03　完成 FLV 视频插入后，单击菜单栏中的“文件 \ 保存”，再按 F12 键来预览一下，如图 8-15 所示。

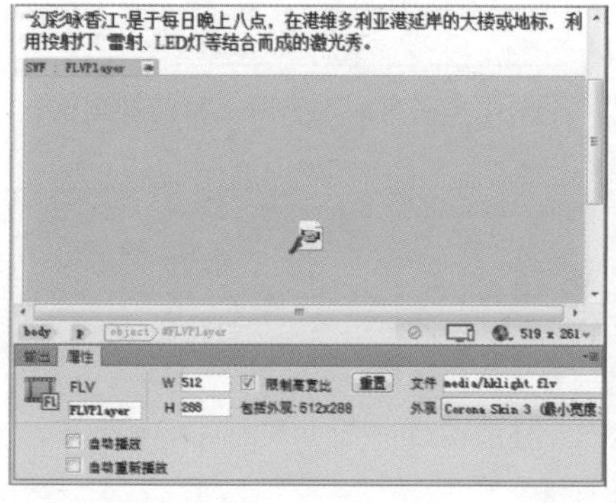

图 8-15　预览网页视频的实际播放效果

8.3　利用 HTML5 加入音频与视频

HTML5 是新一代网页的标准，希望能够减少浏览器对插件的需求，并可促进更丰富的网络应用服务的产生。只要浏览器支持这个标准，就可以不使用插件也能完成要求的功能。

8.3.1　使用 video 标签加入视频

HTML5 特别为视频与音频新增了标签，这意味着未来浏览器可以不依赖任何插件或是播放程序，就可在网页上播放视频与音频的内容。

使用 HTML5 来添加视频，不仅语法简单，而且有许多意想不到的功能，例如为播放视频加上缩略图、设置多国语言等。

video 标签的格式支持

video 标签是 HTML5 中特有的标签，应用于视频文件的加入，目前可搭配的格式与浏览器版本支持的情况如下表所示。

格式	IE	Firefox	Opera	Chrome	Safari
ogg / theora	NO	15+	12+	25+	No
H.264	9+	No	No	25+	5+
WebM	No	15+	12+	25+	No

（版本更新信息请参考 http://fmbip.com/litmus）

认识 video 标签

以下范例是在 HTML5 中使用 video 标签显示视频的基本语法：

```
<video width=”320”height=”240”controls>
        <source src=”media/lanyu.mp4”type=”video/mp4”>
        <source src=”media/lanyu.ogg”type=”video/ogg”>
        您的浏览器不支持 video 标签。
</video>
```

其中重要的属性如下表所示。

属性	值	说明
source	url	可设置多个视频文件网址，不同浏览器可识别它所支持的视频格式，并使用第一个可使用的视频格式
src	url	设置使用视频文件的网址
poster	url	设置视频文件预览缩略图的网址
preload	（none）	按下播放按钮时才开始加载视频，可节省带宽
	auto	无论是否按下播放按钮时都会加载视频
autoplay	true / false	只要下载足够资源，就会自动播放视频
control	true / false	为视频加上播放、暂停和音量等控件
loop	true / false	视频是否循环播放
width	pixel	视频播放的宽度
height	pixel	视频播放的高度

使用 video 标签在网页中加入视频

进入“潮玩香港”范例网站打开 <html5.htm> 文件，将插入点移至要添加视频文件的位置，在“插入 \ HTML”面板单击“HTML5 Video”，如图 8-16 所示。

图 8-16　在网页中加入视频步骤 1

步骤 02 选择“HTML5 Video”对象后，在“属性”面板中设置“源”为 <media \ hklight.mp4>，再按图 8-17 所示设置“宽”与“高”，并选中“Controls”显示播放控制行。

图 8-17　在网页中加入视频步骤 2

步骤 03 完成文件编辑后单击菜单栏中的“文件 \ 保存”，然后使用支持的浏览器（如 Chrome 浏览器）预览结果，如图 8-18 所示。

图 8-18　预览视频结果

8.3.2　使用 audio 标签加入音频

audio 标签的格式支持

audio 标签是 HTML5 中特有的标签，用于音频文件的加入，目前可搭配的格式与浏览器版本支持的情况如下表所示。

格式	IE	Firefox	Opera	Chrome	Safari
ogg / vorbis	NO	15+	12+	25+	No
mp3	9+	No	No	25+	5+
wav	No	15+	12+	25+	5+
AAC	9+	No	No	25+	5+

认识 audio 标签

以下是在 HTML5 中使用 audio 标签播放音频的标准语法：

```
<audio controls>
        <source src=" media/hkmusic.wav" type=" audio/wav" >
        <source src=" media/hkmusic.mp3" type=" audio/mp3" >
        您的浏览器不支持 audio 标签。
</audio>
```

其中重要的属性如下表所示。

属性	值	说明
source	url	可设置多个音频文件网址，不同浏览器可识别它所支持的音频格式，并使用第一个可使用的音频格式
src	url	设置使用音频文件网址
preload	（none）	按下播放钮时才开始加载音频，可节省带宽
	auto	无论是否按下播放钮时都会加载音频
	metadata	加载音频的数据，如播放进度、列表或音频长度等
autoplay	true / false	只要下载足够资源，就会自动播放音频
control	true / false	为音频加上播放、暂停和音量等控件
loop	true / false	音频是否循环播放

使用 audio 标签在网页中加入音频

步骤 01 回到刚才的范例，打开 <html5.htm> 文件，将插入点移至要添加音频文件的位置，在“插入 \ 媒体”面板单击“HTML5 Audio”。

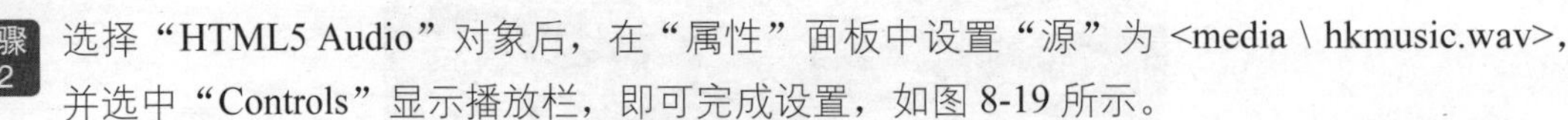

步骤 02 选择“HTML5 Audio”对象后，在“属性”面板中设置“源”为 <media \ hkmusic.wav>，并选中“Controls”显示播放栏，即可完成设置，如图 8-19 所示。

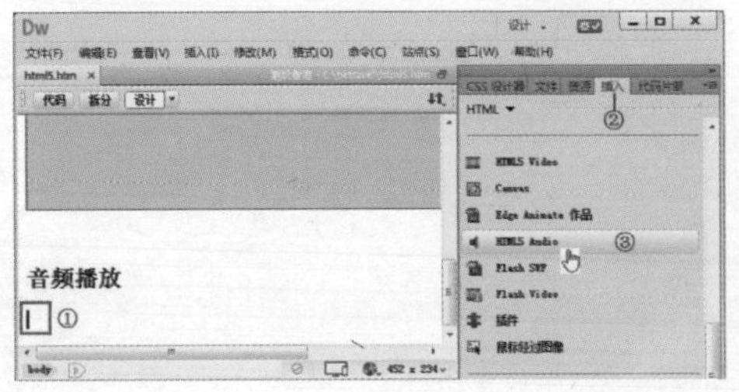

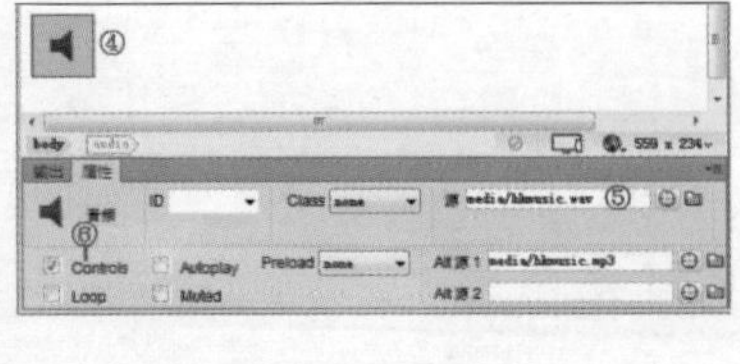

图 8-19　使用 audio 标签加入音频

步骤 03 完成文件编辑后请单击菜单栏中的“文件 \ 保存”，然后使用支持的浏览器（如 Chrome 浏览器）预览结果，如图 8-20 所示。

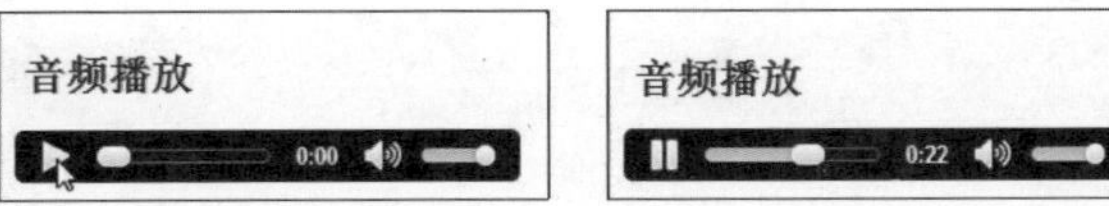

图 8-20　预览音频播放的效果

8.4　课后练习

实践题

按照如下提示，完成“新疆风光”网页制作，如图 8-21 所示。

图 8-21　“新疆风光”网页的结果图

参考范例完成的结果
本书习题 \ 各章完成文件 \ ch08 \ niceview.htm

实践提示

1. 将下载文件中 < 本书习题 \ 各章原始文件 \ ch08> 文件夹复制到 <C:\ exercise> 下，并进入 Dreamweaver“文件”面板“本地磁盘（C:）”中进行操作。

2. 打开 <niceview.htm> 后将插入点移至编辑区中，在菜单栏单击“插入 \ HTML \ Flash SWF 开启对话框，选择 <C:\ exercise \ ch08 \ niceview.swf> 后单击“确定”按钮插入 Flash 文件到页面中。

3. 保存文件时，因为插入 Flash 文件，所以 Dreamweaver 会自动产生相关的程序文件，请按默认值保存于 <C:\ exercise \ ch08 \ Scripts> 文件夹中。

4. 接着将插入点移至 Flash 文件后方，同样在“插入 \ HTML”面板单击“插件”开启对话框，选择 <C:\ exercise \ ch08 \ songbird.mp3> 后单击“确定”按钮插入音频文件到页面中。

5. 接着设置该文件隐藏及自动播放 10 次，请选择插入的音频文件，在“属性”面板清除“宽”、“高”数值，单击“参数”按钮，然后请按照如图 8-22 所示设置参数与值（可以使用 + 与 − 按钮来添加或删除参数项目），然后单击“确定”按钮。

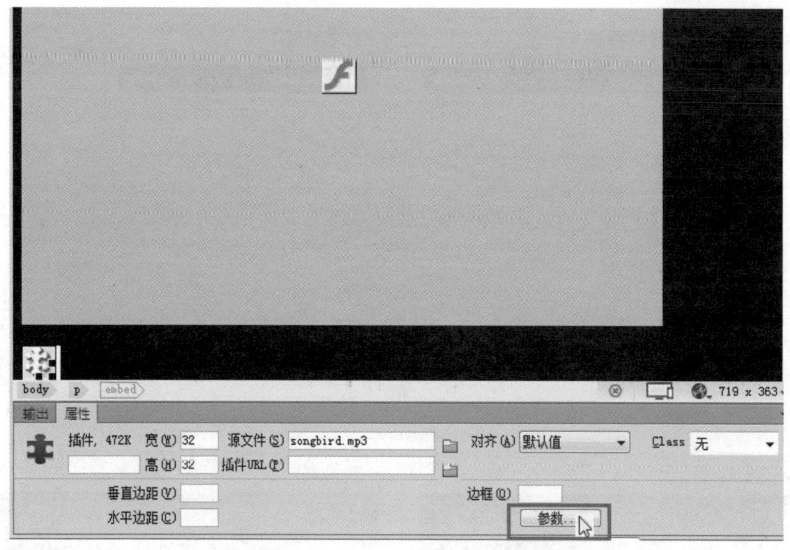

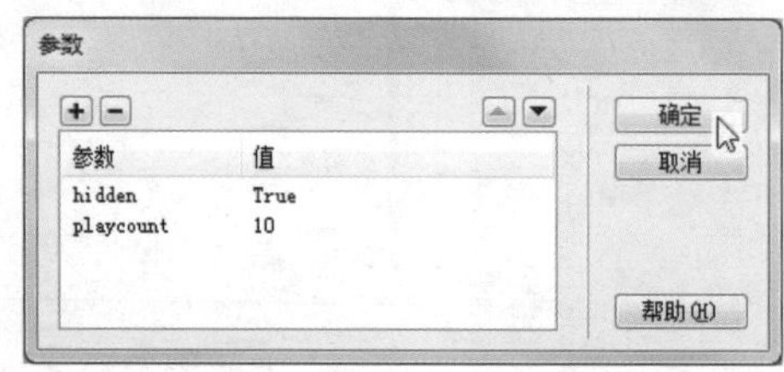

图 8-22　设置音频的播放次数

6. 完成后请单击菜单栏中的“文件 \ 保存”，再按 F12 键来预览一下，在画面上已经看不到播放控制区，而页面会自动播放所插入的音乐 10 次。

第9章

与我联络的界面——表单的加入

在网页之中常会有许多输入数据的字段，最后只要按提交按钮即可将所填写的数据送给程序处理，这个输入数据的地方即是表单。

9.1 表单对象的介绍

表单对象可以让用户输入数据，在网页中如“与我联络”、“交互交流”与“个人资料”等单元常会有许多需要输入数据的字段。用户可以通过各式表单对象，在数据或者资料输入后，只要单击提交按钮即可将所填写的数据送至程序处理。

9.1.1 表单加入的标准流程

网页交互的设计中，表单的制作是一项相当重要的工作，一个不良的表单设计，往往会造成程序的错误或是数据的遗失。表单的制作步骤如下：

9.1.2 表单对象的说明与使用

在 Dreamweaver 中插入表单对象，必须通过“插入 / 表单”面板，以下是表单对象的简介及说明，如图 9-1 所示。

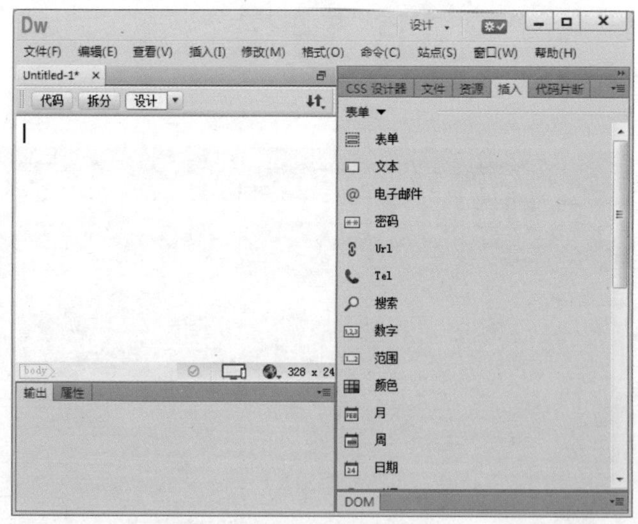

图 9-1　表单的面板

表单对象 / 名称	功能说明
表单	在文件中插入一个用红色虚线所建立的表单范围，当单击“送出”按钮时会将该区域内同一组的数据全部送出。要注意这是创建表单的必备条件，加入表单就必须要有这个对象
文本	可以接受任何类型的中文、英数项目。输入的文字可以显示为单行、多行或密码（输入时在画面上显示 * 号）
@ 电子邮件	可用于输入电子邮件的字段

（续表）

表单对象 / 名称	功能说明
密码	可用于输入密码的字段
Url	可用于输入链接网址的字段
Tel	可用于输入电话的字段
搜索	可用于搜索的字段
数字	可用于输入数字编号的字段
范围	可用于输入范围的字段
颜色	可用于输入颜色数值的字段
月	可用于输入月份的字段
周	可用于输入周的字段
日期	可用于输入日期的字段
时间	可用于输入时间的字段
日期时间	可用于输入日期与时间的字段
日期时间（当地）	可用于输入本地日期与时间的字段
文本区域	可用于输入多行文字的字段
按钮	会在表单内插入可自定义功能的按钮
提交按钮	会在表单内插入提交按钮，按下后会将表单输入的数据送出至网络服务器
重置按钮	会在表单内插入重置按钮，按下后会清除表单中输入的数据
文件	会在文件中插入空白的“文字”字段和浏览按钮。让用户可以浏览找到硬盘上的文件，并将文件视为表单数据上传
图像按钮	可在表单中插入图像作成图像式按钮，用来取代“提交”按钮
隐藏	若是有些引用值或是系统数据想随着表单提交，而不想被用户修改与预览时，可以将这类值存储在这个字段中
选择	可以在列表或是选单中创建选项供用户选择
单选按钮	一次插入一个单选按钮，在同一个表单将多个单选按钮设置相同名称即视为一个群组，用户只能在群组中单选
单选按钮组	一次可以插入一个单选按钮组，这些按钮共享相同的名称，显示格式可以是“换行符”形式，也可以是“表格”形式
复选框	一次插入一个复选框，在同一个表单将多个复选框设置相同名称即视为一个群组，可允许用户在群组中复选
复选框组	一次可以插入一个复选框组，所有选项拥有相同的名称，显示格式可以是“换行符”（即一行一个选项），也可以是“表格”形式
域集	当表单的内容庞大时，可以利用“域集”（即字段集）将表单的对象进行分类。在添加“字段集”时必须设置标题，能让用户对表单的分类群组一目了然
标签	“标签”一般是用来让表单对象具有辅助功能，让一些特殊用途的计算机来理解表单属性。例如盲用计算机的屏幕读取器就能单击“标签”的内容来处理表单。在 Dreamweaver 中较少直接使用这个按钮，因为这个功能已经加入到表单对象加入的对话框中

9.2 表单的加入与设置

介绍完表单加入的标准流程，并认识表单对象之后，以下的范例将实际制作一个实用的表单，在操作的过程中可以了解不同的表单对象设置与注意事项，如图 9-2 所示。

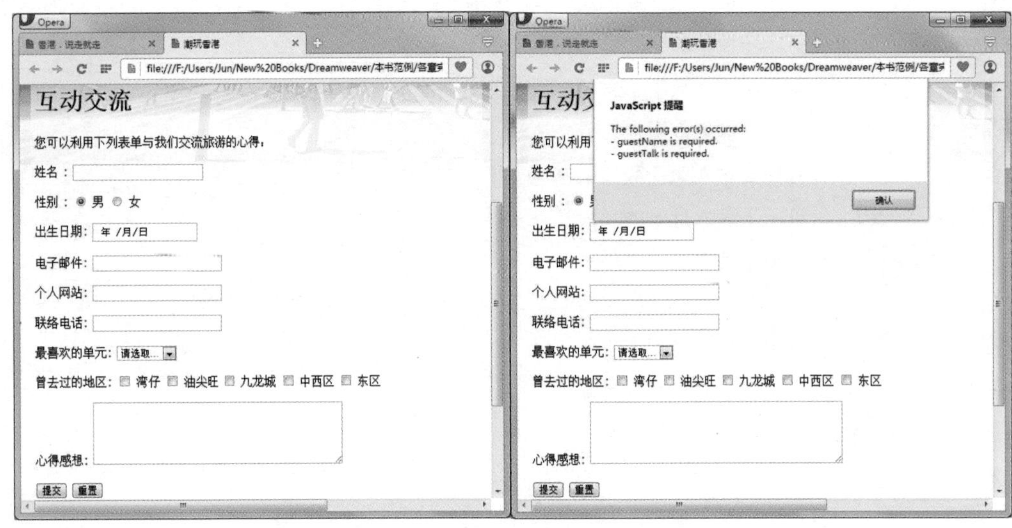

图 9-2 表单加入后还要注意表单检验的作用

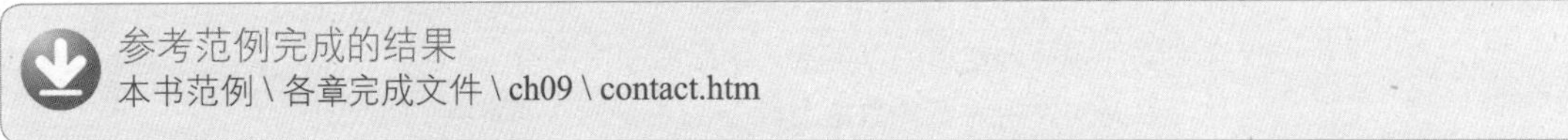
参考范例完成的结果
本书范例 \ 各章完成文件 \ ch09 \ contact.htm

9.2.1 规划表单属性

表单中所填入的数据是要送往处理页面或处理程序的，所以在插入表单前必须先规划每个字段的内容，这样在制作的过程中就不会手足无措了。在本章的范例中将要制作的是一个联络管理者的表单，其表单对象规划如下表所示。

表单对象类型	表单对象名称	字段名	说明
文本	guestName	姓名	
单选按钮组	guestSex	性别	男或女，男的值为 male、女的值为 female，只能单选
日期	guestBirth	出生日期	默认表单对象，可通过 HTML5 自动执行检验
电子邮件	guestEmail	电子邮件	默认表单对象，可通过 HTML5 自动执行检验
Url	guestWeb	个人网站	默认表单对象，可通过 HTML5 自动执行检验
Tel	guestPhone	联络电话	默认表单对象，可通过 HTML5 自动执行检验
选择	guestFav	最喜欢单元	选项为单元名称
复选框组	guestTravel	曾去过的地区	选项为香港 5 个分区名称，可以复选
文本区域	guestTalk	心得感想	多行、字符宽度 45、行数 5

其中要注意的是：

- 表单对象名称：表单对象的名称，建议使用英文和数字的组合，这样不会在数据传送时造成错误或是遗失。
- 字段名：显示在页面上标示字段内容的名称，可以使用较易阅读的文字。

9.2.2 加入表单对象

加入表单区域

表单设置的第一步必须要先加入表单区域，往后要加入的表单对象都必须放置在这个区域中。这个动作相当重要，请按照下述步骤操作：

步骤 01 进入“潮玩香港”范例网站打开 <contact.htm> 文件，将插入点移至首段文字后，按 Enter 键移到下一行。

步骤 02 在“插入 \ 表单”面板中单击 “表单”按钮即可插入一个由红色虚线所构成的表单区域，在“属性”面板中可以看到该表单默认名称与传送方式，如图 9-3 所示。

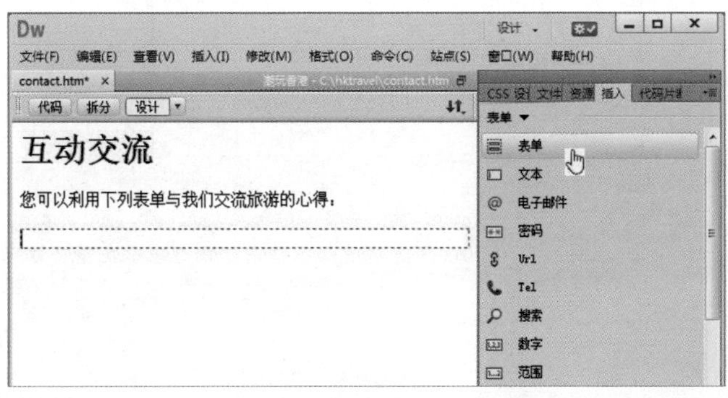

图 9-3　插入表单

加入文本字段

将插入点放置在表单区域内，首先要加入输入姓名的文本字段。

在“插入 \ 表单”面板单击 “文本”按钮，即可插入文本字段，在“属性”面板 的“Name”输入：guestName，并在编辑区将默认的名称改为“姓名：”，如图 9-4 所示。

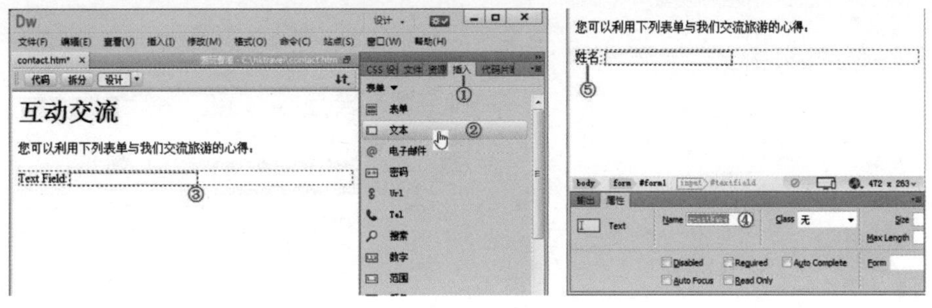

图 9-4　加入文本字段

加入单选按钮组

将插入点移至“姓名”字段的后方，再按 Enter 键移往下一行，接着要加入“性别”的单选按钮。因为性别的选项只能单选男或女两个选项，所以使用单选按钮最符合需求。若不怕麻烦当然可以使用 ◉ “单选按钮”逐一加入选项，这里建议使用 ☰ “单选按钮组”一次设置完毕。

步骤 01 先在表单编辑区里输入“性别：”，接着在“插入\表单”面板中单击 ☰ “单选按钮群组”按钮开启对话框。

步骤 02 首先输入“名称”为 guestSex，然后在“单选按钮”栏中按如图 9-5 分别定义性别选项的标签与值。“标签”是显示在页面上的文字，而“值”是选中后送出的值，可以使用⊞、⊟按钮来增减选项，▲、▼按钮来改变选项顺序。“显示方式”选中“换行符（
 标签）”，对于之后的调整较为方便，最后单击“确定”按钮。

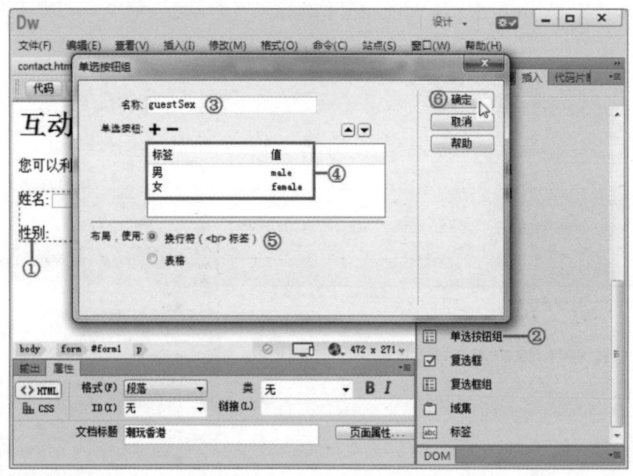

图 9-5　加入选择性别的单选按钮组

步骤 03 回到编辑画面，出现两个单选按钮及标签，先将两个选项调整为一行。为了防止浏览者在使用表单时忘了选中这个选项，最好可以设置默认值，请选择“男”前的单选按钮，再在“属性”面板选中“Checked”，如图 9-6 所示。

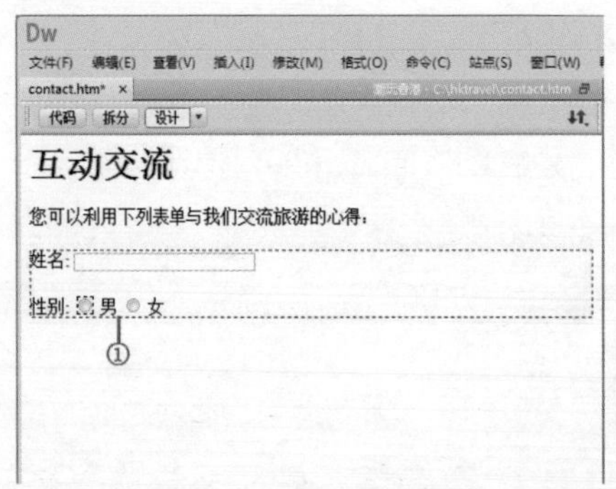

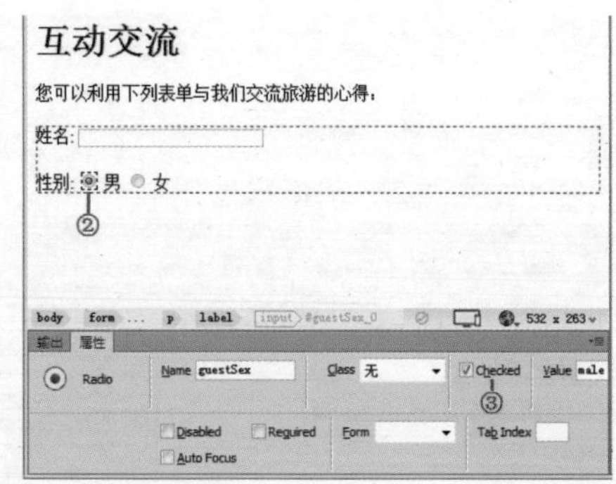

图 9-6　为单选按钮组设置默认的选择

完成 ☰ “单选按钮组”的加入后，接下来请按相同方式将 4 个字段：出生日期（guestBirth）、电子邮件（guestEmail）、个人网站（guestWeb）及联络电话（guestPhone）逐一加入表单中，如图 9-7 所示。

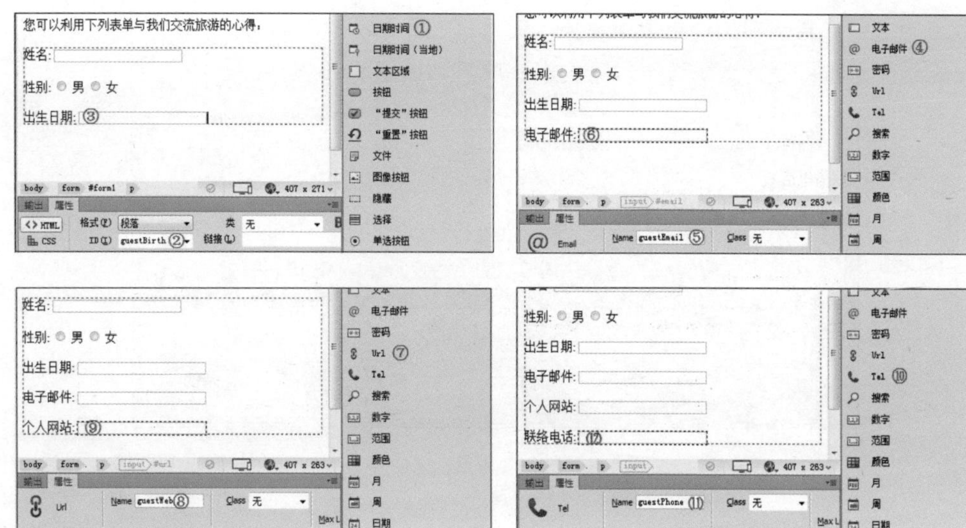

图 9-7　分别加入其他四个单选按钮组

加入列表 / 选单

将插入点移至“联络电话”字段的后方，再按 Enter 键移往下一行，接着要加入“最喜欢的单元”选项。这里希望将所有单元的选项放置到一个下拉式的选单中，可以使用 “选择” 中的选单。

步骤 01　在“插入 \ 表单”面板单击 “选择”按钮即可插入选择字段，在“属性”面板输入“Name”为 guestFav，并在编辑区将默认的名称改为“最喜欢的单元：”，如图 9-8 所示。

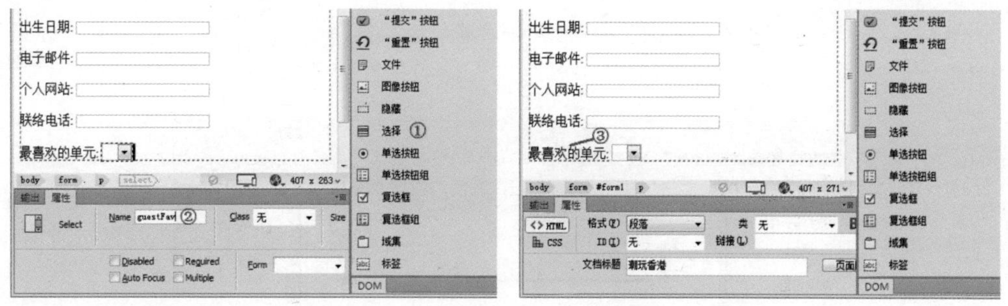

图 9-8　插入选择按钮以便加入选单列表

步骤 02　产生的选单其中还没有任何值，选择该表单对象后在“属性”面板单击“列表值”按钮进入对话框，设置选项的内容。其中有“项目标签”及“值”两栏，如图 9-9 所示分别定义，项目标签是选项显示的文字，而值是单击后送出的值。最后单击“确定”按钮。

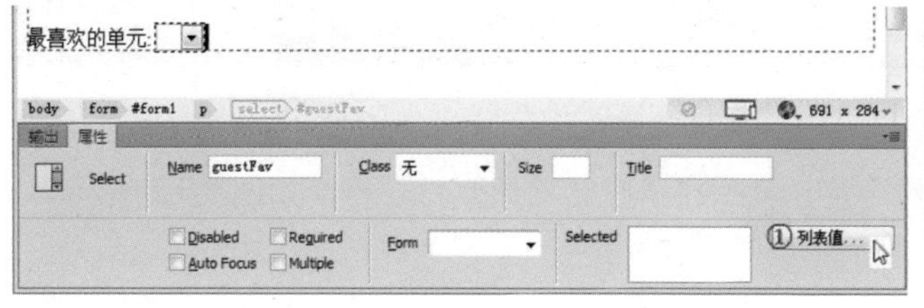

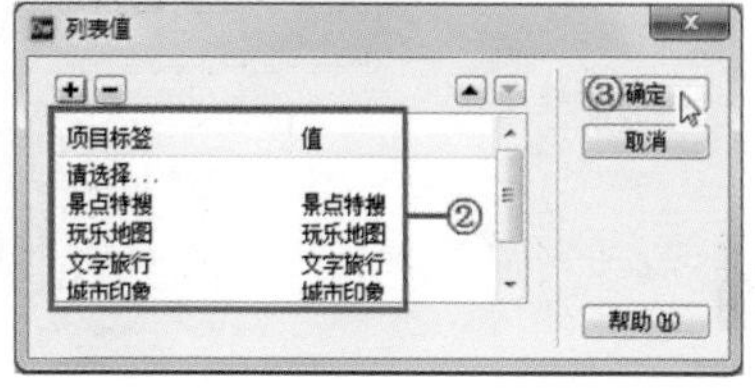

图 9-9　设置列表值

回到页面，选择当前的选单表单对象，在“属性”面板“Selected”单击第一个选项，如此一来这个选项即是此选单表单对象的默认项目，如图 9-10 所示。

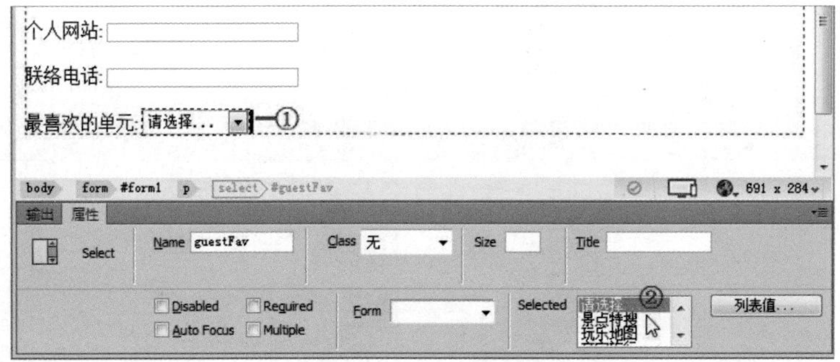

图 9-10　设置默认选项

加入复选框组

将插入点移至“最喜欢的单元”选单的后方，再按 Enter 键移往下一行，接着加入“曾去过的地区”选项。这个选项是可以复选的，所以使用复选框最符合需求。若不怕麻烦可以使用 ☑“复选框”逐一加入选项，这里建议使用 ▤“复选框组”一次设置完毕。

先在表单编辑区里输入“曾去过的地区：”，在于“插入\表单”面板单击 ▤ “复选框组”按钮以开启对话框，首先输入“名称”为 guestTravel。

“复选框”栏中要设置选项的内容，包含“标签”及“值”两栏，“标签”是显示在页面上的文字，而“值”是选中后送出的值。请输入地区选项的标签与值，可以使用 ⊞、⊟ 按钮来增减选项，▲、▼ 按钮来改变选项顺序。“布局，使用”选中“换行符（
 标签）”，对于之后的调整较为方便，最后单击“确定”按钮，如图 9-11 所示。

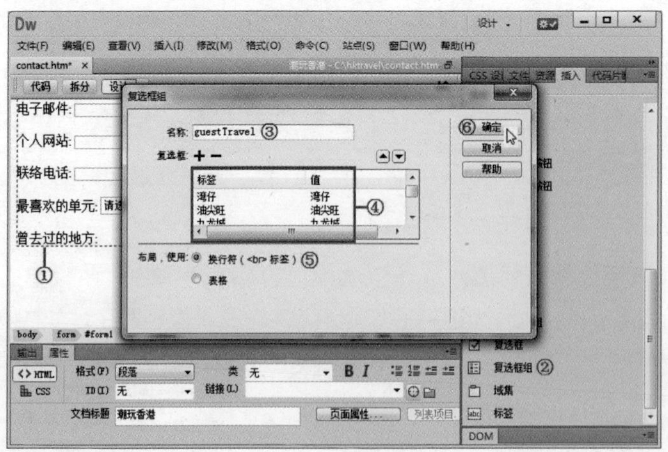

图 9-11　加入复选框组

回到编辑画面，出现所有输入的标签，最后将所有选项调整为一行，如图 9-12 所示。

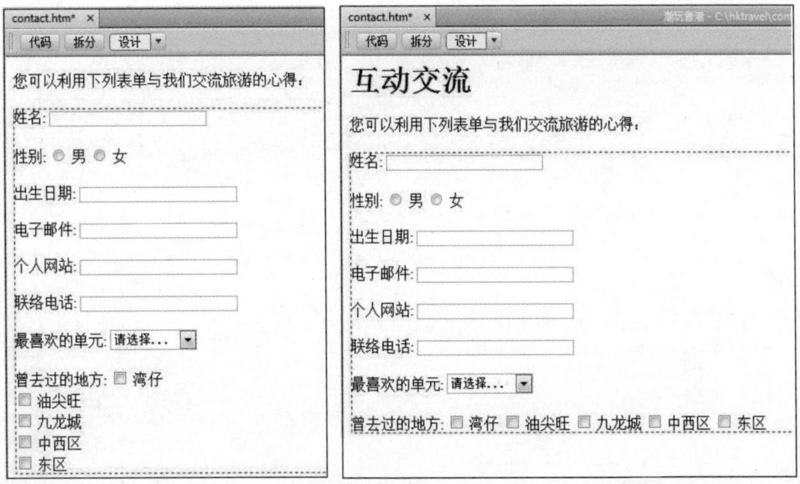

图 9-12　将所有选项调整为一行

加入文本区域

将插入点移至“曾去过的地区”复选框的后方，再按 Enter 键移往下一行，接着要加入“心得感想”的文本区域。

步骤 01 在“插入 \ 表单”面板单击“文本区域”按钮插入文本区域，在“属性”面板输入“Name”为 guestTalk，并在编辑区将默认的名称改为“心得感想：”。

步骤 02 在编辑画面选择当前文本区域表单对象，在“属性”面板设置“Rows”（行）为 5、“Cols”（字符）为 45，如图 9-13 所示。

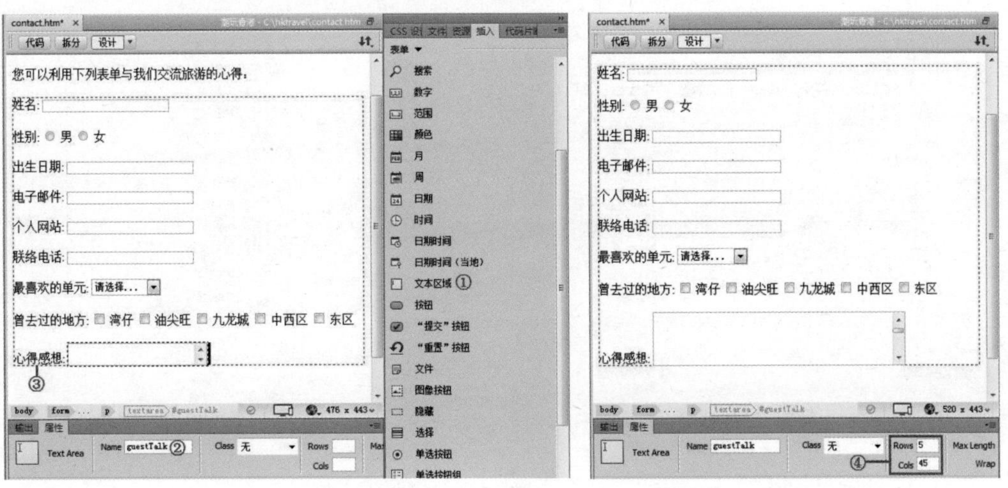

图 9-13　加入“文本区域”并设置其属性

加入按钮

将插入点移至“心得感想”文本区域的后方，再按 Enter 键移往下一行，最后加入表单的“提交”和“重置”按钮。

步骤 01 在“插入\表单”面板单击 “提交按钮”插入按钮，在“属性”面板确认 “Name”项为 submit，其他设置保持默认即可，如图 9-14 所示。

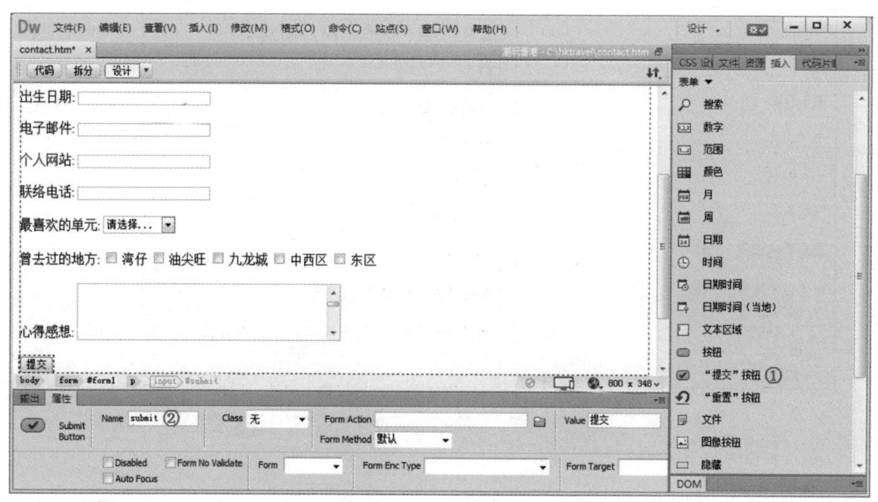

图 9-14 插入“提交”按钮

步骤 02 在“插入\表单”面板单击 “重置按钮”插入按钮，在“属性”面板确认“Name”项为 reset，其他设置保持默认即可，如图 9-15 所示。

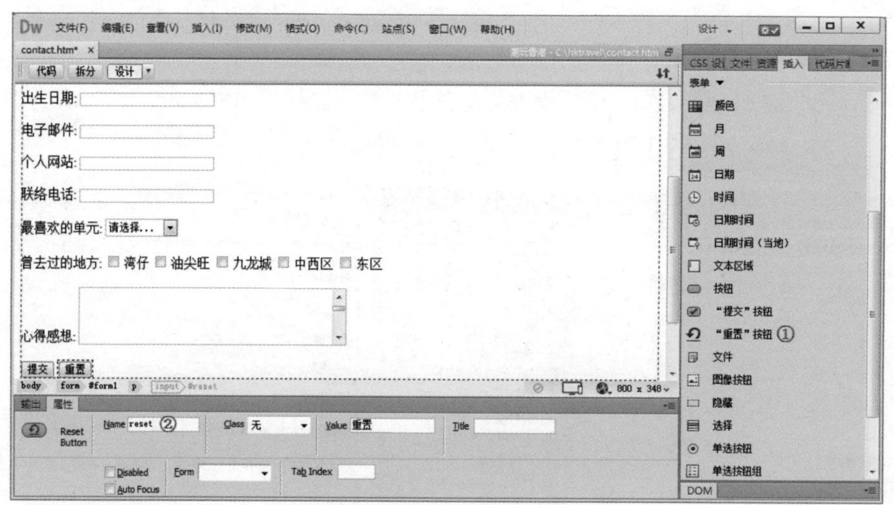

图 9-15　插入“重置”按钮

如此就完成表单对象的加入与设置了，保存文件后使用浏览器进行预览。

9.2.3　表单传送的设置

表单在填完数据之后，“数据要送到哪里，用什么方式来传送”这些都十分重要。

设置表单传送

单击表单区域的红色虚线，或是在“标签选择器”单击表单的名称 <form #form1> 即可选择整个表单，此时在“属性”面板即可开始设置表单传送的相关操作，其中有几个相当重要的选项说明，如图 9-16 所示。

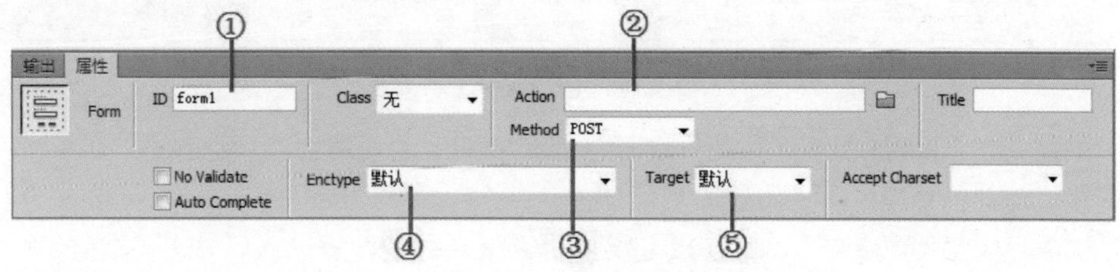

图 9-16　表单中有关数据传送的属性设置项

① ID（表单名称）：输入唯一的名称以识别该表单。许多程序都必须经过命名表单的方式让表单得以引用或控制，如 JavaScript。如果没有为表单命名，Dreamweaver 会自动以“form”字符串加上流水号为每个加入的表单命名。

② Action（动作）：指定表单数据传送前往的网页或执行的程序代码，当表单送出后就会按照设置进行处理。

③ Method（方法）：设置表单数据传输到指定页面的方式，有三种方式：

- 默认：使用浏览器的默认设置传送表单数据。一般来说，默认值为 GET。
- GET：传送时会将表单名称与值，转换为参数附加到前往页面的网址后面。
- POST：传送时会将数据内嵌在页面中。

④ Enctype（编码类型）：指定送到服务器以进行处理数据的 MIME 编码类型，不是必填字段，一般可以留白。但如果数据传送有特殊需求时就必须设置：

- application/x-www-form-urlencoded 通常会与 POST 方法一起使用。
- 如果表单内有文件上传字段，请指定 multipart/form-data 类型。

⑤ Target（目标）：指定显示程序传回数据的窗口，这不是必填字段，一般可以留白。若有需求，可设置下列目标值之一：

- _blank：在新的窗口中打开目标文件。
- new：将新打开的目标文件放在同一个窗口分页中。
- _parent：在当前文档窗口的上一层窗口中打开目标文件。
- _self：在提交表单的相同窗口中打开目标文件。
- _top：在当前窗口的正文中打开目标文件。

使用电子邮件传送表单数据

表单属性数据通常会指定传送给 ASP、PHP、JSP 等交互式程序网页，并存储在数据库中或利用程序进行相关处理，这样才能完整地完成数据的传递。但这个部分已超过一般使用 Dreamweaver 操作的范围，有兴趣的话可参考 ASP / PHP 相关教学书籍。对于没有编程基础的人而言，以下将要介绍一个简易的方法，将表单中的内容通过电子邮件传送到信箱。在“标签选择器”单击“<form #form1>”选择整个表单，在“属性”面板的“Action”处输入：mailto:123@e-happy.com.tw?subject= 我要留言，设置“Method”为 POST，“Enctype”处输入：text/plain（以纯文本进行传送），如图 9-17 所示。

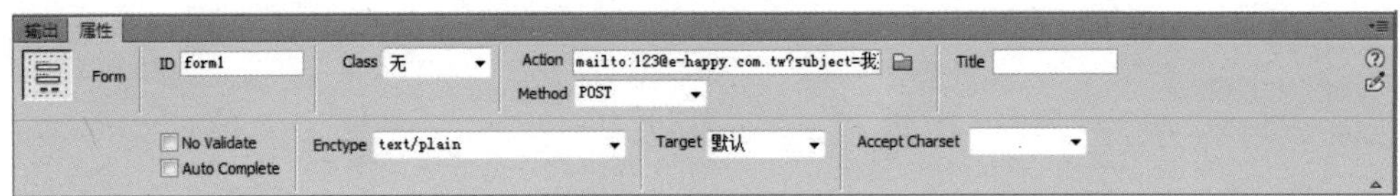

图 9-17　设置使用电子邮件传送表单数据

其中的重点在于设置“Action”(动作)，除了指定收件者的信箱之外，网址后面加的“?subject=标题”能生成信件的标题。

单击菜单栏“文件 \ 保存”，按 F12 键预览时将表单内的数据填入后单击“提交”按钮，此时计算机会自动开启系统默认的电子邮件软件，并通过电子邮件将此份表单传送出去。如果用户的计算机没有指定邮件软件或是邮件默认编码不符合，很有可能邮件内容会是一片空白或是产生整页的乱码，这点要特别注意。

（若想在使用 mailto: 指令时默认由 Gmail 开启链接，需要先在“Chrome”浏览器登录 Google 账号后，进入“Google 邮件”画面中，单击地址栏最右侧出现的 ◈ 双菱形符号，接着选中“允许”，再单击“完成”就可以使用 Gmail 来开启 mailto 指令。）

小提示

该如何选择 GET 与 POST 传送方式？

1. 如果数据量太大时，勿使用 GET 方法传送。网址传递值的限制为 8192 个字符。如果所传送的数据量太大，数据将被截断，导致意想不到或失败的处理结果。
2. GET 方法传递的参数所产生的动态网页可以加入书签，因为重新产生页面需要的所有值都包含在网址中。相反地，POST 方法传递的动态网页则无法加入书签。
3. 如果传送机密性的用户名称和密码、信用卡号码或其他机密信息时，POST 方法显然会比 GET 方法更安全。

9.3　设置检查表单行为

若是用户不按照表单的设计填写数据，那么表单传送的数据就会有所偏差，影响到的是接下来的数据处理。这里先介绍内置的检查表单行为，让表单在提交前能有一个简单的检查。

9.3.1　加入检查表单行为

经过刚才 <contact.htm> 在浏览器中的测试，即使留言人没有填写任何数据，还是可以单击“提交”按钮将数据经过电子邮件寄出，这样反而会造成不少的困扰，有没有一个机制可以在提交数据前先检查表单中数据的内容呢？

Dreamweaver 提供了简易的表单检查功能，设置前先对当前表单要限制的部分进行评估：范例中希望浏览者一定要填写姓名及心得感想，填写电子邮件、出生日期、网站、电话数据格式要正确。请按照以下步骤进行设置。

步骤 01　延续前面 <contact.htm> 的制作，单击菜单栏“窗口 \ 行为”开启面板。

步骤 02　因为这个功能是要设置在表单上，所以选择整个表单区域 <form#form1> 标签的操作是很重要的！接着在“行为”面板单击“+ \ 检查表单”进入对话框，如图 9-18 所示。

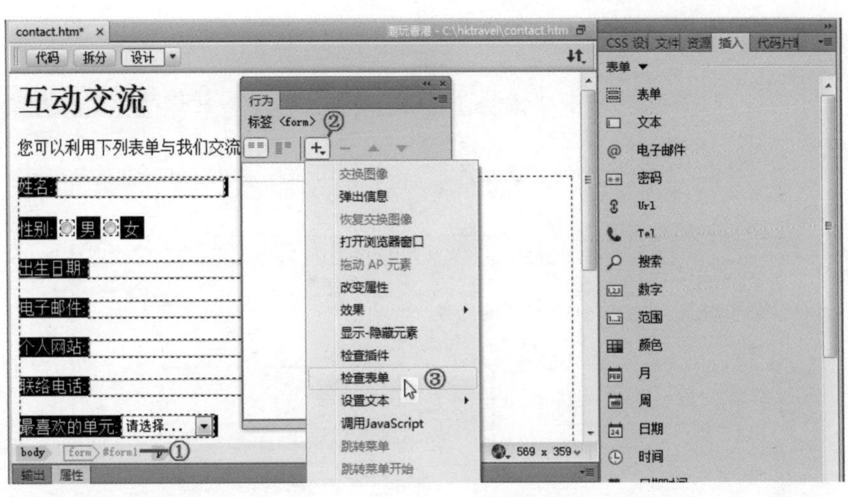

图 9-18　添加“检查表单”行为

步骤 03　设置“姓名”为必填字段，单击“字段”为 guestName、选中“值”为“必需的”；设置“心得感想”为必填字段，单击“字段”为 guestTalk、选中“值”为“必需的”，最后单击“确定”按钮完成设置，如图 9-19 所示（出生日期、电子邮件、个人网站、联络电话等表单项目，使用的是“日 期”、“电子邮件”、“Url”、“Tel”等表单对象，都会通过 Html5 语法自动检查，所以这些项目并不会出现在检查字段中）。

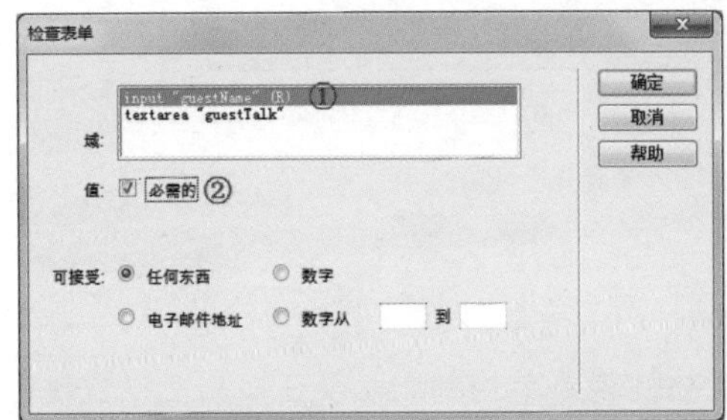

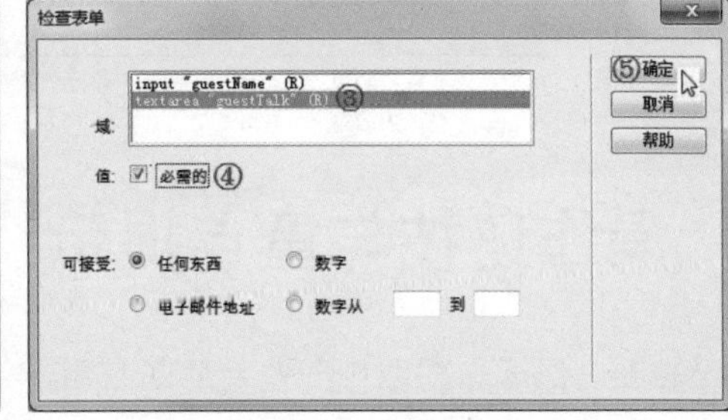

图 9-19　为检查表单设置具体的检查选项

步骤 04　回到主画面即可发现在“行为”面板中加入了“检查表单”行为事件，如图 9-20 所示。

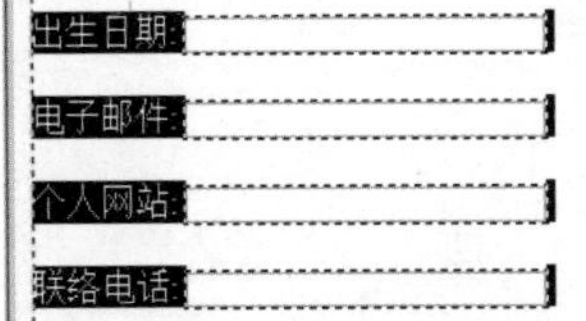

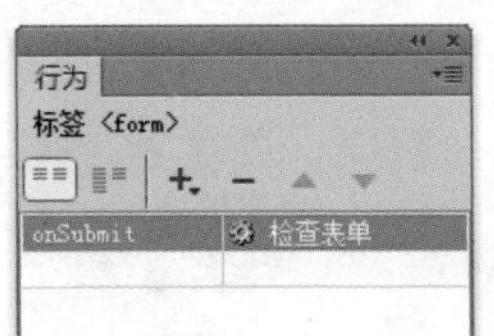

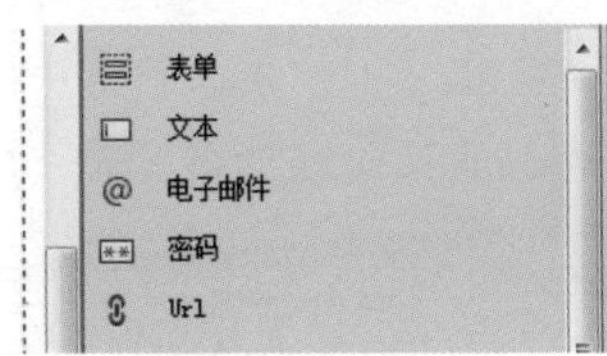

图 9-20　“行为”面板中加入了“检查表单”行为事件

小提示

表单提交执行检查

在“行为”面板中显示加入了检查表单的行为，但是前方出现“onSubmit”是什么意思呢？事件前出现的文字就是说明在什么时候会触发这个行为，“onSubmit”就是在表单提交时会执行检查的操作。

9.3.2 测试检查表单行为

既然完成了表单检查的操作，就来试试它的威力吧！单击菜单栏中的“文件 \ 保存”，再按 F12 键来预览一下，若不填任何数据就把数据提交，此时画面会出现一个警告窗口，提示哪些字段的数据是一定要填好才能提交的，如图 9-21 所示。

图 9-21 表单检查的操作在表单提交时果然产生了作用！

9.4 操作秘技与重点提示

本节将要介绍表单对象中一些特殊的应用，包括跳转菜单的制作以及在按钮上设置超链接。

9.4.1 跳转菜单的制作

什么是“跳转菜单”呢？这个功能严格来说并不是表单的工具，而是 “选择”表单组件加上“行为”指令的扩展，它最主要的目的就是将要转移的页面设置在“选择”表单对象的列表中。当单击列表项时就会将页面引导到该页中，请先单击菜单栏“窗口 \ 行为”开启面板。

新建一个空白文件，在“插入 \ 表单”面板单击 “选择”按钮插入“选择”表单对象。接着选择编辑区中该表单对象后，在“行为”面板单击“ \ 跳转菜单”开启对话框，如图 9-22 所示。

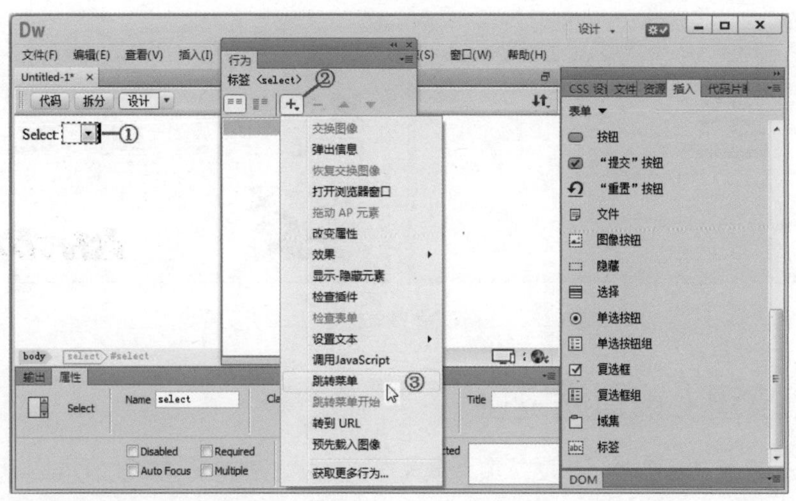

图 9-22　添加“跳转菜单”行为

步骤 02　在“文本”字段中输入网站名称，在“选择时，转到 URL”字段输入的是该选项会转到的网址或网页。

步骤 03　当设置一个选项后，单击 + 将项目加入列表并继续添加下一个选项。可单击 + 或 - 按钮添加或删除列表中的选项；单击 ▲ 或 ▼ 可重新排列列表的顺序，最后单击“确定”按钮完成设置，如图 9-23 所示。

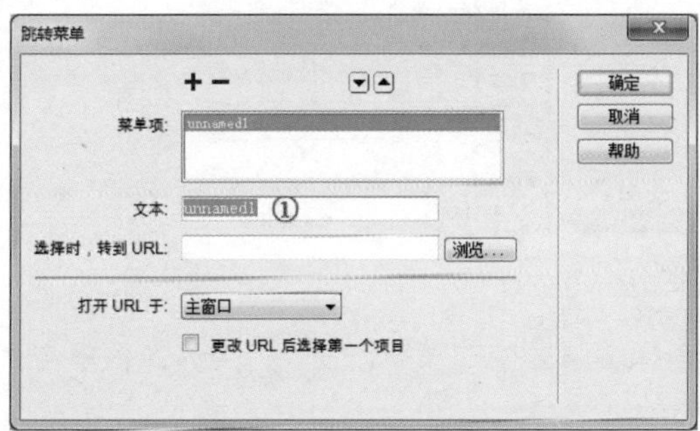

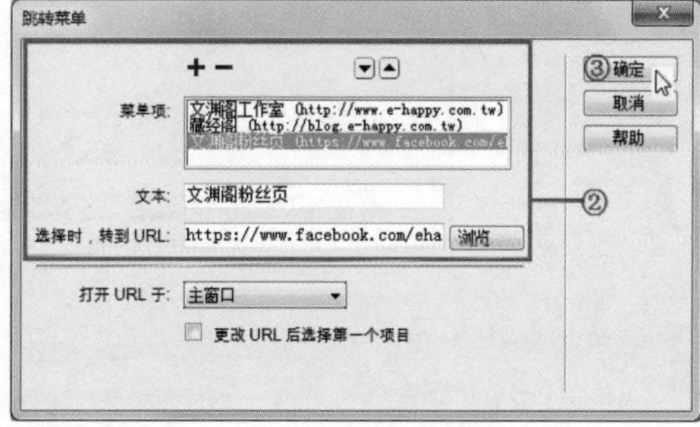

图 9-23　添加“跳转菜单”的各个选项

步骤 04　如此即完成跳转菜单的加入，保存文件为 <jumpform.htm>，如图 9-24 所示。

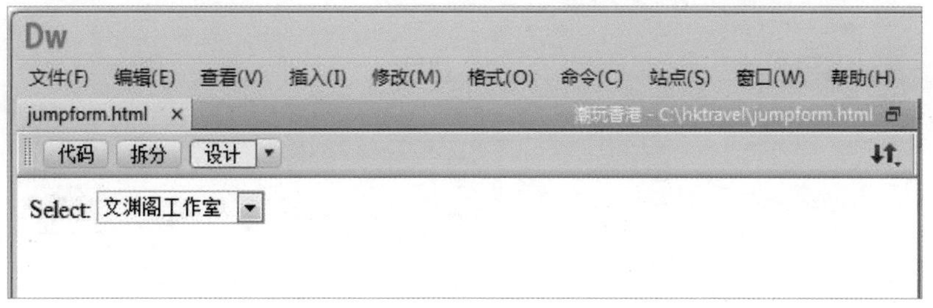

图 9-24　完成“跳转菜单”后的结果图

步骤 05　按 F12 键来预览一下，在列表中单击任一选项后，页面即会开启指定的页面了，如图 9-25 所示。

图 9-25　预览一下“跳转菜单”的实际效果

9.4.2　在按钮上设置超链接

按钮功能除了之前提到的“提交”和“重置”功能外，还有没有其他的功能呢？其实按钮可以加上适当的“行为”指令以进行其他的动作，在这个技巧中将使用简易方式设置按钮的超链接。

步骤 01　新建一个空白文件，在“插入 \ 表单”面板单击“按钮”以便在编辑窗口中插入表单对象，如图 9-26 所示。

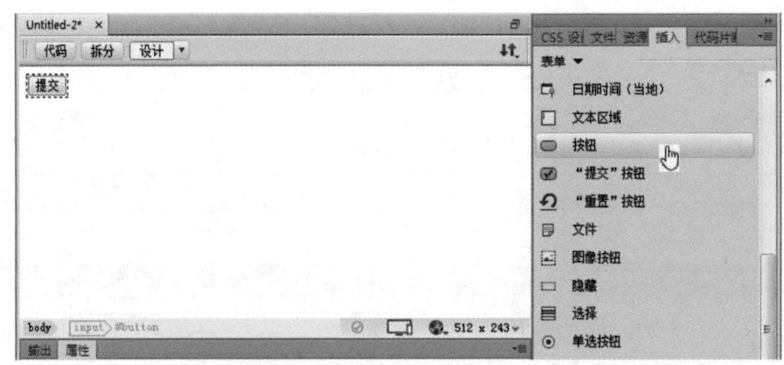

图 9-26　在编辑窗口插入按钮

步骤 02　单击菜单栏“窗口 \ 行为”开启面板，接着选择编辑区中的按钮，在“行为”面板单击“+ \ 转到 URL”开启对话框，如图 9-27 左图所示。

步骤 03　在“URL”字段输入：http://www.e-happy.com.tw/，保持“打开在：主窗口”，最后单击“确定”按钮即可完成，如图 9-27 右图所示。

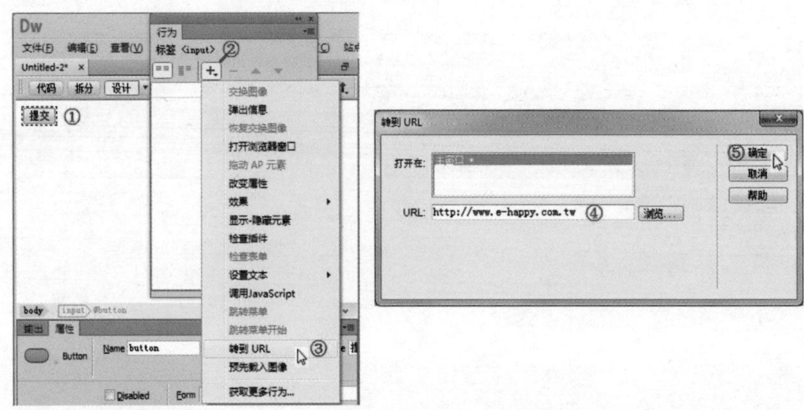

图 9-27　为按钮添加链接并设置具体的网址

步骤 04　回到编辑区，在“行为”面板会看到多了一个“转到 URL”的行为事件，保存文件为<linkbtn.htm>，如图 9-28 所示。

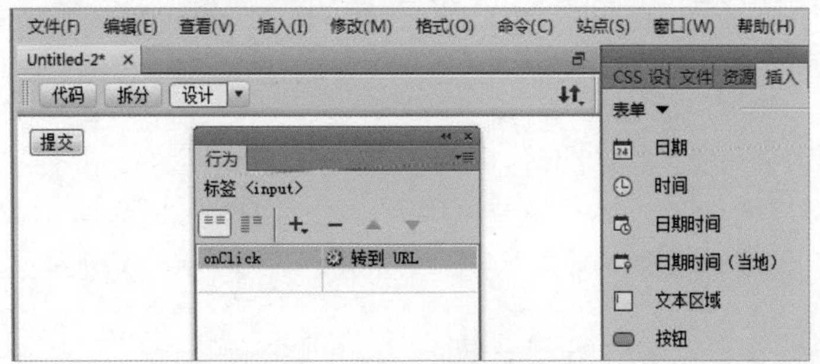

图 9-28　“转到 URL”行为事件添加成功

步骤 05　按 F12 键来预览一下，单击“提交”按钮即会开启指定的页面，如图 9-29 所示。

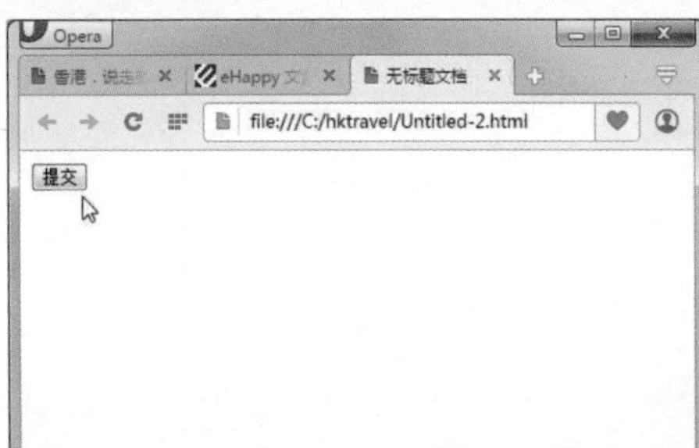

图 9-29　预览一下带链接的按钮的实际效果

9.5　课后练习

选择题

1. （　　）如果有些引用值或是系统数据想随着表单提交，而不想被用户修改与预览时，该使用什么字段？

　A. 表单　　B. 文本　　C. 隐藏　　D. 单选按钮

2. （　　）什么表单区域只允许单选，在群组内选择某个按钮会取消对群组中所有其他选项的选择？

　A. 表单　　B. 文本　　C. 隐藏　　D. 单选按钮

3. （　　）在插入表单对象前，必须单击什么按钮建立表单范围？

　A. 表单　　B. 文本　　C. 隐藏　　D. 单选按钮

4. （　　）可以接受任何类型的中文、英数选项的表单对象为？

　A. 表单　　B. 文本　　C. 隐藏　　D. 单选按钮

5. （　　）下列哪一个不是文本的类型？

　A. 单行　　B. 双行　　C. 密码　　D. 多行

6.（　　）表单中以滚动条显示出弹出式选单，只允许用户选择单一选项的是？

A. 按钮　　B. 文件　　C. 搜索　　D. 选择

7.（　　）供浏览者按时将表单区域中的数据提交的表单按钮是？

A. 按钮　　B. 文件　　C. 搜索　　D. 选择

8.（　　）会在文件中插入空白的 文本字段和“浏览”按钮，让用户可以浏览找到硬盘上的文件，并将文件视为表单数据上传的是？

A. 按钮　　B. 文件　　C. 搜索　　D. 选择

9.（　　）应用 选择 表单对象搭配什么“行为”指令，即可让选项链接到指定的网址并开启页面？

A. 弹出信息　　B. 检查表单　　C. 跳转菜单　　D. 打开浏览器窗口

10.（　　）下列哪一项表单对象可经过“检查表单”行为，在提交数据前先检查表单中内容？

A. 文本　　B. 电子邮件　　C. 日期　　D. 时间

第 10 章

模板应用

制作大量且重复性高的网页，可归纳版面中固定不变与变动的区域，以模板的方式制作，不但可以统一整个网站的风格，而且应用模板进行套用时，还可以加快整个制作网页的速度。

10.1　模板的建立

制作大量且重复性高的网页，可归纳版面中固定不变与变动的区域，以模板的方式制作，不但可以统一整个网站的风格，而且应用模板进行套用时，还可以加快整个制作网页的速度，如图 10-1 所示。

图 10-1　应用模板套用方式制作网页后的结果图

参考范例完成的结果
本书范例 \ 各章完成文件 \ ch10 \ hktravel-layout01.htm

10.1.1　创建模板

使用“模板”的最大好处就是能节省相同网页版面的布局时间，而且在网页更新时也只要更新一次就完成了，相当快速和方便。模板制作的方法有两种：一是将原本已经设计好的网页转存成模板；另外是开启一个新的模板，再加入所需要的网页元素。

查看要制作为模板的版型

在 Dreamweaver 中进入“潮玩香港”范例网站，打开 <hktravel-layout01.htm> 与 <hktravel-layout02> 文件，这两个文件是整个网站事先做好的版型文件，请先查看它的内容，后面会将这两个版型文件转换为模板，如图 10-2 所示。

<hktravel-layout01.htm> 版型 1：一栏式的模板，上图框选出来的范围是主要内容显示区域，在模板中需设置为“可编辑区域”

<hktravel-layout02htm> 版型 2：二栏式的模板，上图框选出来的范围是主要内容显示区域，在模板中需设置为“可编辑区域”而右侧区域有“精选图像”与“香港旅游频道视频”两个单元（视频要到第 11 章上传到网站服务器中才会显示出来），这两个单元的内容是固定的，所以不设为“可编辑区域”

图 10-2　模板的版型

将版型创建为模板

在 <hktravel-layout01.htm> 中，首先将这个一栏式的版型文件创建为模板：在“插入 \ 模板”面板中单击“ 创建模板”按钮以开启对话框。确认“另存为”的名称为 hktravel-layout01，后单击“保存”按钮，再单击“是”按钮更新页面上的链接，如图 10-3 所示。

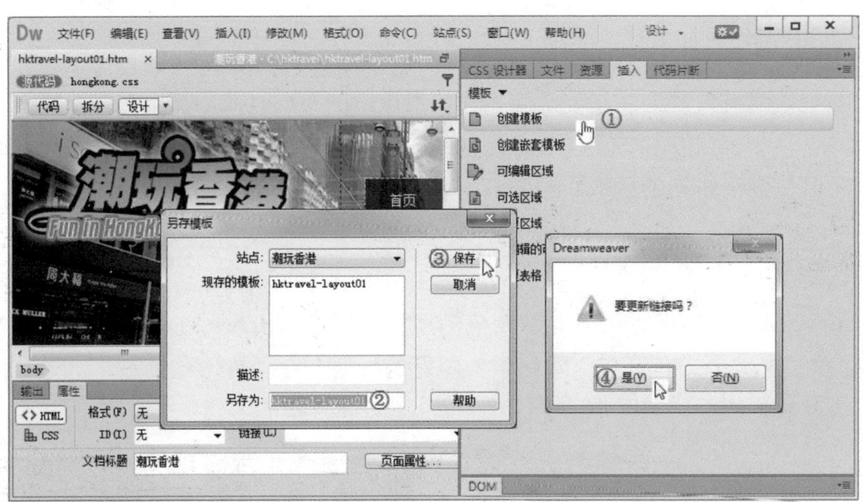

图 10-3 将现有的一栏式版型创建为模板

步骤 02 此时文件名会转换为 <hktravel-layout01.dwt>，在“文件”面板可看到“本地文件”内已新建了一个新文件夹：<Templates>，此文件夹存储了新建的模板文件，如图 10-4 所示。

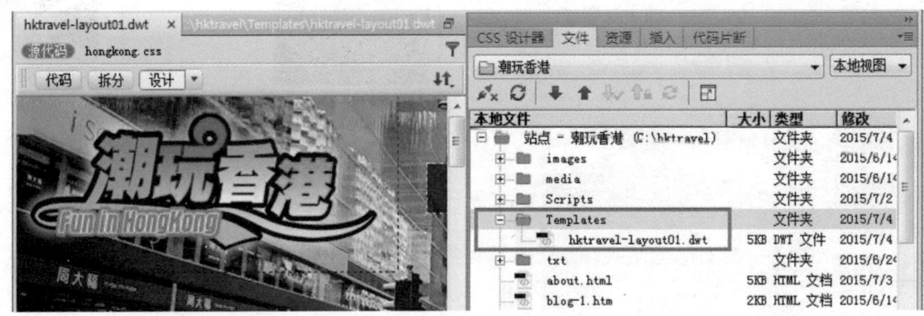

图 10-4 本地文件中新建了一个存储了新模板文件的文件夹

步骤 03 在“资源”面板中的 “模板”类下会看见新建的模板已经纳入面板中，如图 10-5 所示。

图 10-5 新建的一栏式模板已经纳入“资源”面板中

步骤 04 接着在 <hktravel-layout02.htm> 中，将这个二栏式的版型文件制作成模板：在“插入 \ 模板”面板中单击“ 创建模板”按钮以开启对话框。确认“另存为”的名称为 hktravel-layout02 后单击“保存”按钮，再单击“是”按钮更新页面上的链接，如图 10-6 所示。

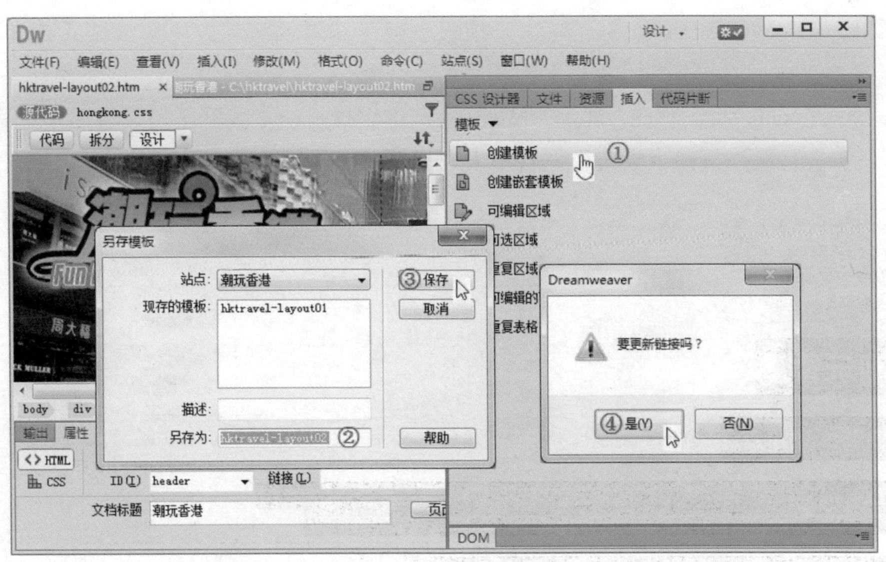

图 10-6　将现有的二栏式版型创建为模板

步骤 05 此时文件名会转换为 <hktravel-layout02.dwt>，在“文件”面板可看到“本地文件”内刚才新建的那个新文件夹：<Templates>，此文件夹存储了新建的模板文件，如图 10-7 所示。

图 10-7　新建的二栏式模板已经纳入“资源”面板中

步骤 06 在“资源”面板中的“模板”类下会看见新建的模板已经纳入面板中。

小提示

创建模板文件时的注意事项

1. 也可单击菜单栏“文件 \ 另存为模板”将网页文件转存成模板。
2. 在“文件”面板若未发现 <Templates> 文件夹，请单击面板上的“刷新”按钮。
3. 网站中的文件夹要避免与 <Templates> 同名，以免创建模板时产生混淆。

10.1.2　设置可编辑区域

完成模板建立后，接下来要设置模板文件中可编辑的区域。模板使用时，整个页面是被锁定不允许修改的，只有“可编辑区域”内可以进行编辑和修改，因此将模板页面中需要按单元换内容的区域设为“可编辑区域”。

步骤 01 在 <hktravel-layout01.dwt> 中，为这个模板创建可编辑的区域：先选择要设置为可编辑区域的所有内容，在“插入\模板”面板中单击“可编辑区域”按钮以开启对话框，在对话框输入“content”后单击“确定”按钮。完成这个模板的可编辑区域设置后，记得单击“文件\保存”将制作好的模板文件保存下来，如图 10-8 所示。

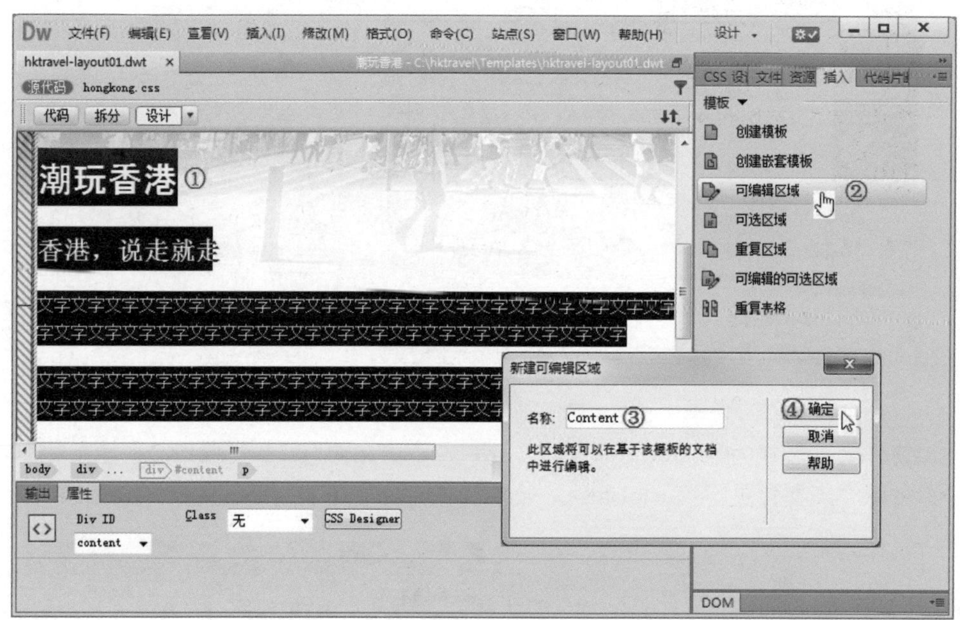

图 10-8　设置 hktravel-layout01.dwt 模板的可编辑区域

步骤 02 在 <hktravel-layout02.dwt> 中，为这个模板制作可编辑的区域：先选择左方字段要设置为可编辑区域的所有内容，在“插入\模板”面板中单击“可编辑区域”按钮以开启对话框，在对话框输入“content”后单击“确定”按钮。完成这个模板的可编辑区域设置后，记得单击“文件\保存”将制作好的模板文件保存下来，如图 10-9 所示。

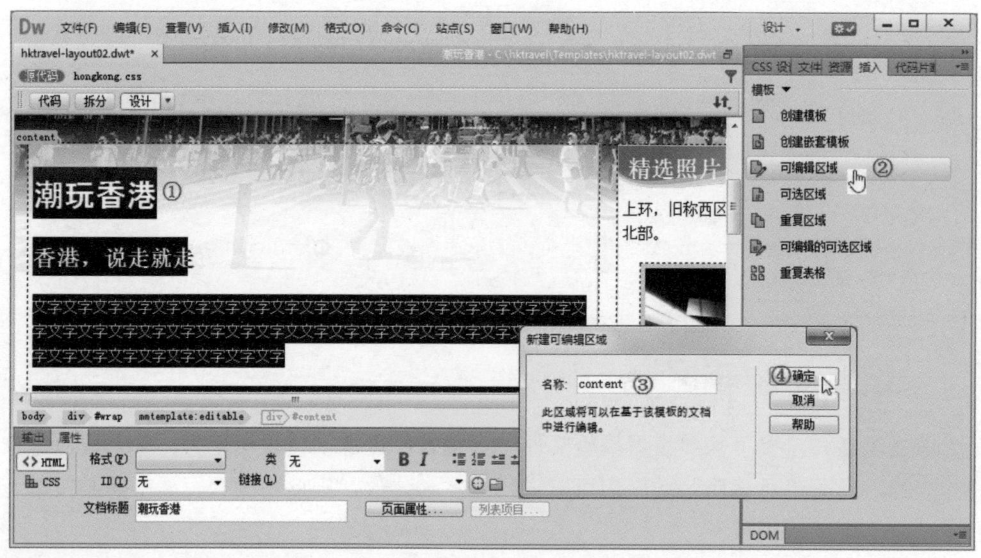

图 10-9　设置 hktravel-layout02.dwt 模板的可编辑区域

10.2　模板的应用

模板文件创建完毕之后，即可将模板应用到已完成的各个网页文件，快速地将整个网站版型与风格统一。

10.2.1　整理网站中要应用模板的文件

在应用模板到“潮玩香港”范例网站的各个网页文件前，要先整理文件。每个网页在创建的过程中，或多或少都设置了一些行内样式，或是已经定义了 CSS 样式规则。这些样式会影响模板应用的完整度，如果要完整应用模板中定义的 CSS 样式规则，则需先检查各网页并进行相关的整理。

步骤 01　以“潮玩香港”范例网站首页单元“香港．说走就走”为例：打开 <about.htm>，在“CSS 设计器”面板可看到一个在页面中定义的 CSS 规则 <style>。

步骤 02　在“CSS 设计器”面板选择 <style> 后单击 - 按钮，即可删除此文件中定义的 CSS 规则，如图 10-10 所示。

图 10-10　在“CSS 设计器”中删除已有的 CSS 样式规则

步骤 03　希望正文的标题一、标题二可以应用模板的设计，因此先将鼠标指针置于 <about.htm> 的标题一文字“香港．说走就走”，在“CSS 设计器”面板的“属性”窗格选中“显示集”，可清楚看到此行文字当前的行内样式。在不需要的行内样式右侧逐一单击 ⊘“禁用 CSS 属性”按钮，可禁用这些 CSS 属性，如图 10-11 所示。

图 10-11　禁用“标题一”不需要的 CSS 属性

步骤 04　接着检查 <about.htm> 文件中的标题二，先将鼠标指针置于标题二文字“充满国际魅力的都市”，在“CSS 设计器”面板“属性”窗格选中“显示集”，可清楚看到此行文字当前的行内样式。在不需要的行内样式右侧逐一单击 “禁用 CSS 属性” 按钮，可禁用这些 CSS 属性，如图 10-12 所示。按照相同的方式检查并整理这个文件的其他标题二文字。

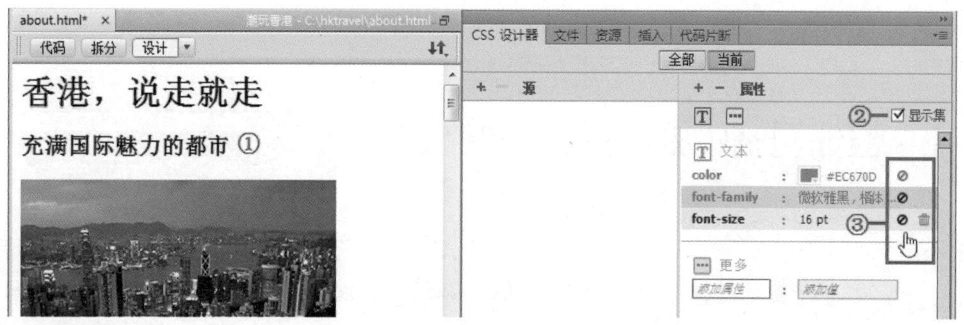

图 10-12　禁用“标题二”不需要的 CSS 属性

步骤 05 按照相同的方式检查、整理“潮玩香港”范例网站其他单元页面：在“CSS 设计器”面板删除文件中定义的 <style> CSS 规则，禁用正文标题一与标题二的行内样式（此“潮玩香港”范例网站中如果是按前面章节的内容制作，则仅 <about.htm> 与 <scenicspots.htm> 需要整理，如图 10-13 所示）。

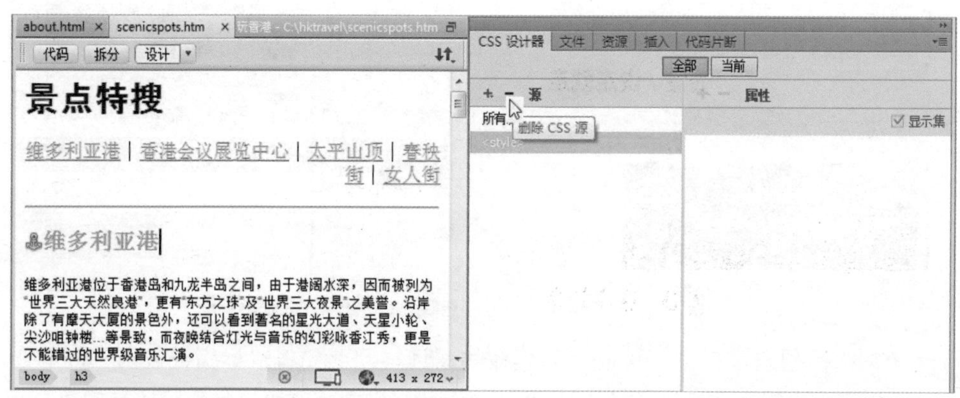

图 10-13　整理 scenicspots.htm 文件行内样式

10.2.2　应用模板和指定可编辑区对应的区域

完成了页面的检查后，现在终于能将刚才制作的模板应用于所有整理完毕的单元页面。“潮玩香港”范例网站中有两个版型，分别为一栏式与二栏式，接着要按照网页内容选择合适的应用。

应用一栏式版型模板

现在以单元“玩乐地图”为 <map.htm> 为例进行应用模板的操作，该页的地图太宽，必须使用一栏式版型，主要内容放置在可编辑区中，区域名称定义为“content”，如图 10-14 所示。

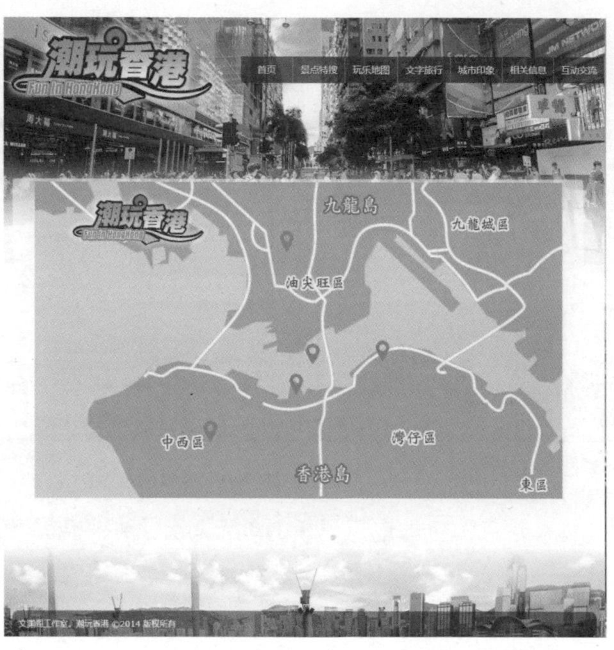

图 10-14　应用一栏式版型模板后的结果图

参考范例完成的结果
本书范例 \ 各章完成文件 \ ch10 \ map.htm

打开要应用模板的页面：<map.htm>，在“资源”面板单击 “模板”按钮，选择模板“hktravel-layout01”后再单击下方的“应用”按钮，如图 10-15 所示（“hktravel-layout01”为一栏式的版型）。

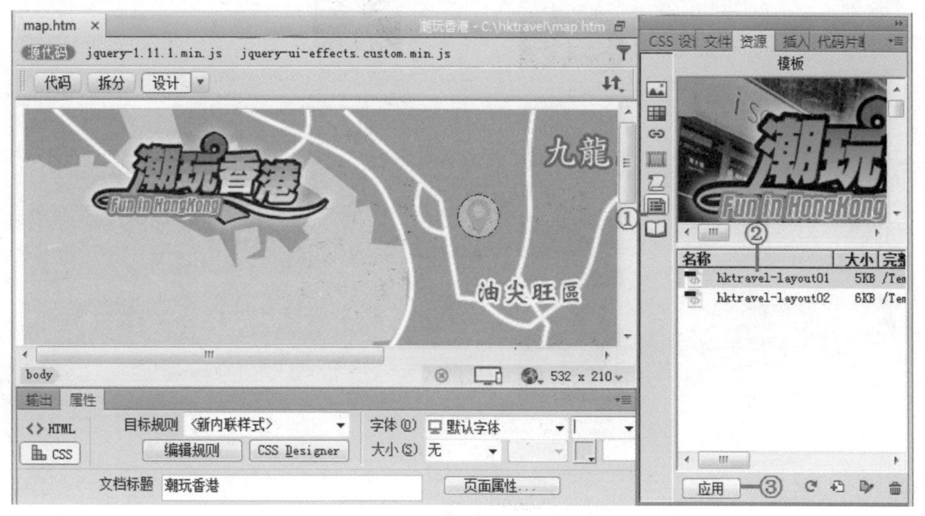

图 10-15　应用一栏式版型模板到 map.htm

此时会出现“不一致的区域名称”对话框，这是因为软件不知道当前页面上的内容要放置到模板的哪个区域中。在上方字段“可编辑的区域”中需要指定“Document body”与

“Document head”的对应区域，按序将其“将内容移到新区域”指定为“content”与“head”，再单击“确定”按钮执行模板的套用，如图 10-16 所示。

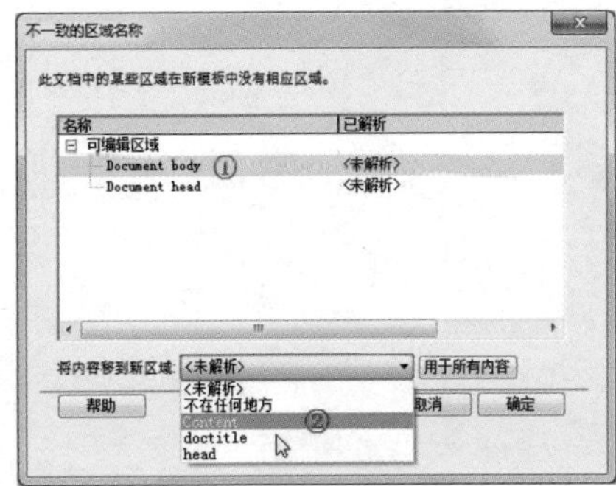

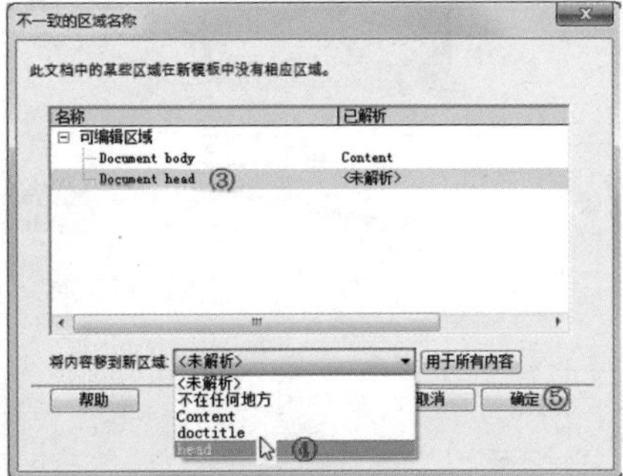

图 10-16　为“不一致的区域”确定模板的应用

步骤 03 最后记得单击“文件 \ 保存”将已应用模板的单元网页文件存盘，也可按 F12 键预览应用模板后的整体设计。

应用二栏版型模板

“潮玩香港”范例网站除了“玩乐地图”单元是需要应用一栏式版型，其余的均为二栏式版型，接着示范应用二栏式版型模板的操作，二栏式版型主要内容放置在左方的可编辑区，该区域名称定义为“content”，如图 10-17 所示。

图 10-17　应用二栏式版型模板的网页

参考范例完成的结果

< 本书范例 \ 各章完成文件 \ ch10> 文件夹中的：about.htm、blog-1.htm、blog-2.htm、blog-3.htm、cityimage.htm、contact.htm、information.htm、scenicspots.htm

步骤 01 先以“潮玩香港”范例网站首页单元“香港．说走就走”为例进行模板应用的操作，打开 <about.htm>，在“资源”面板单击 “模板”按钮，选择模板“hktravel-layout02”后再单击下方的“应用”按钮，如图 10-18 所示（“hktravel-layout02”为二栏式的版型）。

图 10-18　应用模板“hktravel-layout02”

步骤 02 此时会出现“不一致的区域名称”对话框，这是因为软件不知道当前页面上的内容要放置到模板的哪个区域里。此网页在“可编辑的区域”的“Document body”区域需指定“将内容移到新区域”为 content，如此一来网页中的主要内容会放置在模板的“content”可编辑区内，再单击“确定”按钮执行应用，如图 10-19 所示。

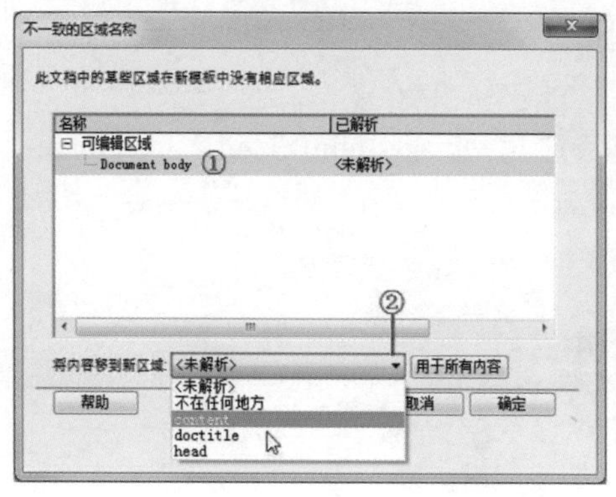

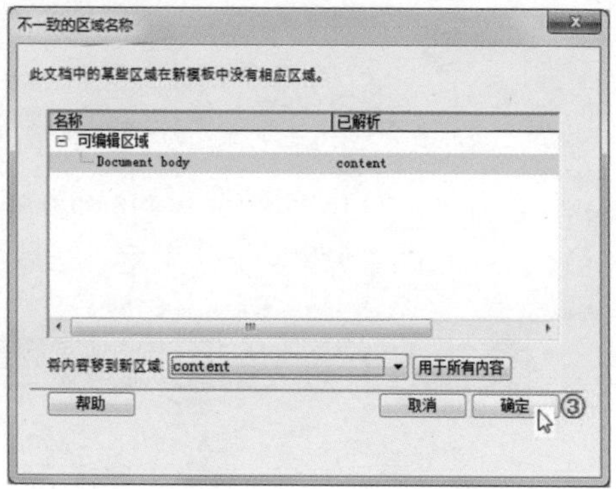

图 10-19　为“不一致的区域”确定模板的应用

步骤 03 接着以“文字旅行”单元页面为例，打开 <blog.htm>，在“资源”面板单击 “模板”按钮，选择模板“hktravel-layout02”后再单击下方的“应用”按钮，如图 10-20 所示。

图 10-20　为 blog.htm 网页应用 hktravel-layout02 模板

步骤 04　此时会出现“不一致的区域名称”对话框，这是因为软件不知道当前页面上的内容要放置到模板的哪个区域里。在上方字段“可编辑的区域”中需要指定“Document body”与“Document head”的对应区域，按序将其“将内容移到新区域”指定为 content 与 head，再单击“确定”按钮执行应用，如图 10-21 所示。

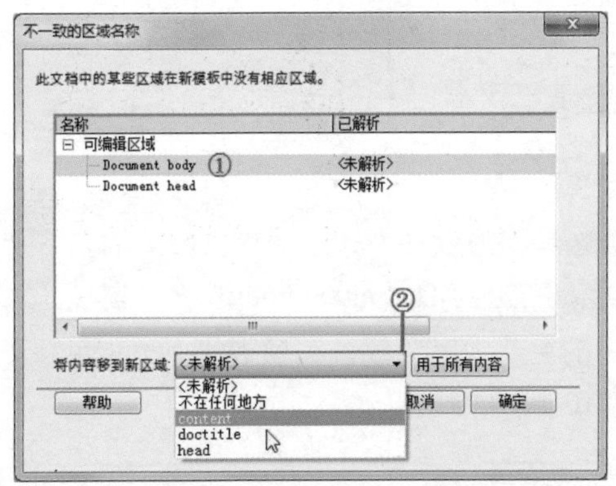

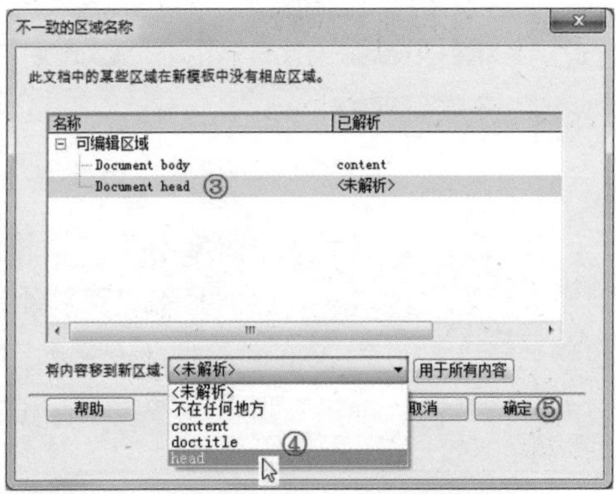

图 10-21　为“不一致的区域”确定模板的应用

步骤 05　按照相同的方式完成以下单元网页的模板应用：blog-1.htm、blog-2.htm、blog-3.htm、cityimage.htm、contact.htm、information.htm、scenicspots.htm。最后记得单击“文件 \ 保存”将已应用模板的单元网页文件存盘，之后按 F12 键预览应用模板后网页的整体设计。

10.3　模板的高级使用与管理

模板在创建完成后，如何有效地管理模板，让模板能够更新、重新命名、复制或删除，甚至是将文件从模板中分离，让模板能够更灵活应用呢？

10.3.1　由模板新建网页

使用 Dreamweaver 将模板应用到网页上有两种方法：一种方法是应用到新的网页，另外一种则是应用到现有网页上。在上一节的范例中已经示范了如何将模板应用到现有的页面上，以下将说明如何由模板新建网页。

步骤 01　单击菜单栏“文件 \ 新建”，在“网站模板”项单击要应用模板所在的网站，再选择合适的模板，单击“创建”按钮，如图 10-22 所示。

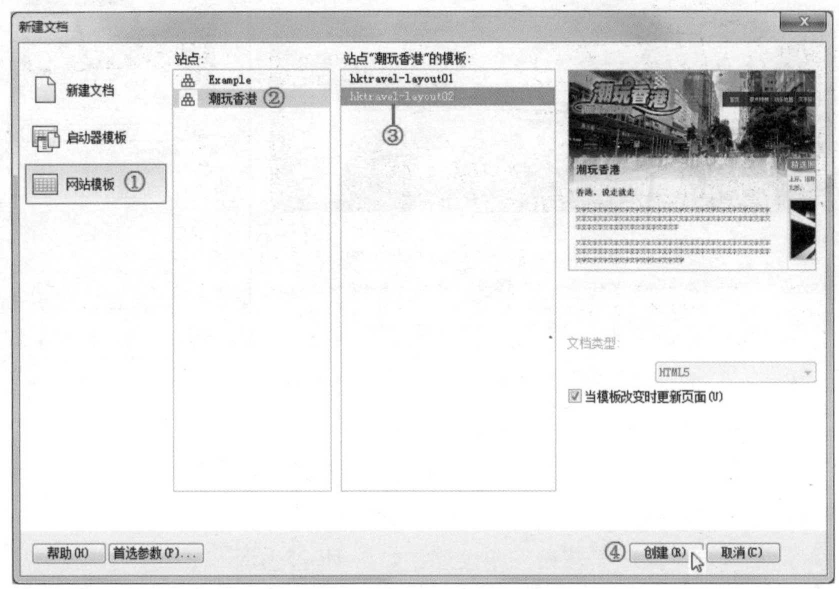

图 10-22　按选定的模板创建新的网页

步骤 02　在可编辑区域内输入适合的图像及文字后，就可以将此网页存盘成为新网页。在右上角会显示应用模板的名称，版面上一般区域为不允许编辑的区域，蓝绿色标签表示为可编辑区域，如图 10-23 所示。

图 10-23　蓝绿色标签表示此区域为可编辑区域

10.3.2　模板的管理

更新模板

当修改模板文件中的内容，Dreamweaver 会自动要求更新已经应用模板的文件。

在“资源”面板“模板”项下单击要调整的模板名称，单击面板下方的“编辑”按钮打开模板进行编辑，如图 10-24 所示。

图 10-24　单击模板进行编辑

完成模板的编辑和修改后，保存模板同时会开启“更新模板文件”对话框。单击“更新”按钮自动更新所有网页，在“更新页面”对话框选中“显示记录”会显示此次的更新内容与进度，最后单击“关闭”按钮完成设置，如图 10-25 所示。

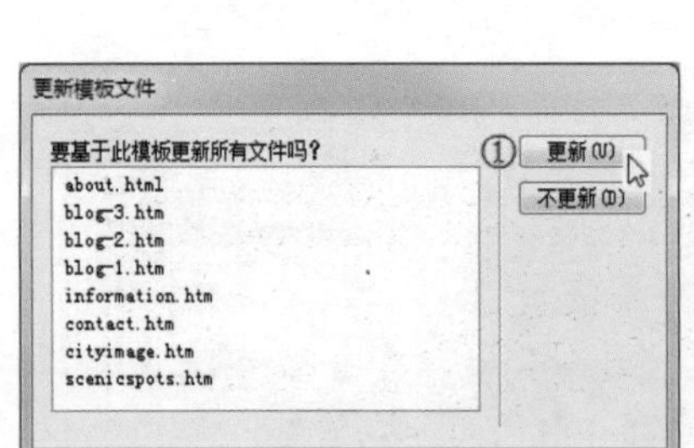

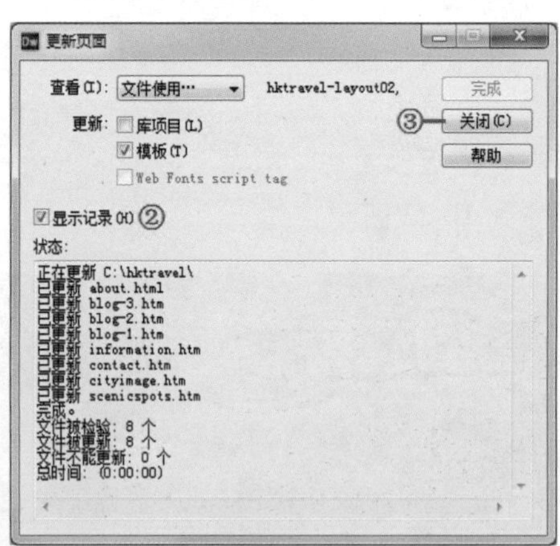

图 10-25　更新模板会触发应用该模板的网页更新

删除模板

在“资源”面板“模板”项选择要删除的模板，再单击面板下方的按钮或是按 Delete 键，接着会显示确认对话框，再单击“是”按钮后即可完成删除的操作。

复制模板到其他网站

可以将现有的模板复制到所编辑的其他网站中，让网站制作更加方便！在“资源”面板“模板”项选择要复制的模板，接着单击右上方的按钮，再单击“复制到站点”项到目的地网站名称就完成了，如图 10-26 所示。

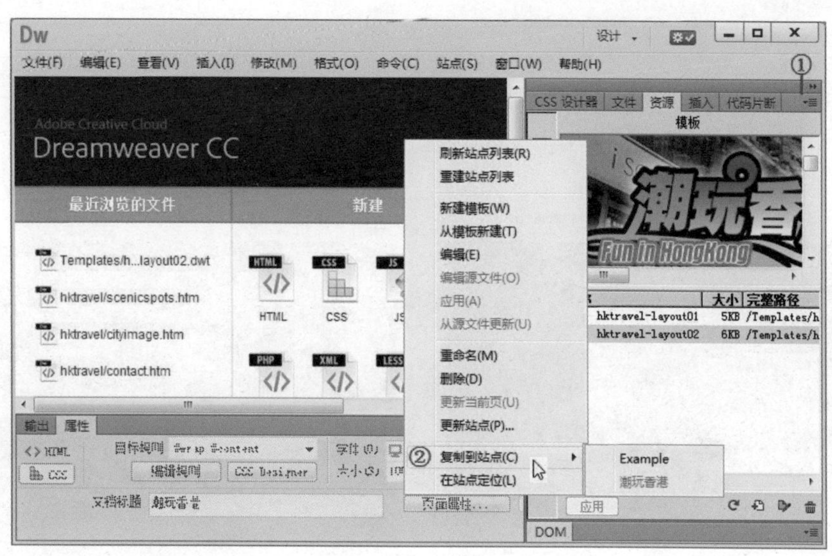

图 10-26　复制模板到网站

10.3.3　让文件从模板中分离

能不能在应用后决定要与模板文件脱离链接的关系呢？当然可以！单击菜单栏“修改 \ 模板 \ 从模板中分离”，原本在网页右上角出现的模板名称标签就会消失，变成一般网页，这样一来就算模板文件有所更改、编辑修改均不会影响到这个已跟模板文件分离的文件，如图 10-27 所示。

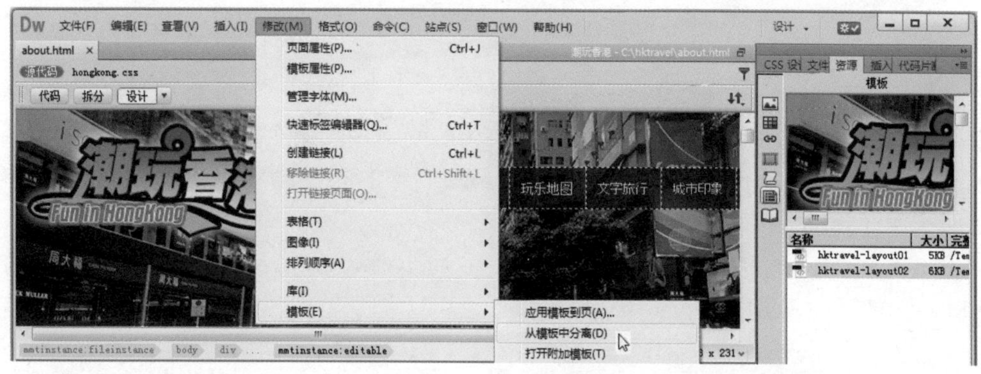

图 10-27　将网页从模板中分离

小提示

应用模板的页面可否返回未应用前的状态

“从模板中分离”功能只能去除模板的限制，而无法回到未应用模板前的页面状态，这是要特别注意的。

10.4 课后练习

实践题

按照如下提示，将“KNOWLEDGE 宇宙与太阳系”网站应用模板，如图 10-28 所示。

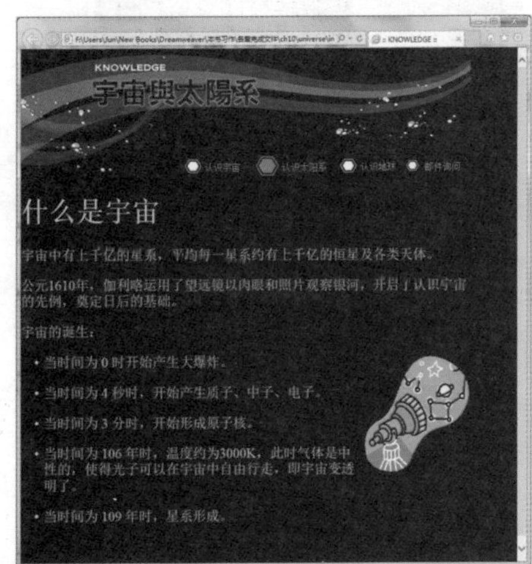

图 10-28 将“KNOWLEDGE 宇宙与太阳系”网站应用模板

参考范例完成的结果

本书范例 \ 各章完成文件 \ ch10 \ universe \ index.htm

实践提示

将下载文件中 <本书习题 \ 各章原始文件 \ ch10 \ universe> 文件夹复制到 <C:\ exercise> 文件夹下。进入 Dreamweaver 后定义该网站，设置“网站名称”为“宇宙与太阳系”，“本地站点文件夹”设为刚才复制的 <C:\ exercise \ universe> 文件夹。

打开 <layout.htm>，将此文件转换为模板文件 <universe.dwt>，而其中正文可编辑区命名为“EditRegion1”，如图 10-29 和图 10-30 所示。

图 10-29 将 layout.htm 网页转换为模板文件 universe.dwt

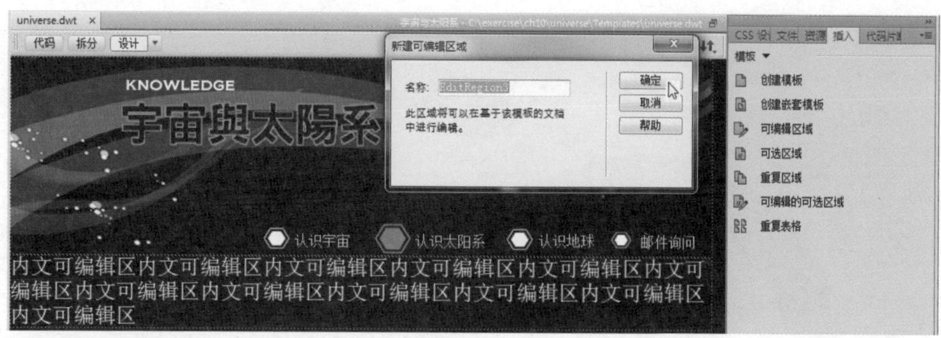

图 10-30　新建可编辑区

分别把各单元“认识宇宙”、“认识太阳系”、“认识地球”与“邮件询问”通过“属性”面板的“链接”栏设置链接至 <index.htm>、<002.htm>、<003.htm> 与“mailto:123@e-happy.com.tw”，然后保存模板，如图 10-31 所示。

图 10-31　设置链接并保存到模板中

打开 <index.htm>、<002.htm> 与 <003.htm>，将文件逐一应用 <universe.dwt> 模板文件。请单击菜单栏“文件 \ 保存”，再按 F12 键来预览一下，这样就完成“宇宙与太阳系”网站，如图 10-32 所示。

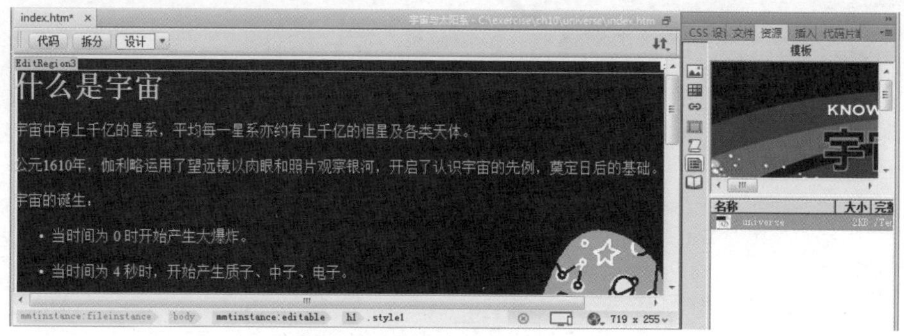

图 10-32　逐一应用模板到每个网页

第 11 章

网站文件发布与维护

网站制作完成，并不代表所有工作已经完成。接下来的上传推广与维护，才是网站能够发光发热的重要工作！

11.1 申请一个免费空间

做好的网页，一直要到正式上传到网站服务器上，让全球各地的朋友可以浏览才算完成。目前大部分 ISP 公司都提供了相当完整的配套服务，用户可根据自己的需求自行斟酌选用。而对一般不是以营利为主的站长们，也有福了！因为有许多知名网站，以开发网络社群的观念，允许个人以非营利的方式向他们申请，更诱人的是，这些服务大多提供了 5 MB~200 MB，甚至更大的免费空间让用户放置网页，这对于小型网站或个人网站都已经相当足够了！准备好了吗？马上进入网站的世界。

11.1.1 申请前的注意事项

1. 国外与国内免费空间网站：国外提供免费网页空间的 ISP 公司，大多提供 10MB 以上、甚至标榜着无限的网页空间，并支持 CGI、PHP 等，但因距离的关系，其速度可能不比国内网站快。而且如果对英文界面不太适应，其实国内的免费网站空间也是一种量身打造的好选择。

2. 义务性广告：申请免费网页空间，不可避免的是其附带的广告，一般来说都是开启网站时才会自动弹出其广告的小窗口，并不会影响到网站的内容。俗语说，受人点滴之恩当涌泉以报，可别觉得烦呀！

3. 文件上传的方式：每个空间服务器所允许的上传方式可能会有些不同，一般来说使用 FTP 软件上传会比 Web FTP 上传方式方便一些，又能配合许多网页编辑软件，在选择网页空间时，可以做为重要的考虑。此外，提醒 FTP 上传网址和 WWW 网站的地址是不太一样的，还请多留意。

小提示

CGI 与 PHP 的使用

CGI、PHP 等程序通常是用来制作计数器、留言板、讨论区等交互式的表单处理，其相关使用方式可以通过各大搜索引擎得知。

11.1.2 开始申请

近年来经济不景气，许多原来提供免费空间的网站，不是结束营业，就是要收费。目前网页的免费空间越来越少，大家动作可要快啊！

在此以“狮子的免费虚拟主机”网站为例申请免费空间。“狮子的免费虚拟主机”网站不仅免费提供 10GB 的空间、100G 每月流量、也支持 PHP 与 MySQL，还有 FTP 上传。以“狮子的免费虚拟主机”目前所提供的规格，已经足以应付刚创建好的网站。

改编者注

由于原书为台版书，所以本节的例子网站为繁体网站，读者可以根据自己的情况，在实际应用中选择国内提供免费网站空间的服务商。

步骤01 开启浏览器，进入“http://lionfree.net/”网站首页，若是第一次使用此网络空间，必须先申请账号，单击首页上方“Register”进入申请画面，如图 11-1 所示。

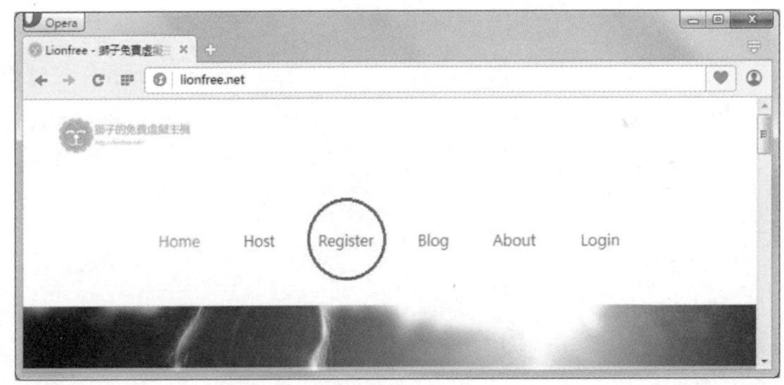

图 11-1 “狮子免费虚拟主机”网站的首页

步骤02 输入注册使用的电子信箱并保持其正确性，因为后面就要使用这个电子信箱收取启动账号的邮件。接着输入姓名、设置国家，设置密码与确认，然后在同意服务条款后单击“立即注册”按钮。如图 11-2 所示。

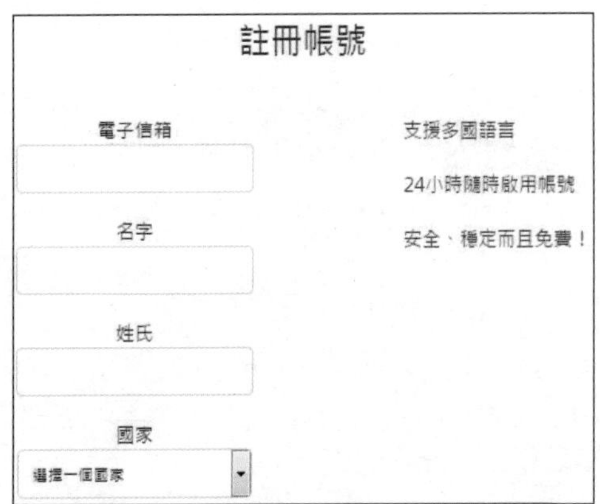

图 11-2 注册账号

步骤03 申请成功后页面上会显示信息，告知系统已经寄出一封账号激活邮件到刚才注册时用的信箱，如图 11-3 所示。

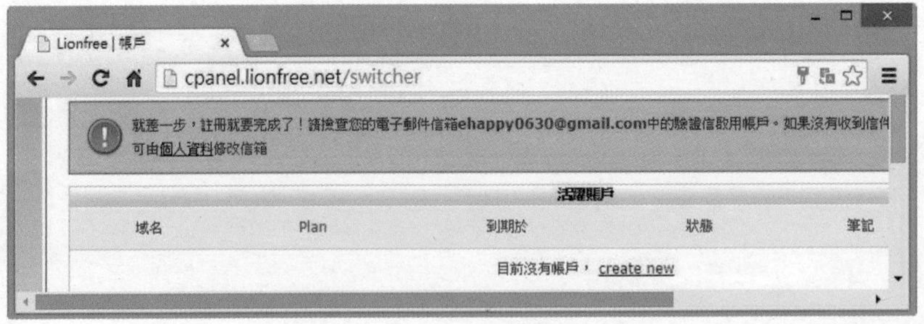

图 11-3 提示注册用户系统已经寄出一封账号激活邮件

步骤 04　进入注册的信箱，果然收到由系统寄出的账号激活邮件，接着单击邮件的启用链接。此时在打开的页面中，选择主机方案“free_plan”，再单击“选择”按钮，如图 11-4 所示。

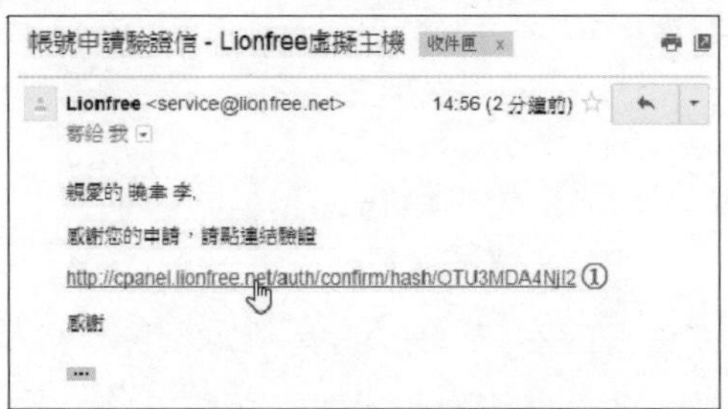

图 11-4　单击账号激活邮件中的启用链接

步骤 05　输入网络子域、FTP 登录密码及验证码，完成新账户的创建后，进入注册的信箱，打开账户创建成功的通知邮件，上面会显示新账户信息、控制面板详细数据、FTP 服务器数据等，请记得妥善保管，如图 11-5 所示。

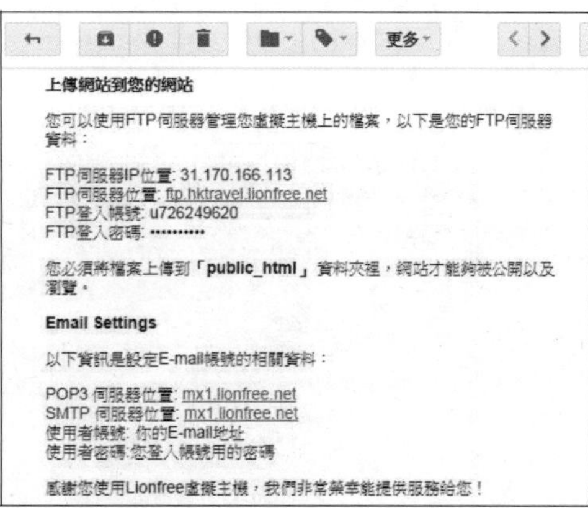

图 11-5　输入各类信息完成新账户的创建，之后在创建成功的通知邮件中可以看到详细的账户信息

11.2　从 Dreamweaver 上传网站

既然已为网页寻找到了合适的网站空间，接下来就是要将整个网站上传到服务器中。利用 FTP 的方式，将主机内本地文件夹中的文件利用 Dreamweaver 内置功能上传到远程服务器，即上传到网站的服务器中。

11.2.1　定义远程信息

选择要设置的网站，单击菜单栏“站点 \ 管理站点”以开启“管理站点”对话框，选择“潮玩香港”，单击下方的 “编辑当前选定的站点”按钮，如图 11-6 所示。

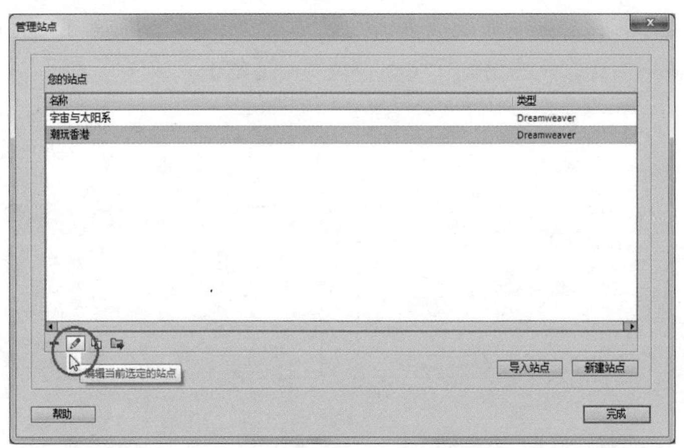

图 11-6　选择网站

步骤 02 进入“站点设置对象”对话框，在“服务器”单击 ✚“添加新服务器”，输入服务器名称：hktravel，设置“连接方法”为 FTP、输入上节申请免费网站空间所获得的 FTP 服务器主机地址、账号、密码与 Web URL 后，单击“测试”按钮，确认链接后，再点击两次“保存”按钮就完成了，如图 11-7 所示。

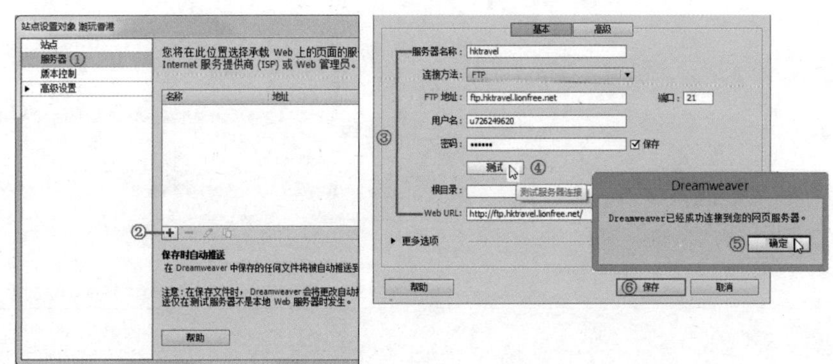

图 11-7　为所选网站添加远程服务器

步骤 03 回到“管理站点”对话框，最后单击“完成”按钮，如图 11-8 所示。

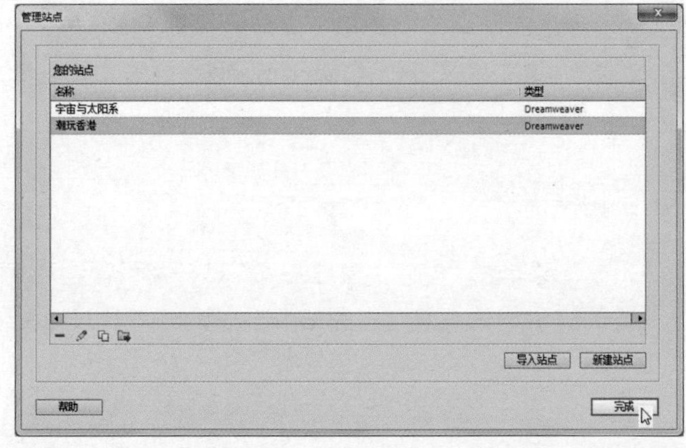

图 11-8　完成管理网站的设置

小提示

Dreamweaver 中可以使用的远程访问方式

服务器：即用来设置连接远程文件夹（也称为远程服务器）中所在的网站服务器；其相关“连接方法”的功能如下，如图 11-9 所示。

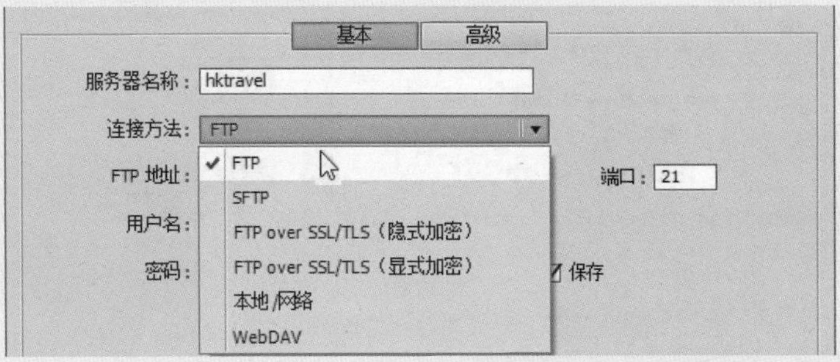

基本 高级
服务器名称：hktravel
连接方法：FTP
FTP 地址： 端口：21
用户名：
密码： 保存
FTP
SFTP
FTP over SSL/TLS（隐式加密）
FTP over SSL/TLS（显式加密）
本地/网络
WebDAV

图 11-9 选用远程访问的方式

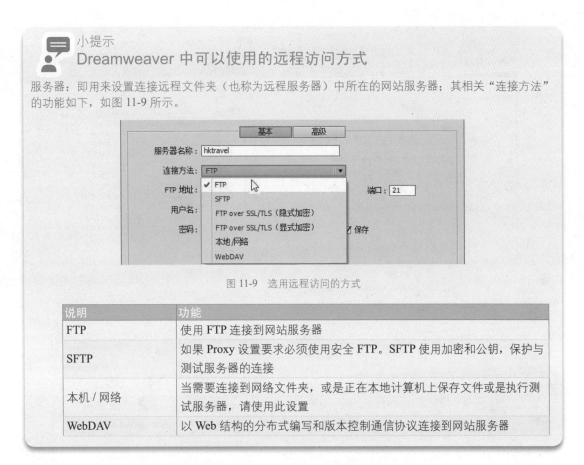

说明	功能
FTP	使用 FTP 连接到网站服务器
SFTP	如果 Proxy 设置要求必须使用安全 FTP。SFTP 使用加密和公钥，保护与测试服务器的连接
本机 / 网络	当需要连接到网络文件夹，或是正在本地计算机上保存文件或是执行测试服务器，请使用此设置
WebDAV	以 Web 结构的分布式编写和版本控制通信协议连接到网站服务器

11.2.2 连接、上传

每个网站所支持的服务不一，所以建议一定要先看过网站的公告，例如：文件名、首页、上传等限制，才不会白忙一场。

步骤 01 在“文件”面板选择“潮玩香港”，单击“展开以显示本地与远端网站”按钮切换至全屏幕传送画面，如图 11-10 所示。

图 11-10 切换至同时显示本地网站和远端网站的方式

步骤 02 然后在上方，单击“连接到远程服务器”按钮开始进行连接，如图 11-11 所示。

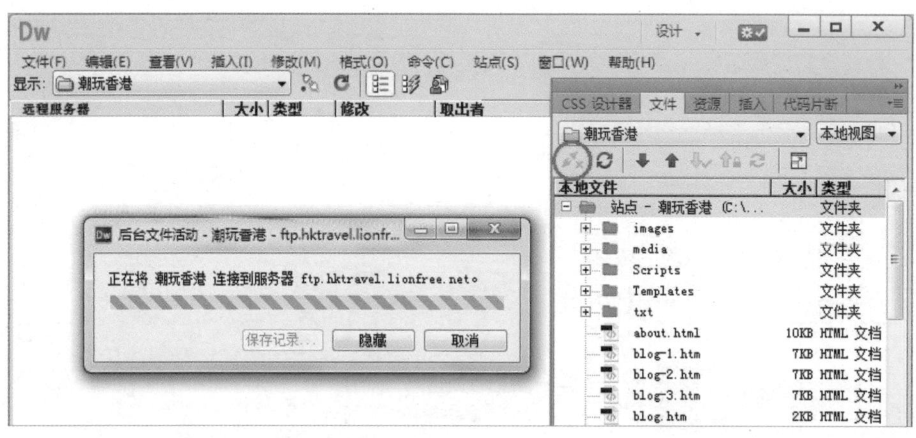

图 11-11　连接本地网站到远程服务器

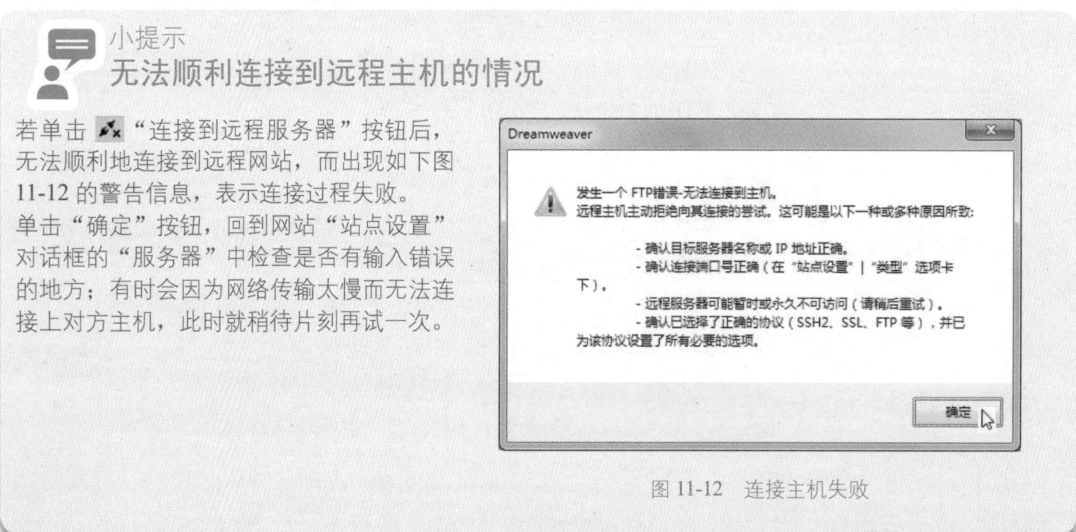

小提示

无法顺利连接到远程主机的情况

若单击“连接到远程服务器”按钮后，无法顺利地连接到远程网站，而出现如下图 11-12 的警告信息，表示连接过程失败。

单击“确定”按钮，回到网站“站点设置”对话框的“服务器”中检查是否有输入错误的地方；有时会因为网络传输太慢而无法连接上对方主机，此时就稍待片刻再试一次。

图 11-12　连接主机失败

步骤 03　要上传网页了。单击菜单栏“编辑 \ 全选”选择“本地文件”的文件夹内所有的文件，寻找到远程服务器后，便会在窗口左侧“远程服务器”字段中看到当前的文件目录，单击按钮上传文件，如图 11-13 所示。

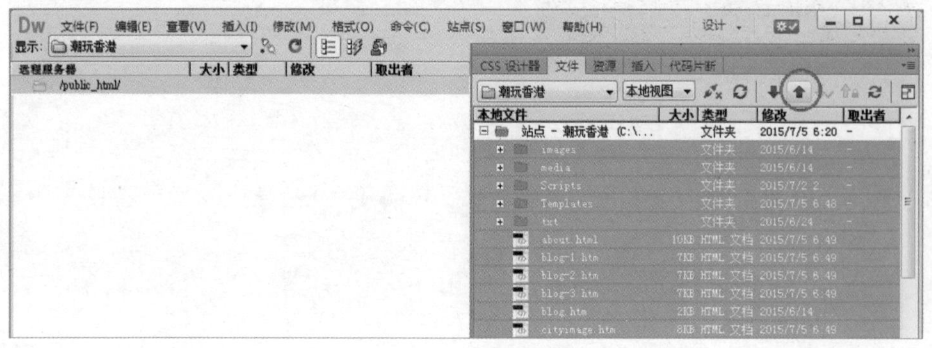

图 11-13　选择需要上传的文件

步骤04 选择将整个网站的内容上传到“远程服务器”，期间就会出现开始传送的对话框，当上传完成后即会显示上传的明细，如图 11-14 所示。

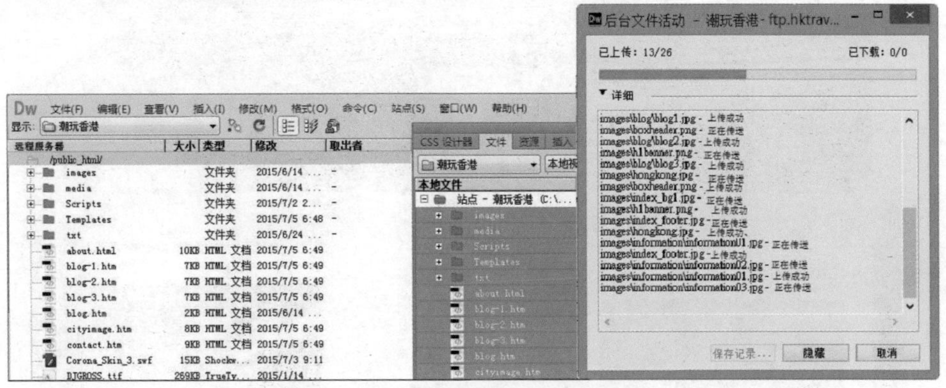

图 11-14 将本地网站的文件上传到远程服务器

小提示

上传文件的注意事项

如果只要上传某文件夹或某几个文件时，按 Shift 键（可连续选择多个文件）或 Ctrl 键不放（可分开选择多个文件），选择需要上传的文件夹或文件后再单击 “上传文件”按钮即可。

在单独选择某个网页文件上传时，会弹出“相关文件”对话框询问是否上传相关文件，若只要上传该文件时请单击“否”按钮，如此才不会连其他相关文件也牵动了。

小提示

如何解决上传过程中所出现的错误？

若在上传的过程中 Dreamweaver 完全停止执行、没有响应了，表示程序负荷不了一次传送整个网站内容或是远程主机正于繁忙中，别担心！此种情形经常会发生，在此说明应变的方法。

按 Ctrl + Alt + Del 键一次，开启 Windows 任务管理器对话框，在“应用程序”

标签的“任务”项中会看到上传网站的动作已呈现“未响应”状态，单击该项再单击“结束任务”按钮关闭此项程序。

重新开启 Dreamweaver 程序选择已定义好的网站，此时建议以一次一个文件夹的方式上传，以避免再次发生程序没有响应的情形。

在前面已介绍网页命名的限制：不可使用中文文件名。如果使用了中文文件名，上传时将会出现强制重新命名的信息，单击“确定”按钮继续（建议改为英文文件名再重新上传更为保险）。

11.2.3 上网瞧瞧网站

花费好一段时间来上传，想必已迫不急待地想上去瞧瞧。

开启浏览器，在“地址栏”处输入申请的首页网址，在此例中申请的网址为 http://www.hktravel.lionfree.net/，看看是否可在网络上成功地开启网站，如图 11-15 所示。

图 11-15　潮玩香港旅行网站

11.3　推广网站

现今 Internet 上的网站不胜其数，而又新又炫的作品又如雨后春笋般冒出来，怎样才能让别人注意到自己的网站、并且知道网站到底在哪儿呢？此时别忘了一直在身边的好伙伴：E-mail 以及社群网络服务，这是两项便宜又方便的宣传渠道。

11.3.1　利用电子信箱通知亲朋好友

在充斥电子信息的时代，利用 E-mail 来通知亲朋好友们："我有新网站了"，既简单又快速。不过在发布之前建议在此 E-mail 中加入简介与网站地址说明，如此一来更能达到宣传效果，如图 11-16 所示。

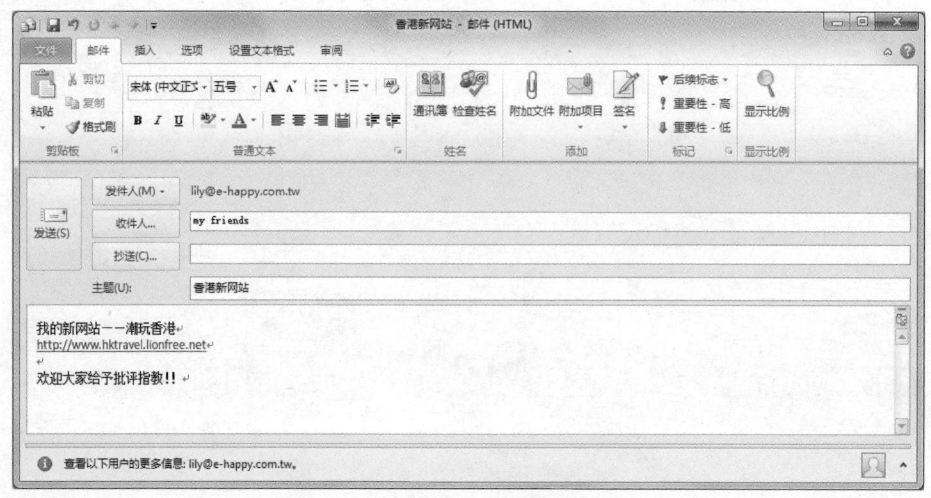

图 11-16　利用 E-mail 传送通知信息

11.3.2　各大搜索引擎网站登录

所谓“登录”就是通过在线申请，只要网站经过该入口网站的管理人员审核通过，就可以将网站登记到该分类搜索数据库中，这对网站经营者而言，是一个增加曝光率的重要途径。

步骤 01　一般登录搜索引擎的方法几乎大同小异，在此以“百度”搜索引擎开始着手，链接至“http://www.baidu.com/search/url_submit.html”，在页面中间“请填写链接地址”输入需要推广的网站之 URL，之后单击“提交”按钮，如图 11-17 所示（若还未登录“百度”账户会要求先登录）。

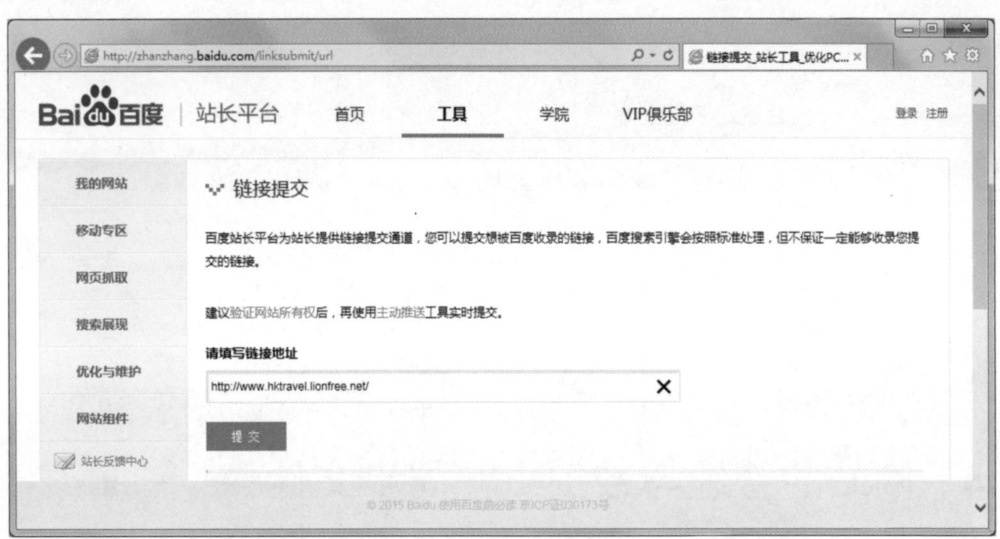

图 11-17　登录百度推广网页

步骤 02　如果登录，成功则显示如图 11-18 所示的确认提示窗口。

图 11-18　链接提交成功

小提示

多方登录其他搜索引擎

在申请大家都非常熟悉的搜索引擎时，可以预期同时申请添加 URL 至“百度”索引的人不在少数，在申请后可能要等上数个钟头到上个月不等。因此，建议多方登录其他搜索引擎，来增加网站的曝光率。

11.3.3 网络资源大公开

社群网站

以下两个有名的社群网站，提供参考：

站名	网址
百度	http://www.baidu.com /
腾讯 QQ	http://im.qq.com/

搜索引擎

以下为国内、外著名搜索引擎网址，供参考。

站名		网址
国内	百度	http://www.baidu.com
	新浪	http://www.sina.com.cn
	搜狐	http://www.sohu.com/
国外	谷歌	http://www.google.com
	bing	http://www.bing.com
	Lycos	http://www.lycos.com/

11.4 网站的管理与维护——同步文件

“同步文件”是个可以将最新版本的文件在远程网站间来回传送的功能。当在网站“本地文件”更新后，势必将更新的文件再次上传，而经过多次上传、更新后，可能使得“远程服务器”内多了许多旧的文件，十分浪费空间，此时就必须使用“同步文件”功能。

一个好的网站最重要的是有个好主人。常到网络上溜达的用户，想必常看到许多内容已过时很久了、网页没有用心设计、一直在施工中，甚至已被主人遗忘的网站，所以当网站上传到 Internet 后，除了将新网站推广给亲朋好友外，也别忘了经常检查一下整个网站结构的运行，时时更新修改。而 Dreamweaver 针对网站的管理与维护方面，设计了许多好用的功能，让网站维护更轻松、胜人一筹。

11.4.1 与远程服务器同步

进入扩展的版面模式，与远程服务器连接后，单击菜单栏“站点 \ 同步站点范围”开启“与远程服务器同步”对话框，选择要同步的目标与方向，再单击“预览”按钮开始检测，如图 11-19 所示。

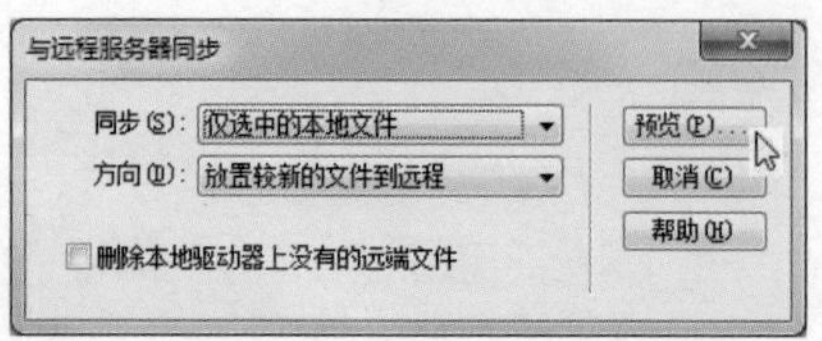

图 11-19 与远程服务器同步

检测的结果，会出现一个对话框告知“本地文件”内更新完成而需上传至“远程服务器”的文件。在此对话框中，确认想要删除、上传及下载的文件项，单击“确定”按钮即开始同步，如图 11-20 所示。

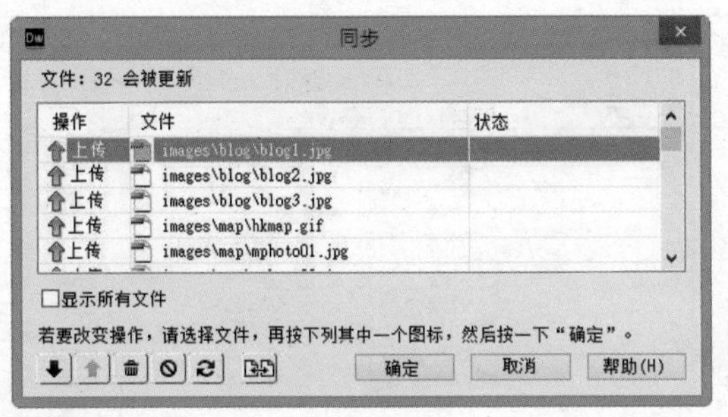

图 11-20　本地文件与远程服务器中的文件同步

11.4.2　同步其他设置

如果在“与远程服务器同步”对话框选中“删除本地驱动器上没有的远端文件”，Dreamweaver 就会删除“远程服务器”中没有对应到本地文件的所有文件，如图 11-21 所示。

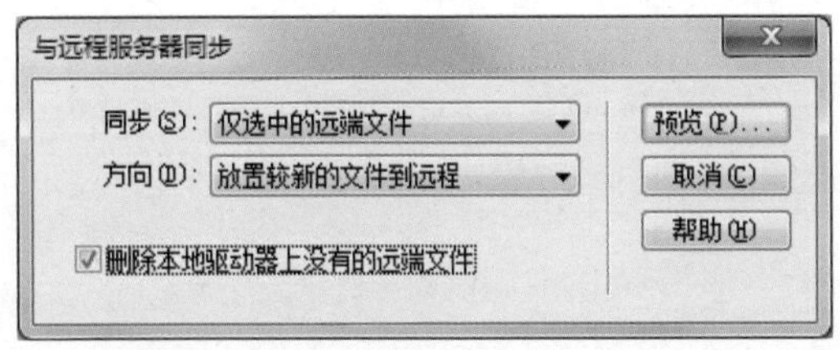

图 11-21　选中“删除本地驱动器上没有的远端文件”

在同步文件时，也有其他不错的选择：

功能		说明
同步	整个‘网站名称‘站点	要同步整个网站
	仅选中的远端文件	如果只想同步选择的文件时使用
方向	放置较新文件到远程	上传修改日期比远程网站新的本地文件
	从远程获取较新的文件	下载修改日期比本地文件新的远程文件
	获得与放置较新的文件	将文件最新版本同时置于本机和远程网站

11.5　操作秘技与重点提示

在本节中介绍网站上传应用的方法，包括了上传、下载、删除远程文件以及检查链接情况等。

11.5.1　上传、下载与删除远程文件

列举几项上传、下载文件的方法。

步骤01 按 Shift 键或 Ctrl 键不放，单击“本地文件”内的文件夹或文件，即可只上传选定的文件夹或文件。此外，用鼠标直接按住选定的文件不放，拖动到“远程服务器”目录中再放开，即可将选择的文件、文件夹上传至远程服务器，如图 11-22 所示。

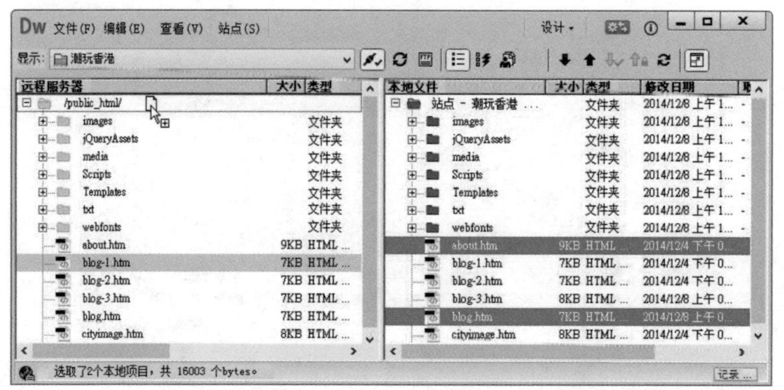

图 11-22　通过鼠标拖放将选择的文件或者文件夹上传至远程服务器

步骤02 同样，选择“远程服务器”内的文件夹或文件不放，拖动到“本地文件”目录中再放开，便可执行“下载文件”的功能（将网站的文件下传至用户的硬盘内）。

步骤03 关于删除上传文件方面：若上传了不必要的文件或文件夹时，只要在左侧的“远程服务器”中，选择要删除的文件或文件夹，接着按 Delete 键删除即可。而在删除过程中，系统会弹出一个信息对话框，要求网站管理员再次确认是否要删除此文件或文件夹，单击“是”按钮将它删除。

小提示

找回删除的文件

在 Dreamweaver“本地文件”中，删除的文件是无法直接恢复的！必须到“回收站”中寻找才行，所以要删除文件时请务必三思而行。

11.5.2　检查整个网站的链接情况

修正大型网站上中断的链接（没有遵循有效路径或指向不存在文件的链接）是一项沉闷又费时的工作。这是因为大型网站可能包括数百个与内部和外部文件的链接，而这些链接可能会随着时间变迁而有所变更，到底哪些文件的链接出现问题？哪些链接是无效的？这些问题常让处理网站数据的小组成员混淆与头痛，现在交给 Dreamweaver 来办吧！

步骤01 进入扩展的版面模式，单击菜单栏“站点 \ 检查站点范围的链接”，开启“结果”面板群组中的“链接检查器”标签。在“显示”列表中有三种检查方式，若选择“断掉的链接”，可让 Dreamweaver 帮忙找出有问题的文件，如图 11-23 所示。

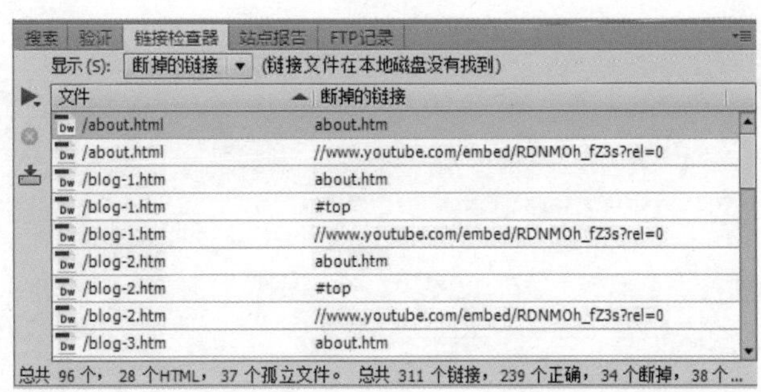

图 11-23　选择“断掉的链接”检查方式来找出有问题的文件

步骤 02　可直接在有问题的链接上双击鼠标左键来修改，或如图 11-24 所示直接单击“浏览文件”按钮浏览网站中正确的路径，将断掉的链接更改过来。

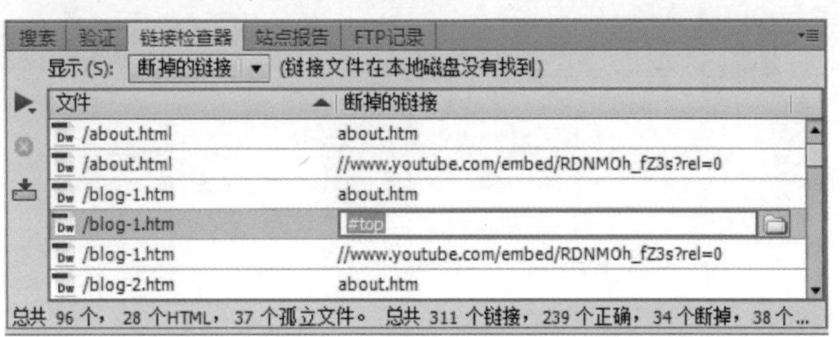

图 11-24　更改断掉的链接

步骤 03　若选择“显示：外部链接”，可查找出链接到外面网站地址的网页，然后自行检查所链接的网站地址是否需更改或变动，如图 11-25 所示。

图 11-25　选择“外部链接”的检查方式

若选择“显示：孤立的文件”，下方列表中显示的所有文件不代表都有问题，只是将此类型的文件列出，大部分是没用到的图像文件或文本文件，仔细浏览一次文件名后，可利用此次机会将“真正”的垃圾文件按 Delete 键删除到回收站中，如图 11-26 所示。

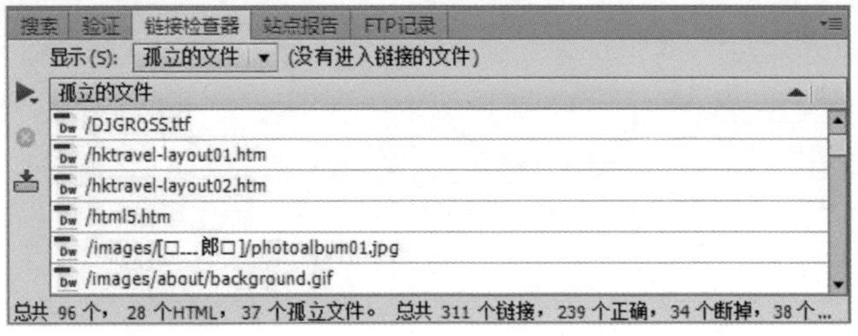

图 11-26　选择“孤立的文件”以便找出真正不再使用的文件

小提示
更改网站的链接

为什么常有“断掉的链接”呢？许多人还是习惯在“Windows 资源管理器”窗口中移动、更名、删除网站中的文件，在此提醒用户，这样的更改操作一定要在 Dreamweaver 中进行，因为 Dreamweaver 会自动更改链接设置，避免产生断掉的链接。
如果想将网站中某个链接一次更换为另一个新的链接，可单击“站点 \ 改变站点范围的链接”开启对话框，将“更改所有的链接”与“变成新链接”的链接目标填上并单击“确定”按钮，最后在“更新文件”对话框中再次确认后，单击“更新”按钮即可，如图 11-27 所示。

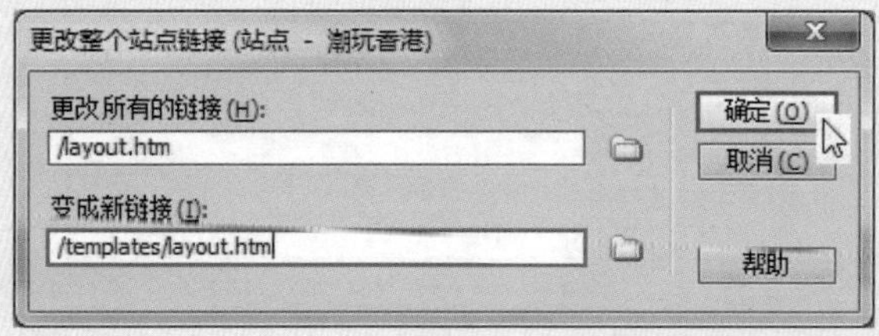

图 11-27　更改整个网站的链接

11.5.3　文件的取出与存回

目前的网络世界中，创建及维护一个网站，已不是一个人可以包办的工作了，而是需要一个团队的合作了，也唯有团队的分工，才能有所进展、有所突破。

在这种需要协同的环境中工作，常会发生“同一个文件、多人同时修改”的问题，到头来不知道哪一个文件才是最新、最正确的。此时“取出文件”与“存回”两个功能就能有效地控制文件的修改权，从而解决了这个问题。

何谓取出与存回

取出文件即指“取得文件的编辑权”，如同宣告着“我当前正在使用这个文件，请不要碰它！”当文件被取出后，在面板中会显示取出文件者的名称，并且在文件图标旁附加一个红色复选标记（如果是小组成员取出这个文件）或绿色复选标记（如果是取出这个文件）来防止多人同时打开同一个文件。

存回即指“还回文件的编辑权”，使文件能够让其他成员取出和编辑。当将编辑后的文件存回时，“远程服务器”会变成只读，而且“本地文件”中的这个文件旁边会出现锁匙状符号，防止对文件进行更改。

使用取出与存回的方法

步骤 01 进入扩展的版面模式，单击“站点 \ 管理站点”开启“管理站点”对话框，选择要设置的网站（在此例中选择“潮玩香港”），接着单击“编辑当前选定的站点”按钮，如图 11-28 所示。

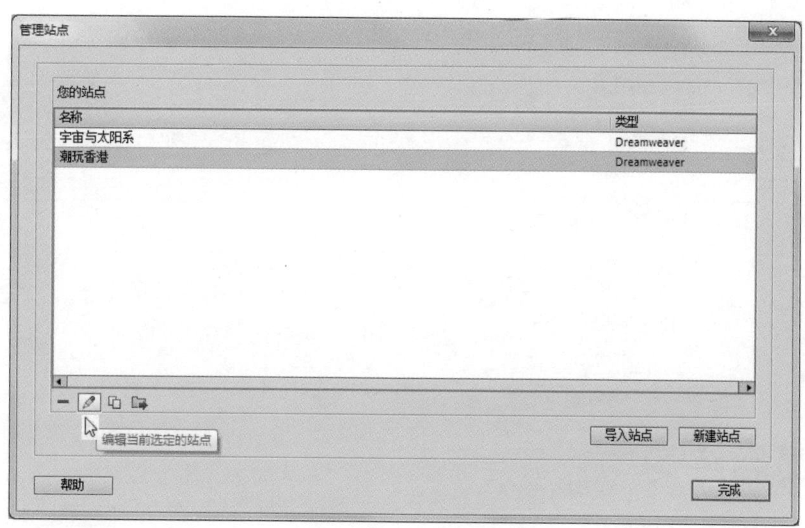

图 11-28　单击需要编辑的网站

步骤 02 进入“站点设置对象：潮玩香港”对话框“服务器”，选择存放网页的服务器后，单击“编辑现有服务器”按钮。单击“高级”标签，选中“启用文件取出功能”，输入“取出名称”、“电子邮件地址”数据，最后按两次“保存”按钮，如图 11-29 所示。

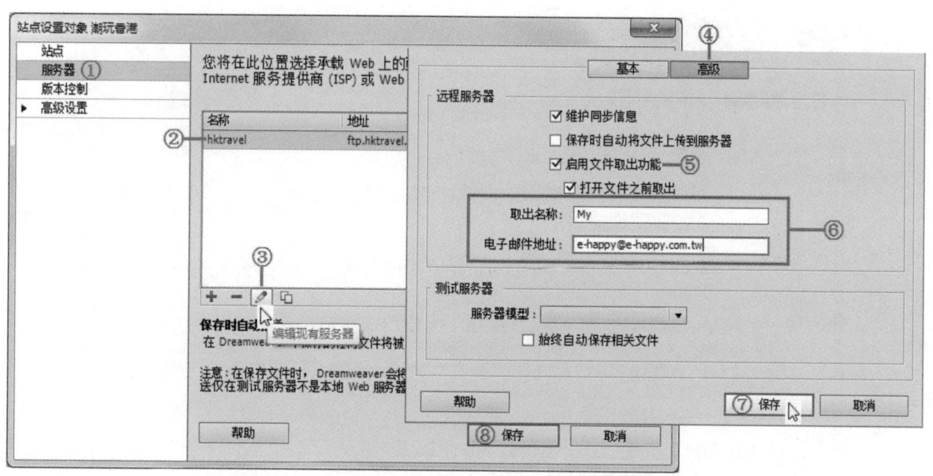

图 11-29　启用文件取出功能

步骤 03 回到“管理站点”对话框中，单击“完成”按钮。

步骤 04 回到网站窗口之后，切换至全屏幕传送画面，单击“连接到远程服务器”按钮与远程服务器建立连接，在“本地文件”与“远程服务器”窗格中“取出者”一列记载着该文件当前取出与存回的状态，上面会显示不同人名，即是当前掌握该文件的编辑权的人名。而取出和存回的操作，是使用“站点”窗口上方的“取出文件”与“存回文件”两个按钮来操作。

小提示

文件的取出与存回

如果所申请的免费网站空间之服务器没有完整支持取出与存回的功能，在使用时可能会出现提示信息告知无法使用。

取出新文件时最好一并下载相关文件，但如果确定本地磁盘上已经有最新版本的相关文件时，就没有必要再下载了。

取出文件修改后请记得将文件存回，如此其他用户才知道已使用完毕。

在编辑时有任何问题要与某个文件当前的编辑者沟通时，可以直接单击这个文件后方的人名，此时 Dreamweaver 会根据每个人在网站定义时所写下的“电子邮件地址”，开启电子邮件信箱软件发信与其联络。

11.6 课后练习

实践题

试着按本章的说明，为用户的网站（前面各章课后练习的作品均可）寻找一个免费的空间，上传、管理并推广该网站，如图 11-30 所示。

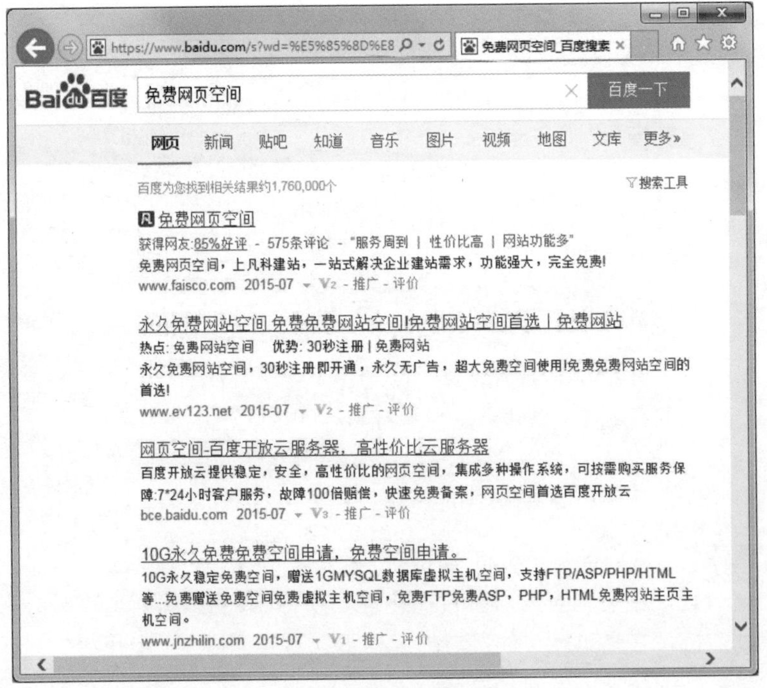

图 11-30　在网上为用户的网站搜索一个免费的空间

实践提示

利用搜索引擎寻找免费空间，其过程中可以参考其他人在网站或者博客分享的使用经验，为自己的网站找到一个最佳的免费空间。

第 12 章

使用 CSS DIV 网页排版

DIV 标签可以解释为以区块形态来规划网页的一种设计元素，以 DIV 标签建立网页区块，再搭配 CSS 语法美化网页宽高、底色、文字与插入方式等，不仅更显专业，整体版型的灵活度也大幅提升。

12.1 认识 DIV 标签

以往传统网页设计经常使用 Table（表格）来构建网页，这样的构建方式对于网页整体排版来讲并没有太大的问题，也可兼容于各种浏览器。但是当 Table 表格有过多的嵌套，或表格内的数据（如图像文件或视频文件）较多时，就可以感觉到网页开启速度变慢。现在新一代设计采用了 CSS + DIV 的排版方式，可改善效率问题并提升网页呈现变化时的弹性。

DIV 标签可以解释为以区块形态来规划网页的一种设计元素，以 DIV 标签建立网页区块，再搭配 CSS 语法美化网页宽高、底色、文字与插入方式等，不仅更显专业，整体版型的灵活度也大幅提升。一般以 DIV 标签规划网页结构时常会区分为表头区块、选单区块、侧边栏区块、主内容区块、页尾区块等。一份以 DIV 标签排版的文件，除了新建文件自己从头开始构建结构，也可以直接应用 Dreamweaver 设计好的 DIV 版面。

在 Dreamweaver 中单击菜单栏“文件\新建”，在“新建文档”窗口单击“新建文档”再单击“文档类型”为 HTML 模板、“布局”为无。单击“创建”按钮，就可以创建一个 HTML 的空白网页，如图 12-1 所示。

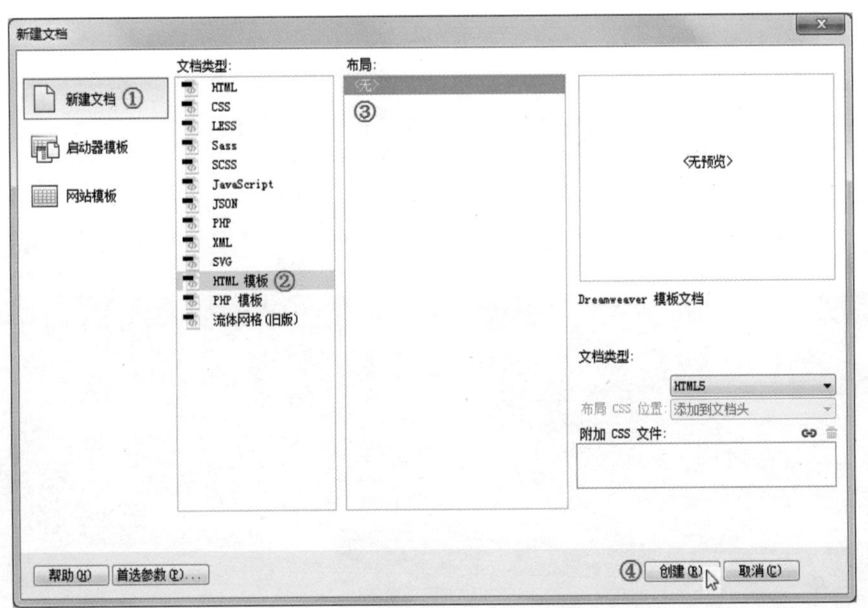

图 12-1　新建一个 HTML 的空白网页

另外，在“启动器模板”中单击“示例文件夹”，再单击“快速响应启动器”，在“示例页”就可以看到“关于页”、“博客文章”、“电子商务”、“电子邮件”和“组合”5 款样本页面，这也是用 DIV 设计好的版面，但结构上会更为高级与复杂，建议第一次使用 DIV 排版时，可先试着通过空白页面构建结构简单的 DIV 版型。

在此单击了“网站模板\站点”中在前面章节创建的“潮玩香港”站点的模板之一“hktravel-layout02”。创建后在 Dreamweaver 编辑区可看到如下以 DIV 标签规划出来的版型结构（如图 12-2 的左图），以及该版型所使用到的 DIV 标签透视图（如图 12-2 的右图）。

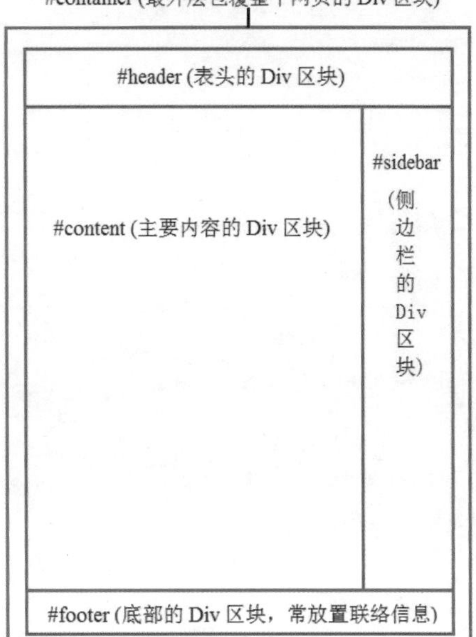

图 12-2　以 DIV 标签规划出来的版型结构及透视图

12.2　插入 DIV 构建网页结构

认识了 DIV 标签区块后，接下来要示范通过空白网页文件插入 DIV 标签，从无到有规划这个网页的版型。在动手制作前，先来看一下完成后的版型，待会就要按图施工，如图 12-3 所示。

图 12-3　完成后的网页结构

参考范例完成的结果
本书范例 \ 各章完成文件 \ ch13 \ index.htm

12.2.1 整理范例元素

本章关于 DIV 标签的学习并不在前面“潮玩香港”范例网站规划之中，本章范例将新建一个文件夹进行练习。请新建 <c:\divdemo> 文件夹，并将下载文件中 < 本书习题 \ 各章练习文件 \ ch13> 文件夹内的文件复制到其中。

12.2.2 结构分析

插入 DIV 标签时，需要立即为该 DIV 标签命名，要注意的是：DIV 标签的命名不可使用中文、不可包含空格或特殊符号、第一个字符必为字母、其余字符可用数字或英文。接下来要为空白网页插入：容器区块（#container）、表头区块（#header）、主内容区块（#content）、侧边栏区块（#sidebar）、页尾区块（#footer），共五个 DIV 标签区块，如图 12-4 所示。

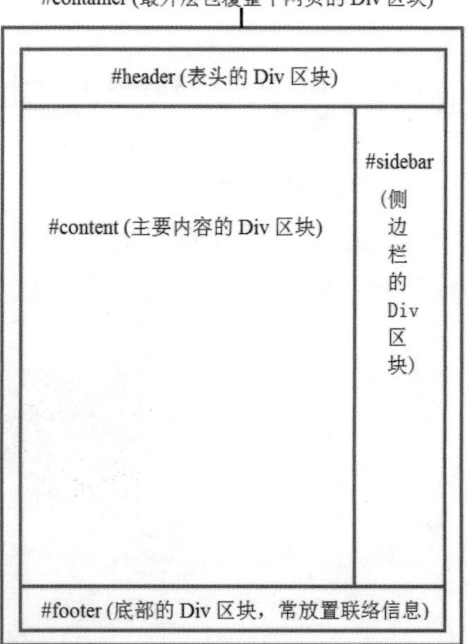

图 12-4　需要用 DIV 标签创建的区块

12.2.3 插入 DIV 标签

步骤 01　单击菜单栏“文件 \ 新建”，开启一个“新建文档”、“文档类型”为 HTML、“框架”为 < 无 > 的文件，如图 12-5 所示。

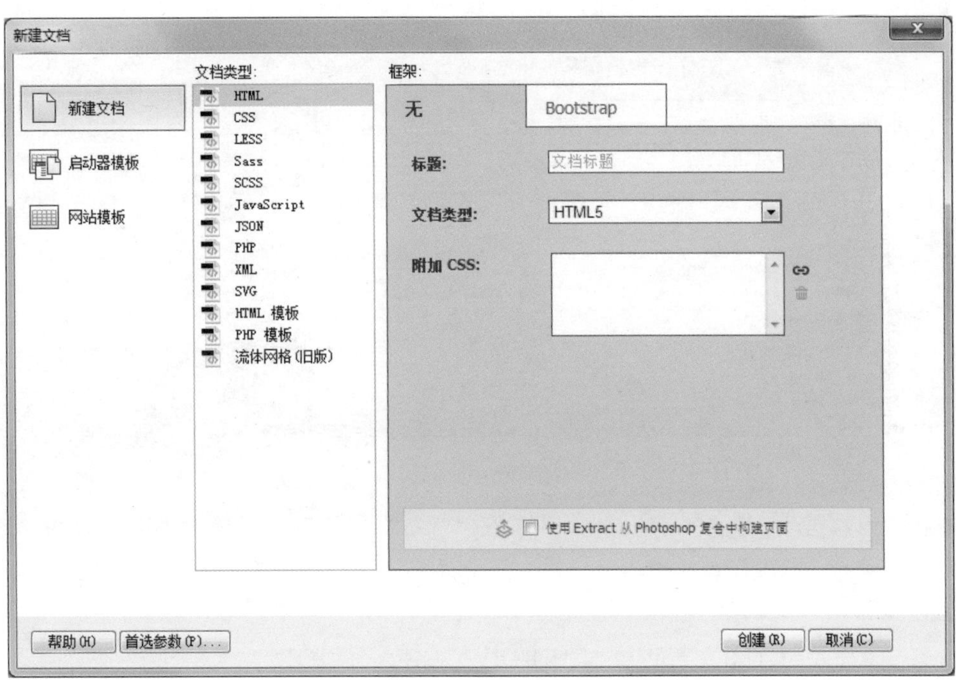

图 12-5　新建一个空白的 HTML 文档

步骤 02　将插入点移至页面内，在“插入 \ HTML”面板单击“ DIV”按钮，分别设置“插入”为“在插入点”、“ID”为 container，再单击“确定”按钮完成此容器区块（#container）的创建，如图 12-6 所示。

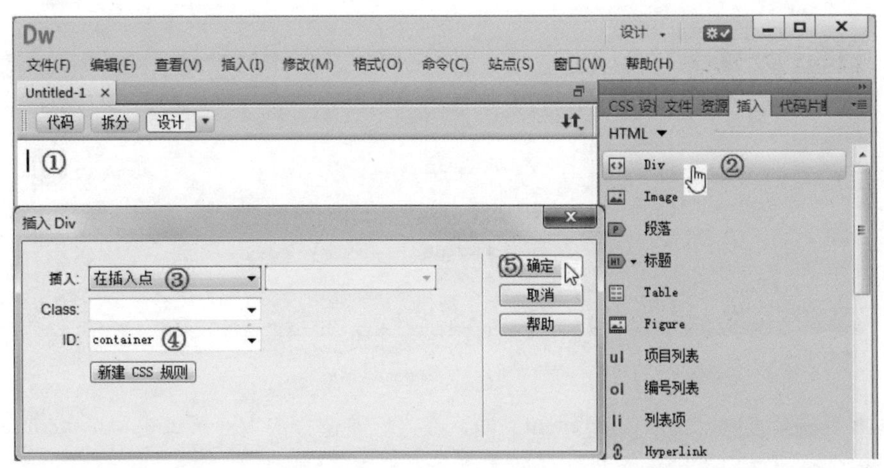

图 12-6　创建 container 区块

将插入点移至容器区块（#container）内，在“插入 \ HTML”面板单击“ DIV”按钮，分别设置“插入”为“在插入点”、“ID”为 header（如此一来 #header 区块会产生在 #container 区块之内），再单击“确定”按钮完成此表头区块（#header）的创建，如图 12-7 所示。

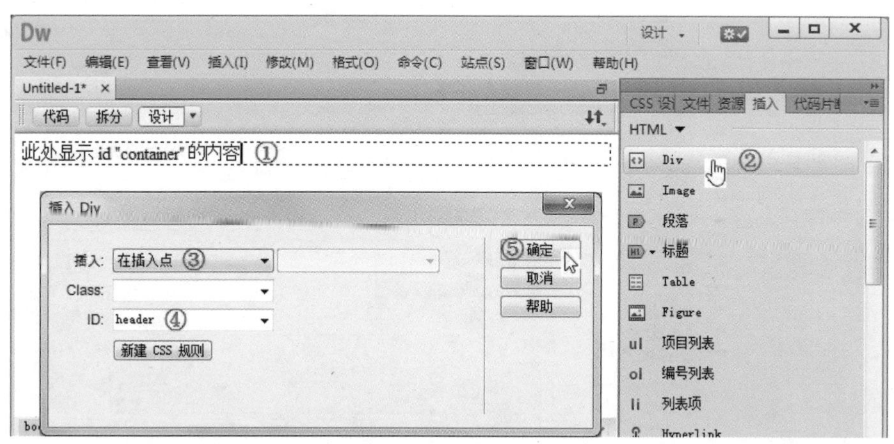

图 12-7　创建 header 区块

步骤 04　将插入点移至表头区块（#header）内，在“标签选择器”面板单击 <div #header> 标签，再单击键盘“向右”箭头键，这样插入点会移至该区块右侧（通过源代码查看，插入点会留在 <div id=” header” ></div> 右侧）。

接着在“插入 \ HTML”面板单击“ DIV”按钮，分别设置“插入”为在插入点、“ID”为 content（如此一来 #content 区块会产生在 #header 区块下一行），再单击“确定”按钮，于是完成了主内容区块（#content）的创建，如图 12-8 所示。

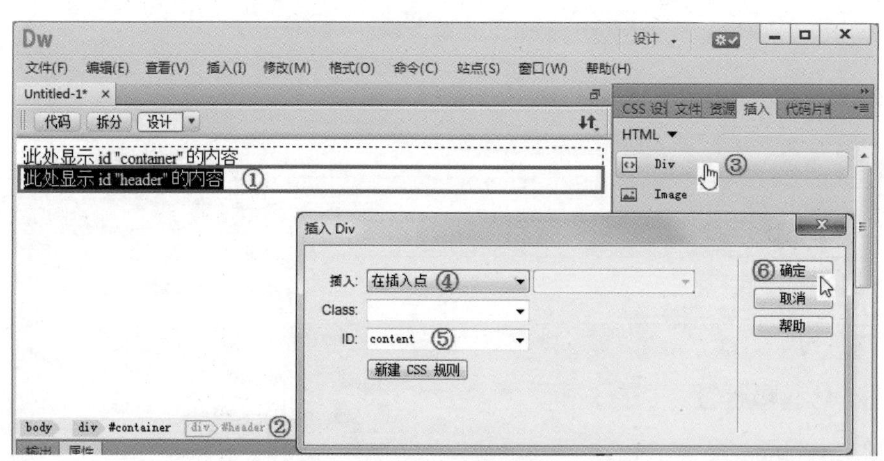

图 12-8　创建 content 区块

步骤 05　将插入点移至主内容区块（#content）内，在“标签选择器”面板单击 <div #content> 标签，再单击键盘“向右”箭头键，这样插入点会移至该区块右侧。

接着在“插入 \ HTML”面板单击“ DIV”按钮，分别设置“插入”为“在插入点”、“ID”为 sidebar（如此一来 #sidebar 区块会产生在 #content 区块下一行），再单击“确定”按钮，于是完成了侧边栏区块（#sidebar ）的创建，如图 12-9 所示。

图 12-9 创建 siderbar 区块

步骤 06 将插入点移至侧边栏区块（#sidebar）内，在“标签选择器”面板单击 <div #sidebar> 标签，再单击键盘“向右”箭头键，这样插入点会移至该区块右侧。

接着在“插入\HTML”面板单击“ DIV”按钮，分别设置“插入”为在插入点、“ID”为 footer（如此一来 #footer 区块会产生在 #sidebar 区块下一行），再单击“确定”按钮完成此页尾区块（#footer）的创建，如图 12-10 所示。

图 12-10　创建 footer 区块

步骤 07 完成以上 5 个 DIV 标签区块的插入与命名后，会在页面中如图 12-11 所示排列，在“DOM”窗格中可以清楚地看到这 5 个 DIV 标签的层级关系，#container Div 标签在最外层包裹其他 4 个 DIV 标签。

图 12-11　在“DOM”窗格可以看到这个 5 个区块的层级关系

12.3　以 CSS 设置 DIV 与页面的属性

DIV 标签插入后，接下来要应用 CSS 进行版型的设置。在此要将容器区块（#container）设置为宽度 960 像素、居中摆放，而主内容区块（#content）宽度为 600 像素，侧边栏区块（#sidebar）宽度为 250 像素，并且为了让（#content）与（#sidebar）能够并排显示，还分别为其应用了 float 属性，如图 12-12 所示。

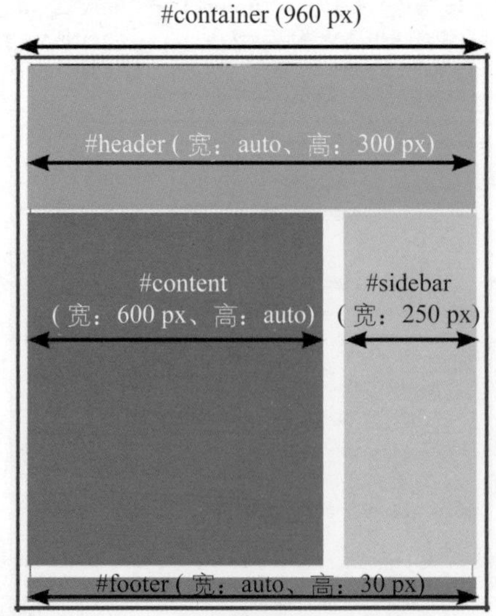

图 12-12　在 5 个区块的宽和高

12.3.1　外层框的设置

通过用 CSS 排版设置外层框宽度：960 px，并居中摆放于网页，背景颜色：白色，再为外层框设置阴影效果。

步骤 01　将插入点移至任意 DIV 标签区块内，在“标签选择器”面板单击 <div #container> 标签，在“CSS 设计器”面板，单击 + “添加 CSS 源 \ 在页面中定义”，如图 12-13 所示。

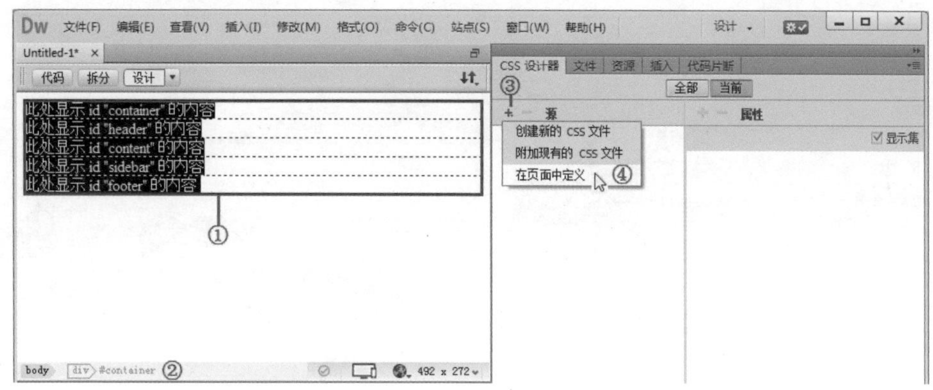

图 12-13　外层框的设置步骤 1

同样将插入点移至任意 DIV 标签区块内，在“标签选择器”面板单击 <div #container> 标签，接着在“CSS 设计器”面板“源”窗格单击 <style>，在“选择器”窗格单击 + “添加选择器”按钮，这时 CSS 设计器会聪明地辨识出文件中选择的元素，并显示插入点所在的选择器名称为 #container，按 Enter 键确定，如图 12-14 所示。

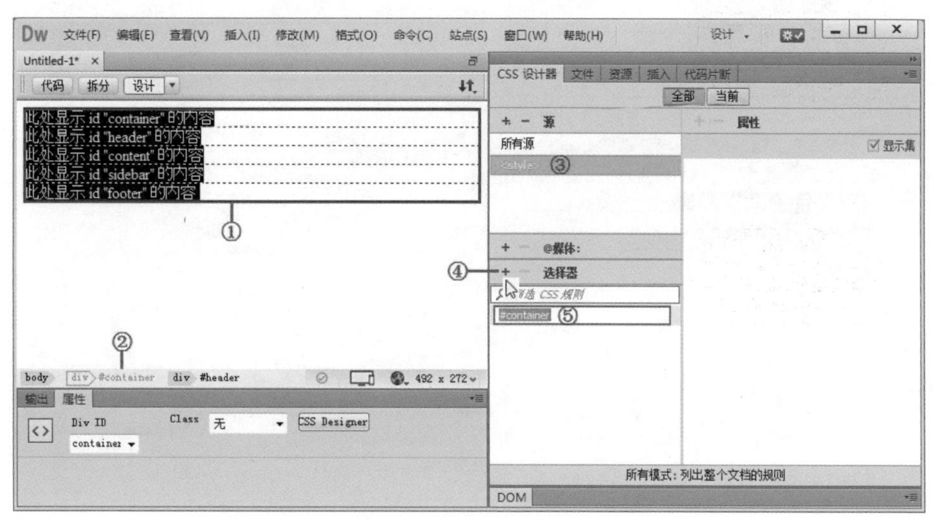

图 12-14　外层框的设置步骤 2

单击“布局”分类，若要将 DIV 标签居中摆放，必须通过“margin”（边界）来设置，根据范例需求，分别设置“width”为 960 px、“margin-left”与“margin-right”为 auto，如图 12-15 所示。

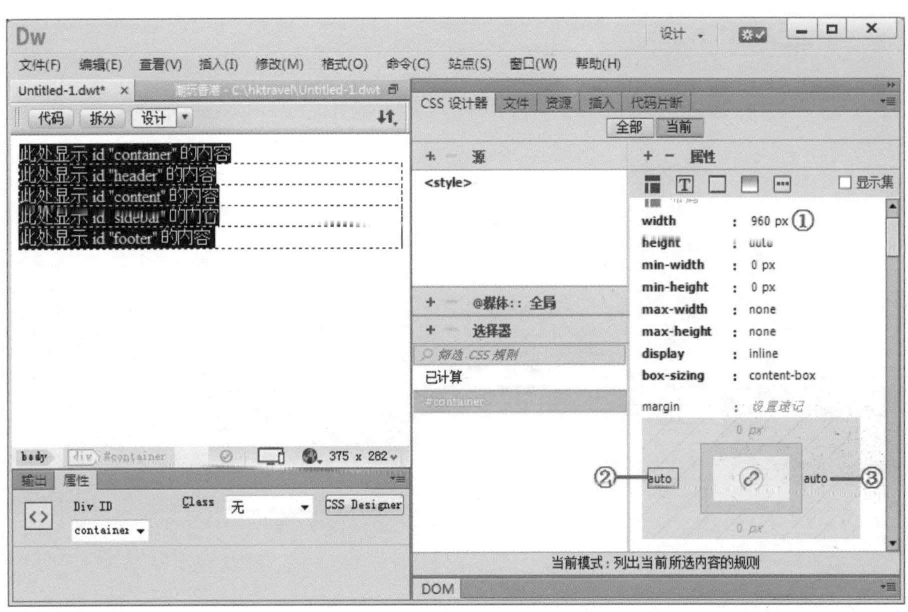

图 12-15　DIV 标签只要设置 margin-left 与 margin-right：auto，即会居中摆放在网页页面内

步骤 04 单击“背景”分类，background-color 为 #FFFFFF，接着在“box-shadow”项目下分别设置“h-shadow”（水平阴影）为 4px、“v-shadow”（垂直阴影）为 4px、“blur”（模糊半径）为 4px、“color”为 #949494，如图 12-16 所示。

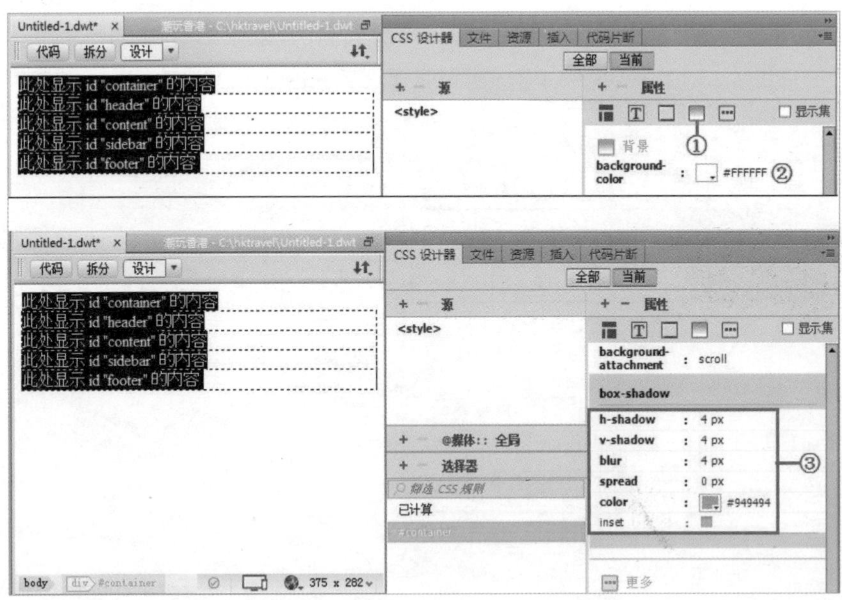

图 12-16　h-shadow（水平阴影）字段中的值为正数时阴影会产生在 DIV 标签右侧；负数时则会产生在左侧，

v-shadow（垂直阴影）字段中的值为正数时阴影会产生在 DIV 标签下方；负数时则会产生在上方。

12.3.2　表头的设置

表头要以一张图像为背景，并设置宽度为同外框（#container）标签矩形、高度为 300px。

步骤 01 将插入点移至 #header Div 标签区块内，在“标签选择器”面板单击 <div #header> 标签，接着在“CSS 设计器”面板“源”窗格单击 <style>，再在“选择器”窗格单击 + “添加选择器”按钮，这时会显示插入点所在的选择器名称，在此命名：#header，如图 12-17 所示。

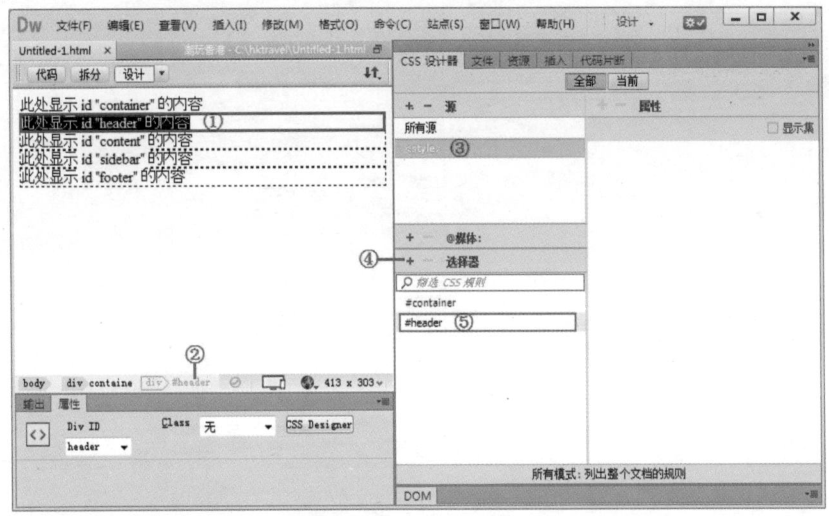

图 12-17　选定表头进行设置

步骤 02 单击“布局”分类，分别设置“height”为 300 px、“margin-bottom”为 10 px，单击“背景”分类，指定背景图像“url”为 C:\divdemo\images\index_bg.jpg，如图 12-18 所示。

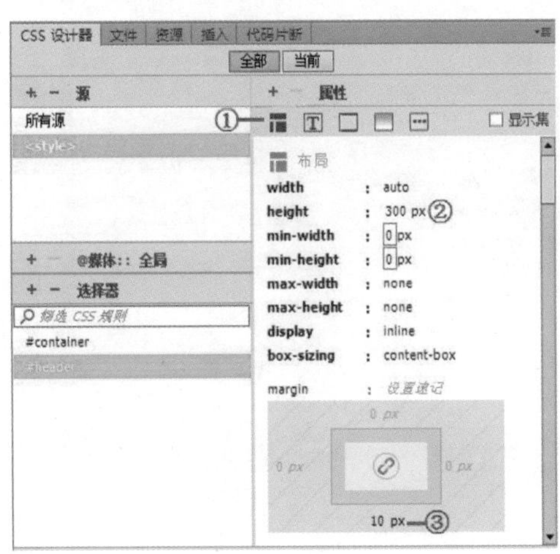

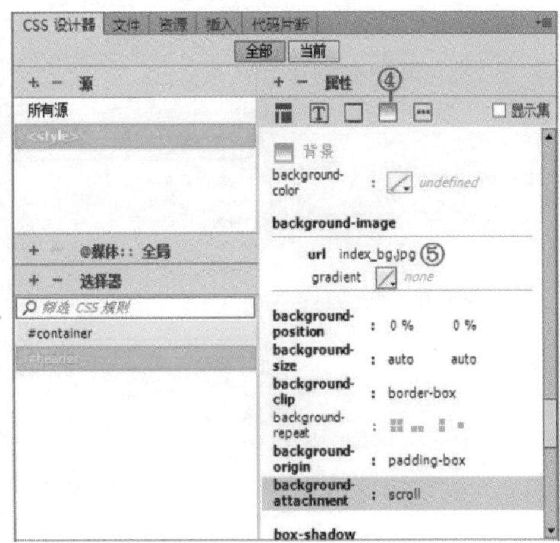

图 12-18　设置表头的“布局”和“背景”属性

12.3.3　页尾的设置

页尾设置高度为 30px、左方与上方间距为 10px、清除浮动为两边留白，文字颜色与大小为白色、10 pt，背景颜色为 #4D4D4D。

步骤 01 将插入点移至 #footer Div 标签区块内，在“标签选择器”面板单击 <div #footer> 标签，接着在“CSS 设计器”面板“源”窗格单击 <style>，在“选择器”窗格单击 + “添加选择器”按钮，这时会显示插入点所在的选择器名称，在此命名为 #footer，如图 12-19 所示。

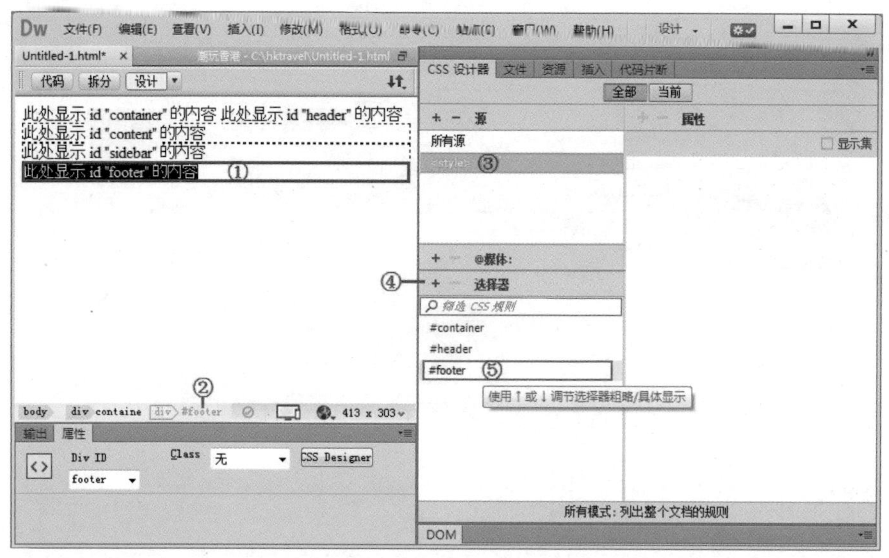

图 12-19　选择页尾进行设置

步骤 02 单击“布局”分类，分别设置“height”为 30 px、“padding-top”与“padding-left”为 10 px，“clear”为 Both，如图 12-20 所示。

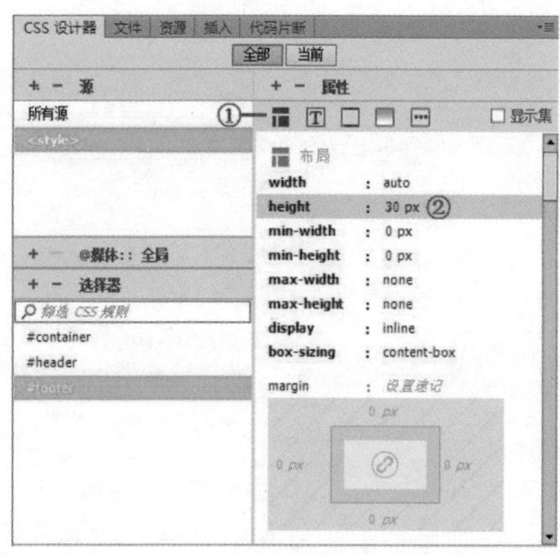

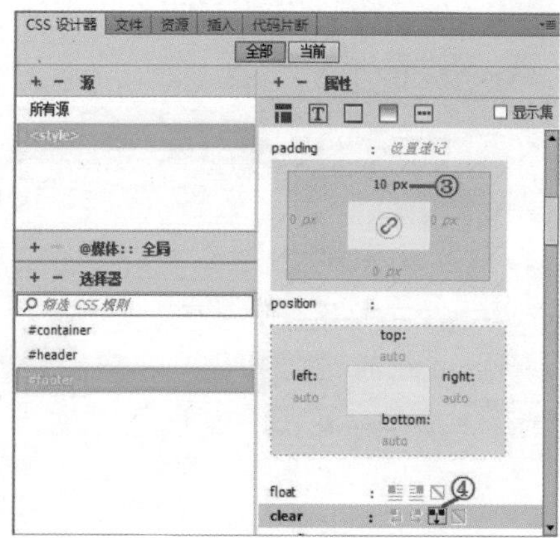

图 12-20　设置页尾的“布局”属性

步骤 03 单击“文本”分类，设置“color”为 #FFFFFF，“font-size”为 10 pt，如图 12-21 所示。

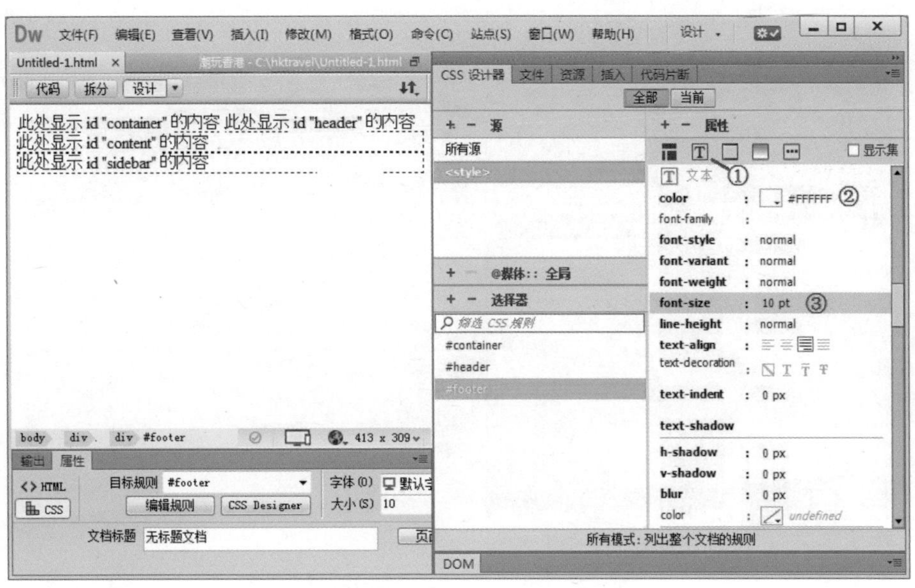

图 12-21 设置页尾的“文本”属性

步骤 04 单击“背景”分类，设置“ background-color”为 #4D4D4D，如图 12-22 所示。

图 12-22 设置页尾的“背景”属性

12.3.4 内容区块的设置

主正文区块要设置为靠左侧对齐，宽度为 620px，左方间距为 20 px、下方间距为 50px，靠右侧对齐。

步骤 01 将插入点移至 #content Div 标签区块内，在“标签选择器”面板单击 <div #content> 标签，接着在“CSS 设计器”面板“源”窗格单击 <style>，在“选择器”窗格单击 “添加选择器”

按钮，这时会显示插入点所在的选择器名称，在此命名为 #content，如图 12-23 所示。

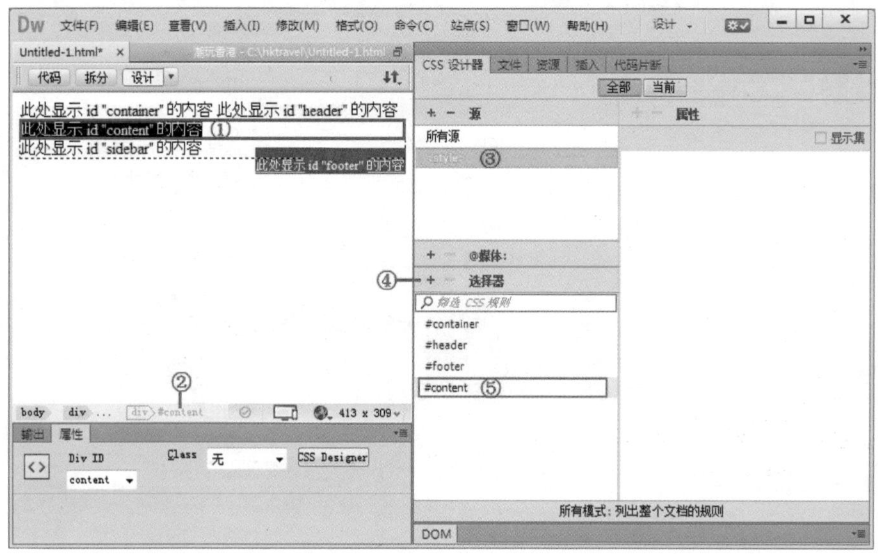

图 12-23　选择内容区块进行设置

步骤 02　单击“布局”分类，分别设置“width”为 620 px、“padding-left”为 20 px、“padding-bottom”为 50 px，“Float”为 Left，如图 12-24 所示。

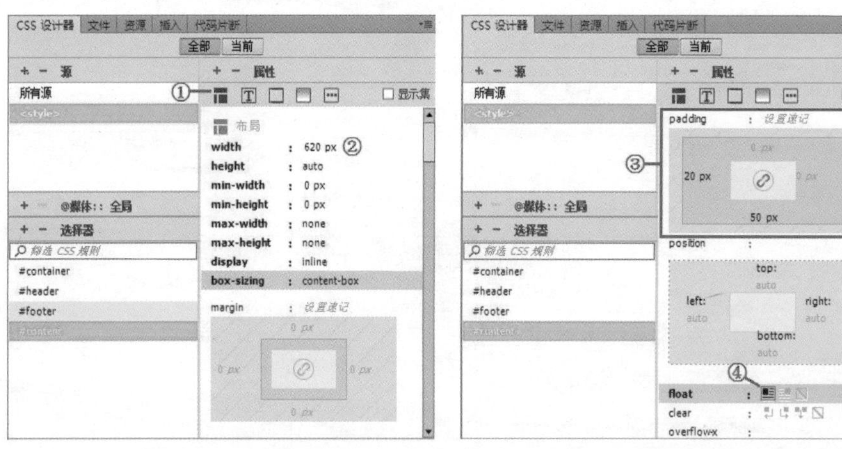

图 12-24　设置内容区块的“布局”属性

12.3.5　侧边栏的设置

侧边栏区块内要放置这个网页的选单项，并且设置为靠右侧对齐，宽度为 250px，右方间距为 20 px，靠左侧对齐。

步骤 01　将插入点移至 #sidebar Div 标签区块内，在“标签选择器”面板单击 <div #sidebar> 标签，接着在“CSS 设计器”面板“源”窗格单击 <style>，在“选择器”窗格单击 “添加选择器”按钮，这时会显示插入点所在的选择器名称，在此命名为 #sidebar，如图 12-25 所示。

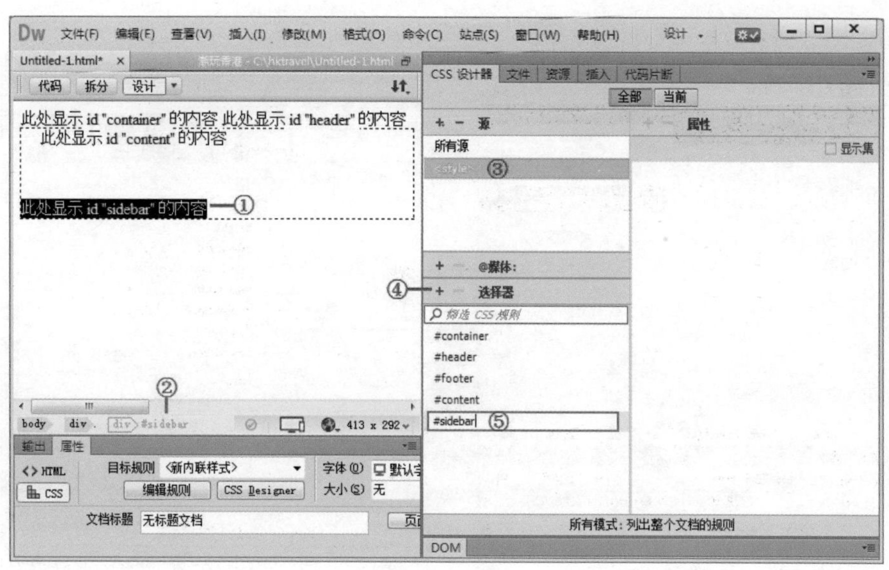

图 12-25　选择侧边栏进行设置

步骤 02　单击“布局”分类，分别设置“width”为 250 px、“padding-right”为 20 px，“Float”为 Right，如图 12-26 所示。

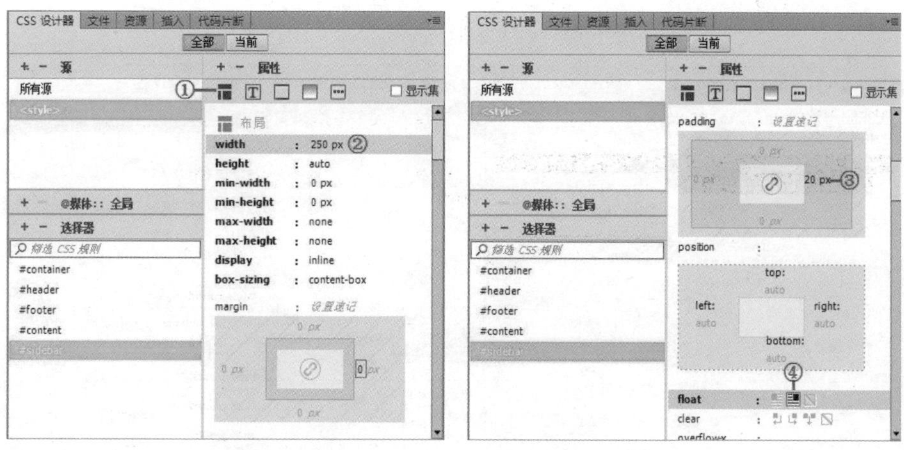

图 12-26　设置侧边栏的“布局”

12.3.6　按浏览器窗口缩放的网页背景图

此范例要以一张大图（3901×2600 像素）设计为这个网页的背景图，而不是常见的单色或小图重复显示的方式，并且此背景图还会按浏览器窗口大小而自动缩放显示比例。

步骤 01　将插入点移至任一 DIV 标签区块内，在“标签选择器”面板单击 <#boby> 标签，接着在“CSS 设计器”面板“源”窗格单击 <style>，在“选择器”窗格单击 + “添加选择器”按钮并命名为“boby”。此“boby”样式单击“布局”分类，设置“margin-top”与“margin-bottom”为 0 px，如图 12-27 所示。

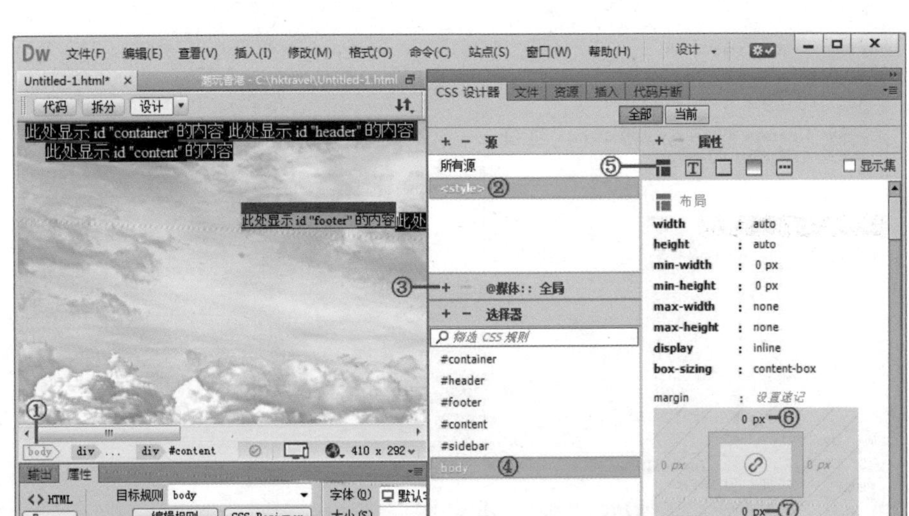

图 12-27　设置网页的背景图

步骤 02　单击“背景”分类，设置“ background-size”（背景尺寸）为 cover，这样此大图会按浏览器窗口大小而自动缩放显示比例。再设置“background-attachment”（背景固定）为 fixed（固定），这样无论如何滚动浏览器的滚动条，图像都在固定位置，如图 12-28 所示。

图 12-28　设置网页背景图的“背景”属性

12.4　DIV 标签中加入网页内容

前面使用 CSS 与 DIV 标签完成了网页结构与排版，现在就可着手来置入网页内容。

步骤 01　在插入 DIV 标签时均会产生默认的文字，首先将此网页范例中不需要的默认文字整理一下：选择并删除最上方的“此处显示 id "container" 的内容”的文字与“此处显示 id "header" 的内容”的文字，如图 12-29 所示。

图 12-29　删除插入 DIV 标签时产生的默认文字

步骤 02　接着运用前面各章说明的方式，输入文字，插入图片、表格或多媒体，这样就可以在这个 DIV 标签结构中完成网页内容的构建，如图 12-30 所示。

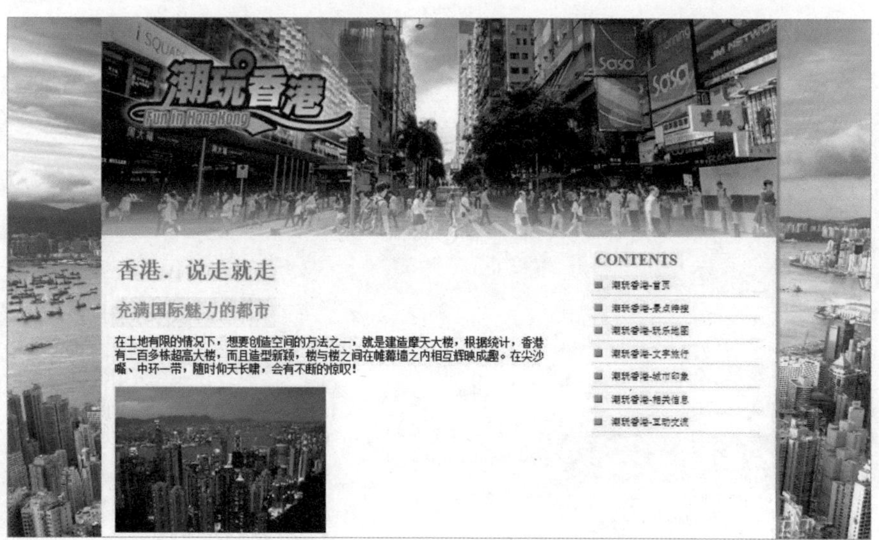

图 12-30　插入内容后的网页

第 13 章 jQuery UI 工具集

jQuery UI 是一套建立在 jQuery 函数库的工具集，它能快速开发高效率的交互操作界面，包括交互的对话框、表单组件及日期选择器等。

13.1　关于 jQuery UI 工具集

JavaScript 将网页交互带进入了一个新的领域，许多基于 JavaScript 的函数库让原本深奥的语法变得更加容易使用，而且能够达到更好的效果。

13.1.1　认识 jQuery 与 jQuery UI

jQuery 是一个全功能的 JavaSctipt 函数库，它不仅文件小、语法容易，而且拥有极高的效率，并能轻松跨越不同的平台，开发者可以凭借 jQuery 轻易地开发出更丰富、更有趣且更容易交互的网页，图 13-1 为 jQuery 官方网站。

图 13-1　jQuery 官方网站（http://jquery.com/）

jQuery UI 是一套建立在 jQuery 函数库的工具集，它能快速开发高效率的交互操作界面。在 Dreamweaver 中为了让用户可以为网页加入交互功能，加入了 jQuery UI 工具集，以对话框的导引方式，让人在不知不觉中为设计作品注入了交互的应用。图 13-2 为 jQuery UI 官方网站。

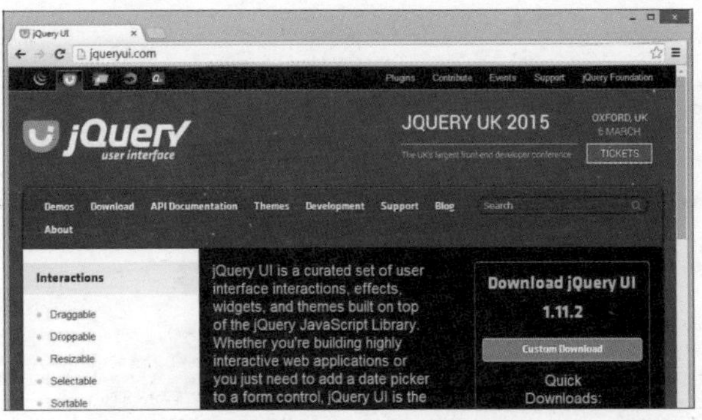

图 13-2　jQuery UI 官方网站（http://jqueryui.com/）

13.1.2　关于 jQuery UI 面板

jQuery UI 工具集是一个结合了 HTML、CSS 和 JavaScript 技术，让用户能轻易交互的网页元素。在“插入”面板可以切换到“jQuery UI”选项，下表就分别介绍各个组件。

jQuery UI 组件	说明
Accordion	可折叠菜单，当单击选单标题时会展开所属的选项内容并收合其他的选项内容
Tabs	标签面板，让不同单元的内容放置于同一个区域内，并在上方加入标签供用户切换
Datepicker	日期选择器，当单击文字输入字段时会显示一个日历面板以供选择日期
Progressbar	进度条：能在页面显示一个进度条
Dialog	对话框：能在页面显示信息的对话框
Autocomplete	自动完成输入：在文字字段输入时，会按输入内容显示可供选择的项来自动完成
Slider	滑杆：在画面显示滑杆来调整数值
Button	按钮：将链接文字显示为按钮，并能设置图标
Buttonset	按钮组：将多个链接文字显示为相连的按钮
Checkbox Buttons	复选按钮：选项会以按钮形式显示，可以复选
Radio Buttons	单选按钮：选项会以按钮形式显示，只能单选

每个 jQuery UI 组件都拥有其所属的 HTML 结构，并利用所属的 JavaScript 控制它的变化，配置所属的 CSS 来设计显示的外观。所以在 Dreamweaver 中插入 jQuery UI 工具集组件时，程序会自动检查网站中是否已经加入相关的 JavaScript 与 CSS 文件，如果没有，便会自动将该文件存放在默认文件夹中。在 Dreamweaver 中，jQuery UI 相关文件存放的文件夹默认是定义网站根目录之下的 <jQueryAssets> 文件夹。

13.2 Accordion 可折叠菜单

Accordion 可折叠菜单能将网页版面上的信息隐藏收合起来，在单击标题时会开启并显示，但要特别注意的是一次只能开启一个，如图 13-3 所示。

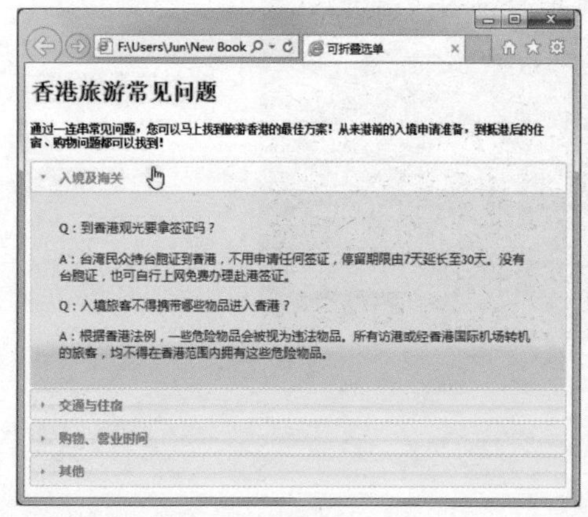

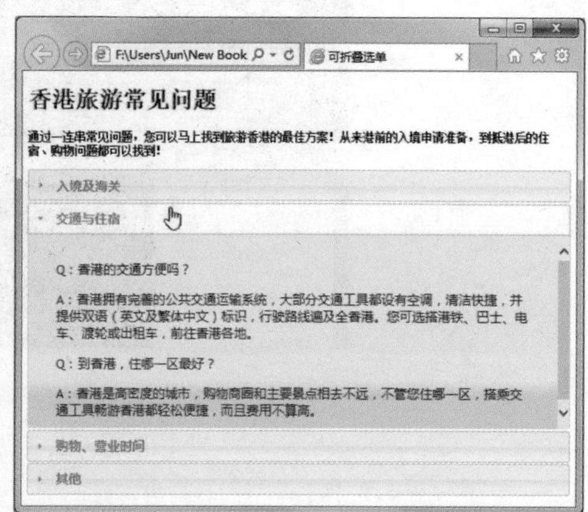

图 13-3　可折叠菜单

参考范例完成的结果
本书范例 \ 各章练习文件 \ ch13\ 完成文件 \ accordion.htm

将下载文件中 < 本书习题 \ 各章练习文件 \ ch14 \ 原始文件 > 文件夹的内容复制到 <C:\ jquidemo> 下，并进入 Dreamweaver 设置网站“jQueryDemo”，将“本地站点文件夹”设置为刚才放置范例文件的文件夹，如图 13-4 所示。

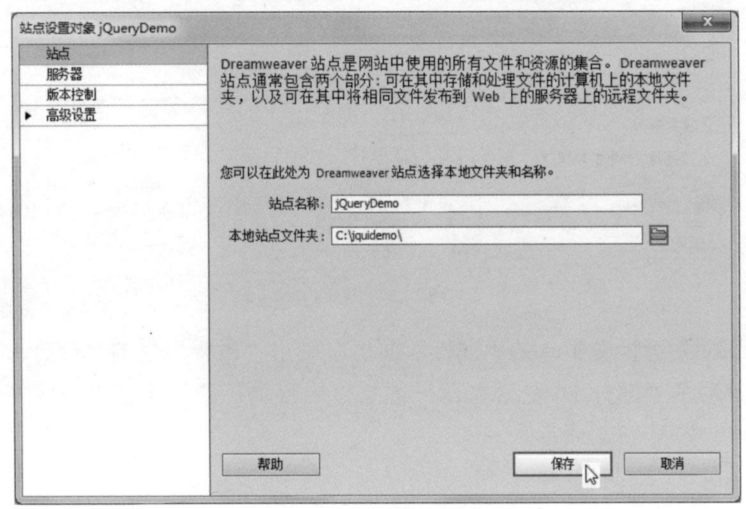

图 13-4　为网站设置名称和存放文件的文件夹

13.2.1　加入 Accordion 可折叠菜单

Accordion 可折叠菜单在区域中放置了多个单元，单击标题可显示或是隐藏显示内容，但是一次只能显示一个单元。使用 Dreamweaver 来达到这个效果，而且设置的过程十分简单，请打开 <accordion.htm> 文件，这里将要使用 Accordion 可折叠菜单将页面中的数据整合起来。

步骤 01 将插入点移至“入境及海关”标题前方，在“插入 \ jQuery UI”面板单击“Accordion”可折叠菜单按钮，如图 13-5 所示。

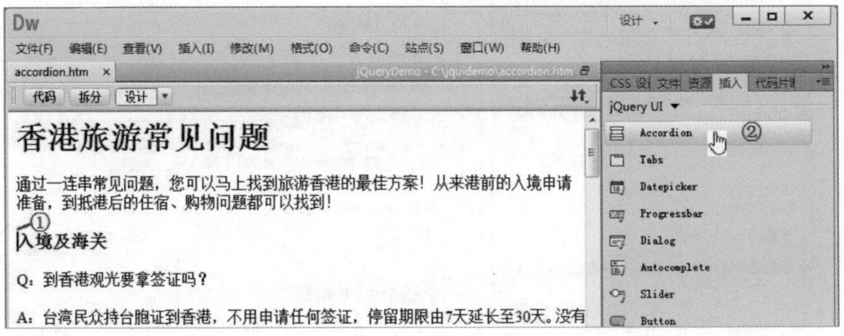

图 13-5　在插入点加入可折叠菜单

步骤 02 在原来的插入点会加入默认的 Accordion 可折叠菜单。在下方的“属性”面板中可以看到这个 Accordion 可折叠菜单设置。如果操作过程中设置 Accordion 可折叠菜单的“属性”面板消失的话，单击“Accordion”可折叠菜单上方的蓝色标签即可重新开启，如图 13-6 所示。

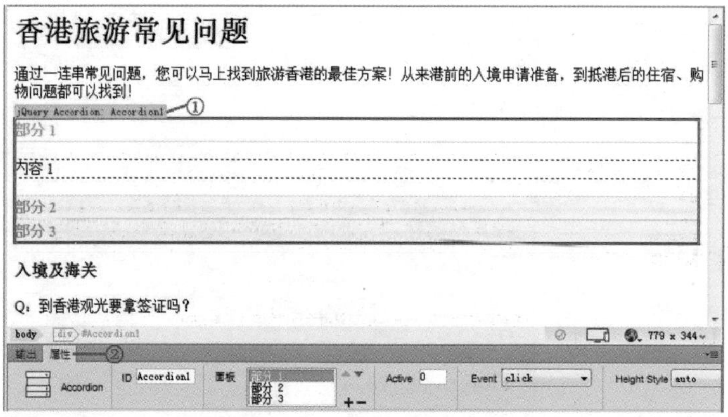

图 13-6　可折叠菜单的属性面板

步骤 03 在“Accordion”可折叠菜单的“属性”面板，单击“面板”栏的“部分 1”选项，然后在编辑区第一项的“部分 1”处添加第一段文件内容的标题，再在“内容 1”处添加第一段文件的内容，如图 13-7 所示。

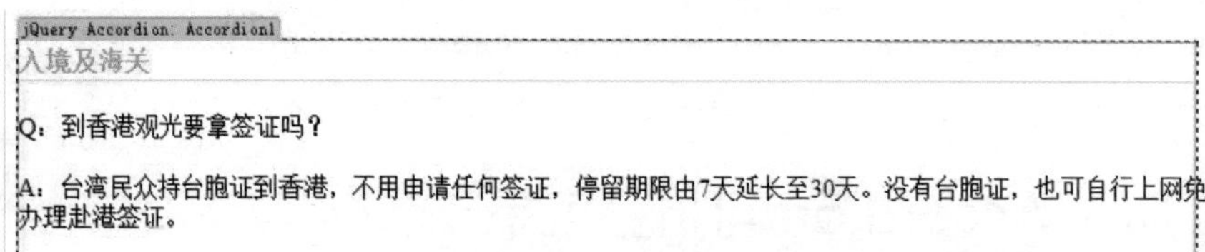

图 13-7　在可折叠菜单中贴入第一段文件内容的标题和内容

步骤 04 接着要从下方文件中复制数据，逐一加入到每个对应的项目内容中，建议单击“标签选择器”中的 <p> 即可将整段内容选择起来，再按 Ctrl + X 键剪切内容，再回到对应的项目中粘贴，如图 13-8 所示。

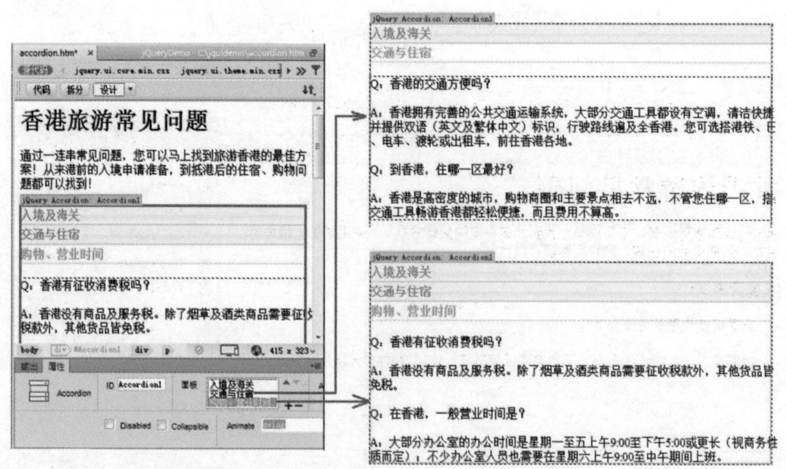

图 13-8　继续粘贴第二段和第三段内容的标题及其内容

步骤 05 Accordion 可折叠菜单默认有三项，单击“属性“面板中“面板”字段旁的“+”按钮添加新项，即可在上方的编辑区添加“部分区”与“内容区”，接着将下方所属内容复制进来就可以了，如图 13-9 所示。

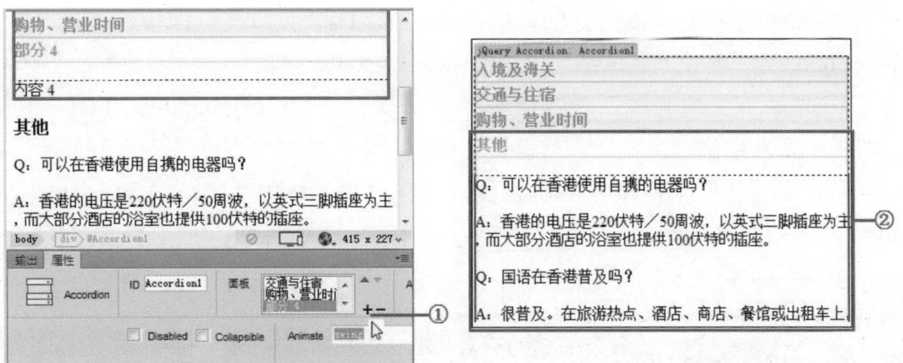

图 13-9　添加“部分 4”和“内容 4”

步骤 06 完成后请保存文件，此时会出现“复制相关文件”对话框，会列出 Accordion 可折叠菜单在使用时要一并加入的文件，如图 13-10 所示，单击“确定”按钮完成文件的保存，再按 F12 键预览即可看到效果。

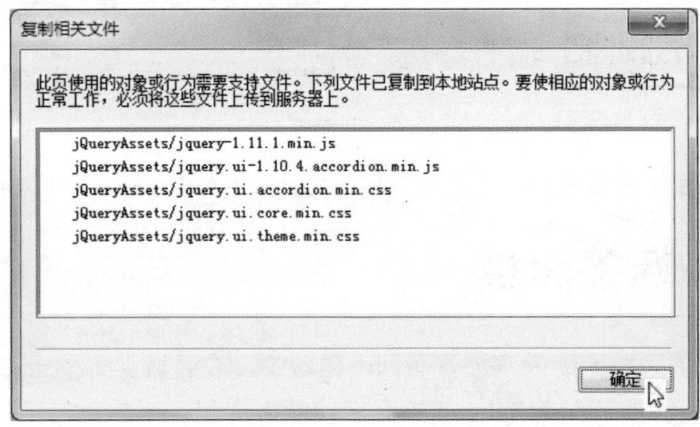

图 13-10　复制需要一同使用的相关文件

13.2.2　修改 Accordion 可折叠菜单样式

Accordion 可折叠菜单的样式是定义在 <jQueryAssets / jquery.ui.theme.min.css> 中，在范例预览时，用户会发现内容区域的背景图没有因为内容太多而放置在下方，这里要进行调整，如图 13-11 所示。

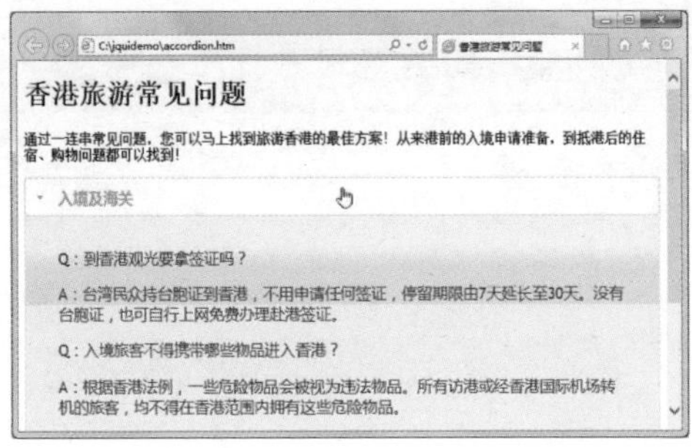

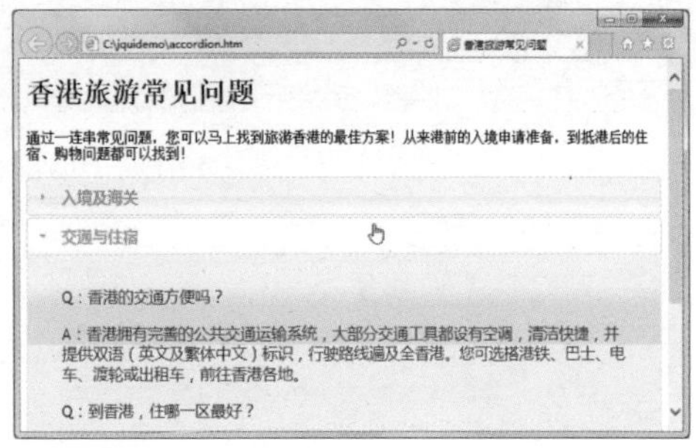

图 13-11　背景图没有放在下方

单击 Accordion 可折叠菜单上方的蓝色标签，在“CSS 设计器”面板的“源”单击 jquery.ui.theme.min.css，再在“选择器”单击 .ui-widget-content 样式。

接着进行选单背景的修改，单击“背景”分类，在“background-position”中有两个数值，第一个为水平位置，第二个为垂直位置，设置的方式可以用像素、百分比，甚至使用文字形容。在这里我们希望它的垂直位置是在这个区域的底部，请单击第二个值设置为 bottom，如图 13-12 所示。

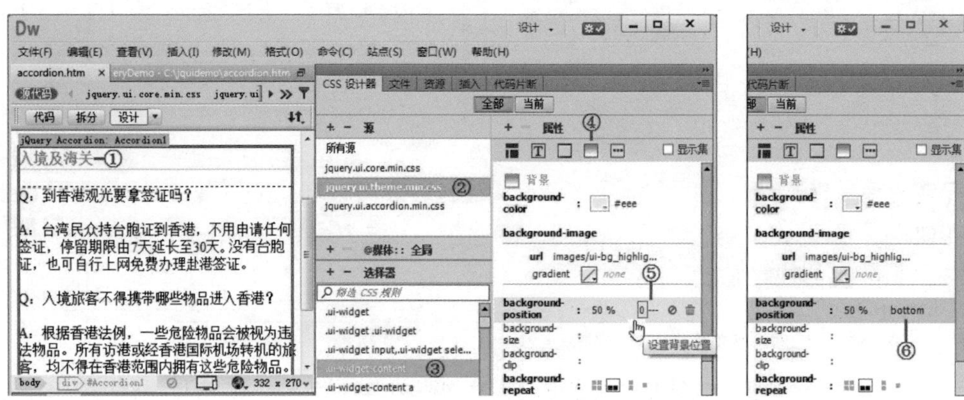

图 13-12　调整背景图

如此即完成 CSS 的样式修改，单击菜单栏“文件 \ 保存”，再按 F12 键预览即可看到效果。

13.3　Tabs 标签面板

标签面板就是让不同单元的内容放置于同一区域中，在区域上方加上标签供用户切 换。在 jQuery UI 工具集中也提供了一个 Tabs 标签面板功能来达到这个效果，使用上相当方便，如图 13-13 所示。

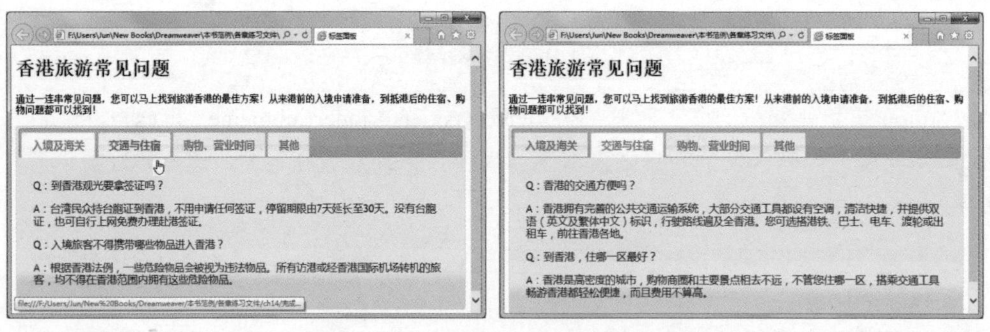

图 13-13　Tabs 标签面板的范例示意图

参考范例完成的结果
本书范例 \ 各章练习文件 \ ch14 \ 完成文件 \ tabs.htm

打开 <tabs.htm> 文件，这里将要使用 Tabs 标签面板将页面中的数据整合起来。

步骤 01 将插入点移至“入境及海关”标题前方，在“插入 \ jQuery UI”面板单击“ Tabs”标签面板钮，如图 13-14 所示。

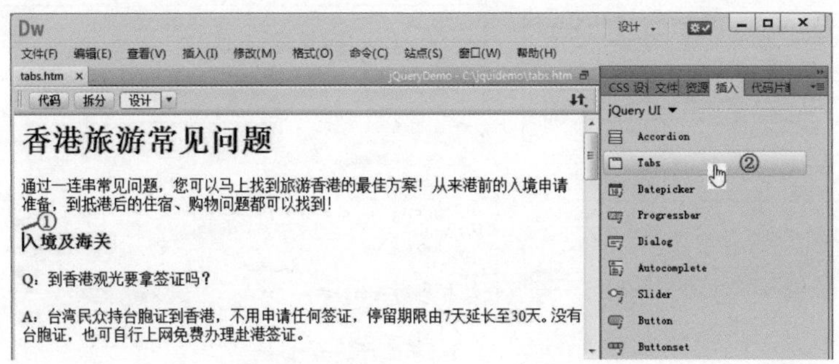

图 13-14 在插入点加入 Tabs 标签面板

步骤 02 在原来的插入点会加入默认的 Tabs 标签面板。在下方的“属性”面板中可以看到这个 Tabs 标签面板的设置。如果后续操作过程中设置 Tabs 标签面板的“属性”面板消失的话，单击 Tabs 标签面板上方的蓝色标签即可重新开启它，如图 13-15 所示。

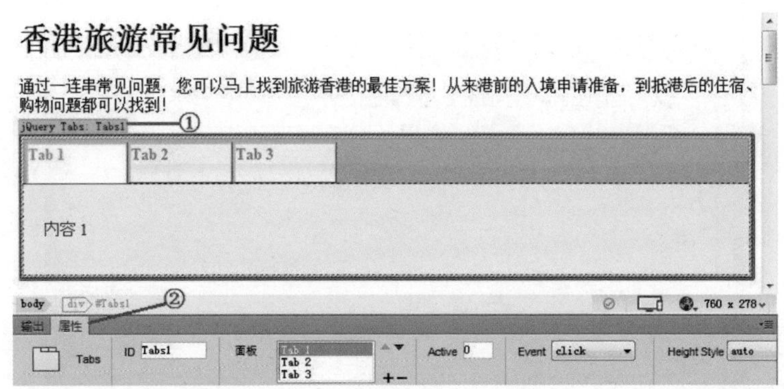

图 13-15 使用属性面板设置 Tabs 标签面板

步骤 03 在 Tabs 标签面板的“属性”面板的“面板”字段单击 Tab1，然后在编辑区第一项面板名称 Tab1 处，添加第一段文件内容的标题，再在“内容 1”处添加第一段文件的内容。

步骤 04 接着要从下方文件中复制数据，回到 Tabs 标签面板的“属性”面板的“面板”字段选择下一个面板项，再将复制的面板名称与内容粘贴过去，如图 13-16 所示。

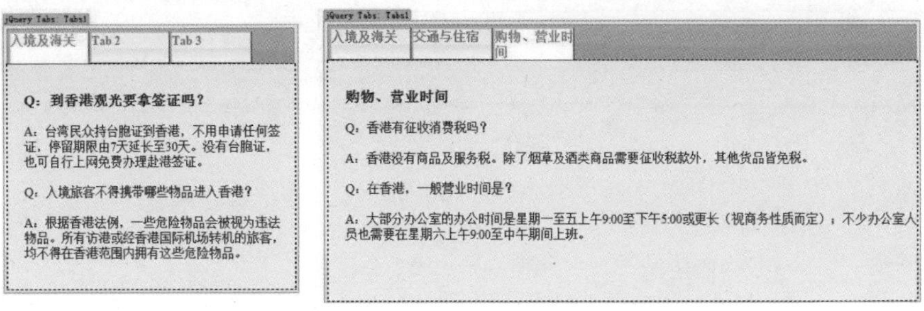

图 13-16 继续复制标签面板的名称和粘贴内容

Tabs 标签面板默认有三项，请单击“属性”面板中“面板”字段旁的“ +”按钮来添加项，即可在上方的编辑区添加区段与内容，接着再将下方所属内容复制进来，如图 13-17 所示。

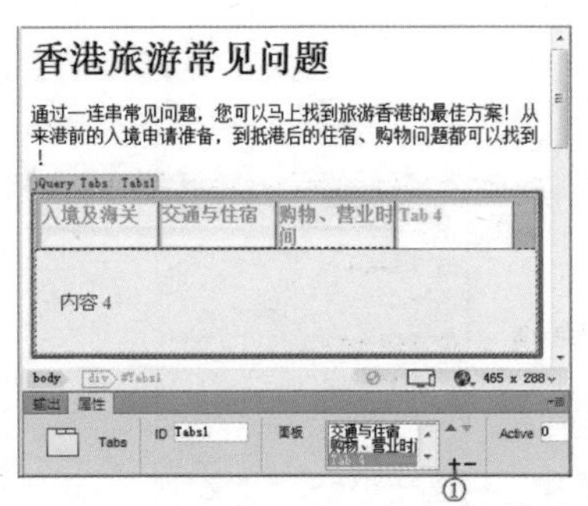

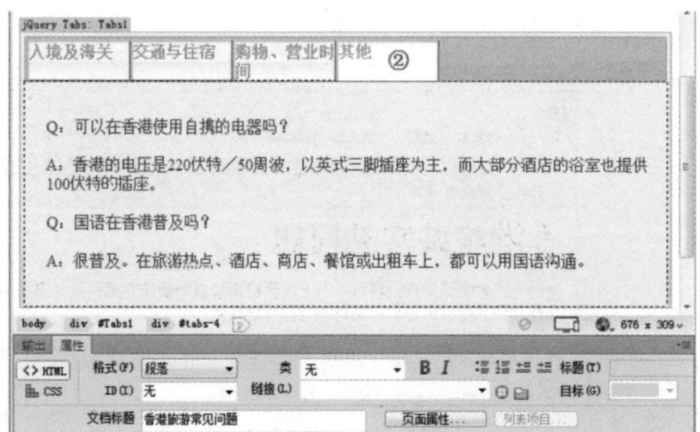

图 13-17　添加新的标签面板项

完成后保存文件，此时会出现“复制相关文件”对话框，会列示出 Tabs 标签面板在使用时要一并加入的文件，单击“确定”按钮完成存盘，再按 F12 键预览即可看到效果，如图 13-18 所示。

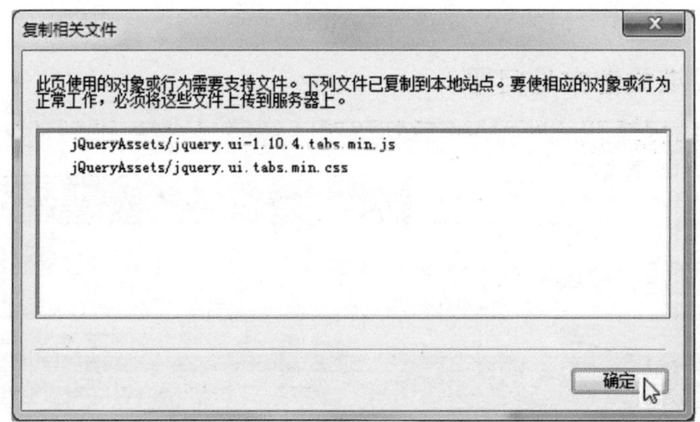

图 13-18　复制需要一同使用的相关文件

小提示

快速切换 Accordion 可折叠菜单及 Tabs 标签面板项的方法

在编辑 Accordion 可折叠菜单及 Tabs 标签面板时，切换标签面板项都必须依靠“属性”面板，有没有更快的方式呢？无论您在编辑 Accordion 可折叠菜单及 Tabs 标签面板时，当鼠标移到非编辑的项目标题时都会出现一个 👁 图标，只要单击这个图标，即可马上切换到这个项目，如图 13-19 所示。

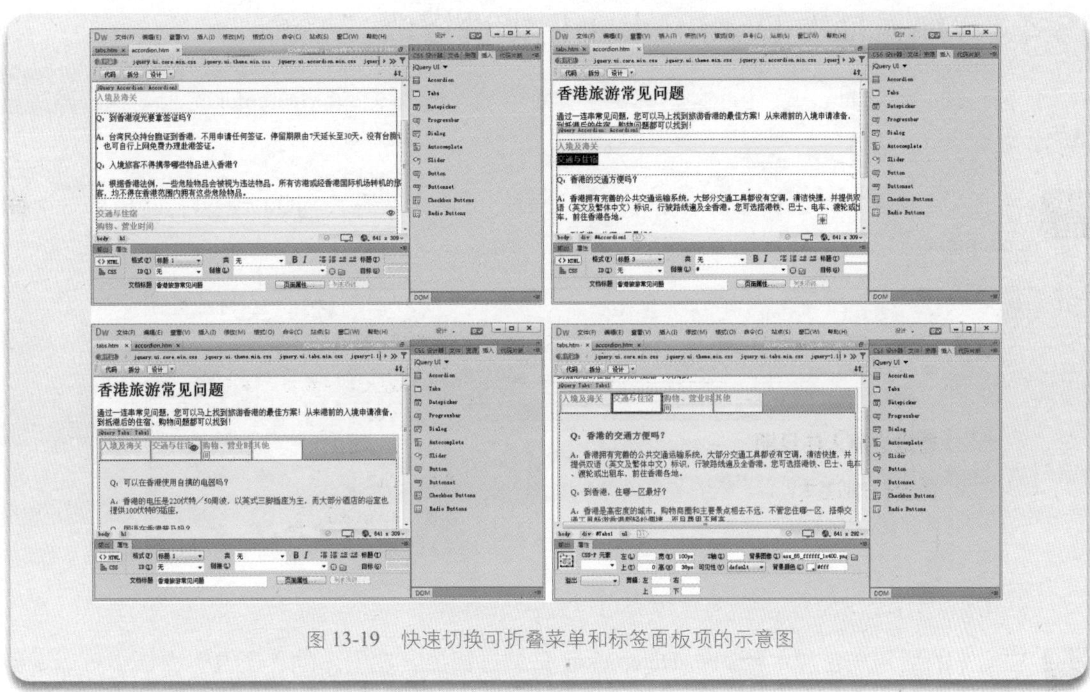

图 13-19　快速切换可折叠菜单和标签面板项的示意图

13.4　Datepicker 日期选择器

Datepicker 日期选择器能自动产生输入字段，在选择时会显示日历供用户挑选日期再返回，除了能省去日期输入的时间，也能统一日期输入的格式，相当方便，如图 13-20 所示。

图 13-20　日期选择器

参考范例完成的结果
本书范例 \ 各章练习文件 \ ch14 \ 完成文件 \ datepicker.htm

13.4.1 加入基本 Datepicker 日期选择器

打开 <datepicker.htm> 文件，这里将要在页面中加入几个不同的 Datepicker 日期选择器进行说明。

步骤 01 将插入点移至“请选择日期（基本）”下面一行，在“插入 \ jQuery UI”面板单击“ Datepicker”日期选择器按钮，如图 13-21 所示。

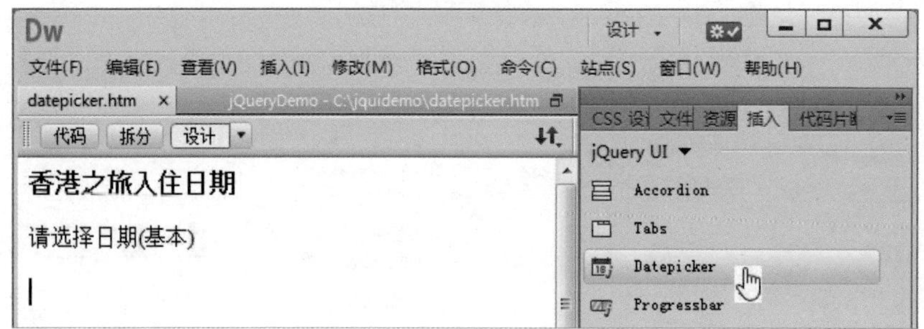

图 13-21 插入日期选择器

步骤 02 在原来的插入点会加入默认的 Datepicker 日期选择器。在下方的“属性”面板中可以看到这个 Datepicker 日期选择器的设置。如果后续操作过程中设置 Datepicker 日期选择器的“属性”面板消失的话，选择 Datepicker 日期选择器上方的蓝色标签即可重新开启，如图 13-22 所示。

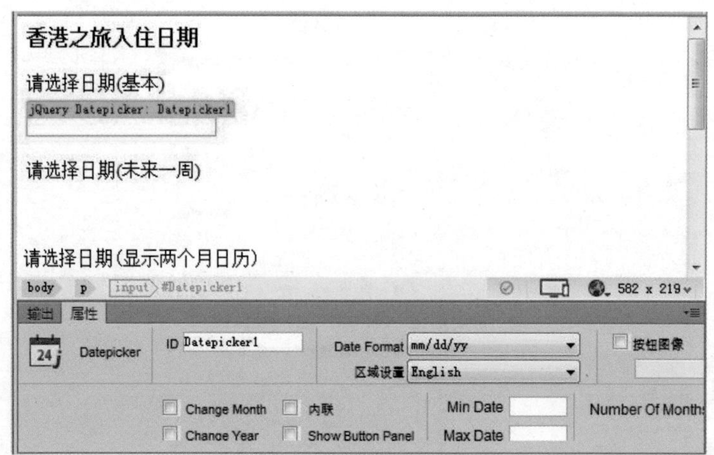

图 13-22 单击日期选择器上方的蓝色标签可以重新打开属性面板

步骤 03 在 Datepicker 日期选择器的“属性”面板最重要的是设置 Data Format 日期格式，可从下拉式列表中选择想要的格式。若选中“按钮图像”，则可以指定显示在文字字段后方的按钮图像，让用户单击后会显示在日历面板上。

步骤 04 完成后保存文件，此时会出现“复制相关文件”对话框，会列出 Datepicker 日期选择器在使用时要一并加入的文件，单击“确定”按钮完成存盘，再按 F12 键预览即可看到效果，如图 13-23 所示。

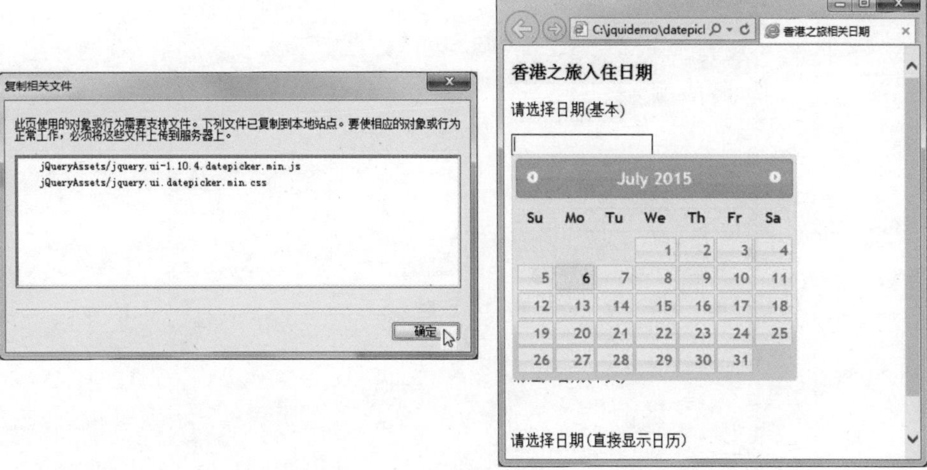

图 13-23　复制需要一同使用的相关文件（左图），预览结果（右图）

13.4.2　限制 Datepicker 日期选择器的选择范围

Datepicker 日期选择器可以用 Min Date 及 Max Date 字段设置可选择日期的上下范围。

步骤 01 将插入点移至“请选择日期（未来一周）”下面一行，在“插入\jQuery UI”面板单击“Datepicker”日期选择器。

步骤 02 选择该 Datepicker 日期选择器上方的蓝色标签开启“属性”面板，其中“Min Date”及“Max Date”字段是设置选择范围的上下值，输入的值即代表范围为“今天日期加上该值”同。要特别注意的是，如果范围在今天以前，其输入的值为负值。在这里希望只能选今天起一周的日期，所以设置“Min Date”栏为 1，“Max Date”栏为 7。选中“Show Button Panel”，能在显示面板显示“Done”按钮供使用，如图 13-24 所示。

图 13-24　设置日期选择器的属性

步骤 03 完成后单击菜单栏“文件\保存”，再按 F12 键来预览一下，当单击该文字字段时显示的日历，仅能选择下一周的日期。在下方也显示了一个“Done”按钮，可以在单击后关闭 Datepicker 日期选择器，如图 13-25 所示。

图 13-25 预览设计好日期选择器

13.4.3 Datepicker 日期选择器显示多个月的日历

Datepicker 日期选择器默认显示当月日历，也可以设置显示多个月的日历。

步骤 01 将插入点移至“请选择日期(显示两个月日历)”下面一行，在“插入 \ jQuery UI”面板单击“ Datepicker” 日期选择器按钮。

步骤 02 选择该 Datepicker 日期选择器上方的蓝色标签开启“属性”面板，其中“Number Of Months”字段是设置显示几个月的日历，在这里希望显示两个月的日历，所以设置“Number Of Months”字段为 2，如图 13-26 所示。

图 13-26 设置显示两个月的日历

步骤 03 完成后单击菜单栏“文件 \ 保存”，再按 F12 键来预览一下，当单击该文字字段时显示两个月的日历以供选择，如图 13-27 所示。

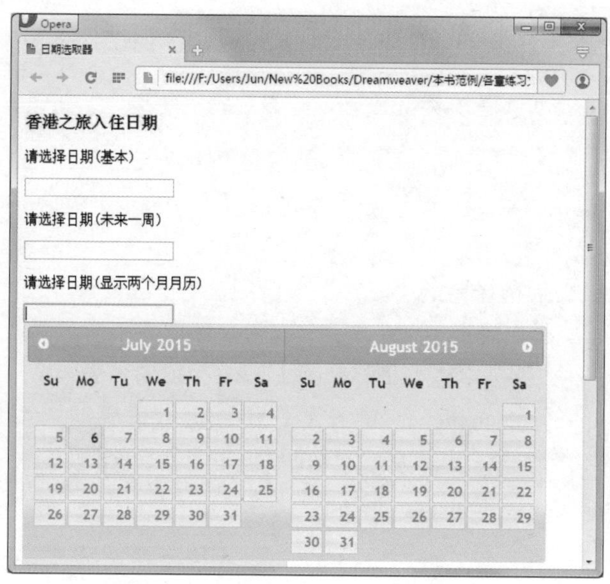

图 13-27　预览设计好显示两个月的日期选择器

13.4.4　以 Datepicker 日期选择器下拉式列表切换年月

Datepicker 日期选择器默认以面板的按钮切换月份，也能设置成以年月的下拉式列表进行切换。

步骤 01　将插入点移至“请选择日期（切换月份年份表单）”下面一行，在“插入 \ jQuery UI”面板单击“Datepicker”日期选择器按钮。

步骤 02　开启 Datepicker 日期选择器的“属性”面板，选中“Change Month”与“Change Year”，如图 13-28 左图所示。

步骤 03　完成后单击菜单栏“文件 \ 保存”，再按 F12 键来预览一下，当单击该文字字段时显示的日历，其中月份与年份都能以下拉式列表的方式进行切换，如图 13-28 右图所示。

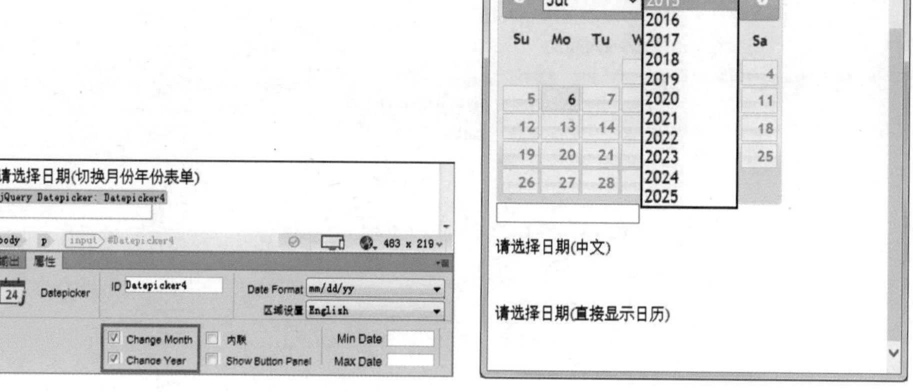

图 13-28　设置以年月来切换日历（左图），预览设计好的日期选择器（右图）

13.4.5 显示中文的 Datepicker 日期选择器

Datepicker 日期选择器默认是以英文来显示，若要显示中文，除了设置之外，还必须从外链接相关语言文件。

步骤01 将插入点移至“请选择日期（中文）”下面一行，在“插入 \ jQuery UI”面板单击“ Datepicker”日期选择器按钮。

步骤02 开启该 Datepicker 日期选择器的“属性”面板，在“地区设置”设置为“简体中文”。但是因为在相关链接文件中没有包含中文语言文件，所以还不能正确显示。

步骤03 在 <jquidemo> 范例文件夹中，我们在 <jQueryAssets> 中预先放入了从官网下载的简体中文语言文件：<jquery.ui.datepicker-zh-cn.js>。请单击“代码”切换界面，将插入点移到标签 </head> 之前，然后在“插入 \ HTML”面板单击“ Script”，在打开的窗口选择 <jQueryAssets / jquery.ui.datepicker-zh-cn.js>，再单击“确定”按钮，如图 13-29 所示。

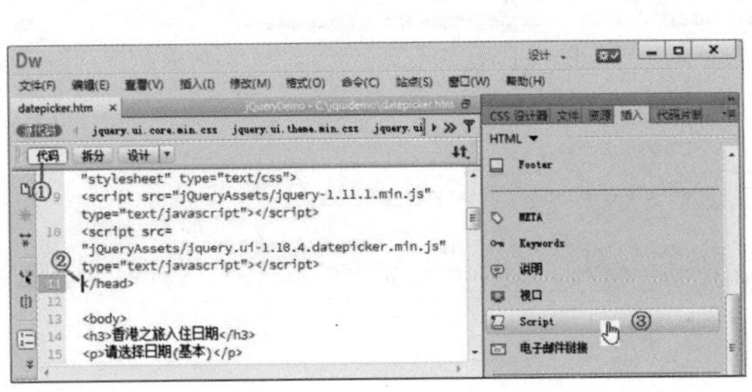

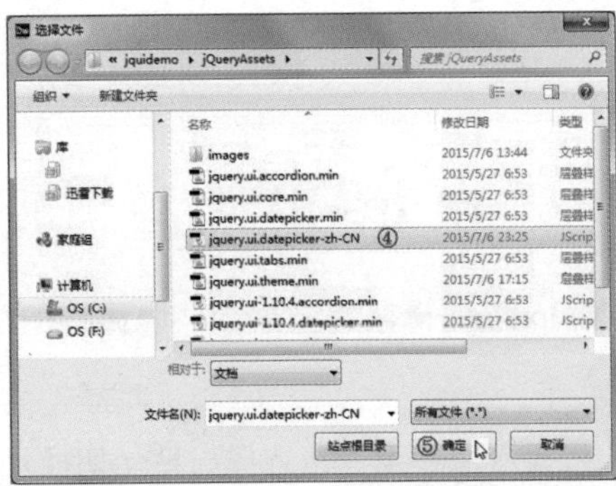

图 13-29　插入中文语言文件

步骤04 完成后单击菜单栏 文件 \ 保存，再按 F12 键来预览一下，当单击“请选择日期（中文）”文字字段时，即会显示中文的日历，如图 13-30 所示。

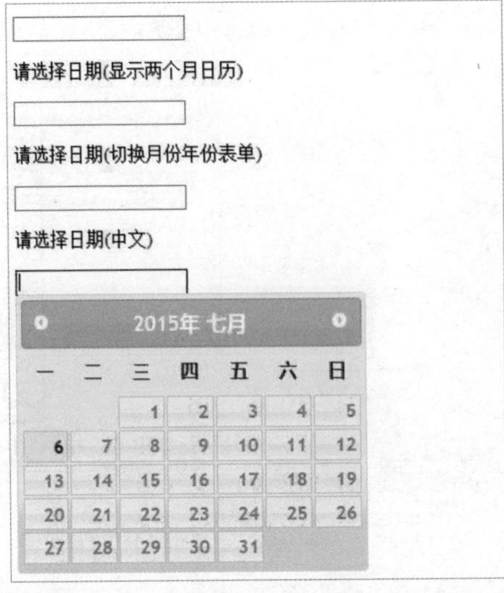

图 13-30　预览设计好的日期选择器

13.4.6　直接显示展开的 Datepicker 日期选择器

Datepicker 日期选择器一般都在选择文字字段后显示，但也可以设置显示展开的日历。

步骤 01　将插入点移至“请选择日期（直接显示日历）”下面一行，在“插入 \ jQuery UI”面板单击“Datepicker” 日期选择器按钮。

步骤 02　选择该 Datepicker 日期选择器上方的蓝色标签开启“属性”面板，选中“内联”，完成后单击菜单栏“文件 \ 保存”，再按 F12 键来预览一下，即可看到 Datepicker 日期选择器默认以展开的方式来显示，如图 13-31 所示。

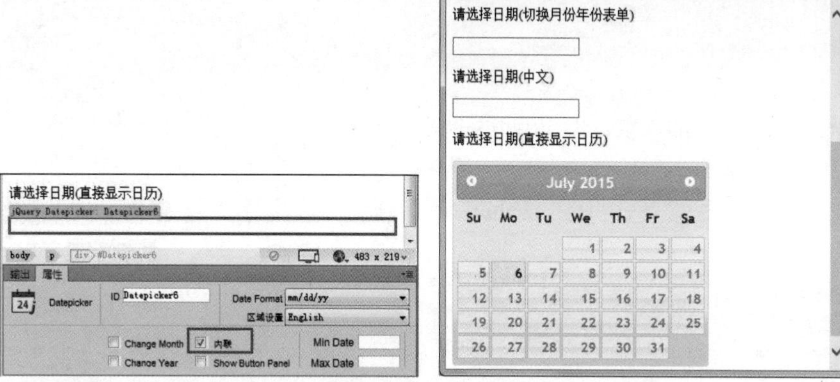

图 13-31　设置直接显示展开的日期选择器

13.5　Progressbar 进度条

Progressbar 进度条是能在画面中显示进度的图表，许多人还会用来作为票选统计的结果图，加上适当的程序还能用动画表示进度，如图 13-32 所示。

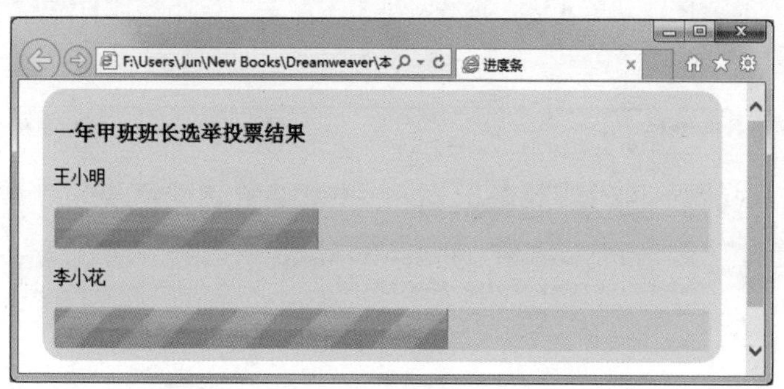

图 13-32　以进度条的方式显示票选统计结果图

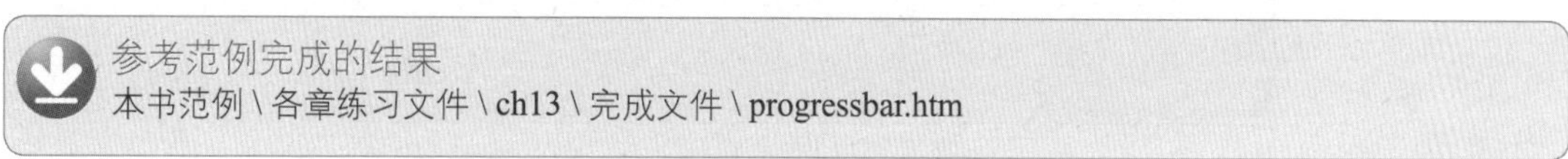

参考范例完成的结果
本书范例 \ 各章练习文件 \ ch13 \ 完成文件 \ progressbar.htm

打开 <prograssbar.htm> 文件，这里将要使用 Progressbar 进度条显示得票比例。

步骤 01 将插入点移至第一名候选人姓名后方，在“插入 \ jQ uer y UI”面板单击“ Progressbar”进度条，如图 13-33 所示。

图 13-33　在插入点加入进度条

步骤 02 在原来的插入点会加入默认的 Progressbar 进度条，在“属性”面板保存“Max”字段最大值为 100，“Value”字段值为 40。使用相同的方式，在第二名候选人姓名的下一行加入第二个 Progressbar 进度条，设置“Value”字段值为 60，如图 13-34 所示。

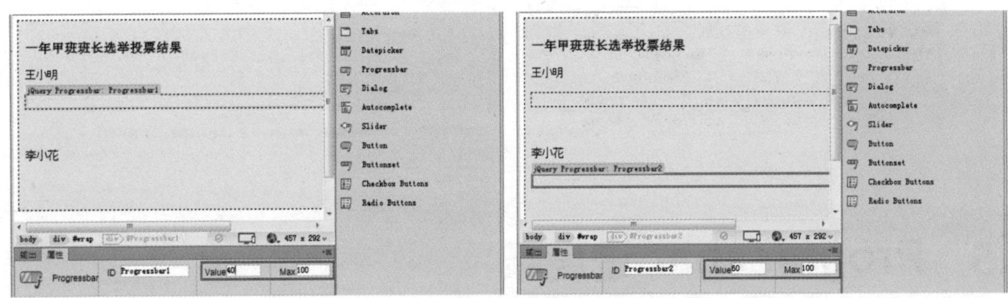

图 13-34　在“属性”面板设置进度条的属性

步骤 03 完成后保存文件，此时会出现“复制相关文件”对话框，会列出 Progressbar 进度条在使用时要一并加入的文件，如图 13-35 所示，单击“确定”按钮完成存盘后，再按 F12 键预览即可看到效果。

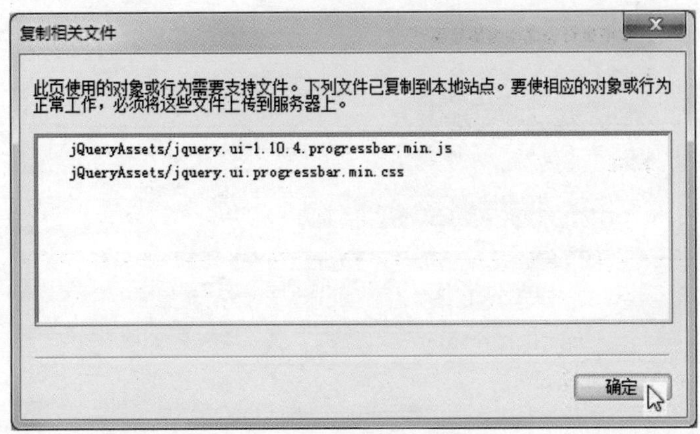

图 13-35　复制需要一同使用的相关文件

步骤 04　如果在 Progressbar 进度条的“属性”选中“Animated”项目，如此一来进度条会以 gif 动画当作背景来显示，如图 13-36 所示。

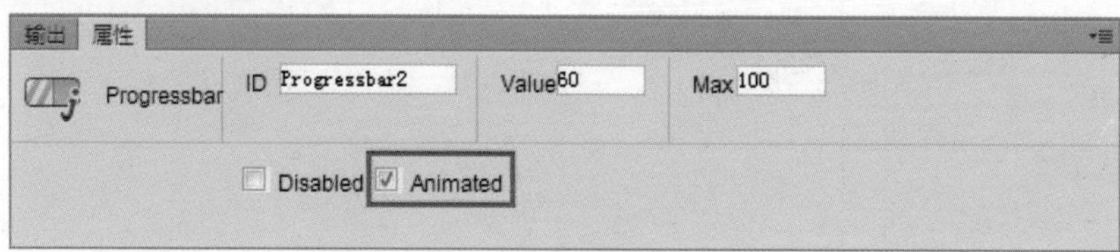

图 13-36　设置进度条的动画效果

13.6　Button 按钮与 Dialog 对话框

Button 按钮能在画面上显示按钮，甚至加上图标。Dialog 对话框能在画面中开启一个显示信息的对话框，如图 13-37 所示。

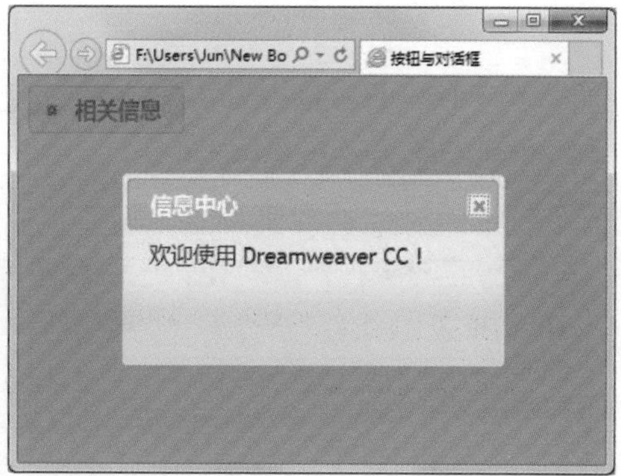

图 13-37　按钮和对话框配合的网页

参考范例完成的结果
本书范例 \ 各章练习文件 \ ch13 \ 完成文件 \ button_dialog.htm

13.6.1　加入 Button 按钮

打开 <button_dialog.htm> 文件，这里将在页中加入按钮与对话框，并让按钮能开启对话框。

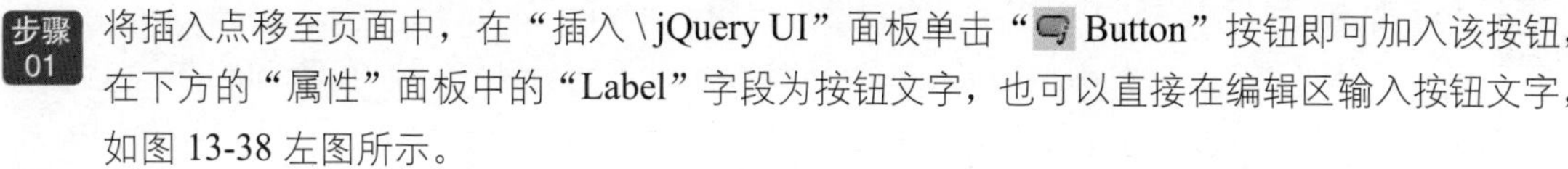

步骤 01　将插入点移至页面中，在“插入 \ jQuery UI”面板单击“ Button”按钮即可加入该按钮，在下方的“属性”面板中的“Label”字段为按钮文字，也可以直接在编辑区输入按钮文字，如图 13-38 左图所示。

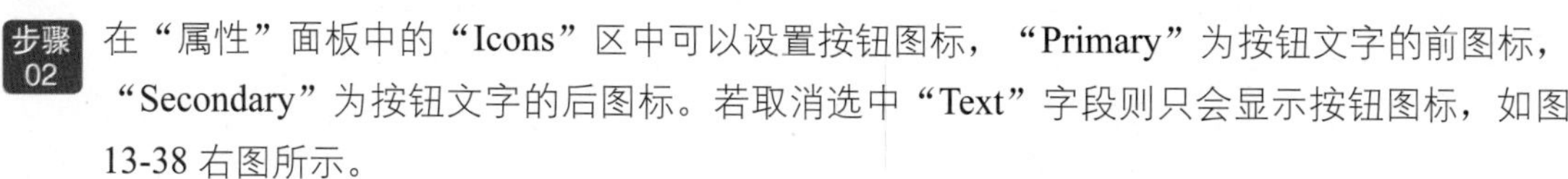

步骤 02　在“属性”面板中的“Icons”区中可以设置按钮图标，“Primary”为按钮文字的前图标，“Secondary”为按钮文字的后图标。若取消选中“Text”字段则只会显示按钮图标，如图 13-38 右图所示。

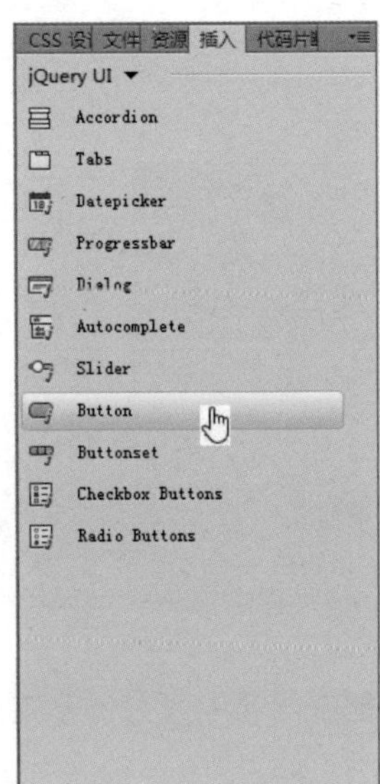

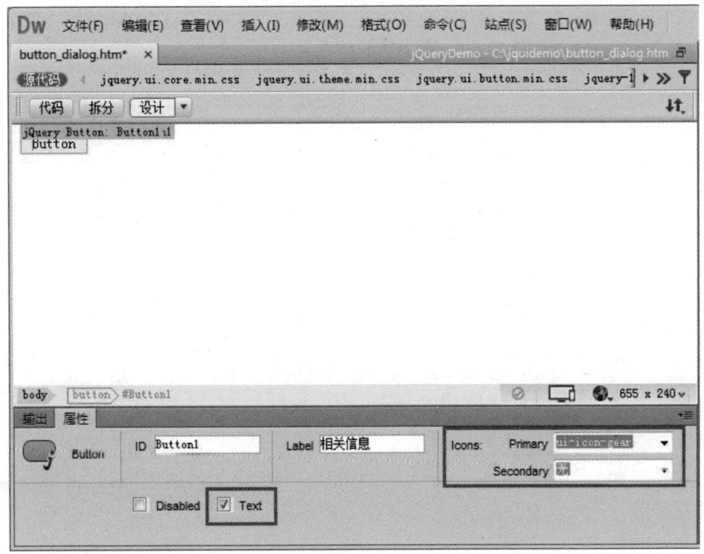

图 13-38　加入 Button 并设置其属性

步骤 03 完成后保存文件，此时会出现“复制相关文件”对话框，会列出 Button 按钮在使用时要一并加入的文件，单击“确定”按钮完成存盘，再按 F12 键预览即可看到效果。如图 13-39 所示。

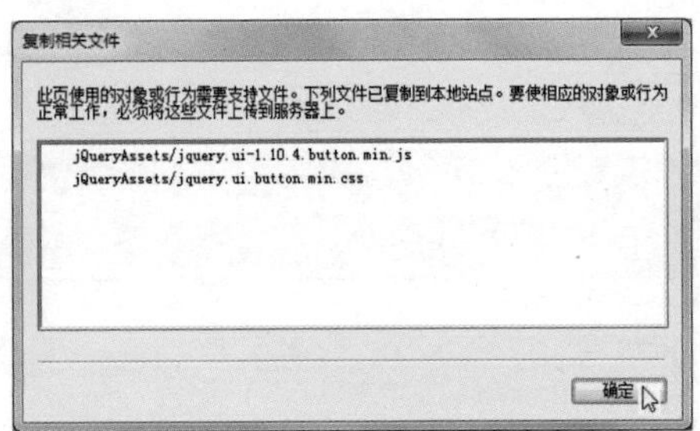

图 13-39　复制需要一同使用的相关文件（左图），预览结果（右图）

13.6.2　加入 Dialog 对话框

步骤 01 将插入点移至按钮下，在“插入 \ jQuery UI”面板单击“Dialog”对话框即可加入该对话框，请直接在编辑区输入要显示的信息。

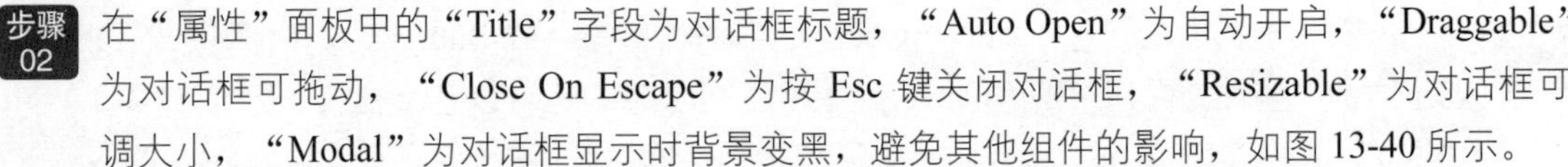

步骤 02 在“属性”面板中的“Title”字段为对话框标题，“Auto Open”为自动开启，“Draggable”为对话框可拖动，“Close On Escape”为按 Esc 键关闭对话框，“Resizable”为对话框可调大小，“Modal”为对话框显示时背景变黑，避免其他组件的影响，如图 13-40 所示。

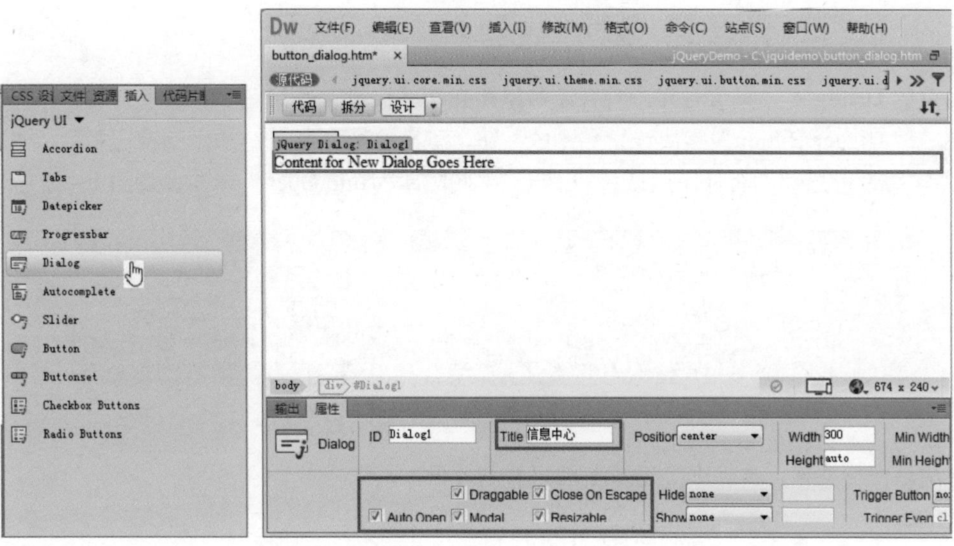

图 13-40　加入对话框并设置其属性

步骤 03　完成后保存文件，此时会出现“复制相关文件”对话框，单击“确定”按钮完成存盘，再按 F12 键预览即可看到效果，如图 13-41 所示。

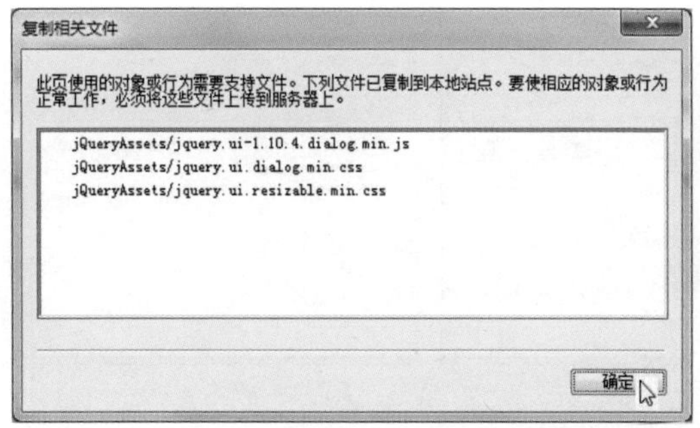

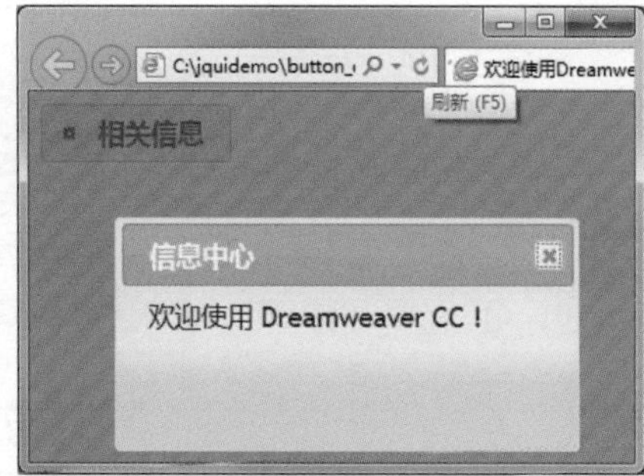

图 13-41　复制需要一同使用的相关文件（左图），预览结果（右图）

13.6.3　设置 Dialog 对话框显示及关闭的动画

Dialog 对话框在显示与关闭时，可以通过“属性”面板中的“Hide”字段与“Show”字段设置动画，加强视觉效果。列表中可以看到许多不同的动画名称，字段后的数字字段代表动画显示的时间，单位为毫秒，如图 13-42 所示。

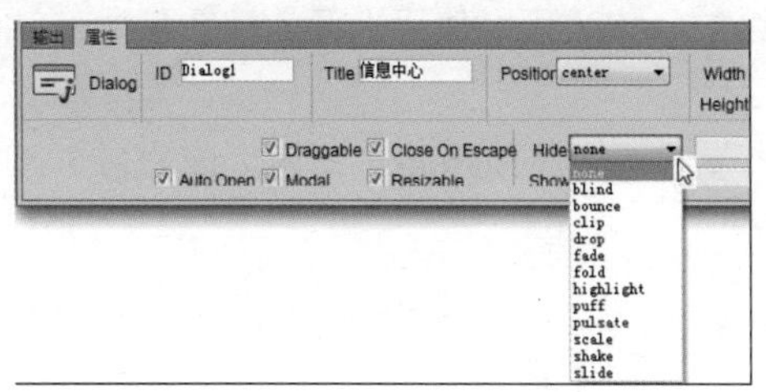

图 13-42　设置对话框的动画效果

13.6.4 设置 Button 按钮开启 Dialog 对话框

当前的 Dialog 对话框会自动开启，若希望能在按下按钮时开启，在 Dialog 对话框的“属性”面板中的“Trigger Button”字段设置启动的按钮，列表中会列出已经加入的按钮名称。“Trigger Event”字段设置启动的事件，默认是 click，另外取消“Auto Open”选中，如图 13-43 所示。

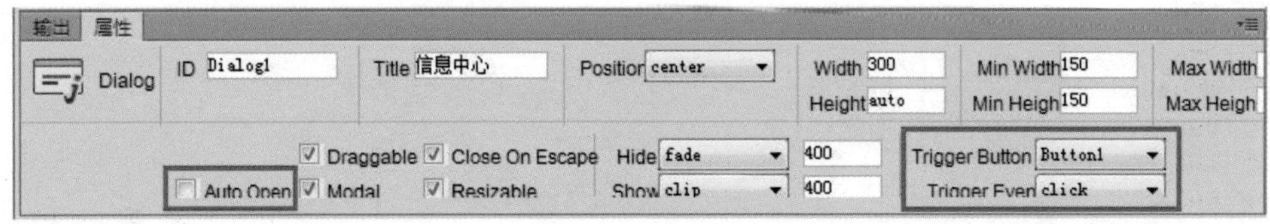

图 13-43 设置用按钮开始对话框

完成后保存文件，再按 F12 键预览即可看到效果。

13.7 Buttonset 按钮组

Buttonset 按钮组能组合多个按钮在一行，如图 13-44 所示。

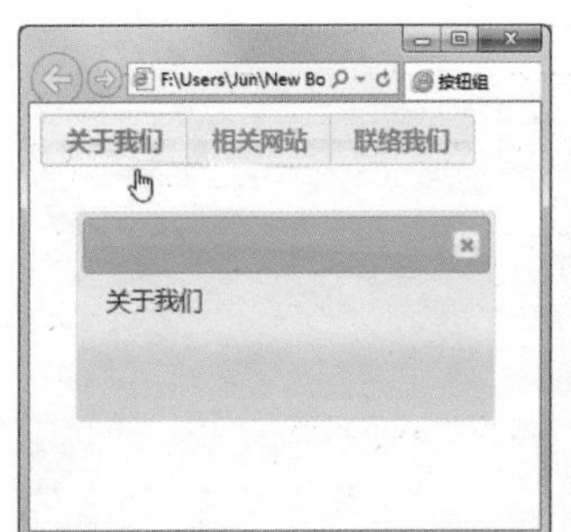

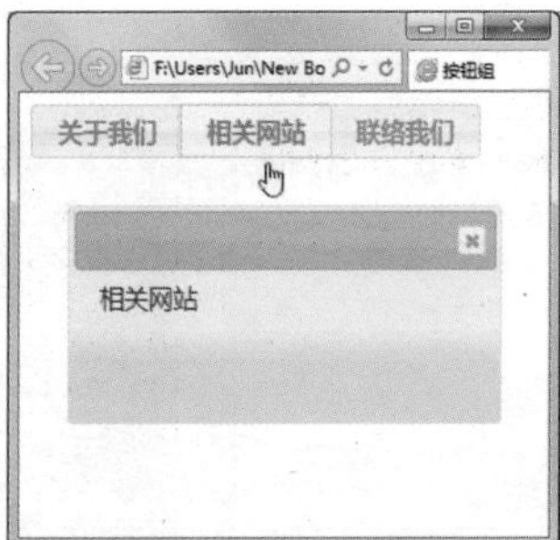

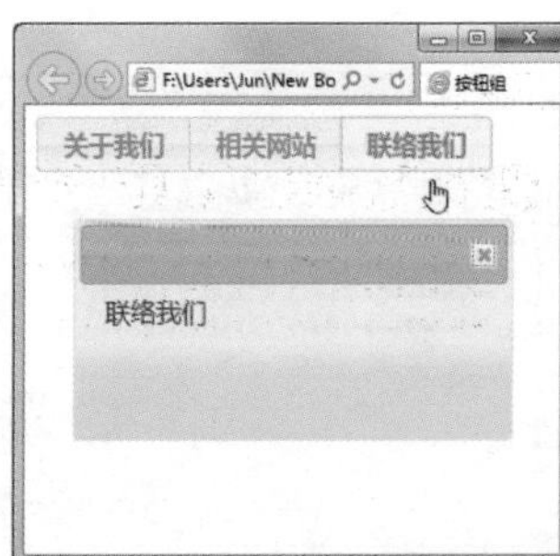

图 13-44 按钮组的范例示意图

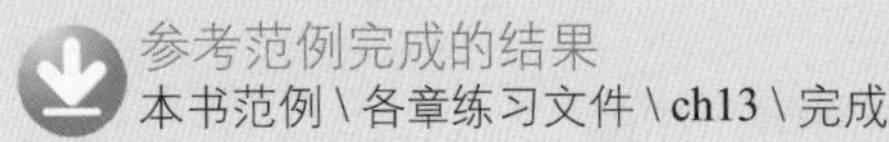
参考范例完成的结果
本书范例 \ 各章练习文件 \ ch13 \ 完成文件 \ buttonset.htm

新建 <buttonset.htm> 文件，这里将在页面中加入按钮组与三个对话框，让按钮组的按钮能分别开启不同的对话框。

步骤 01 将插入点移至页面中，在“插入 \ jQuery UI”面板单击“ Buttonset”按钮组，在下方的“属性”面板中“Buttons”字段会显示当前按钮组的名称，可以使用一旁的按钮来添加、删除按钮项，甚至调整顺序。

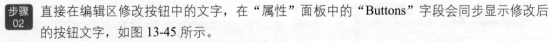

步骤 02 直接在编辑区修改按钮中的文字，在“属性”面板中的“Buttons”字段会同步显示修改后的按钮文字，如图 13-45 所示。

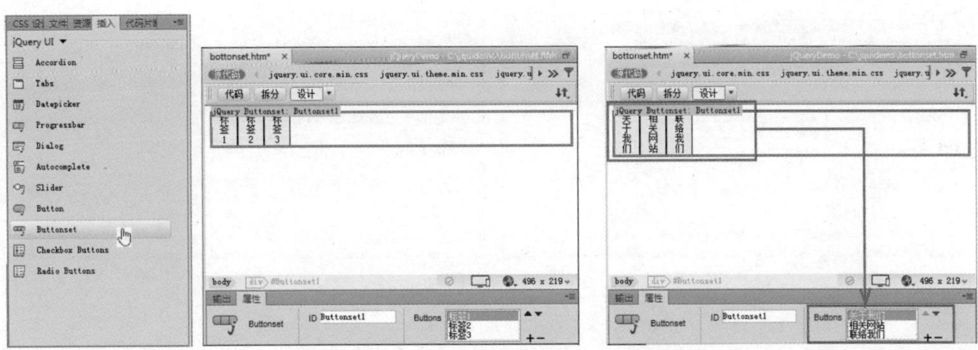

图 13-45　加入按钮组并设置其属性

步骤 03 Buttonset 按钮组中的按钮默认是以中文命名，为了避免可能会出现的问题，分别选择其中的按钮，在“属性”面板修改“ ID”字段为英文名称，如图 13-46 所示。

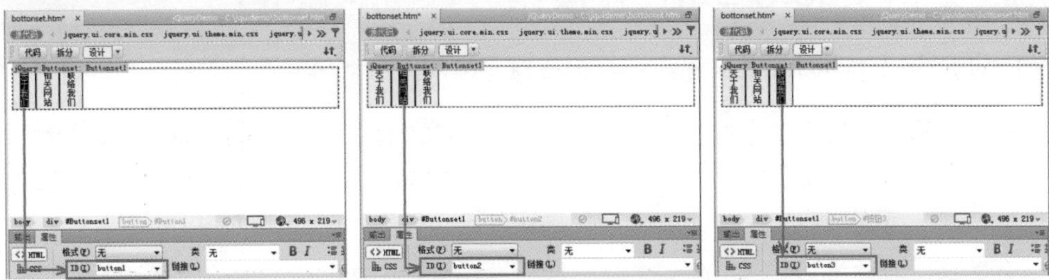

图 13-46　修改按钮的 ID 名称

步骤 04 接着在 Buttonset 按钮组下加入三组 Dialog 对话框，除了分别修改其中的信息外，在“属性”面板中的“Trigger Button”字段设置启动的按钮，如图 13-47 所示，完成后保存文件，再按 F12 键预览即可看到效果。

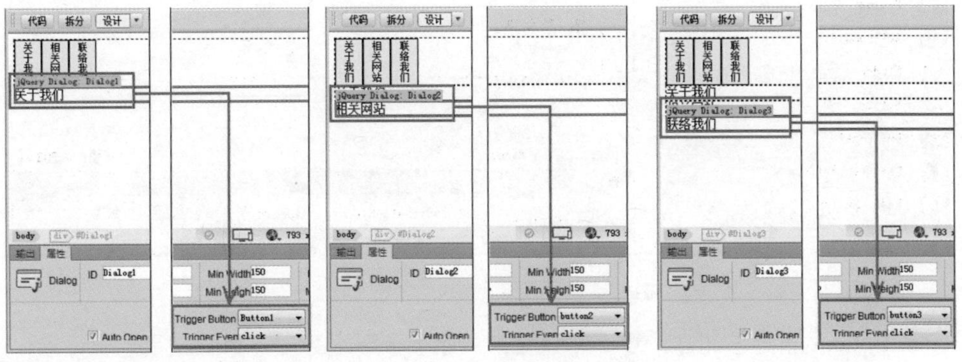

图 13-47　加入三组对话框并设置其属性

13.8　Checkbox 与 Radio Buttons

Checkbox Buttons 复选按钮与 Radio Buttons 单选按钮，能以按钮的外形来取代表单中单选与复选的功能，如图 13-48 所示。

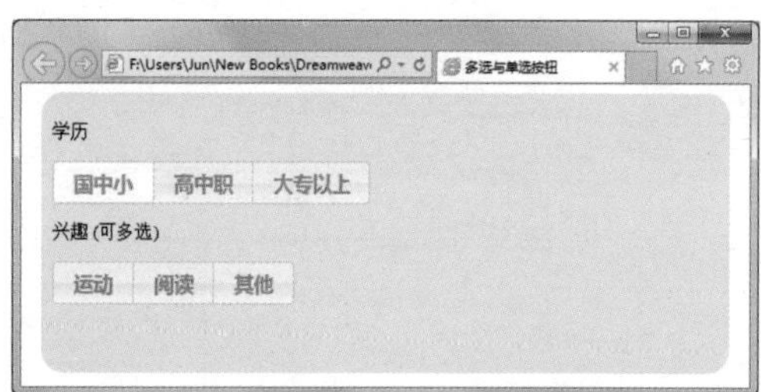

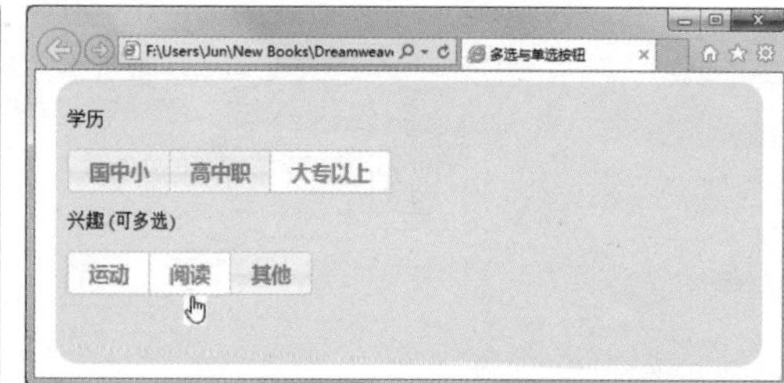

图 13-48　单选按钮和复选按钮

参考范例完成的结果
本书范例 \ 各章练习文件 \ ch13 \ 完成文件 \ checkbox_radio.htm

13.8.1　加入 Radio Button 按钮

打开 <checkbox_radio.htm> 文件，这里将在页面中加入单选与复选的按钮。

步骤 01 将插入点移至“学历”后方，在“插入 \ jQuery UI”面板单击“ Radio Buttons”单选按钮即可加入该按钮，在下方的“属性”面板中“Buttons”字段会显示当前单选按钮的名称，可以使用一旁的按钮来添加、删除按钮项，甚至调整顺序，如图 13-49 所示。

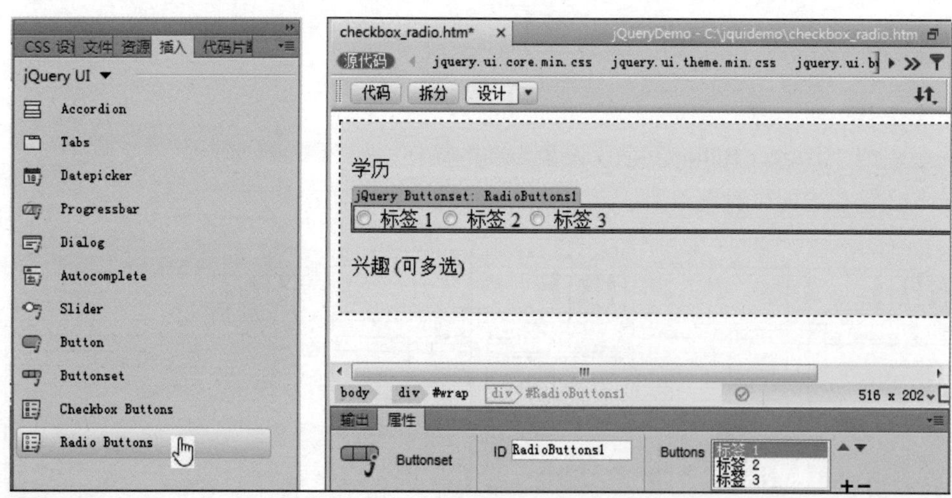

图 13-49　加入单选按钮并设置其属性

步骤 02 Radio Buttons 单选按钮在设置上较为复杂，除了按钮本身，一旁的文字也要设置。这里以第一个选项为例，在选择按钮后可在“属性”面板选中“Checked”表示默认是选择的，“Value”字段填入选择后代表的值。

步骤 03 接着选择第一个选项的文字，填入要显示的内容，然后在“标签选择器 ”单击 <label> 标签，在“属性”面板可以看到“For”字段所指定的选项名，如此一来在选择文字时该选项也会被选择到，如图 13-50 所示。

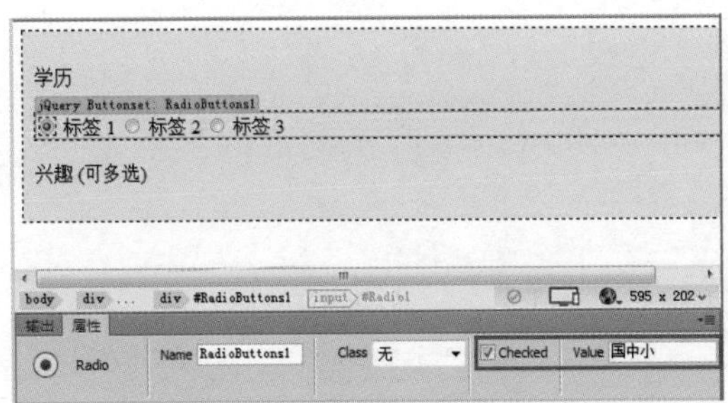

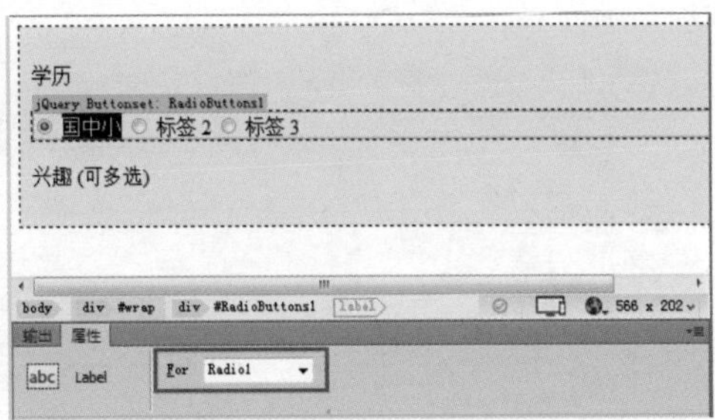

图 13-50　设置默认的选择项并指定选项名

步骤 04 使用相同的方式来设置其他两个选项以及所属的标签，不过不要选中“Checked”选项。完成后可以单击菜单栏“文件 \ 保存”，再按 F12 键来预览一下，如图 13-51 所示。

图 13-51　设置其他的两个选项并设置选项名

13.8.2　加入 Checkbox Button 按钮

步骤 01 将插入点移至“兴趣（可多选）”后方，在“插入 \ jQuery UI”面板单击“ Checkbox Buttons”复选按钮即可加入该按钮，在下方的“属性”面板中的“Buttons”字段会显示当前多单击按钮的名称，可以使用一旁的按钮来添加、删除按钮项，甚至调整顺序，如图 13-52 所示。

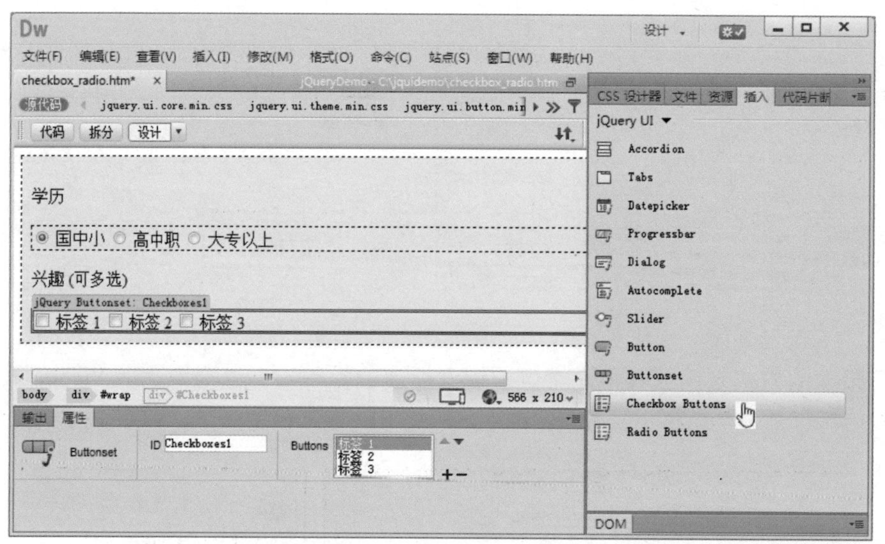

图 13-52　加入复选按钮

步骤 02　Checkbox Buttons 复选按钮在设置上也很复杂，除了按钮本身，一旁的文字也要设置。这里以第一个选项为例，在选择按钮后在“属性”面板的“Name”字段设置选项名称，“Value”字段填入选择后代表的值。

步骤 03　接着选择第一个选项的文字，填入要显示的内容，然后在“标签选择器”单击 <label> 标签，在“属性”面板可以看到“For”字段所指定的选项名，如此一来在选择文字时该选项也会被选择到，如图 13-53 所示。

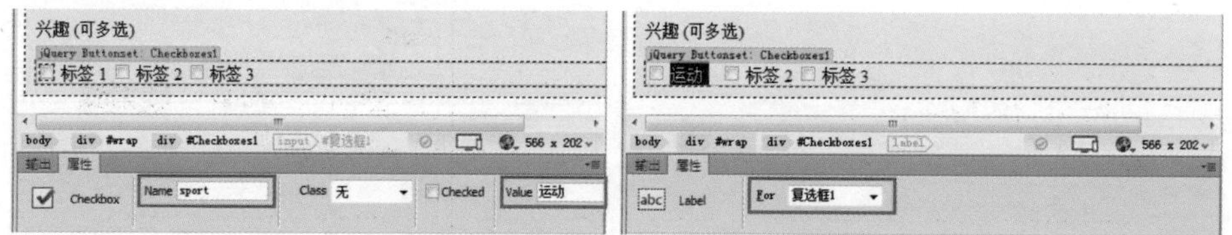

图 13-53　设置复选按钮的选项名

步骤 04　使用相同的方式来设置其他两个选项以及所属的标签，完成后可以单击菜单栏“文件 \ 保存”，再按 F12 键来预览一下，如图 13-54 所示。

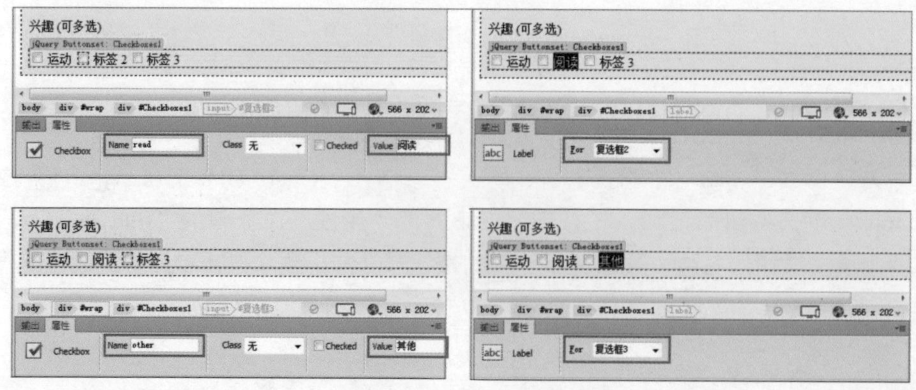

图 13-54　设置其余的复选按钮及其选项名

13.9　Slider 滑杆

Slider 滑杆能在画面上显示滑杆来设置数值，是一种强调视觉的组件，如图 13-55 所示。

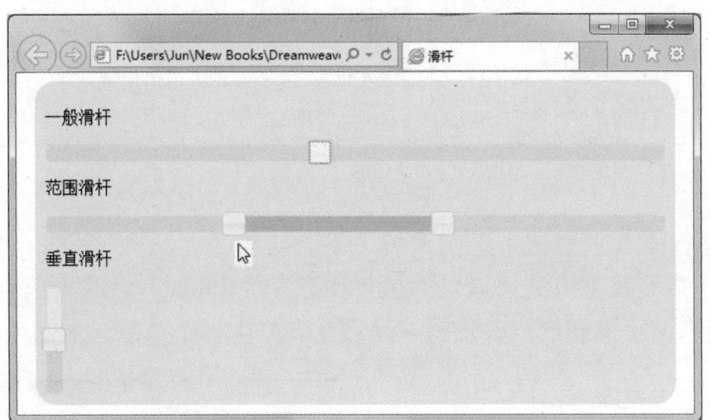

图 13-55　滑杆范例示意图

参考范例完成的结果
本书范例 \ 各章练习文件 \ ch13 \ 完成文件 \ slider.htm

请打开 <slider.htm> 文件，这里将在页中加入不同的滑杆。

步骤 01　将插入点移至“一般滑杆”后方，在“插入 \ jQuery UI”面板单击“Slider”滑杆即可加入该滑杆，在下方的“属性”面板中“Min”及“Max”字段设置为最小、最大值，“Step”字段代表每次的移动值，“Value（s）”字段是默认值，如图 13-56 所示。

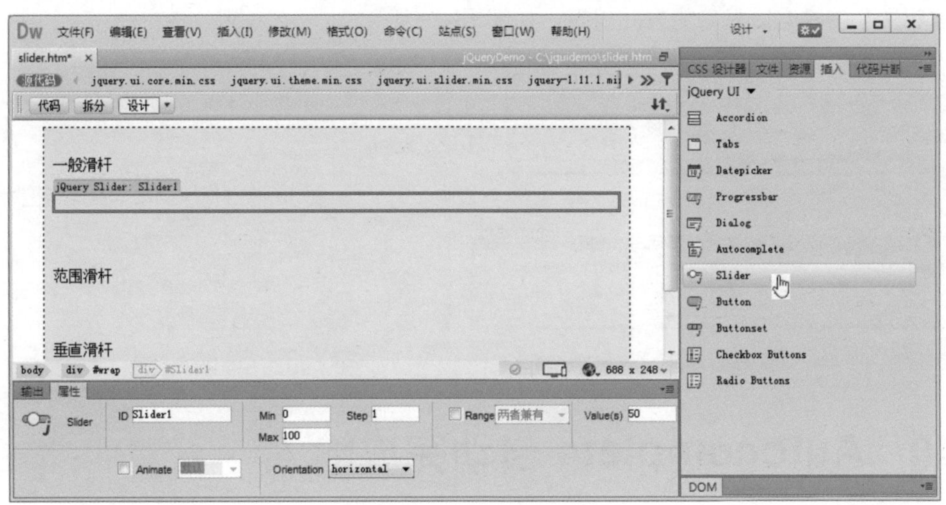

图 13-56　加入滑杆

步骤 02　完成后保存文件，此时会出现“复制相关文件”对话框，单击“确定”按钮完成存盘，再按 F12 键预览即可看到效果，如图 13-57 所示。

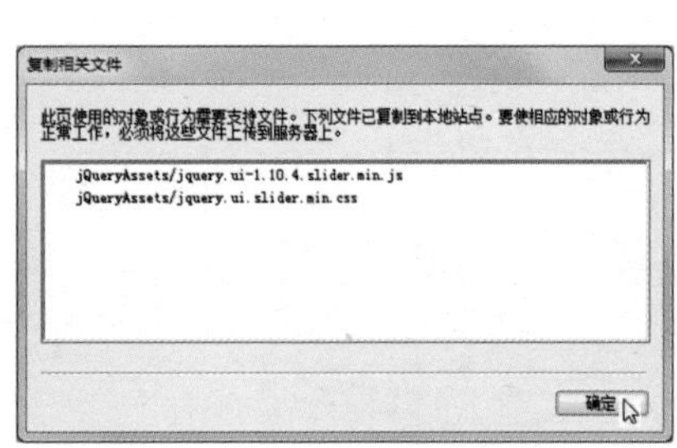

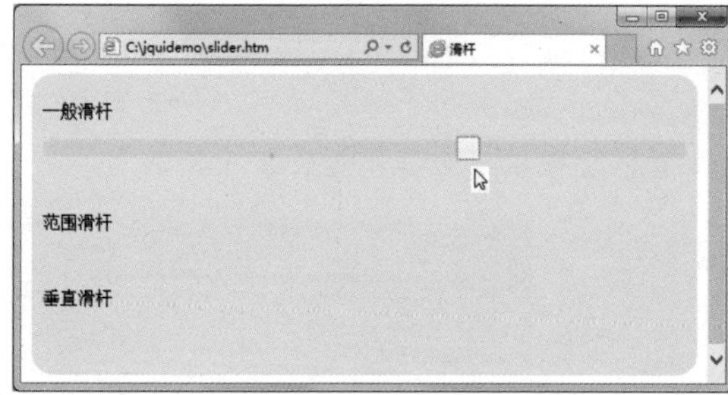

图 13-57　复制需要一同使用的相关文件（左图），预览结果（右图）

步骤 03　回到编辑区，将插入点移到“范围滑杆”下方，再于“插入 \ jQuery UI”面板单击“Slider”滑杆，接着在下方的“属性”面板中选中“Range”为两者兼有，存盘后预览会看到这个滑杆会有两个控制点，移动会在两点之间产生一个范围，如图 13-58 所示。

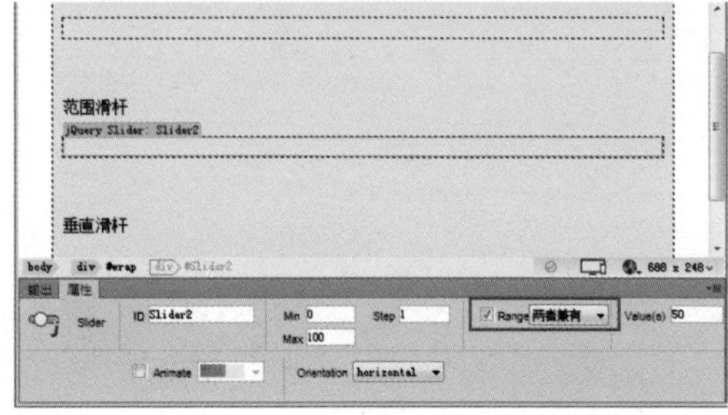

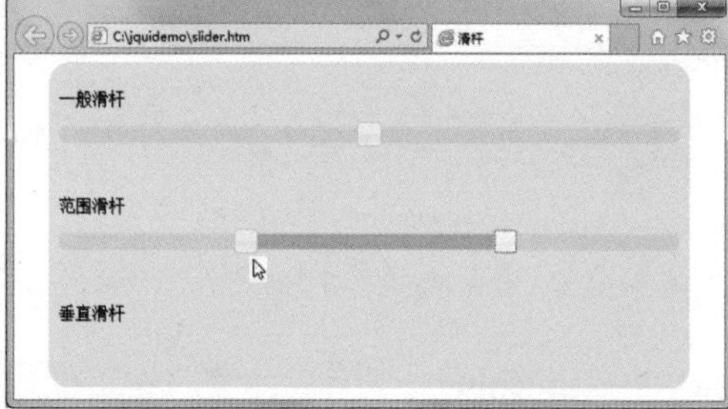

图 13-58　设置滑杆的范围（左图），预览结果（右图）

步骤 04　回到编辑区，将插入线移到“垂直滑杆”下方，再于“插入 \ jQuery UI”面板单击“Slider”滑杆，接着在下方的“属性”面板中设置“Orientation”为 vertical，存盘后预览会看到这个滑杆会以垂直的方式显示，如图 13-59 所示。

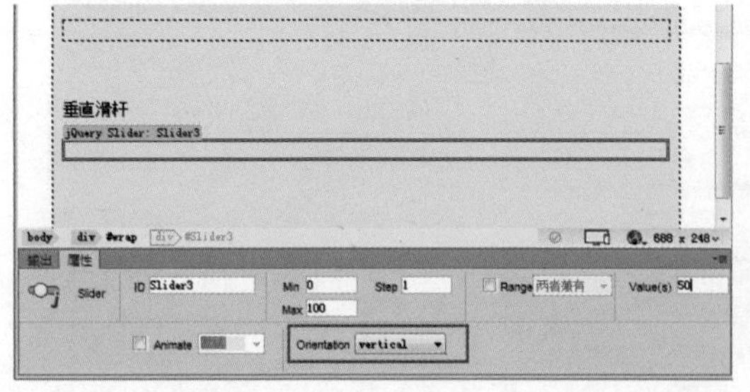

图 13-59　设置垂直显示的滑杆（左图），预览结果（右图）

13.10　Autocomplete 自动完成输入

Autocomplete 自动完成输入功能用于在文字字段输入时，按输入内容显示可供选择的项目来自动完成后续的输入，如图 13-60 所示。

图 13-60　自动完成输入的范例示意图

参考范例完成的结果
本书范例 \ 各章练习文件 \ ch14 \ 完成文件 \ autocomplete.htm

步骤 01　打开 <autocomplete.htm> 文件，将插入点移至“请输入水果名（例如 Apple）”下方，在“插入 \ jQuery UI”面板单击“ Autocomplete”（自动完成输入字段）。

步骤 02　在下方的“属性”面板中最重要的是“Source”字段，这里是设置可选项的数据源，最方便的方法是设置字符串，其格式为 [“项目一”,“项目二”,“项目三”, ...]，如图 13-61 所示。

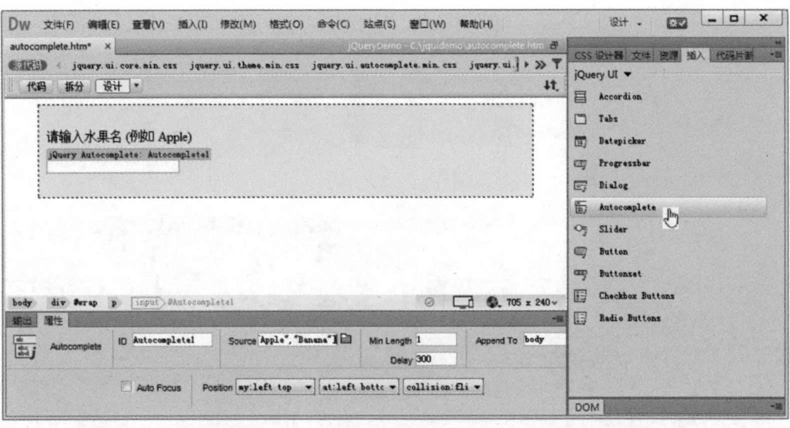

图 13-61　加入“Autocomplete”自动完成输入

步骤 03　完成后请保存文件，此时会出现“复制相关文件”对话框，单击“确定”按钮完成存盘，再按 F12 键预览即可看到效果，如图 13-62 所示。

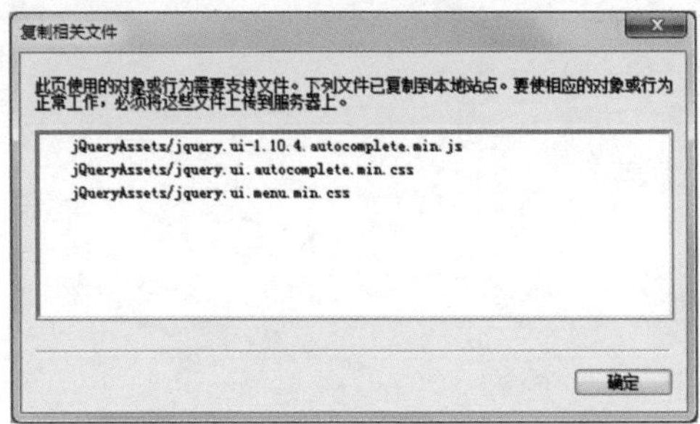

图 13-62　复制需一同使用的相关文件

第 14 章

移动设备网页的设计

随着移动设备的流行，使用智能手机或是平板电脑来浏览网站的人数越来越多，甚至已经超越传统使用台式机上网的人口。制作移动设备网页，已经成为所有网页设计师的新挑战。

14.1 移动设备网页的需求

过去的网页设计师在规划网页版型时，一般只要注意到台式电脑与笔记本电脑的屏幕尺寸即可，最多加上对于全版填满或居中的概念。随着移动设备的流行，使用智能手机或是平板电脑来浏览网站的人数越来越多，甚至已经超越传统使用台式计算机上网的入口了。所以制作移动设备网页，已经成为所有网页设计师的新挑战。

14.1.1 移动设备网页制作的困难

在制作移动设备网页的实际工作中，您会遇到什么困难呢？其实网页设计师在面对这个课题最基本的目的，就是要让一个网站可以完美地在不同的屏幕尺寸上完整呈现。这个想法并不是将一个网页强制放大或缩小就可以应付过去的，请想象用智能手机去观看一个 1024 x 768 台式计算机屏幕尺寸的网页，那是一件多痛苦的事呀！

过去在解决这类问题时，许多人会特别为不同的屏幕尺寸制作不同大小的网页，不过光是浩大的工程就足以让大部分的人望而却步，更别说现在的屏幕尺寸多如过江之鲫，若要一次搞定更是不可能实现的任务。

14.1.2 Dreamweaver 移动设备网页的解决方案

很幸运的是，Dreamweaver 提供了多个工具来解决移动设备网页的制作问题，包含了“媒体查询”、“流体网格版面”以及“jQuery Mobile”，结合最新的技术，能让用户制作出一个可以适合不同尺寸屏幕的页面，如图 14-1 所示。

图 14-1　Dreamweaver 能让制作的网页同时符合不同设备的屏幕尺寸

14.1.3 在不同的屏幕预览网页

在制作移动设备网页的过程中，使用不同的屏幕尺寸来预览成品，是许多网页设计师的梦魇。除了操作过程麻烦，网页在经过调整后又必须重复预览一次。

设置编辑区尺寸

在 Dreamweaver 中可以仿真屏幕尺寸设置编辑区的大小，如此即可在制作的同时得知网页最后的状态，对于移动设备网页的制作帮助很大。可以单击右下角“窗口大小”，在列表的上方会显示许多不同的尺寸，单击后即可将编辑区调整为所选择的对应尺寸。如果想要自定义屏幕尺寸的大小，可以单击列表中“编辑大小”进行设置。在列表中也提供了移动设备、平板电脑及台式计算机三个默认的尺寸，直接单击也能调整编辑区到指定的尺寸，如图 14-2 所示。

图 14-2 Dreamweaver 的编辑区可以直接调整为设置的屏幕尺寸

14.2 媒体查询

面对不同移动设备能够正确显示网页内容的挑战，Dreamweaver 提供的第一个工具是基于 CSS3 技术所推出的新助手：“媒体查询”。

14.2.1 什么是“媒体查询”

“媒体查询”是 CSS3 提出的新观念，它能根据浏览器不同的窗口宽度，让网页应用不同的 CSS 配置文件。因此可以根据不同的浏览器宽度设计各自的 CSS 样式文件，让制作的网页在不同的屏幕都能有最好的显示效果。虽然“媒体查询”并未获得所有浏览器的支持，但可喜的是所有移动设备都可以完美地执行。所以任何 iOS、Android 的手机或平板电脑都可以正确地显示“媒体查询”的网页。

14.2.2 加入“媒体查询”

我们已经为范例网站中的 <index.htm> 设计了可以符合三种不同设备网页的 CSS 样式文件：<mobile.css>、<tablet.css>、<desktop.css>，以下将要在网页中加入“媒体查询”的功能，让浏览器可以根据不同的屏幕宽度应用不同的 CSS 样式文件，如图 14-3 所示。

图 14-3 显示在三种不同设备的网页

参考范例完成的结果
本书范例 \ 各章练习文件 \ ch15 \ 完成文件 \ example1 \ index.htm

为页面加入媒体查询

将下载文件中 <本书习题 \ 各章练习文件 \ ch15 \ 原始文件 \ example1> 文件夹复制到 <C:\mobiledemo> 下，并进入 Dreamweaver 定义网站“媒体查询测试”，并将“本地站点文件夹”设置为刚才放置范例文件的文件夹。在“文件”面板中，<index.htm> 为网页文件，<mobile.css>、<tablet.css>、<desktop.css> 是用于三种不同设备网页的 CSS 样式文件。

打开 <index.htm> 后，在“CSS 设计器”面板的“源”窗格单击“+ 添加 CSS 源 \ 附加现有的 CSS 文件”进入设置的对话框，如图 14-4 所示。

图 14-4 添加 CSS 样式文件

“媒体查询”利用检测屏幕的宽度为网页指定不同 CSS 文件，接着要设置手机、平板电脑及台式计算机三者不同的屏幕尺寸范围，并指定使用不同的 CSS 文件。

描述	最小宽度	最大宽度	CSS 文件
手机	0	480	mobile.css
平板电脑	481	768	tablet.css
台式机	769		desktop.css

步骤 03 以手机屏幕尺寸范围为例，单击“文件 /URL”字段旁的“浏览”按钮选择 <mobile.css>，接着单击“有条件使用（可选）”展开，按默认条件旁的“ +”按钮，添加条件“min-width”为 0px，再单击“+”按钮添加条件“max-width”为 480px，最后单击“确定”按钮，如图 14-5 所示。

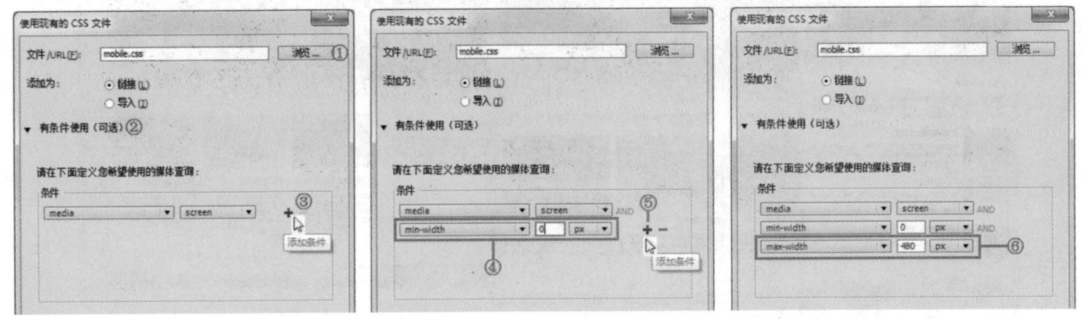

图 14-5 使用现有的 CSS 文件并添加新的媒体查询定义

步骤 04 按相同的方式，分别设置平板电脑及台式机的屏幕尺寸，链接到 <tablet.css> 与 <desktop.css>，并设置其有条件使用的范围，即完成设置，如图 14-6 所示。

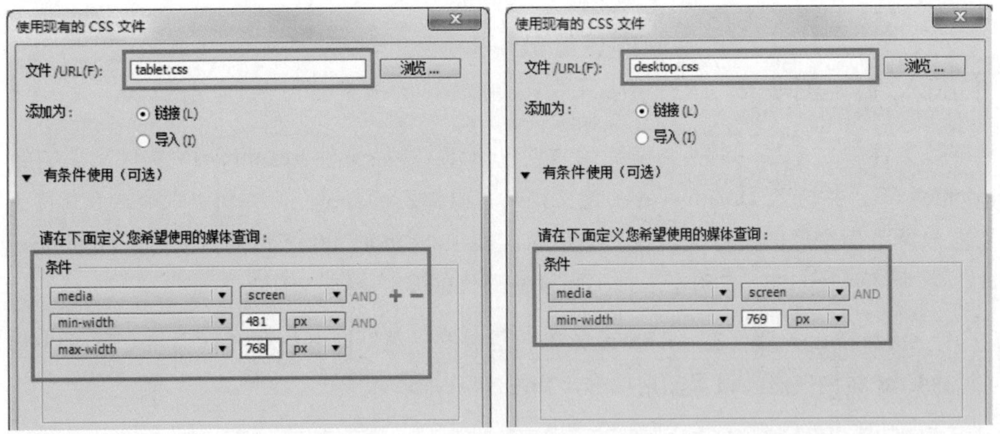

图 14-6 分别设置和添加平板电脑和台式机的媒体查询定义

测试媒体查询

利用编辑区下方的“窗口大小”设置来选择移动设备（如智能手机），平板电脑和台式机三种设备的预览结果。也可以使用浏览器预览，并调整不同的屏幕大小，即可看到版面立即的改变，如图 14-7 所示。

图 14-7　调整不同设备后的网页显示结果

14.3　流体网格版面

结合了 CSS3 与 JavaScript 技术，通过网格线的排版观念，Dreamweaver 让移动设备的排版更加弹性，设置也更加简单。

14.3.1　什么是流体网格版面

“流体网格版面”简单来说就是将网页按比例区分成几栏，以此作为放置内容大小的基准。网页版面会以区块来放置内容，在安排每个区块时就以它所占的栏位来定位它的大小。例如当前的版面如果定义有 12 栏，要添加的区块若要占满整个版，它的宽度就是 12 栏；如果在一行同时放了 4 个区块，那每个区块就各占 3 栏。

“流体网格版面”同样拥有“媒体查询”的功能，它也能根据不同屏幕尺寸来设置当前的版型该有几个栏，只是它将所有 CSS 的设置放置在同一个文件中。

14.3.2　流体网格版面的使用

接下来在范例网站中的 <index.htm> 将使用“流变网格线版面”进行设计，按照不同屏幕尺寸设计可以容纳的字段数，让浏览器可以根据不同的屏幕宽度显示适合的样式文件，如图 14-8 所示。

图 14-8　可适用于不同屏幕尺寸的网页设计——范例示意图

参考范例完成的结果
本书范例 \ 各章完成文件 \ ch14 \ example2 \ index.htm

新建流体网格版面的页面

将下载文件中 <本书习题 \ 各章练习文件 \ ch15 \ 原始文件 \ example2> 文件夹复制到 <C:\mobiledemo> 下，进入 Dreamweaver 定义网站“流体网格版面测试”，并将“本地站点文件夹”设置为刚才放置范例文件的文件夹。在“文件”面板中只有 <images> 图像文件夹与 <data.htm> 网页内容文件。

步骤 01　从菜单栏单击“文件 \ 新建”，在对话框选择“流体网格（旧版）”进入设置的对话框。屏幕画面中会显示三种不同设备的版面大小，可以根据需求设置使用的栏数和总列宽的比例。栏数的设置要事先规划，例如范例中在台式机版型有一行要放置 4 栏等分的内容，若只设置 11 栏就不好分配。另外要注意的是流体网格版面使用的“文件类型”是 HTML5，最后单击“创建”按钮，如图 14-9 所示。

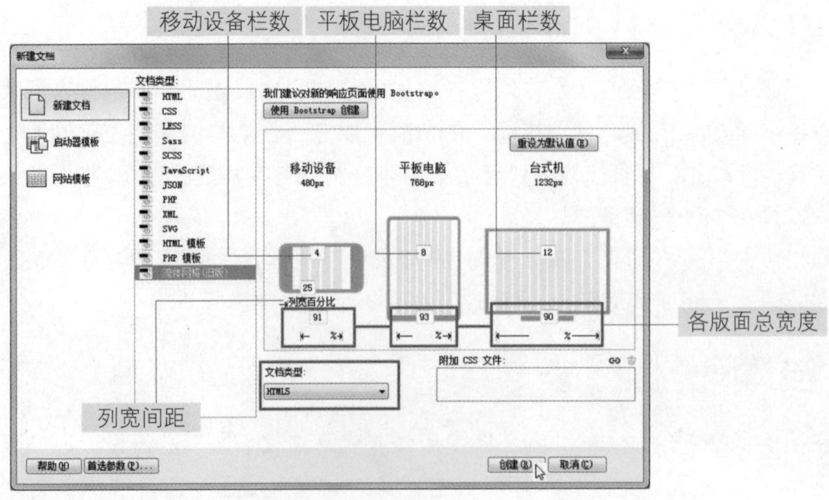

图 14-9　创建“流体网格”版本的网页

步骤 02 接着会要求存储将要使用的 CSS 样式文件，这里配置文件名为 style.css，最后单击“保存”按钮。进入编辑画面后，默认会以手机的版面进行预览。可以看到版面中新建了一个内容区块，背景有淡灰色的 4 个字段，如图 14-10 所示。

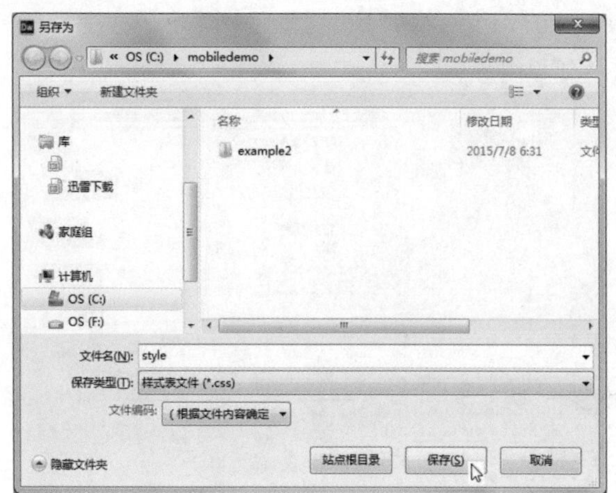

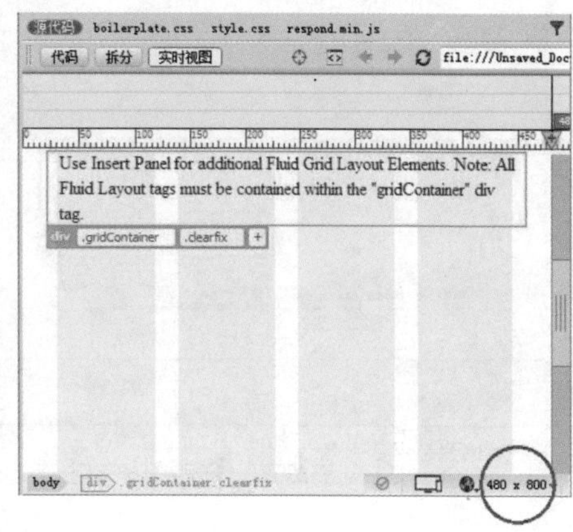

图 14-10　保持 CSS 样式文件，进入新建网页的编辑区

步骤 03 单击“文件 \ 保存”存储新建的文件为 <index.htm>，此时会显示对话框说明流体网格版面需要另外的 <boilerplate.css> 及 <respond.min.js>，单击“确定”按钮完成设置，如图 14-11 所示。

图 14-11　保存新建的网页，需要一同使用的文件会被复制到网站文件夹中

创建文件后可以使用编辑区右下方的“窗口大小”选择“移动设备”、“平板电脑”及“台式计算机”三个预设尺寸的选项来预览，会发现不同的屏幕尺寸后方的显示栏数不同。接着我们就要根据需求在不同的屏幕尺寸中插入不同的内容区块。另外要特别注意的，编辑流体网格版面只能使用“实时视图”模式进行编辑，如图 14-12 所示。

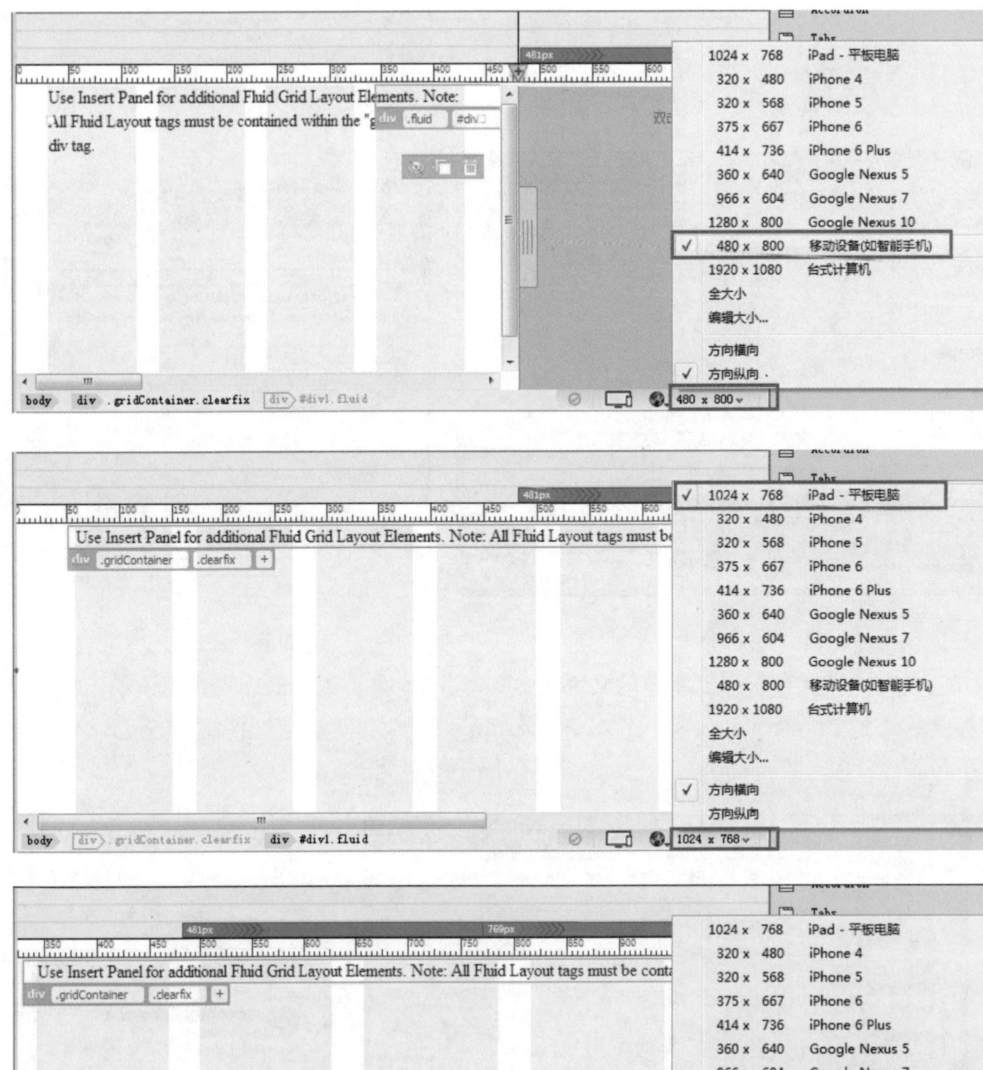

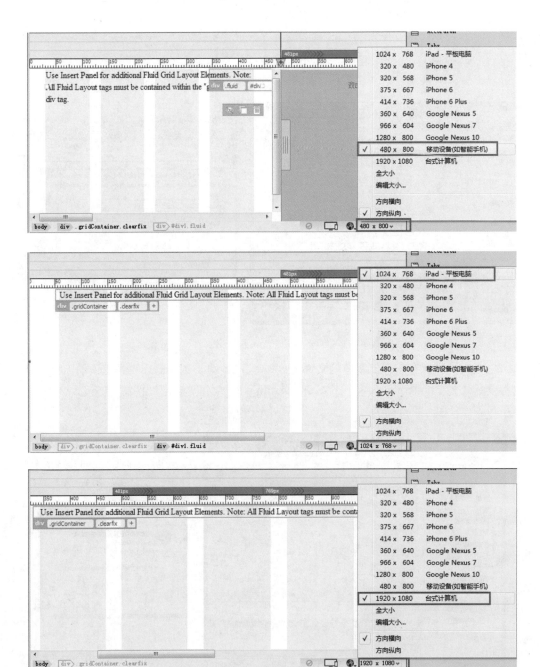

图 14-12　使用“实时视图”模式进行编辑

新建流体网格版面的 DIV 标签

接着要在页面中插入内容区块。这里所谓的内容区块，其实就是由 <DIV> 标签所围绕的内容区域。首先要构建台式机屏幕尺寸的版面，页面内容区域的分析如图 14-13 所示。

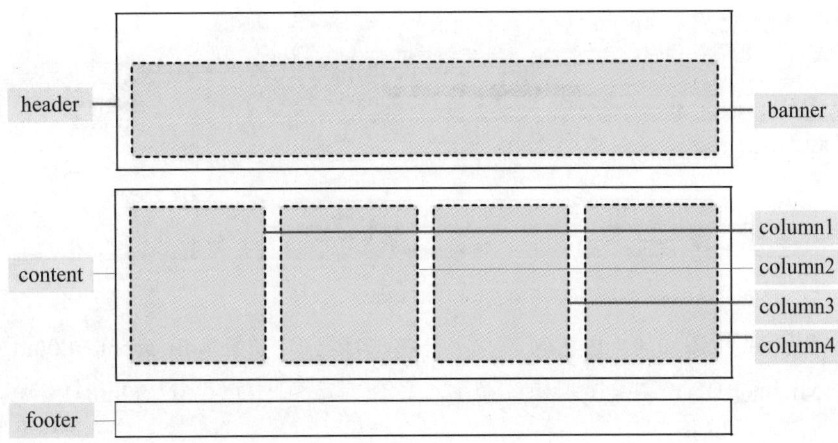

图 14-13　网页内容区域的分析图

步骤 01 <index.htm> 创建后默认已经插入一个“div1”的内容区域，根据规划在“标签选择器”单击 <div #div1. uid> 标签，之后在“属性”面板更名为 header，如图 14-14 所示。

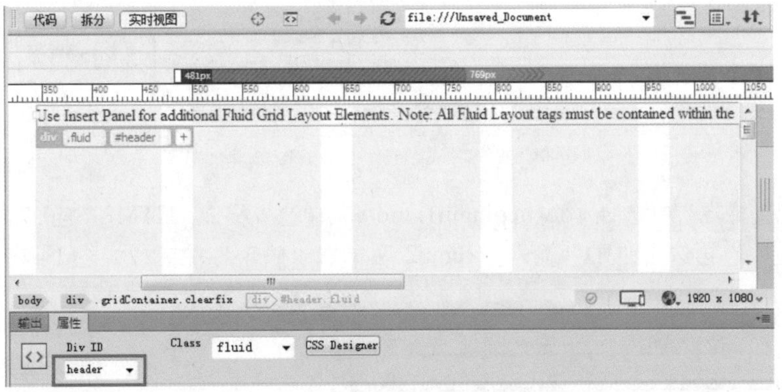

图 14-14　把插入的内容区域更名为 header

步骤 02 接着要在 header 之内添加一个 banner 的内容区域。在“标签选择器”中选择 <div #header. fluid> 后按下“插入 \ HTML \ DIV”开启对话框，单击“嵌套”后选中“ID”输入 banner，最后单击“确定”按钮完成设置，如图 14-15 所示。

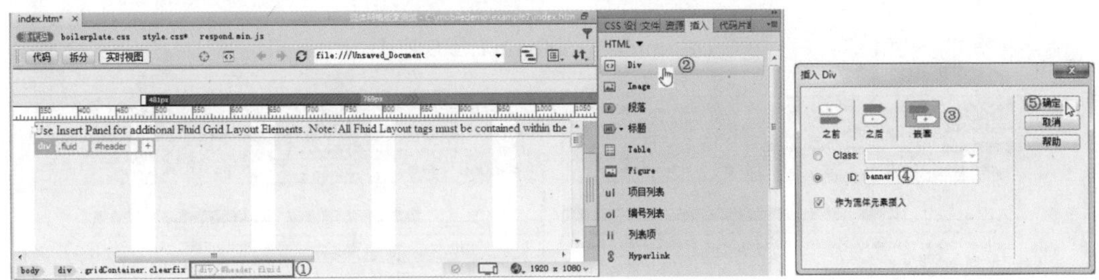

图 14-15　在 header 之内添加 banner 内容区域

步骤 03 接着添加 4 个内容区域并放置在一行中。在“标签选择器”中选择 <div #header. uid> 后单击“插入 \ HTML \ DIV”开启对话框，单击“之后”选中“ID”输入 content 再单击“确定”按钮，如图 14-16 所示。

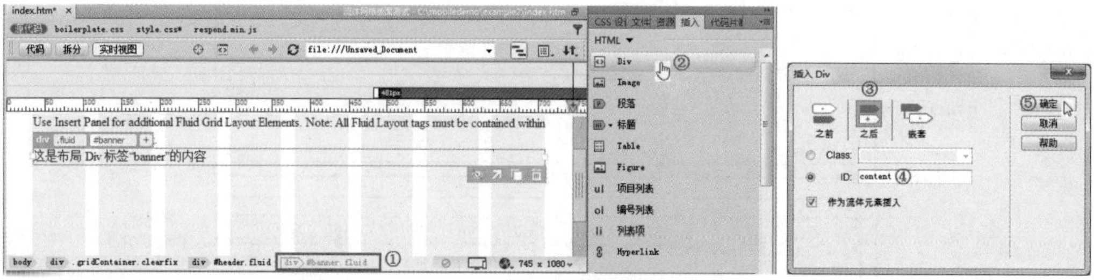

图 14-16 添加 content 区域

步骤 04 接着在 content 中添加 4 个内容区域。在“标签选择器”中选择 <div #content.fluid> 后单击“插入 \ HTML \ DIV”开启对话框，单击“嵌套”后在“ID”输入 column1 后单击“确定”按钮，如图 14-17 所示。

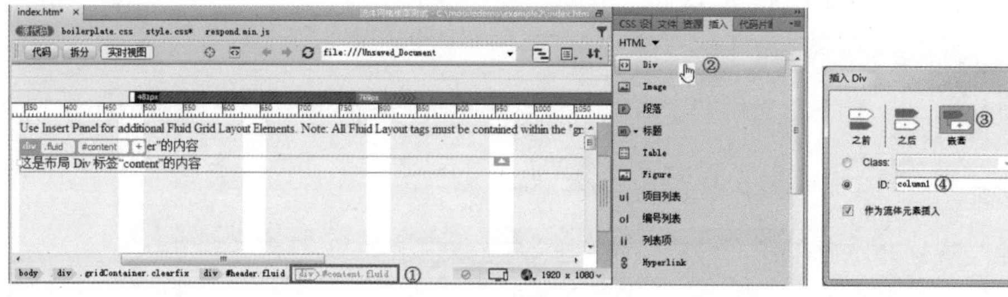

图 14-17 在 content 中添加 4 个内容区域

步骤 05 在“标签选择器”中选择 <div #column1. uid> 后单击“插入 \ HTML \ DIV”开启对话框，选择“之后”再选中“ID”输入 column2 后单击“确定”按钮，如图 14-18 所示。

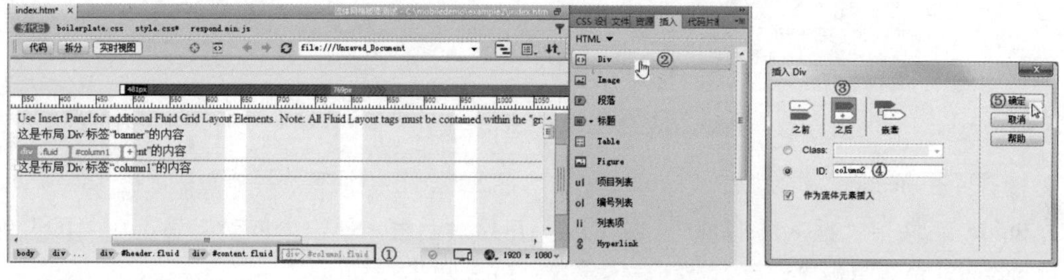

图 14-18 添加 column 2

使用相同的方式按序在后加入 column3 及 column4，如图 14-19 所示。

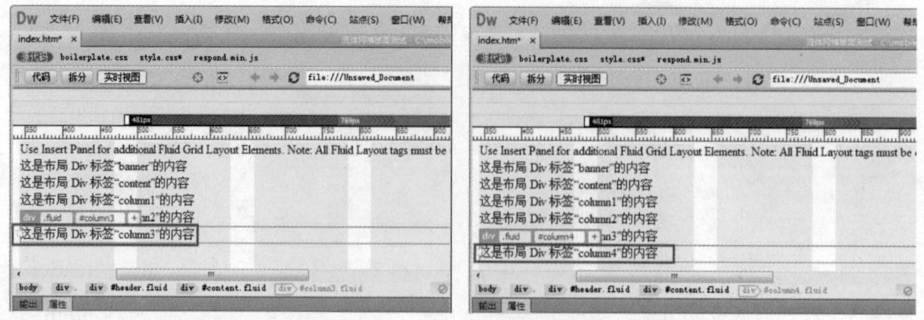

图 14-19 添加 column 3 和 column4

步骤 06 最后要在 content 之后添加一个 footer 的内容区域。在“标签选择器”中选择 <div #content.uid> 后单击“插入 \ HTML \ DIV”开启对话框，单击“之后”后选中“ID”输入 footer，最后单击“确定”按钮完成设置，如图 14-20 所示。

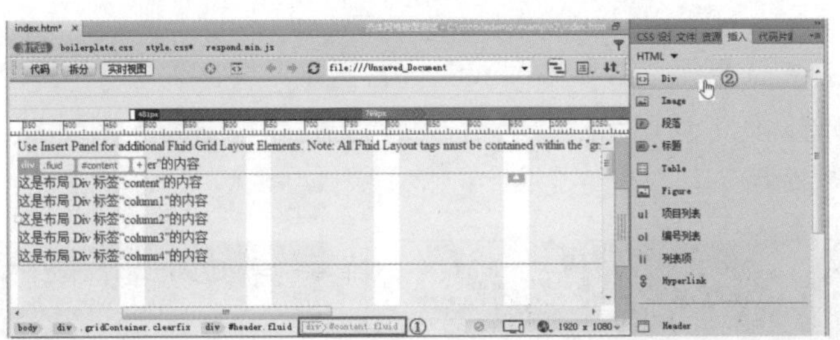

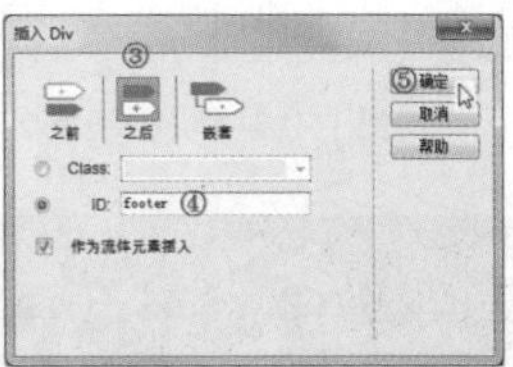

图 14-20　添加 footer 区域

步骤 07 到此已经完成基本的版面规划，打开 <data.htm>，其中已经按序准备好了要置入网页版面的内容，逐一搬移到 <index.htm> 对应的内容区域中，如图 14-21 所示。

图 14-21　各个区域置入了内容后的结果图

小提示

流体网格版面中的图像要删除宽度和高度的属性

流体网格版面的特性，就是会自动随着浏览器自动缩放版面的大小，其中也包含了网页里的图像。但是要特别注意的是，当在流体网格版面中要让图像可以自动缩放，必须删除图像的宽度与高度属性，才能达到这个效果。一旦设置了这两个属性，图像即会固定大小，不会随着版面缩放。

调整台式机屏幕尺寸的流体网格版面

在这个版面中大部分都是一个内容区域为一行，规划中想要让 column1 、column2、column3 与 column4 内容区域放置在一行，接着进行调整。

步骤01 在 <index.htm> 中通过“标签选择器”选择 column1 内容区域，会出现 6 个控制点，拖动右边中间的控制点往左移动，此时会显示栏数提示方块，当显示栏数为 3 时放开，即完成内容区域的调整，如图 14-22 所示。

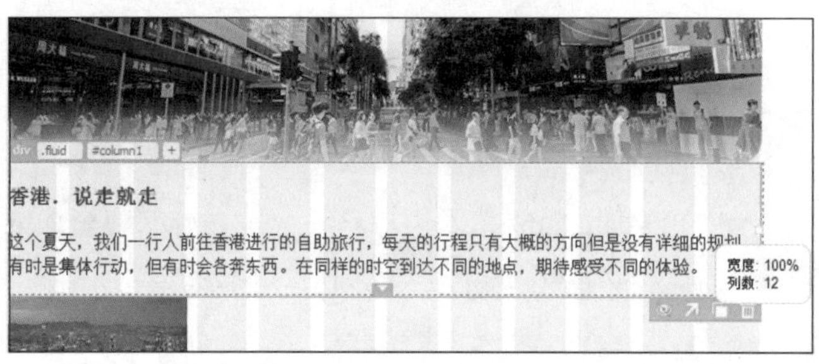

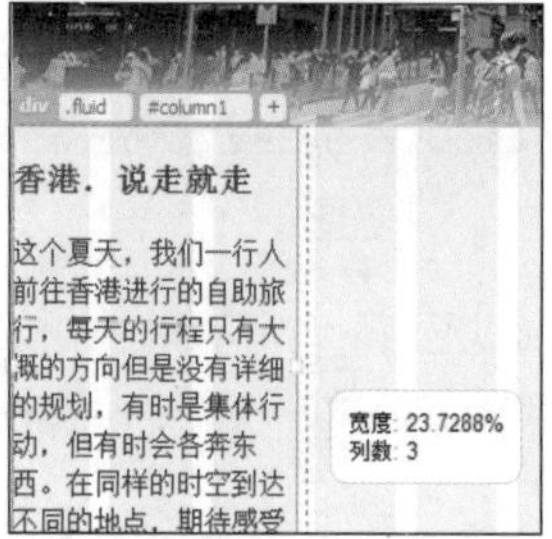

图 14-22　用鼠标拖放 colunm1 内容区域的控制点来调整内容区域的大小

步骤02 通过“标签选择器”选择 column2 内容区域，拖动右边中间的控制点往左移动，在提示方块显示栏数为 3 时放开。接着单击区域下方的 ◪ 按钮将整个区域移动到上方同一行中，如图 14-23 所示。

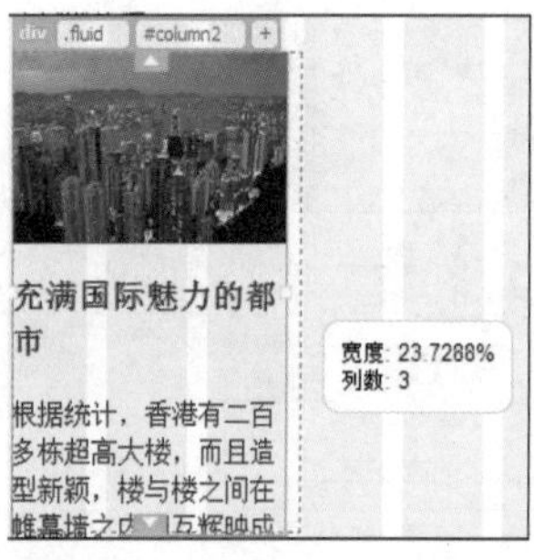

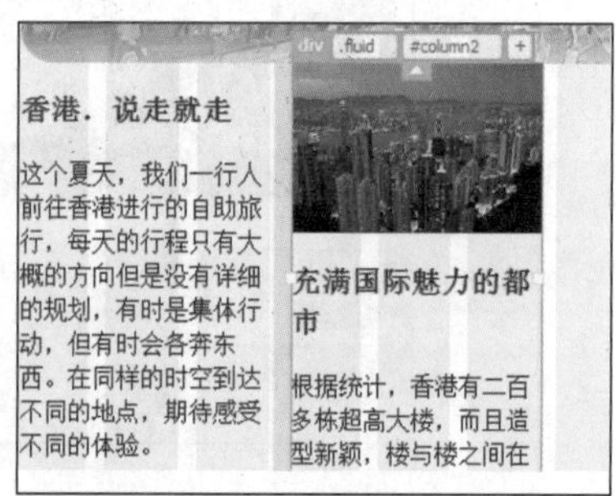

图 14-23　调整 column2 内容区域的大小

步骤03 按相同的方式将之下的 column3、column4 内容区域的宽度调整为 3 栏，再如图 14-24 所示移动到同一行上，完成当前版型的调整。

图 14-24　调整 column3 和 column4 内容区域的大小

调整平板电脑屏幕尺寸的流体网格版面

在平板电脑屏幕尺寸的版面中最多一行 3 栏，规划中想要让 column2、column3 与 column4 内容区域放置在一行，现在就要调整内容区域所占的栏数。

步骤 01 在“窗口大小”选择“平板电脑”切换版面后会发现所有内容区域都恢复成原来的由上而下的摆放方式了，这个状态下的调整都只会影响这个版面的内容，如图 14-25 所示。

图 14-25 切换至平板电脑的版面

步骤 02 通过“标签选择器”选择 column2 内容区域，拖动右边中间的控制点往左移动，此时会显示栏数提示方块，当显示栏数为 3 时放开，即完成内容区域调整，如图 14-26 所示。

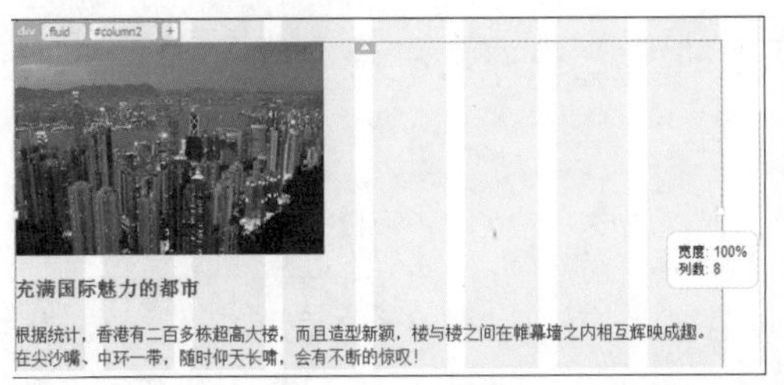

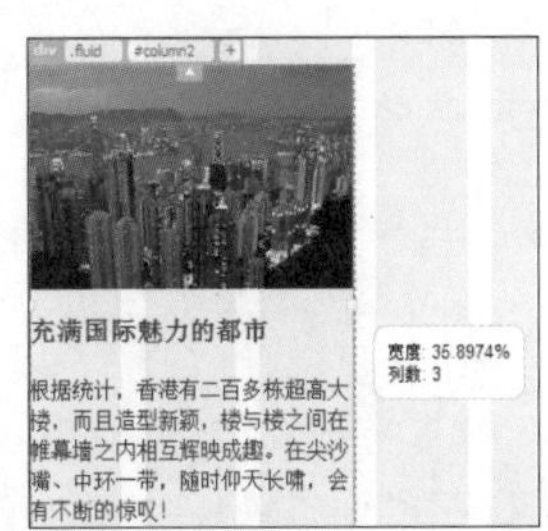

图 14-26 调整 column2 内容区域的大小

步骤 03 按序将 column3、column4 内容区域的宽度调整为 3 栏，再利用区域下方的“![]”按钮将整个区域移动到上方同一行，完成当前版型的调整，如图 14-27 所示。

图 14-27 调整 column 3 和 column4 内容区域的大小

调整移动设备屏幕尺寸的流体网格版面

在移动设备屏幕尺寸的版面都是每个内容区域为一行，在“窗口大小”选择“移动设备”切换版面后，就会发现所有内容区域都恢复原来由上而下的摆放了，而且所有的区域都自成一行，如图 14-28 所示。

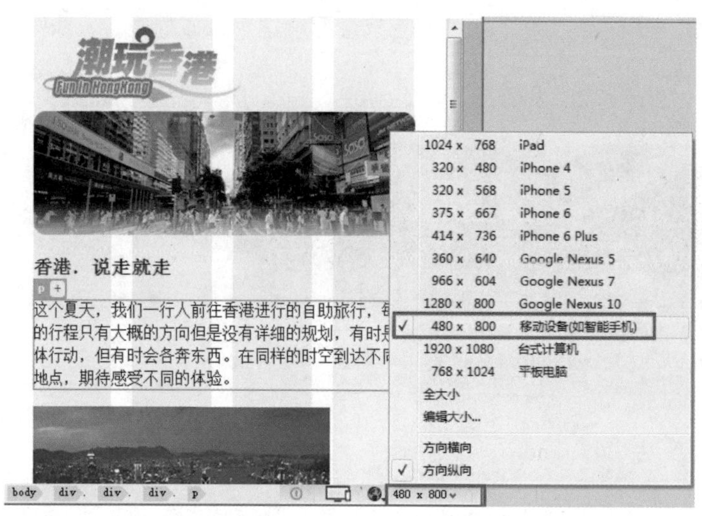

图 14-28 切换至移动设备的版面

在调整完后保存文件，整个流体网格版面的页面就完成了！建议可以参考或是复制本章范例完成文件的 <style.css> 样式文件，让整个作品更完整！

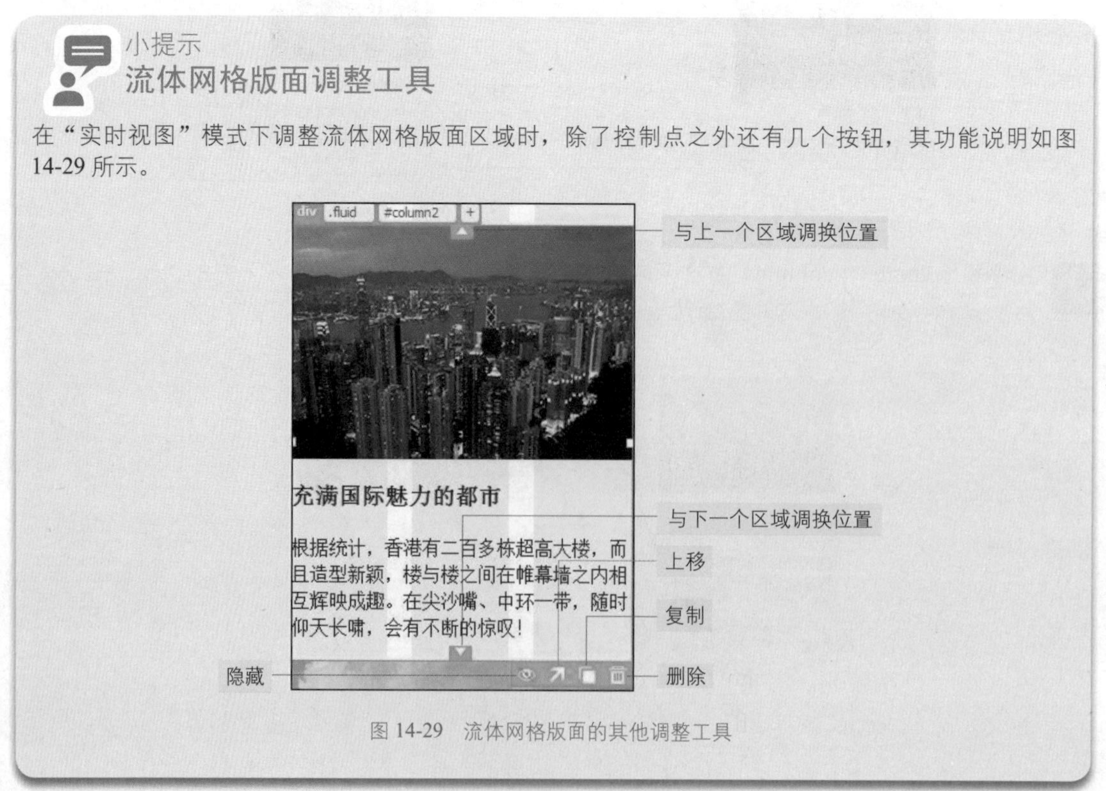

小提示

流体网格版面调整工具

在“实时视图”模式下调整流体网格版面区域时，除了控制点之外还有几个按钮，其功能说明如图 14-29 所示。

图 14-29 流体网格版面的其他调整工具

14.4 jQuery Mobile

“媒体查询”、“流体网格格面”是让网页能在不同的屏幕尺寸下呈现完整的内容，而 jQuery Mobile 是专为移动设备开发网页界面的解决方案。

14.4.1 什么是 jQuery Mobile

jQuery Mobile 是一个移动设备网页界面的开发框架，不同于传统网页，它提供了许多工具让用户可以开发出如同移动设备 App 应用程序的使用画面。例如页面的切换、智能手机的操作界面、触控操控的使用等。

jQuery Mobile 的基础技术是 jQuery，它能让网页的 HTML 标签经过 JavaScript、CSS 的帮助呈现出如移动设备一样的页面。加上其他技术的帮助，如 PhoneGap，还能进一步将 jQuery Mobile 的网页包装成跨平台的 App 应用程序，安装在不同系统的平板电脑与智能手机上。

14.4.2 jQuery Mobile 的使用

接下来在范例网站中的 <index.htm> 将使用流体网格版面进行设计，按不同屏幕尺寸设计其可以容纳的字段数，让浏览器可以根据不同的屏幕宽度显示适合的样式文件，如图 14-30 所示。

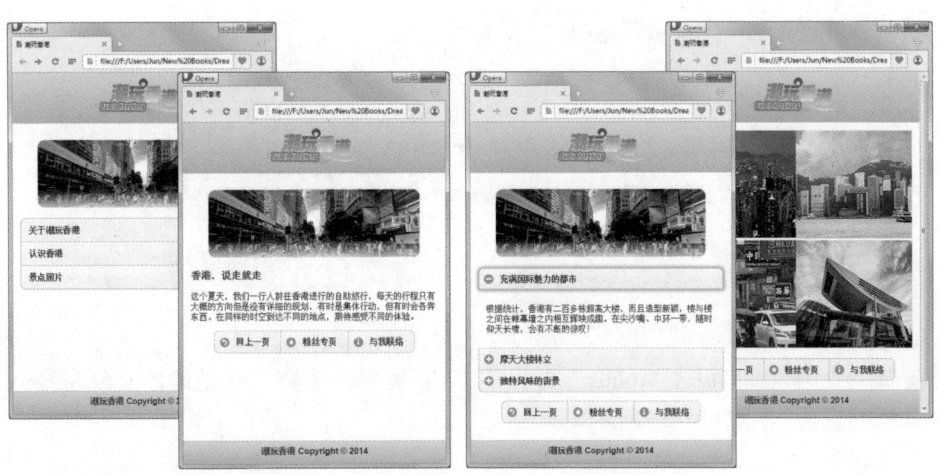

图 14-30　使用 jQuery Mobile 的范例

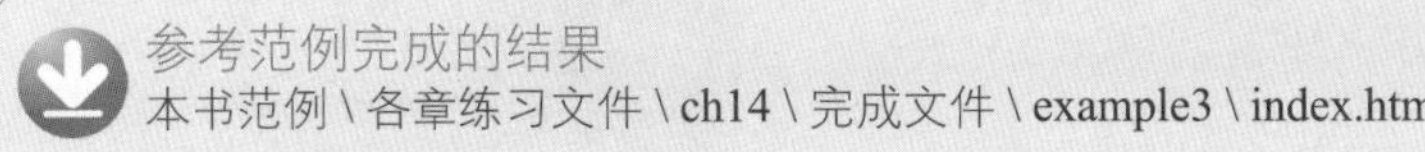

参考范例完成的结果
本书范例 \ 各章练习文件 \ ch14 \ 完成文件 \ example3 \ index.htm

认识 jQuery Mobile 面板

将下载文件中 < 本书习题 \ 各章练习文件 \ ch15 \ 原始文件 \ example3> 文件夹复制到 <C:\ mobiledemo> 下，并进入 Dreamweaver 定义网站“jQuery Mobile 测试”，将“本地站点文件夹”设置为刚才放置范例文件的文件夹。在 Dreamweaver 的“插入”面板中，添加了“jQuery Mobile”面板，其中提供了不少可以插入 jQuery Mobile 组件的按钮，现在分列如图 14-31 所示。

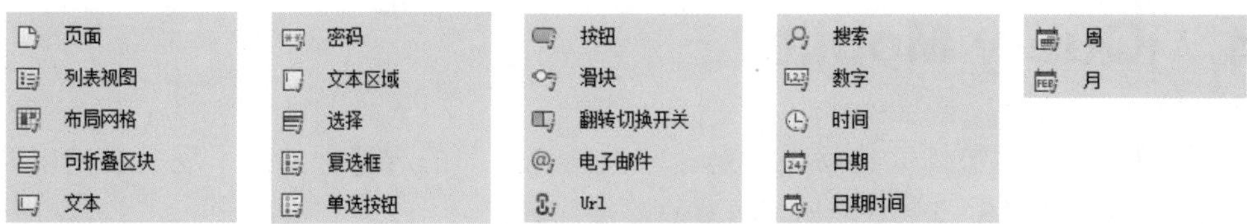

图 14-31　jQuery Mobiel 可以使用的组件

创建 jQuery Mobile 文件

首先新建 jQuery Mobile 文件，按下述步骤操作：

步骤 01 单击“文件 \ 新建”开启对话框，单击“空白页面”项目，页面类型：HTML，版面：<无>，最重要的是设置“文件类型”为 HTML5，最后单击“创建”按钮，如图 14-32 所示。

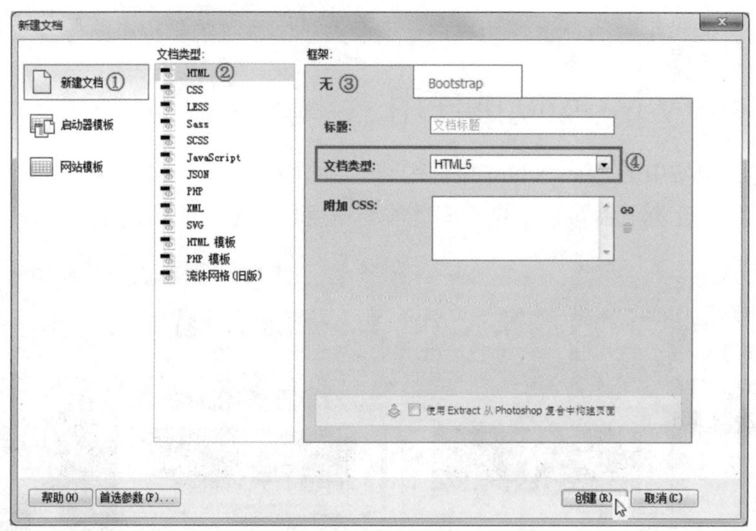

图 14-32　创建 jQuery Mobile 文件

步骤 02 接着单击“插入 \ jQuery Mobile”面板的“页面”按钮，在新建的文件中插入 jQuery Mobile 的页面，如图 14-33 所示。

图 14-33　插入 jQuery Mobile 页面

步骤 03 使用 jQuery Mobile 必须在页面中加载 jQuery Mobile 的 js 程序文件与 css 样式文件，还必须加载 jQuery 的 js 程序文件。在“jQuery Mobile 文件”对话框中设置“链接类型”为本地，“CSS 类型”为组合，表示这些要加载的文件都放置在本地，而 CSS 样式设置不会独立成文件而是直接加入在本页中，最后单击“确定”按钮，如图 14-34 所示。

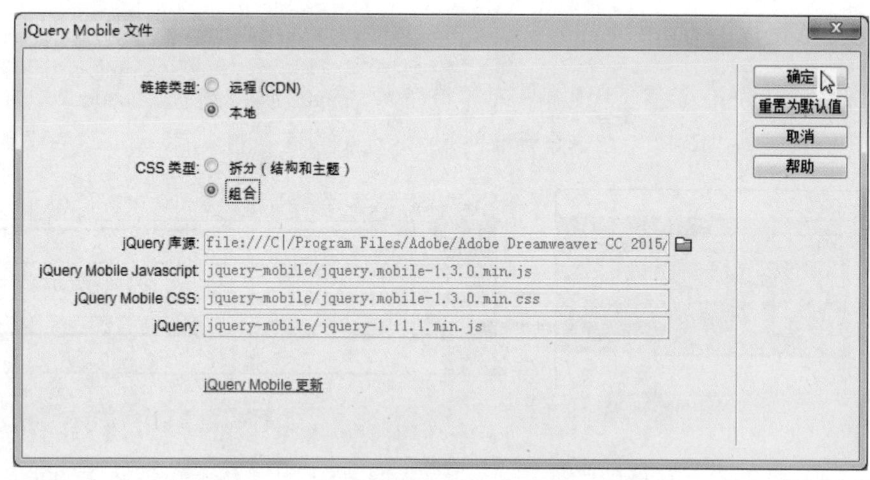

图 14-34　为加入的 jQuery Mobile 设置合适的选项

步骤 04　接着会出现“页面”对话框，设置“ID”为 page1，并选中“标题”及“脚注”，如此即可在编辑区添加一个 jQuery Mobile 的页面，如图 14-35 所示。

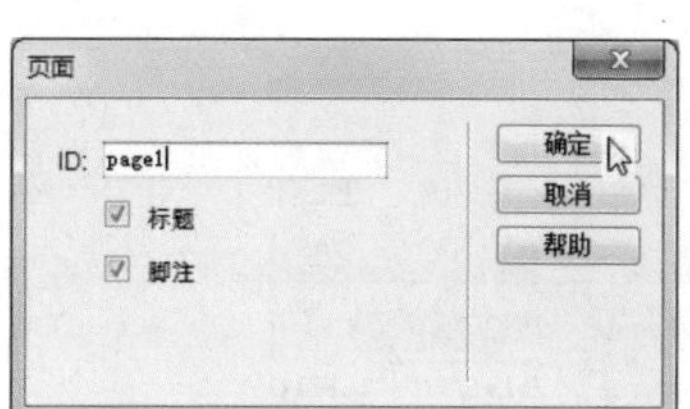

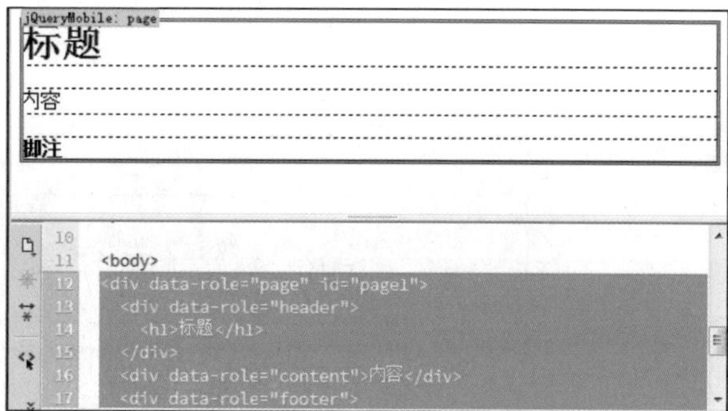

图 14-35　在编辑区添加一个 jQuery Mobile 的页面

步骤 05　单击“文件 \ 保存”存储新建的文件为 <index.htm>，此时会显示“复制相关文件”对话框，单击“确定”按钮完成设置，如图 14-36 所示。

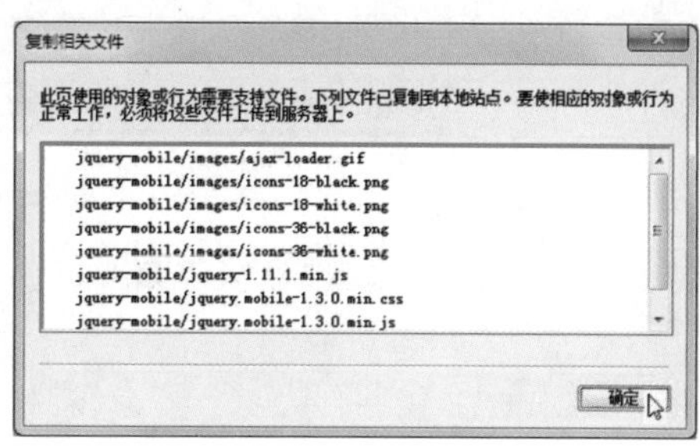

图 14-36　保存新建的网页（左图），复制需一同使用的相关文件（右图）

分析 jQuery Mobile 页面

新建的 jQuery Mobile 页面结构如下，整个页面为“page”，标题为“header”，中间的内容为“content”，脚注为“footer”。这是标准的结构，但并没有强制规定，如图 14-37 所示。

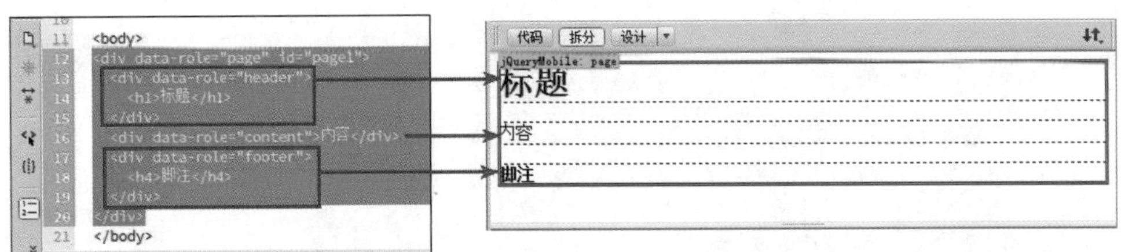

图 14-37　jQuery Mobile 的标准结构

一般来说，jQuery Mobile 的网页会将所有的页面放置在同一个文件中，再利用程序的技术切换页面。

预览 jQuery Mobile 页面

如果想要看到 jQuery Mobile 页面的效果，可以单击下文件栏的“实时视图”按钮，并搭配编辑区右下方的“窗口大小”选择“移动设备”，即可在编辑区预览结果。若要继续编辑，再按一次“实时视图”按钮即可取消预览回到编辑状态，如图 14-38 所示。

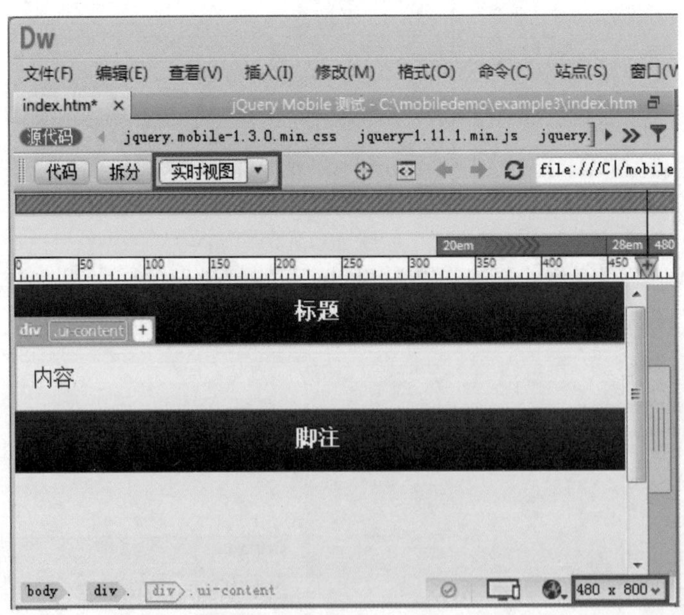

图 14-38　在 Dreamweaver 编辑区中预览 jQuery Mobile 页面

当然，也可以单击文件栏的“预览”按钮，再选择浏览器实际预览，如图 14-39 所示。

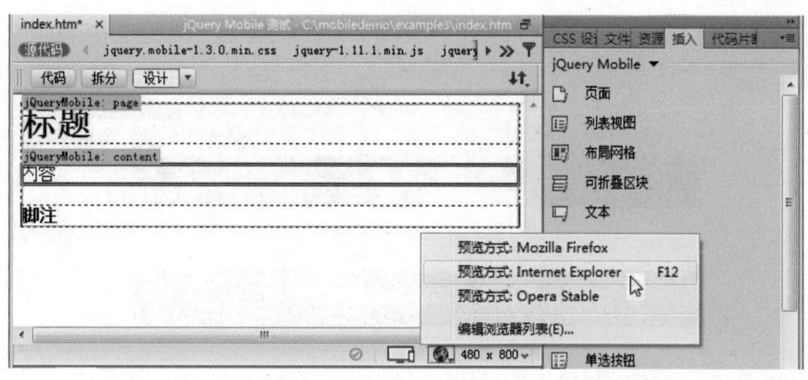

图 14-39　利用真实的浏览器预览 jQuery Mobile 页面

新建多个 jQuery Mobile 页面

接着我们要继续添加其他 3 个 jQuery Mobile 页面。

步骤 01　为了方便后续操作的辨识，在第 1 页的标题输入网站的名称，在脚注加入网站的版权声明，内容区输入一些文字。

步骤 02　单击“插入 \ jQuery Mobile”面板的“页面”按钮，在“页面”对话框设置“ID”为 page2，并选中“标题”及“脚注”，最后单击“确定”按钮，如图 14-40 所示。

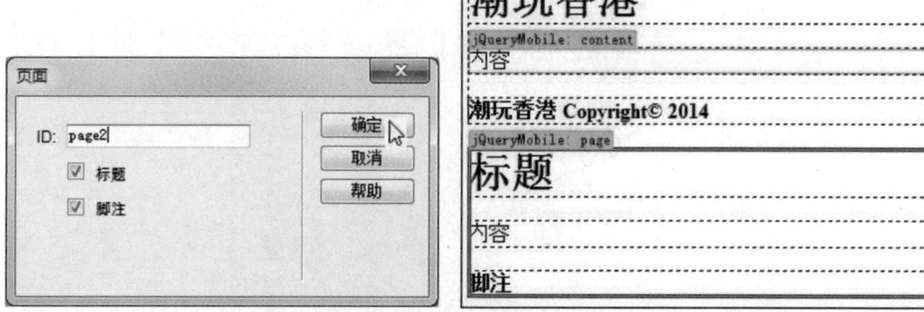

图 14-40　为插入的 jQuery Mobile 页面设置标题和脚注

步骤 03　为了方便等后续操作的辨识，除了在第 2 页输入标题及脚注的信息外，也请在内容区输入一些文字。最后使用相同的方式，陆续添加第 3 页与第 4 页，如图 14-41 所示。

图 14-41　依次添加第 2 页到第 4 页

完成后即可单击下文件栏的“实时视图”按钮，默认会显示第一页的状态，但还是无法切换到其他的页面，如图 14-42 所示。

图 14-42　在“实时视图”模式中查看设计成果

改变 jQuery Mobile 页面的主题

jQuery Mobile 默认为页面提供了五种不同的主题，设置前请先从“窗口 / jQuery Mobile 色板”开启面板。要特别注意的是，在设置 jQuery Mobile 的主题时，必须先选择页面中要设置的区域，再到“jQuery Mobile 色板”面板单击“ 刷新”按钮，确定应用范围无误之后才选择要应用的主题。因为单击后编辑页面不会随之改变，连“jQuery Mobile 色板”面板也不会改变，所以要无时无刻要使用“ 刷新”按钮来确定应用范围及主题，如图 14-43 所示。

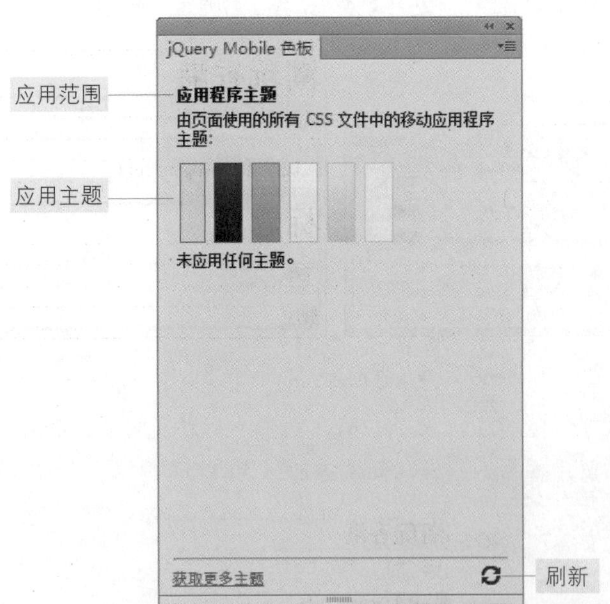

图 14-43　使用“刷新”按钮随时确定应用的范围和主题

步骤 01 选择整个第 1 页（可以利用“标签选择器”），到“jQuery Mobile 色板”面板，选择要应用的主题，即可看到面板上显示了应用的主题名称，如图 14-44 所示。

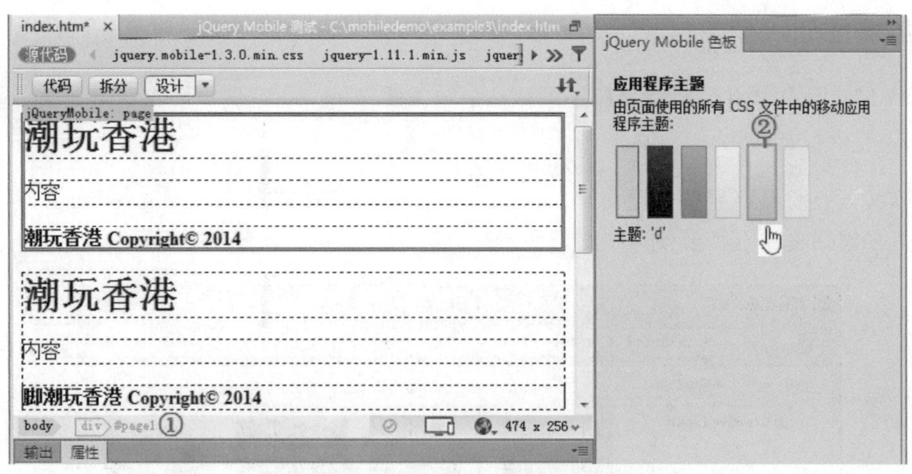

图 14-44　显示应用的主题

步骤 02 使用相同的方式，分别选择标题及脚注后，到“jQuery Mobile 色板”面板选择要应用的元素主题以完成设置，如图 14-45 所示。

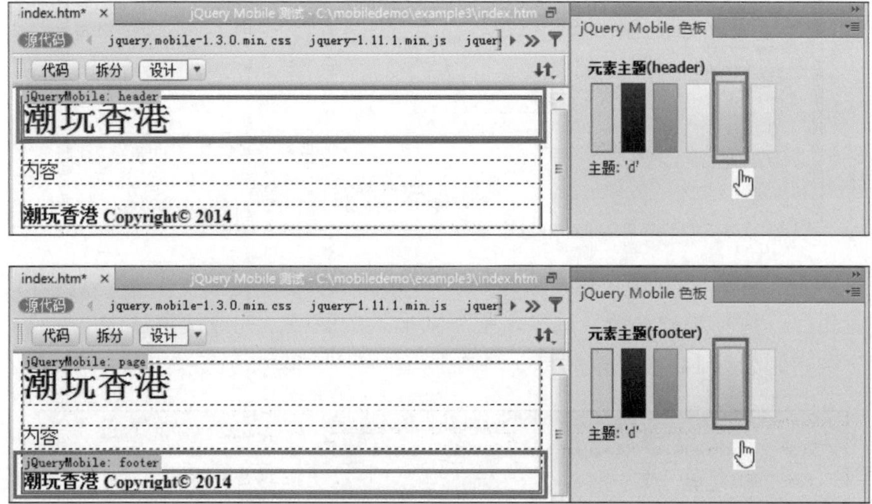

图 14-45　显示元素主题

步骤 03 利用相同方式完成第 2 页～第 4 页的主题应用。按下文件栏的“实时视图”按钮即可在编辑区预览结果，如图 14-46 所示即可看到第 1 页已经按照刚才应用的主题产生了变化。

图 14-46　在“实时视图”中预览结果

在标题或脚注插入图像

jQuery Mobile 页面中，标题及脚注区默认是放置图像的，在范例中可以使用图像来取代标题文字，加强整个视觉效果。

步骤 01 先将插入点移到标题的标题文字内，单击“插入 \ HTML”面板的“Image”按钮。在开启的对话框中选择要使用的图像后单击“确定”按钮，如图 14-47 所示。

图 14-47 选择要插入的图像文件

步骤 02 回到编辑区，将标题的其他字删除，留下刚插入的图像。完成设置后按下文件栏的“实时视图”按钮，如图 14-48 所示即可看到第 1 页的标题已经换成图像了。

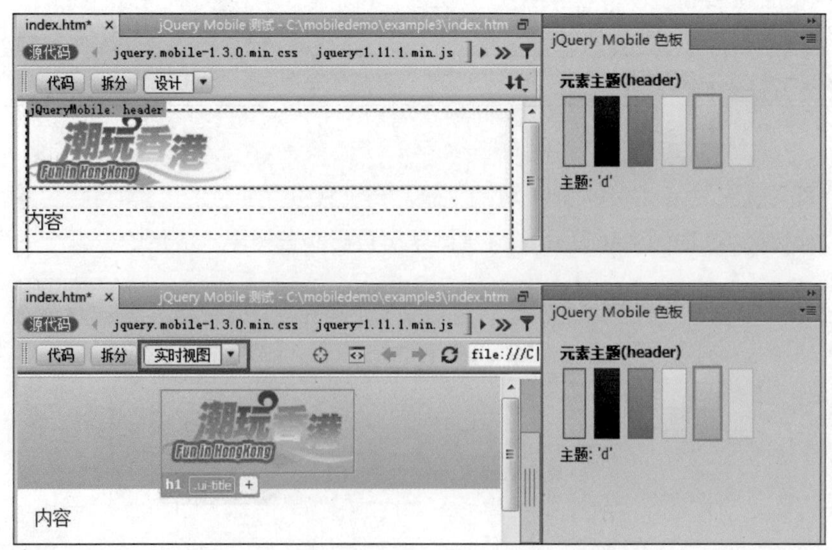

图 14-48 在“实时视图”中预览插入图像的结果

在范例中，因为所有页面的标题内容都相同，请将第 1 页的标题复制并取代其他 3 页的对应位置。

插入 jQuery Mobile 列表视图

jQuery Mobile 页面中可以使用“列表视图”来插入列表般的选单，设置的方式如下：

步骤 01 先将插入点移到第 1 页的内容区，单击“插入\jQuery Mobile”面板的“列表视图”按钮，设置“列表类型”为无序、“项目”为 3、选中“凹入”，最后单击“确定”按钮，如图 14-49 左图所示。

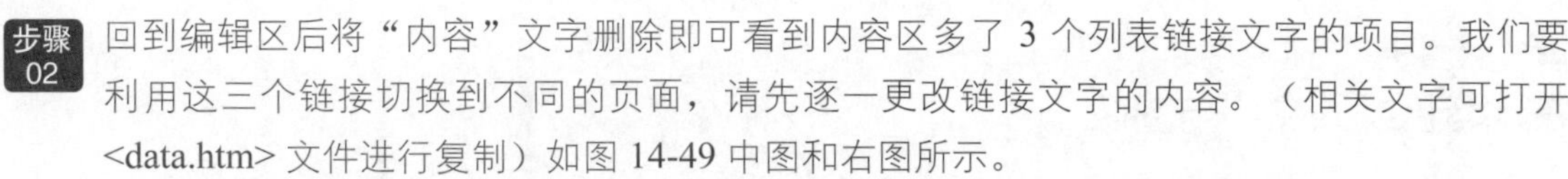

步骤 02 回到编辑区后将“内容”文字删除即可看到内容区多了 3 个列表链接文字的项目。我们要利用这三个链接切换到不同的页面，请先逐一更改链接文字的内容。（相关文字可打开 <data.htm> 文件进行复制）如图 14-49 中图和右图所示。

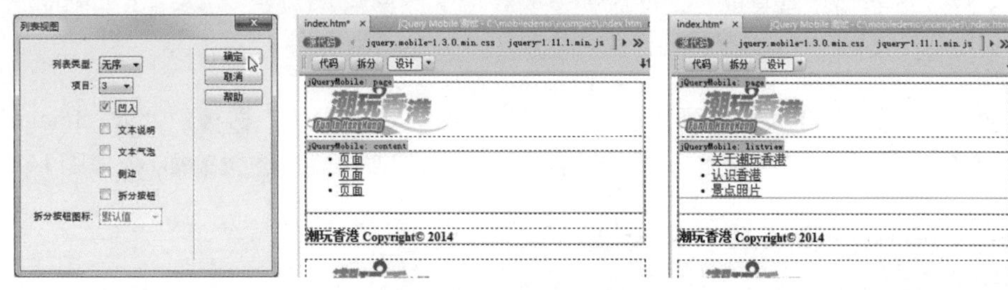

图 14-49 插入列表视图

设置 jQuery Mobile 的页面切换链接

jQuery Mobile 在单一网页插入多个页面时，每个页面会给予一个 ID 值，以当前范例来说，共有 page1 ~ page4 四个页面，只要在链接上设置“#ID”即可切换到指定页面。

步骤 01 选择列表视图第一个链接，在“属性”面板设置“链接”为 #page2，这样在单击这个链接时页面就会切换到第 2 页。

步骤 02 以此类推，选择列表视图第二、三个链接，分别设置链接为 #page3 及 #page4，如此即完成了这个列表视图上的页面切换链接，如图 14-50 所示。

图 14-50 设置 jQuery Mobile 的页面切换链接

步骤 03 完成设置后单击下文件栏的“实时视图”按钮，如图 14-51 所示即可看到第 1 页的内容区显示了一组列表，请单击第一个选项。会发现页面会从右到左切换到第 2 页了！此时可以使用文件栏的“后退”按钮回到第 1 页。测试第二及三个链接的选项切换是否正确。

图 14-51　测试页面切换

在内容区插入文字与图像

jQuery Mobile 页面毕竟是网页，所以无论输入文字或是加入图像，其实都与制作网页相同，在操作时不用太过害怕。

步骤 01 先将插入点移到第 1 页列表视图的前方，单击“插入\HTML”面板的“ Image”按钮。在开启的对话框中选择要使用的图像后，单击“确定”按钮完成图像的插入，如图 14-52 所示。

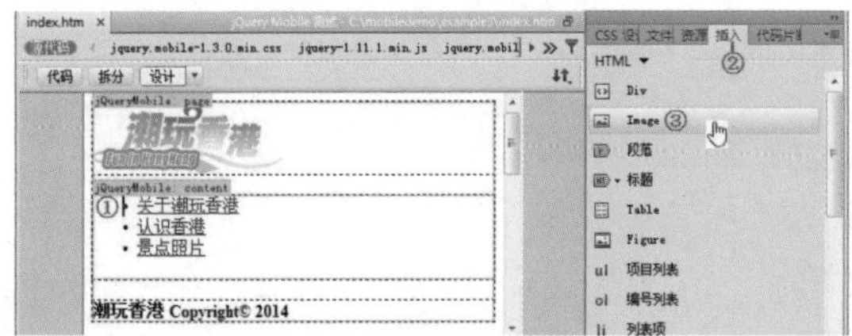

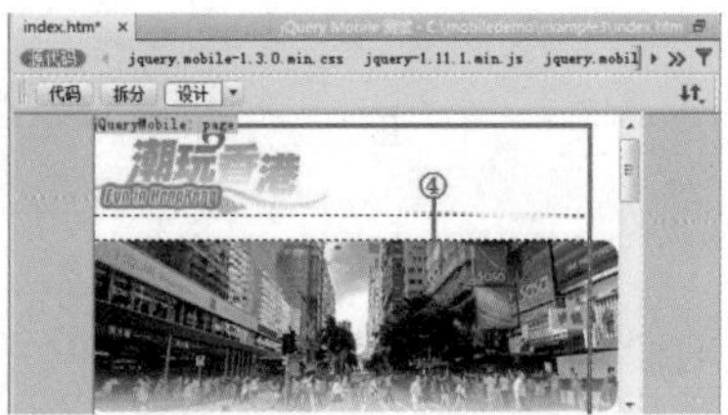

图 14-52　在内容区插入图像

步骤 02 在图像后按 Enter 键能将它转为段落，在“标签选择器”选择 <p> 后，在“属性”面板单击 CSS 按钮，单击“ 居中对齐”，这样就可让图像居中了，如图 14-53 所示。

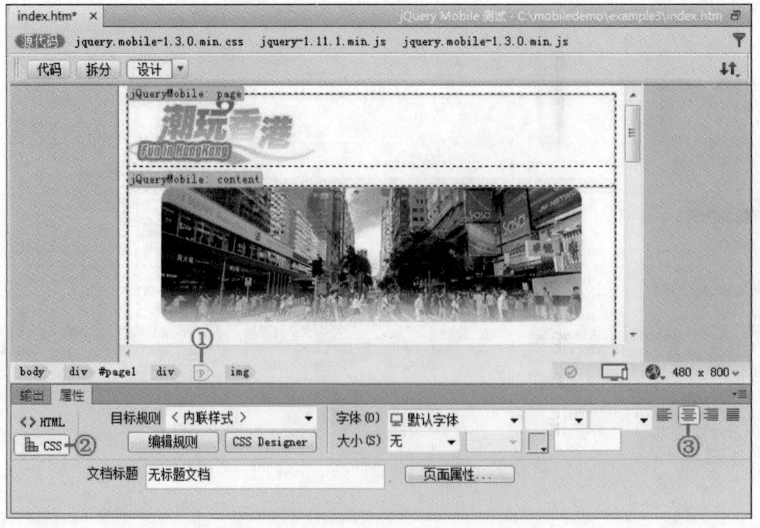

图 14-53　设置插入的图像居中显示

步骤 03 切换到第 2 页，使用相同的方式在内容区中加入横幅图像及单元的说明文字（打开 <data.htm> 文件进行复制），完成基本内容的构建，如图 14-54 所示。

图 14-54　加入说明文字

插入 jQuery Mobile 按钮

jQuery Mobile 页面中可以使用“按钮”来加入其他需要的按钮，设置的方式如下：

步骤 01 将插入点移到第 2 页内容区的说明文字最后方，单击“插入 \ jQuery Mobile”面板的“按钮”按钮，分别设置“按钮”为 3、“按钮类型”为链接、“位置”为“组”、“布局”设置选中“水平”、“图标”选择“后退”，最后单击“确定”按钮，回到编辑区后即可看到内容区多了三个链接文字，如图 14-55 所示。

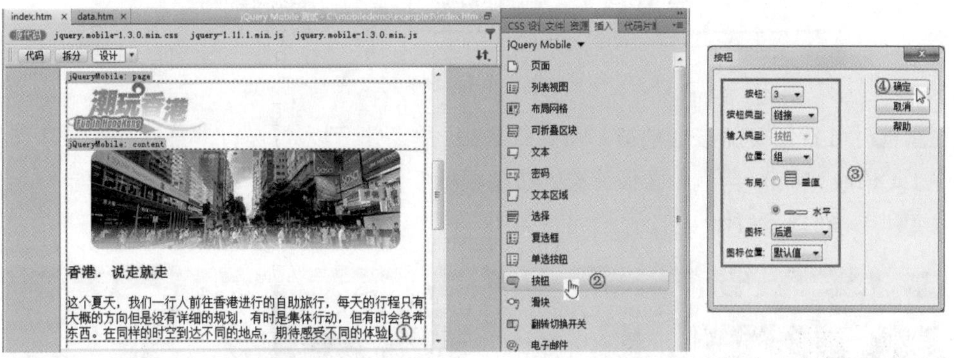

图 14-55　插入 jQuery Mobile 按钮并设置按钮选项

步骤 02 这三个链接有不同的功能，参考图 14-56 所示，逐一更改链接文字的内容，接着在“标签选择器”选择 <DIV>，再单击鼠标右键单击，而后在快捷菜单单击“快速标签编辑器”，在程序代码最后加入“align="center"”，这样就可让链接文字居中了。

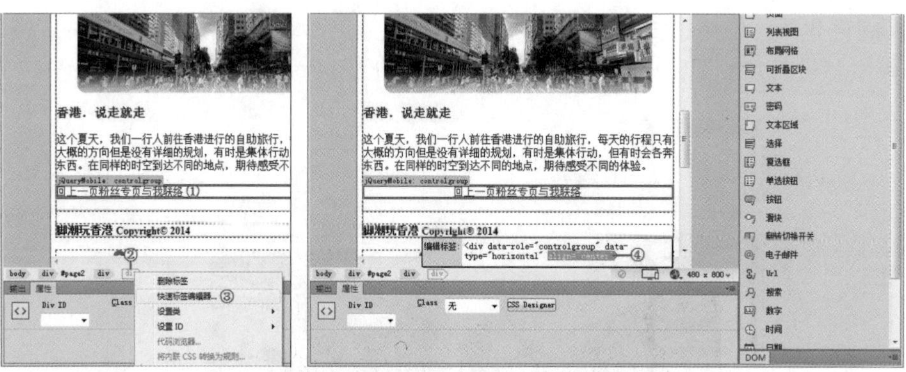

图 14-56　分别更改链接文字的内容并设置为居中显示

步骤 03 完成设置后单击下文件栏的“实时视图”按钮，如图 14-57 所示，在切换到第 2 页时可以看到下方出现了 3 个同一组的按钮。

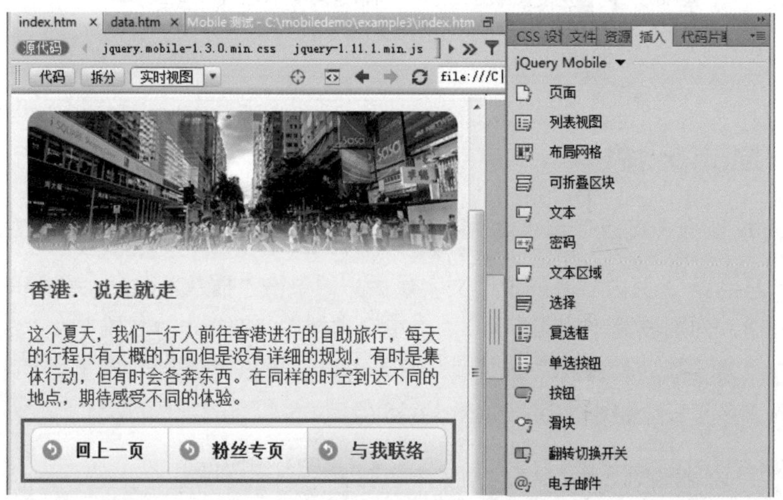

图 14-57　完成设置后在“实时视图”模式下预览

步骤 04 在预览时可看到 3 个按钮前方的图标都是相同的，接下来要进行调整。选择第 2 个链接，在“jQuery Mobile 色板”面板设置“按钮图标”为★，选择第 3 个链接，设置“按钮图标”为 i，如图 14-58 所示。

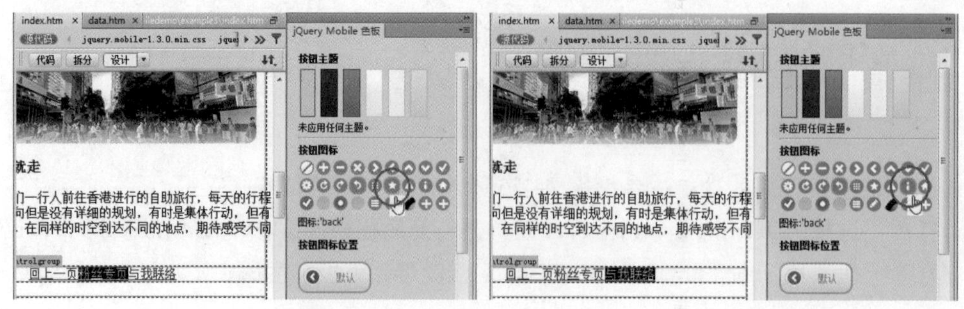

图 14-58　修改按钮前面的图标

步骤 05 完成设置后单击下文件栏的“实时视图”按钮，如图 14-59 所示，在切换到第 2 页时可以看到下方出现了 3 个同一组的按钮，并显示不同的图标。

图 14-59　三个按钮前显示出不同的图标

设置 jQuery Mobile 的链接

刚才我们已经设置过 jQuery Mobile 页面切换的链接，接着要设置其他链接：

步骤 01 首先回上一页的链接，选择第 1 个链接，接着在“标签选择器”选择 <a>，单击鼠标右键单击，而后在快捷菜单单击“快速标签编辑器”，加入“data-rel=” back” ”，如此按下此链接即可切换回到上一页的内容，如图 14-60 所示。

图 14-60　设置按钮可以切换回到上一页

步骤 02 接着是链接到外部网站，设置方式与一般链接相同。选择第 2 个链接，在“属性”面板设置“链接”与“目标”，按下此链接将指定网址在新的窗口中打开网页，如图 14-61 所示。

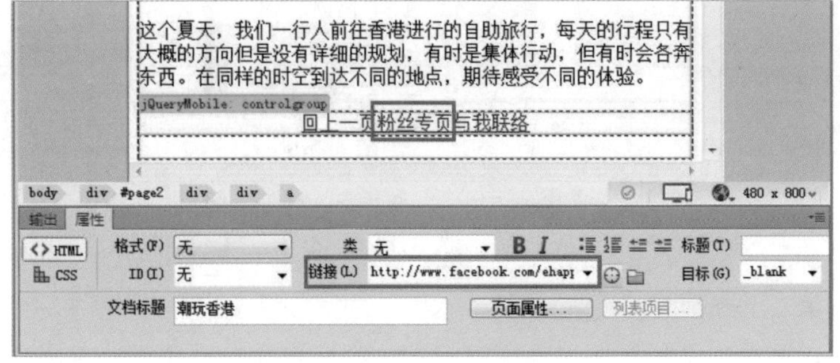

图 14-61　设置按钮可以在新的窗口中打开网页

步骤03 接着是链接到电子邮件，设置方式与一般链接相同。选择第 3 个链接，在“属性”面板设置“链接”，格式为“mailto: 电子邮件”，如图 14-62 所示。

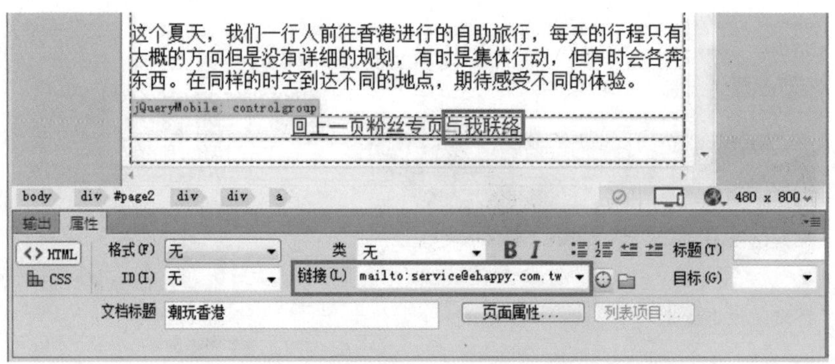

图 14-62　设置按钮链接到电子邮件系统

完成这三个按钮的调整与链接设置后，复制这三个按钮区域，分别粘贴到第 3 页与第 4 页的相对位置。

单击“文件 \ 保存”，因为链接的设置连到其他网站与电子邮件，建议单击文件栏的“预览”按钮，选择浏览器实际预览。

插入 jQuery Mobile 可折叠区块

jQuery Mobile 页面中可以使用“可折叠区块”来整理较长的文字内容，效果十分理想，设置的方式如下。

步骤01 将插入点移到第 3 页内容区，单击“插入 \ jQuery Mobile”面板的“可折叠区块”按钮，在内容区会自动加入 3 个可折叠区块，然后删除“内容”文字。

步骤02 按照区块中的提示文字，分别加入标题与内容（打开 <data.htm> 文件进行复制）。可以按照需求，调整区块中的标题与内容的数量，如图 14-63 所示。

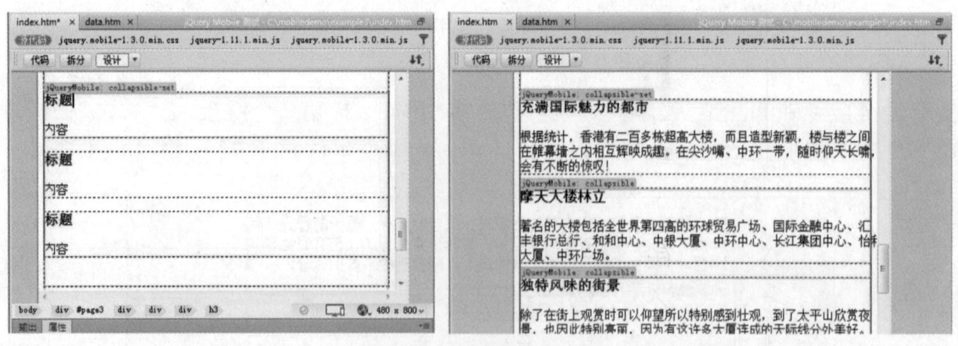

图 14-63　加入可折叠区块

步骤03 单击“文件 \ 保存”，单击文件栏的“预览”按钮，选择浏览器实际预览看看。进入浏览器后单击第二个选项切换到第 3 页，在页面中可以看到 3 个标题按钮，单击后会显示详细内容区块，再单击其他标题时原来开启的内容区域会自动关闭，并显示新的内容区块，如图 14-64 所示。

图 14-64　预览可折叠区块的设计结果

插入 jQuery Mobile 版面网格（或称布局网格）

jQuery Mobile 页面中可以使用“布局网格”插入如表格的区域来整理分布的内容与对象，效果十分理想，设置的方式如下：

步骤 01　将插入点移到第 4 页内容区，单击“插入 \ jQuery Mobile”面板的“布局网格”按钮，设置“行”为 2、“列”为 2，单击“确定”按钮，最后一样删除“内容”文字。

步骤 02　在区块中会显示出插入了 2 行 2 列的版面网格线，按照需求将图像逐一插入到这些版面网格的区域中即完成设置，如图 14-65 所示。

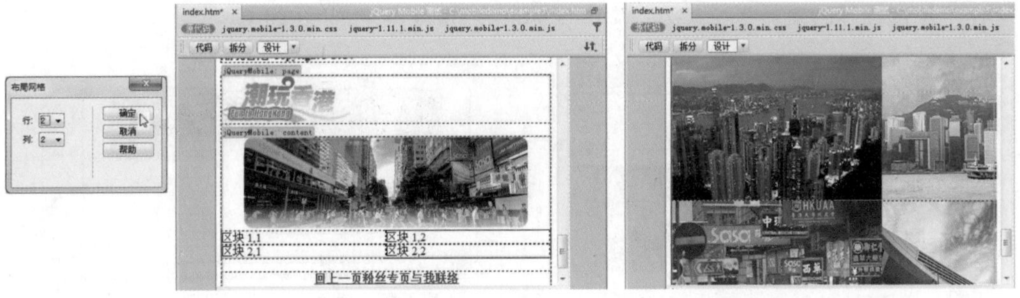

图 14-65　插入 jQuery Mobile 网格

步骤 03　单击菜单栏的“文件 \ 保存”存储设计好的网页，再单击文件栏的“预览”按钮，选择浏览器实际预览一下。进入浏览器后单击第三个选项切换到第 4 页，即可看到排版后的结果，如图 14-66 所示。

图 14-66　预览页面的切换

固定 jQuery Mobile 标题和脚注的位置

在浏览时是否发现，jQuery Mobile 页面的标题和脚注似乎不能固定在页面的上方和下方，看起来有些不舒服，请按下述步骤设置固定的方式。

步骤 01 选择标题的区域，接着在“标签选择器”选择 <DIV>，单击鼠标右键，而后在快捷菜单单击“快速标签编辑器”，加入“data-position="fixed"”。

步骤 02 选择脚注的区域，接着在“标签选择器”选择 <DIV>，单击鼠标右键，而后在快捷菜单单击“快速标签编辑器”，加入“data-position="fixed"”，如图 14-67 所示。

图 14-67　固定 jQuery Mobile 标题和脚注的位置

步骤 03 使用相同的方式设置其他页面的标题与页面，完成后单击“文件 \ 保存”存储设计好的结果，再单击文件栏的“ 预览”按钮，选择浏览器实际预览一下。进入浏览器后切换到不同页面，会发现标题和脚注都分别固定在页面的上下了，如图 14-68 所示。